FUNDAMENTOS DEL PROCESO DE FABRICACIÓN DE MATERIALES DE CERÁMICA BLANCA

VOLUMEN I

Col·lecció Universitas 49

José Luis Amorós Álbaro
Encarna Blasco Roca

FUNDAMENTOS DEL PROCESO DE FABRICACIÓN DE MATERIALES DE CERÁMICA BLANCA

VOLUMEN I

UNIVERSITAT JAUME I

BIBLIOTECA DE LA UNIVERSITAT JAUME I. Datos catalográficos

Noms: Amorós Álbaro, José Luis, autor | Blasco Roca, Encarnación, autor | Universitat Jaume I. Publicacions, entitat editora

Títol: Fundamentos del proceso de fabricación de materiales de cerámica blanca / José Luis Amorós Álbaro, Encarna Blasco Roca

Descripció: Castelló de la Plana : Publicacions de la Universitat Jaume I. Servei de Comunicació i Publicacions, [2025] | Col·lecció: Universitas ; 49 | Inclou referències bibliogràfiques

Identificadors: ISBN 979-13-87886-06-6 (paper) | ISBN 979-13-87886-07-3 (pdf)

Matèries: Materials ceràmics | Materials ceràmics – Fabricació

Classificació: CDU 666.3.022 | THEMA TDCQ

Publicacions de la Universitat Jaume I es una editorial miembro de la UNE, cosa que garantiza la difusión y comercialización de las obras en los ámbitos nacional e internacional. www.une.es.

Imagen de la cubierta realizada a partir de la micrografía SEM de láminas de caolín apiladas, mostrando la microestructura esencial de las arcillas y su papel en la estabilidad de suspensiones cerámicas. Laboratorio de Microscopia de ITC

Edita: Publicacions de la Universitat Jaume I. Servei de Comunicació i Publicacions
Edifici Rectorat, planta 0. Av. Vicent Sos Baynat, s/n 12071 Castelló de la Plana
Tel. 964 72 8821   publicacions@uji.es

ISBN papel: 979-13-87886-06-6
ISBN pdf: 979-13-87886-07-3
DOI: http://dx.doi.org/10.6035/Universitas.49

Depósito legal: CS 840-2025

Este libro, de contenido científico, ha sido evaluado por personas expertas externas a la Universitat Jaume I, mediante el método denominado revisión por iguales, doble ciego.

ÍNDICE

Presentación. Arnaldo Moreno Berto 15

Preámbulo 17

Capítulo 1
La respuesta del material en cada etapa del proceso: la clave
para la mejora de productos de cerámica blanca y de su fabricación

1.1. Introducción 19

1.2. Interrelación: procesado cerámico – microestructura – propiedades –
usos 22

1.3. La relación: usos – propiedades – microestructura final 25

    1.3.1. Revestimiento cerámico de calidez al tacto, ligero
e impermeable 25

    1.3.2. Materiales porosos (lozas y revestimientos cerámicos).
Propiedades térmicas y mecánicas 27

    1.3.3. Materiales altamente densificados (porcelana triaxial,
eléctrica, gres porcelánico, esmaltes, etc.). Propiedades
mecánicas 38

1.4. Procesado cerámico 46

    1.4.1. Algunas consideraciones generales 46

    1.4.2. La respuesta del material en cada etapa es la clave
del procesado cerámico 48

    1.4.3. Formulación de la mezcla de partida. Su relación
con el procesado cerámico 50

1.5. Estabilización de suspensiones: fenómenos coloidales, fuerzas
superficiales y mecanismos de estabilización 51

    1.5.1. Comportamiento del material en la molienda y durante
el almacenamiento de la suspensión resultante. Importancia
de los fenómenos coloidales sobre la estabilidad de la suspensión
y la aparición de defectos 52

1.5.2. Formación de agregados porosos de partículas en una suspensión
inicialmente homogénea debido a la separación de componentes
por sedimentación. Efecto sobre el desarrollo de la cocción
y sobre la microestructura final 54

PARTE 1
Suspensiones de partículas: fenómenos coloidales, fuerzas
superficiales y mecanismos de estabilización

CAPÍTULO 2
Análisis de algunos fenómenos coloidales de interés

2.1. Introducción 59
2.2. Movimiento browniano, difusión y sedimentación 61

    2.2.1 Movimiento browniano 61

        2.2.1.1. Planteamiento de Langevin 63
        2.2.1.2. Teoría cinética del movimiento browniano
        de Einstein 66

    2.2.2 Difusión traslacional en estado estacionario. Fuerza
    impulsora del proceso y coeficiente de difusión browniana 70
    2.2.3 Sedimentación de Stokes y el equilibrio entre la difusión
    browniana y la sedimentación 73

        2.2.3.1. Sedimentación de Stokes 73
        2.2.3.2. Método para reducir o anular la velocidad
        de sedimentación 76
        2.2.3.3. Equilibrio entre sedimentación coloidal y difusión.
        Determinación del tamaño crítico de partícula 78

2.3. Las fuerzas de interacción entre partículas y la estabilidad
coloidal 81

    2.3.1. Interacciones coloidales. Tipos y breve descripción
    de las más importantes 81

        2.3.1.1. Interacción de London-Van der Waals 82
        2.3.1.2. Interacciones electrostáticas 83

    2.3.2. Interacciones estéricas y de deplección 85

2.3.2.1. Interacciones electroestéricas 86

2.3.2.2. Interacciones magnéticas 87

2.3.2.3. Interacciones debidas a la estructura del solvente 87

2.4. Aproximación de Dejarguin. Medida directa de las fuerzas
superficiales 88

2.5. Combinación de diferentes energías de interacción. Estabilidad
coloidal de suspensiones 91

2.6. Interrelación entre la estabilidad coloidal, la estructura
de la suspensión y el comportamiento reológico 96

Capítulo 3
Estabilización electrostática. La teoría DLVO

3.1. Introducción 111

3.2. Interacciones de London-Van der Waals 112

3.2.1. Fuerzas de London-Van der Waals entre átomos y moléculas 112

3.2.2. Fuerzas de London-Van der Waals entre cuerpos
macroscópicos 115

3.2.2.1. Medidas experimentales de las fuerzas de van
der Waals 122

3.3. La doble capa eléctrica 123

3.3.1. Desarrollo de cargas superficiales en medios acuosos 124

3.3.2. La doble capa difusa 130

3.3.2.1. Potencial eléctrico 130

3.3.2.2. La ley de distribución de Boltzmann 131

3.3.2.3. Teoría de Gouy y Chapman 132

3.3.3. La doble capa alrededor de una esfera 139

3.3.4. La capa de Stern y el potencial eléctrico superficial, ψ^0,
de Stern, ψ^d, y potencial zeta, ζ 141

3.3.5. Determinación experimental del potencial zeta, ζ.
Su relación con la movilidad electroforética, μ_E 145

3.3.6. Repulsión entre dos dobles capas 147

3.3.6.1. Solapamiento de dobles capas planas y simétricas 147

3.3.6.2. Solapamiento de dobles capas asociadas
a dos partículas esféricas iguales 153

3.3.6.3. Solapamiento de dobles capas asociadas
a partículas de diversas geometrías 154

3.3.7. Medidas experimentales directas de las fuerzas EDL 156

3.4. La teoría de DLVO. Las fuerzas de Van der Waals y las EDL
actuando juntas 158

3.4.1. Curva de interacción total, $W_{tot}(h)$ 159

3.4.1.1. Superficies planas y simétricas 159
3.4.1.2. Esferas iguales 161

3.4.2. Tipos de curvas de interacción 165
3.4.3. La regla de Schulze-Hardy. Concentración crítica
de coagulación, CCC 168
3.4.4. Mapas de estabilidad 169
3.4.5. Razón de estabilidad y cinéticas de coagulación 171
3.4.6. Limitaciones del modelo DLVO 173
3.4.7. Desfloculantes electrostáticos 178

3.4.7.1. Mecanismo de actuación 178
3.4.7.2. El ácido cítrico como desfloculante de la alúmina 179

3.5. Fuerzas NO DLVO 184

3.5.1. Fuerzas de solvatación 184

3.5.1.1. Fuerzas oscilatorias de solvatación 185
3.5.1.2. Fuerzas de hidratación monotónicas y repulsivas 186

3.6. Teoría DLVO ampliada (*extended DLVO Theory*) DLVOE 189

CAPÍTULO 4
Estabilización con polímeros

4.1. Introducción y conceptos generales 193

4.1.1. Mecanismos de estabilización 194
4.1.2. Tipos de polímeros y características. Su interacción
con el disolvente 195

4.2. Estabilización estérica 198

    4.2.1. Interacción entre capas de polímero al aproximarse
          las partículas 199

    4.2.2. Repulsión entre capas de polímero anclados. Modelo
          De Gennes 202

    4.2.3. Curvas de energía total de interacción. Efecto de algunas
          variables 203

        4.2.3.1. Solubilidad del polímero. Efecto de la temperatura 205
        4.2.3.2. Espesor de la capa de polímero adsorbido 206
        4.2.3.3. Densidad superficial de polímero adsorbido 208
        4.2.3.4. Grado de recubrimiento superficial de la partícula 209

    4.2.4. Floculación por depleción y estabilización estructural 209

        4.2.4.1. Adsorción negativa de polímeros. Atracción
             entre partículas coloidales por depleción a bajas
             concentraciones de polímero en solución 209
        4.2.4.2. Fuerza estructural oscilatoria entre partículas.
             Estabilización de la suspensión a concentraciones
             elevadas de polímero disuelto 213

    4.2.5. Estabilización electrostérica 215

        4.2.5.1. Disociación de polielectrolitos débiles en solución.
             Caso de ácidos policarboxílicos y sus sales 216
        4.2.5.2. Adsorción de polielectrolitos (PE) sobre
             la superficie de la partícula y características
             de la capa adsorbida 218
        4.2.5.3. Curva de energía potencial de interacción 240
        4.2.5.4. Mapas de estabilidad 243

Capítulo 5
Coloide-química de las suspensiones arcillosas y de materiales de cerámica blanca

5.1. Introducción 249
5.2. Estructuras cristalinas de los minerales arcillosos más frecuentes
    en la industria cerámica 251
5.3. Características de las superficies de los minerales arcillosos 255

5.3.1. Las caras planas 256

5.3.2. Bordes y otros defectos de las partículas 257

5.4. Cargas eléctricas superficiales de los minerales arcillosos. Efecto
de la estructura y del pH 259

5.4.1. Estructura de capa 1:1 (grupo de la caolinita) 259

5.4.2. Estructura de capa 2:1 260

5.5. Reacciones de intercambio catiónico 262

5.5.1. Equilibrio de intercambio catiónico 262

5.5.2. Selectividad 265

5.5.3. Capacidad de intercambio catiónico (*Cationic Exchange
Capacity-CEC*) 265

5.6. Otras reacciones y procesos que afectan a las características
fisicoquímicas de la interfase arcilla-agua 267

5.6.1. Adsorción/Intercambio aniónico 267

5.6.2. Procesos que conducen a un aumento de la concentración
de iones (cationes y aniones) en solución 269

5.6.3. Reacciones de precipitación y formación de complejos ... 270

5.7. Propiedades electrocinéticas 273

5.8. Energía de interacción y estructuras de asociación de partículas ... 279

5.8.1. Minerales de capa 2:1 (talco) 279

5.8.2. Minerales de capa 1:1 (caolinita) 282

5.9. Estabilización de suspensiones de minerales arcillosos, arcillas
y materiales de cerámica blanca. Desfloculantes más utilizados ... 284

5.9.1. Silicatos sódicos. Efecto del contenido en dispersante, X_s,
y de la fracción volumétrica de sólidos, ϕ, sobre
las características fisicoquímicas de la solución y sobre
las propiedades electrocinéticas y estabilidad
de suspensiones concentradas de caolín 286

5.9.1.1. Silicatos sódicos. Distribución de especies
en solución 287

5.9.1.2. Silicatos y silicoaluminatos adsorbidos/
precipitados sobre las partículas de caolín 288

5.9.1.3. Iones metálicos solubles procedentes
de las partículas de caolín 292

5.9.1.4. Conductividad eléctrica, EC, fuerza iónica, I,
espesor de la doble capa, κ^{-1}, y pH 293

5.9.1.5. Movilidad electroforética, μ_E 294

5.9.1.6. Estabilidad coloidal y propiedades reológicas 295

5.9.2. Polifosfatos 299

5.9.2.1. Distribución de especies en solución 299

5.9.2.2. El pH de soluciones acuosas y de suspensiones
arcillosas 301

5.9.2.3. Adsorción sobre superficies arcillosas 303

5.9.2.4. Curvas electrocinéticas (potencial zeta, ζ, frente
a pH) 305

5.9.2.5. Estabilidad de las suspensiones: su relación
con el potencial zeta, ζ 307

5.9.3. Poliacrilatos 309

5.10. Efecto de la naturaleza y concentración de iones en solución 312
sobre la estabilidad de las suspensiones. Solubilidad
de los componentes de las formulaciones

5.10.1. Influencia de la concentración de iones Ca^{+2} y Mg^{+2}
en solución sobre la estabilización suspensiones de alto
contenido en minerales arcillosos 312

5.10.2. Solubilidad en medio acuoso de los componentes
de las formulaciones 319

5.10.2.1. Fritas cerámicas 322

Índice de tablas 335

Índice de figuras 337

Bibliografía 357

PRESENTACIÓN

Arnaldo Moreno Berto

Catedrático de Ingeniería Química de la Universitat Jaume I
Director de la Càtedra Altadia del Conocimiento Cerámico

La creación de la Cátedra Altadia de la Universitat Jaume I del Conocimiento Cerámico surge de la necesidad de contribuir de forma decidida a preservar los conocimientos en tecnología cerámica atesorados por el sector cerámico de la provincia de Castellón a lo largo de los últimos cuarenta años de trayectoria, coincidiendo con los distintos cambios tecnológicos sufridos por el sector y a los que se ha contribuido desde este con innumerables conceptos, evidencias, experimentos, mejoras de proceso, conocimiento de materiales, nuevas tecnologías, etc.

Para ello, la Catedra decide financiar la elaboración de una completa Enciclopedia actualizada de la materia, que constará de una serie de volúmenes, publicados tanto en formato físico como digital, el primero de los cuales es el que ahora presentamos. Se trata de un proyecto ambicioso de gran alcance, a cuya financiación contribuye el Grupo Altadia con recursos propios adicionales a los aportados a través de la Cátedra.

PREÁMBULO

Una de las razones que han motivado la elaboración de esta obra ha sido el interés del ITC-AICE y de la Cátedra Altadia del Conocimiento Cerámico de la Universitat Jaume I de disponer de una publicación, en diferentes partes o volúmenes, sobre las bases científicas en las que se fundamenta la fabricación actual de productos de cerámica blanca. Otra de las razones surge del interés de los autores de transmitir los conocimientos científicos-tecnológicos que han ido adquiriendo durante su dilatada trayectoria (docente, investigadora y de asesoramiento tecnológico en el ITC), de forma ordenada y racional, tratando, en todo momento, de acercar al lector a una interpretación científica de los fenómenos que se desarrollan en la fabricación cerámica. Consideramos que no solo es importante percatarse de forma inmediata de algún cambio o cambios en el proceso que, de forma aleatoria, afectan a la calidad del producto y cómo reaccionar para evitarlo, sino también, lo que consideramos aún más satisfactorio a nivel personal, y más rentable a medio y largo plazo: saber y comprender por qué sucede.

En el primer capítulo se analiza y describe la forma que proponemos para abordar el estudio de forma racional del procesado cerámico. Este se basa, por una parte, en el conocimiento de las relaciones que existen entre las propiedades de los materiales y sus características microestructurales (aunque, a veces, no sean del todo conocidas). Y, por otra, en la respuesta del material en cada etapa individual del proceso, es decir, cómo varían sus características microestructurales al modificar las variables de operación.

En capítulos posteriores se estudiarán las leyes y principios que gobiernan los procesos físicos y/o reacciones químicas que, en mayor o menor medida, dependiendo de la etapa del proceso considerada, influyen sobre los cambios microestructurales que experimenta el material. Así pues, los fenómenos coloidales, las fuerzas superficiales o entre partículas y los mecanismos de estabilización de suspensiones, que son la base para conseguir suspensiones estables, serán tratados en este volumen.

Siguiendo en el proceso de fabricación, se analizará, a continuación, la reología de las suspensiones y su relación con las operaciones básicas que tratan al material en este estado de consistencia.

El análisis del comportamiento en cada etapa de los restantes estados de consistencia, es decir, los sistemas particulados e insaturados (polvo impalpable, aglomerados, polvo de prensas, masas plásticas y piezas en crudo y secas), comprenderá el estudio de los fenómenos capilares y superficiales, su comportamiento mecánico (flujo, compresión, deformación y resistencia del material) y su relación con el transporte y almacenamiento de polvos y aglomerados y conformado de piezas. Estos dos temas, que constituyen la base de la ciencia del procesado cerámico en crudo, serán tratados en dos partes consecutivas en próximos volúmenes.

Por otra parte, durante la cocción se produce la transformación de la microestructura cruda en cocida. El conocimiento científico-tecnológico que experimenta la pieza durante su tratamiento térmico en el horno requerirá, a su vez, el análisis y estudio de los siguientes temas: transporte de calor y materia; transformaciones físicas, tales como cambios alotrópicos, expansión térmica, fusión de cristales, cristalización, separación de fases, sinterización, etc.; y reacciones químicas, tales como: oxidaciones, reducciones, descomposiciones (generalmente con la intervención de la atmósfera del horno), reacciones sólido-sólido y sólido-líquido. Y, además, en el caso de piezas esmaltadas, debe analizarse la interacción entre el soporte y el vidriado, tanto desde el punto de vista físico como químico y mecánico. El conjunto de estos fenómenos de transporte y de reacciones y procesos a alta temperatura será tratado en un volumen posterior.

Por último, conviene señalar que todos los modelos y teorías que describen tanto la respuesta del material en cada etapa del proceso (relación: variables de operación-microestructura) como la relación microestructura-propiedades se han desarrollado, como no puede ser de otra manera, para materiales de composición y microestructura sencilla y uniforme.

Desafortunadamente, los pavimentos y revestimientos (porosos o densos), lozas y porcelanas, esmaltadas o no, que hemos englobado dentro de la denominada cerámica blanca –de acuerdo con la Sociedad Americana y Europea de Cerámica– presentan composiciones y microestructuras complejas y heterogéneas. En consecuencia, los modelos y teorías desarrollados solo pueden aplicarse de forma cualitativa; otros requieren una adecuación a las situaciones reales para obtener resultados cuantitativos; y, por último, es preferible, en estos materiales tan complejos, idealizar su microestructura, identificando las características más importantes en cada caso, para disponer de buenos modelos, que describan bien el efecto de las variables de operación más importantes sobre las características microestructurales simplificadas. Así pues, conviene recurrir a sistemas cerámicos simples cuando se pretende comprender y comprobar la validez de una teoría o modelo, dejando para el final de cada parte o volumen la aplicación correcta de estos principios, leyes o modelos a los materiales de cerámica blanca.

CAPÍTULO 1

La respuesta del material en cada etapa del proceso: la clave para la mejora de productos de cerámica blanca y de su fabricación

1.1. INTRODUCCIÓN

Probablemente, fue J. A. Pask hace más de cincuenta años (1979) el que, por primera vez, manifestó de forma contundente, en la reunión anual de la Sociedad Americana de Cerámica de aquel año, la importancia del conocimiento profundo de los fundamentos básicos del procesado cerámico. Con el título de su conferencia «Ceramic Processing – A Ceramic Science» reclama para el estudio de los fundamentos del procesado cerámico la categoría de ciencia. Desde entonces, multitud de congresos, reuniones técnicas y publicaciones (libros, artículos de investigación…) utilizan el término «Ceramic Processing» para referirse a este ámbito de estudio.

En aquello años, también marcó un mito la publicación del libro «Ceramic Processing Before Firing» (Onoda y Hench 1978) en el que colaboraron más de cincuenta profesores e investigadores de reconocido prestigio, presentando más de treinta trabajos que abarcaban el estudio de los fundamentos científicos de prácticamente todas las etapas del proceso previas a la cocción. Al menos, para nosotros, destaca entre ellos, el presentado por el profesor Kingery, titulado «Firing – The Proof Test for Ceramic Processing», en el que se enfatiza el marcado efecto que ejerce el desarrollo de las etapas previas a la cocción sobre la microestructura y propiedades del producto final, así como los defectos originados en las etapas previas.

Estos primeros trabajos y el prestigio de sus autores, junto a otros que omitimos por brevedad, han contribuido sobremanera al estudio de los fundamentos de todas las etapas que abarca el procesado, desde la obtención de materias primas elaboradas y la adecuación de las naturales hasta el conformado y secado de la pieza. El creciente interés y la proliferación de investigaciones en esta área de conocimiento ha conducido a que en los últimos años muchos autores empleen, creemos, de forma errónea, el término «Ceramic Processing» para referirse, casi exclusivamente, a las etapas previas a la cocción. A título de ejemplo, el excelente libro del profesor Reed (1995), bajo el título *Principles of Ceramic Processing* solo dedica a la cocción menos de cuarenta páginas de las más de seiscientas que comprende la obra.

Dentro de esta área de conocimiento, y con el surgimiento del término «Colloidal Processing», aun se enfatiza más la importancia del conocimiento y estudio de los fenómenos coloidales involucrados en la preparación de la suspensión, moldeo y secado, llegando incluso a definir el objetivo del «Colloidal Processing» como: el control de la estructura inicial de la suspensión y de su evolución durante todo el proceso de fabricación, con vistas a obtener recubrimientos y piezas más reproducibles y con las propiedades deseadas (Lewis 2000).

Los argumentos básicos de Pask (1979) se referían a la fabricación de las denominadas cerámicas avanzadas para aplicaciones sofisticadas, dadas sus excelentes propiedades mecánicas a altas temperaturas y su capacidad de soportar sin deterioro los ambientes más hostiles (temperaturas altas, agresión química…). Ahora bien, los materiales cerámicos son frágiles, lo que implica que cualquier irregularidad microestructural en la pieza (poro grande, aglomerados de granos porosos, grietas…) actúa como un defecto en detrimento del comportamiento mecánico del material. La presencia de estos defectos ocasionales en la microestructura del material es frustrante, ya que, según la conocida ley de la cadena, esta siempre se rompe por el eslabón más débil. Así pues, el defecto o irregularidad microestructural más grande de la pieza es la que determina su resistencia mecánica. En consecuencia, el comportamiento mecánico de un conjunto de piezas será una propiedad distribuida, con un valor promedio y una dispersión de la medida, que estará relacionada con el tamaño promedio del defecto y su distribución dentro de una misma pieza. Ambas magnitudes (valor promedio, $\bar{X}$, y desviación estándar, σ) serán las que limitarán el uso de un material para soportar esfuerzos muy inferiores a los que potencialmente podrían resistir. En efecto (figura 1.1), solo se puede garantizar una resistencia mecánica de valor: $\bar{X} - 2\sigma$, con una fiabilidad del 98 % (probabilidad), cuando perfectamente, si se controlase el tamaño del defecto se alcanzarían valores para esta propiedad de $\bar{X} + 2\sigma$.

En otras palabras, la presencia de irregularidades, no controladas, a escala microscópica (p. ej., grietas, agregados...), en las piezas se manifiesta en una baja fiabilidad y reproducibilidad, de propiedades a escala macroscópica (resistencia mecánica). Es decir, la fiabilidad y reproductibilidad de las propiedades mecánicas depende de la homogeneidad y uniformidad de la microestructura. Ahora bien, para conseguir una fiabilidad y reproducibilidad muy altas en las propiedades de las piezas, no es solo necesario unas buenas prácticas ingenieriles y un control de calidad durante todas las etapas que comprenden el proceso de fabricación, sino que también es imprescindible conocer y comprender la respuesta del material, a escala microscópica, en cada etapa del proceso y controlarla. De hecho, el conocimiento del comportamiento del material, a escala microscópica, en cada etapa del proceso, no solo nos permitirá controlar la microestructura final, sino también nos permitirá diseñar microestructuras del producto final adecuadas a partir de unas materias primas perfectamente controladas.

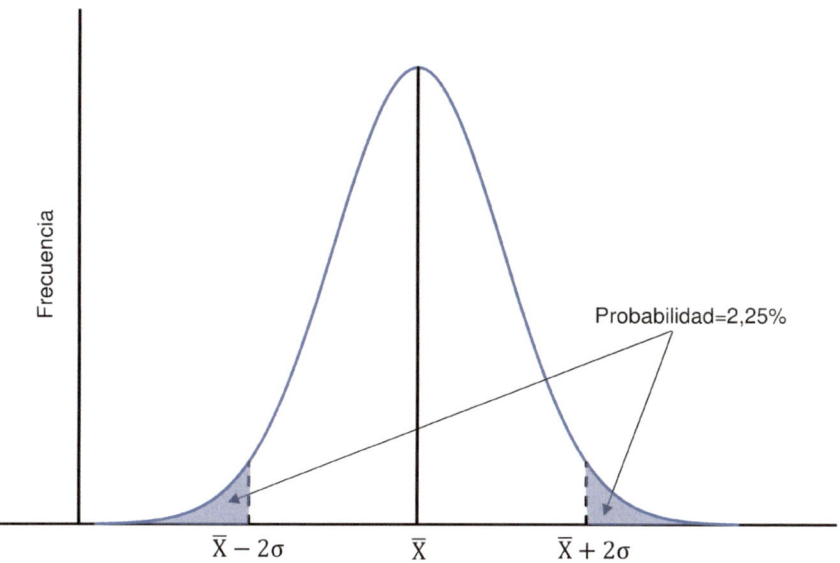

Figura 1.1. Distribución de Gauss: valor promedio, $\bar{X}$, y desviación estándar, σ

Los argumentos de Pask (1979) está todavía vigentes, puesto que quedan muchas lagunas en del conocimiento de los fundamentos del procesado. Y, además, son totalmente aplicables a los productos de cerámica blanca, aun siendo la respuesta del material, en cada etapa, y su microestructura, desde las materias primas hasta el final del proceso, mucho más complejas que las correspondientes a las cerámicas avanzadas, de composición y microestructura más simples.

Por otra parte, la espectacular evolución que ha experimentado el sector de la cerámica blanca, en general, y el de baldosas cerámicas y afines, en particular, tanto en lo referente a productos y aplicaciones como a procesos de fabricación y estructura empresarial, hace todavía más necesario el estudio de los fundamentos del procesado cerámico y su aplicación racional a escala industrial, con vistas a conseguir innovar continuamente tanto en proceso como en producto.

A continuación, se analizan algunas de las consideraciones generales sobre el estudio del procesado cerámico.

1.2. INTERRELACIÓN: PROCESADO CERÁMICO – MICROESTRUCTURA – PROPIEDADES – USOS

En la figura 1.2 se esquematiza esta relación haciendo hincapié en que cada categoría es dependiente de la anterior; es decir, los usos del producto dependen de sus propiedades y estas de su microestructura que ha ido cambiando progresivamente mediante su procesado a partir d unas materias primas de partida. También se ha pretendido resaltar la relación prácticamente directa que existe entre la microestructura de un material y sus propiedades, cuyo estudio corresponde a la ciencia de los materiales. Actualmente, esta área de conocimiento está más desarrollada, al menos para materiales de composición y microestructura más sencilla, que para los de cerámica blanca, mucho más complejos, como se analizará posteriormente.

Conviene, llegado este punto, diferenciar bien los términos: microestructura y propiedades. La microestructura de un material en cualquier estado del proceso nos define como es el material y se caracteriza determinando sus características microestructurales (figura 1.3).

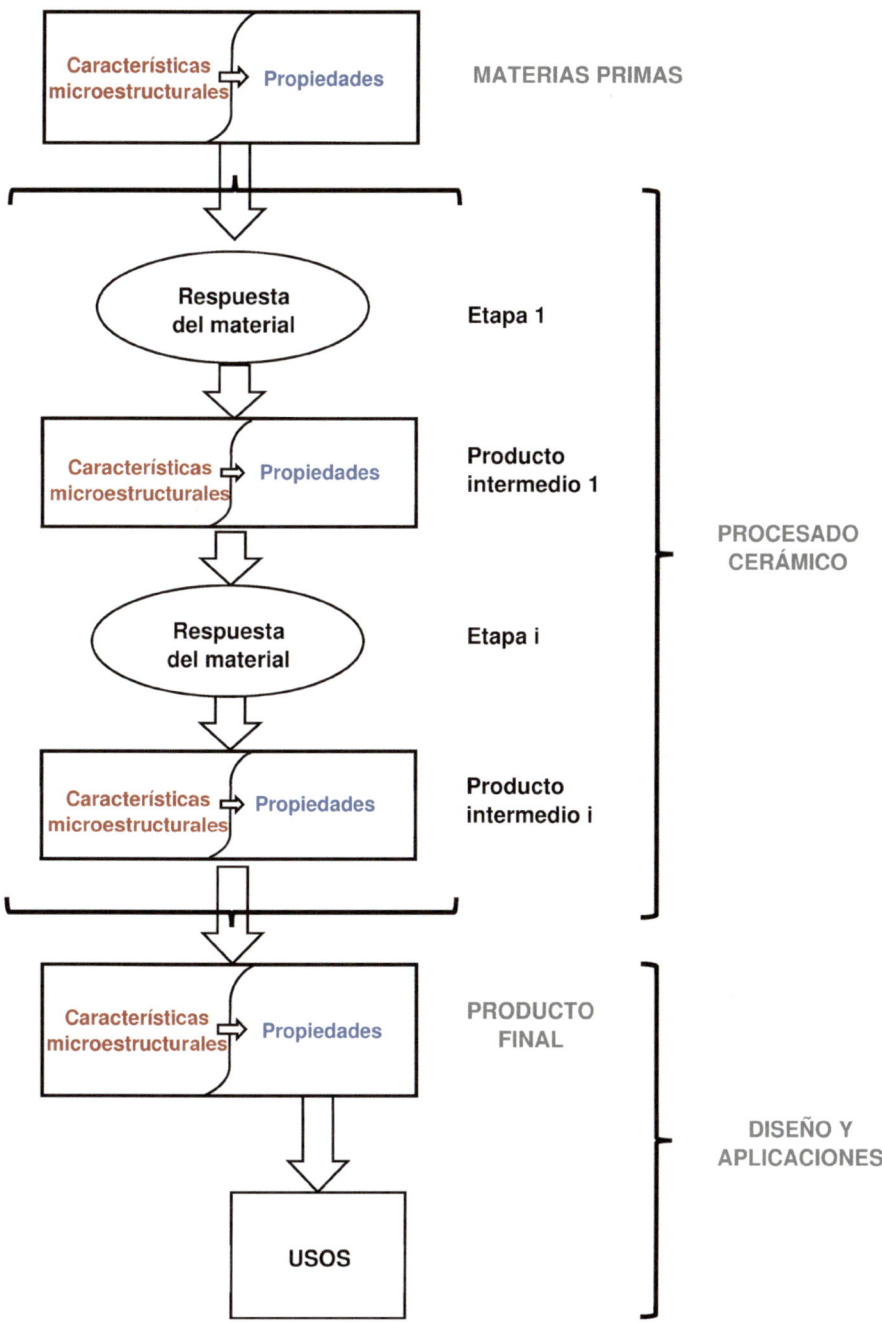

Figura 1.2. Interrelación: procesado cerámico – microestructura – propiedades – usos

MICROESTRUCTURA REAL

CARACTERÍSTICAS
MICROESTRUCTURALES

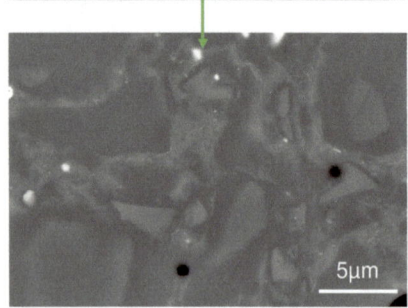

Naturaleza
Forma
Tamaño
Distribución
Orientación

Partículas cristalinas
Áreas vítreas
Poros
Grietas

*Figura 1.3. La compleja microestructura real de un material (gres porcelánico)
se procura describir mediante un conjunto de características microestructurales.
(Cortesía del Laboratorio de Microscopía del ITC)*

Las propiedades, también denominadas propiedades de comportamiento, eva-lúan o determinan cómo se comporta el material cuando se somete a diferentes agentes externos: esfuerzos mecánicos (propiedades mecánicas), ciclos térmicos (propiedades térmicas), ambientes químicos (propiedades químicas), etc. Es decir, que a una microestructura le corresponden multitud de propiedades, y mediante la ciencia de los materiales podemos estimar estas últimas a partir de las caracterís-ticas microestructurales. En cambio, la magnitud de una propiedad o conjunto de propiedades no nos permite estimar su microestructura, ni como se ha generado esta. Al efecto, consideremos un ejemplo sencillo: la opacidad de vidriados. Si conocemos la microestructura de un vidriado opaco de circón y determinamos algunas de sus características microestructurales (cantidad, tamaño y distribución de las partículas de circón y la presencia o no de separación de fases vítreas) po-demos estimar y comprender su opacidad. No obstante, conociendo la opacidad de un vidriado no podemos estimar su microestructura, ya que existen diferentes opacificantes y mecanismos de opacificación que conducen al mismo resultado; incluso dentro del mismo sistema le corresponde la misma opacidad a un vidriado con más cristales grandes que a otro con menos cristales pequeños. La dispersión de la luz es la ley física que determina esta propiedad. Invitamos al lector que haga lo propio con otras propiedades tanto del producto final como del intermedio.

1.3. LA RELACIÓN: USOS – PROPIEDADES – MICROESTRUCTURA FINAL

Esta relación es la base del diseño racional de nuevos materiales y de la mejora de los existentes. La relación: usos – propiedades es, en principio, más sencilla, ya que el uso o empleo de un material para cumplir una determinada función o aplicación vendrá siempre impuesto mediante un conjunto de requisitos o restricciones a las propiedades del producto final.

La relación: propiedades – microestructura, en el caso de la cerámica blanca es, generalmente, más compleja, sobre todo para algunas de sus propiedades. En consecuencia, en algunos casos solo dispondremos de información cualitativa entre alguna/s característica/s microestructural/es y la propiedad en cuestión, por lo que es también imprescindible seguir desarrollando ciencia de los materiales en esta área. En el caso de microestructuras más sencillas, como el caso de recubrimientos vítreos o vitrocristalinos, la relación: propiedad – características microestructurales suele ser más sencilla.

A continuación, trataremos algunos ejemplos interesantes que ponen de manifiesto este tipo de relaciones en materiales de cerámica blanca.

1.3.1. Revestimiento cerámico de calidez al tacto, ligero e impermeable

A título de ejemplo, analizaremos los resultados de un proyecto público, de financiación regional (Blasco 2020), dirigido por los autores, que tenía entre otros objetivos el desarrollo, a escala de laboratorio, de losetas que presentasen calidez al tacto, impermeables y ligeras, de comportamiento similar a otros materiales empleados en el recubrimiento de paredes (madera).

La primera cuestión que se debía resolver era determinar qué propiedad/es está/n relacionada/s con esta característica táctil. El análisis de este fenómeno condujo a que la sensación táctil de calidez depende de la velocidad a la que pierde calor la superficie de la piel humana cuando entra en contacto con la del recubrimiento. Es decir, a menor velocidad de enfriamiento mayor sensación de calidez. Se trata, por tanto, de un fenómeno de transferencia de calor por conducción en estado no estacionario desde la superficie más caliente (temperatura piel 37 ºC) a una superficie más fría. La característica del material determinante de este proceso es la difusividad térmica efectiva, α, que se define como la razón entre la capacidad de un material de conducir calor y la de almacenarlo:

$$\alpha = \frac{k_{eff}}{\rho c}$$
ec. 1.1

donde k_{eff} es la conductividad efectiva del material, que tiene en cuenta, también, la transmisión de calor no solo a través del propio material sino también desde su superficie a la de la piel. Esta última dependiente de la rugosidad (menos superficie de contacto real); ρ y c son la densidad y el calor específico del material, respectivamente (Amorós y Blasco 2020).

Así pues, los materiales con valores elevados de α responden rápidamente a los cambios térmicos (como los metales), mientras que en las superficies rugosas de materiales aislantes (k_{eff} pequeña) la ganancia de calor (pérdida de calor de la superficie de la piel) es muy lenta, es decir, presentan una buena sensación de calidez al tacto. En lo que respecta a la relación entre difusividad y la microestructura del material, según la ciencia de los materiales, por una parte, se ha comprobado que la difusividad térmica disminuye de forma acusada conforme aumenta la porosidad del material. Esto se debe, fundamentalmente, a que su conductividad disminuye mucho más que la densidad del material o que su calor específico. Por otra, la conductividad intrínseca de un material exento de porosidad depende de su estructura a escala atómico-molecular, siendo esta propiedad, en los materiales no metálicos, tanto menor cuanto mayor es su desorden estructural a escala atómico-molecular (vidrios inorgánicos o vidrios orgánicos plásticos).

Así pues, el producto a desarrollar debía ser una lámina vitrocristalina rugosa, con una elevada porosidad cerrada, impermeable (sin porosidad abierta, $\varepsilon_{abierta} = 0$), y con una resistencia mecánica aceptable (figura 1.4).

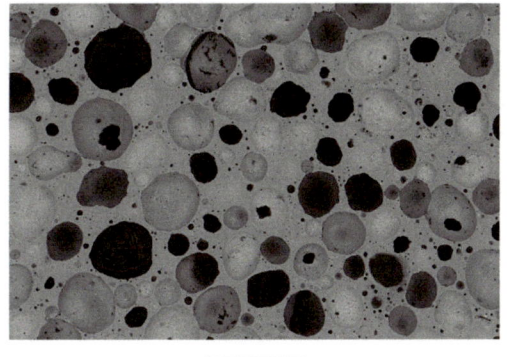

Lámina vitrocristalina porosa: $\rho \approx 0{,}73 g/cm^3$; $\varepsilon_{abierta}=0$

Temperatura (ºC)	Difusividad térmica·10^6 (m^2/s)	Conductividad térmica (W/mK)
25	0,404±0,003	0,271±0,002
100	0,367±0,018	0,247±0,012

Madera: $\rho \approx 0{,}4\text{-}0{,}6 g/cm^3$

25	0,468±0,062	0,196±0,018
100	0,393±0,069	0,234±0,023

500µm

Figura 1.4. Lámina vitrocristalina porosa desarrollada. Microestructura y propiedades térmicas. (Blasco 2020)

La microestructura del producto se ha logrado controlando la sintercristalización de una mezcla de componentes de naturaleza vítrea y cristalina, y un material cuya descomposición, también controlada, provocaba gases que quedaban ocluidos en la matriz vitrocristalina.

1.3.2. Materiales porosos (lozas y revestimientos cerámicos). Propiedades térmicas y mecánicas

A diferencia del ejemplo anterior, para piezas de cerámica blanca porosa (soporte de pavimento y revestimiento, lozas de alta porosidad, etc.), debido a su compleja microestructura y a la presencia de cuarzo en su composición, la relación entre las propiedades térmicas y mecánicas y su microestructura es compleja. Dicho comportamiento se asocia a la formación de grietas alrededor de las partículas de cuarzo de mayor tamaño durante la fase de enfriamiento. Esta característica microestructural es determinante de las propiedades citadas como veremos a continuación.

Durante el enfriamiento en el horno de materiales que contienen cuarzo, a temperaturas menores a la que la fase líquida viscosa se convierte en elástica, T_g, (figura 1.5), la diferencia de contracción térmica entre el cuarzo y la matriz de naturaleza vitrocristalina en la que está inmerso (constituida por vidrio, cristales y poros) genera grandes tensiones entre ambos, que pueden llegar a provocar la aparición de grietas alrededor de las partículas, e incluso en su interior (figura 1.7).

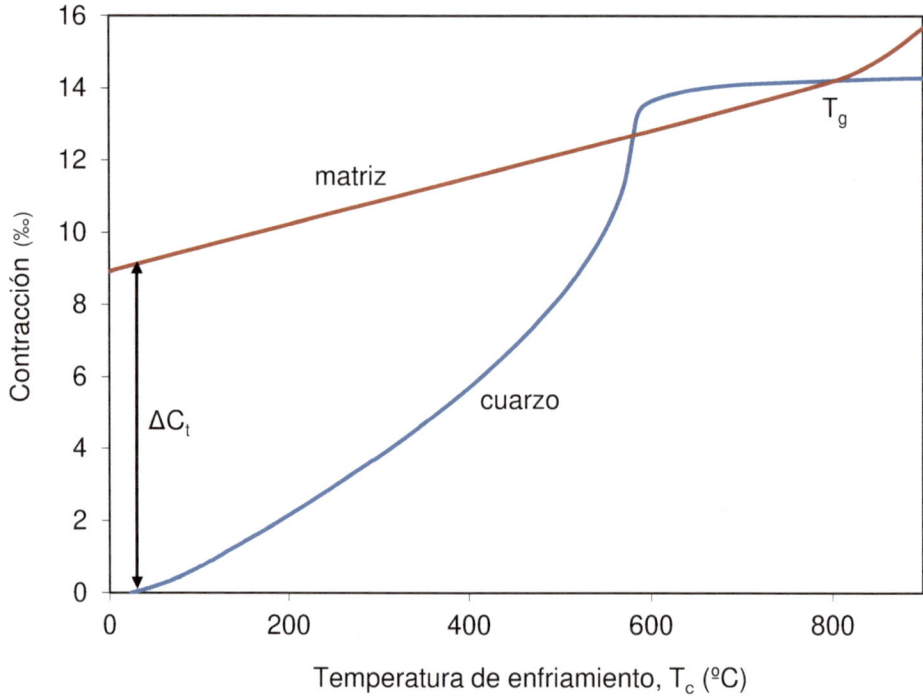

Figura 1.5. Diferencia de contracción matriz-cuarzo, ΔC_t, durante el enfriamiento de la pieza. T_g es la temperatura de acoplamiento efectiva cuarzo-matriz. A partir de esta temperatura la matriz es rígida, por lo que la diferencia de contracción, ΔC_t, entre ambos materiales genera tensiones

Teóricamente, se puede estimar que el tamaño crítico del cuarzo, a_c, al que se va despegando de la matriz es inversamente proporcional al cuadrado de la diferencia de contracción, ΔC_t, y de las propiedades mecánicas, y va disminuyendo conforme lo hace la temperatura (figura 1.6). Para el caso de materiales de cerámica blanca se ha estimado (Amorós et al. 2009) que, a_c a temperatura ambiente se sitúa alrededor de 10 µm (figura 1.6). Este resultado se ha confirmado por microscopía electrónica de barrido (figura 1.7).

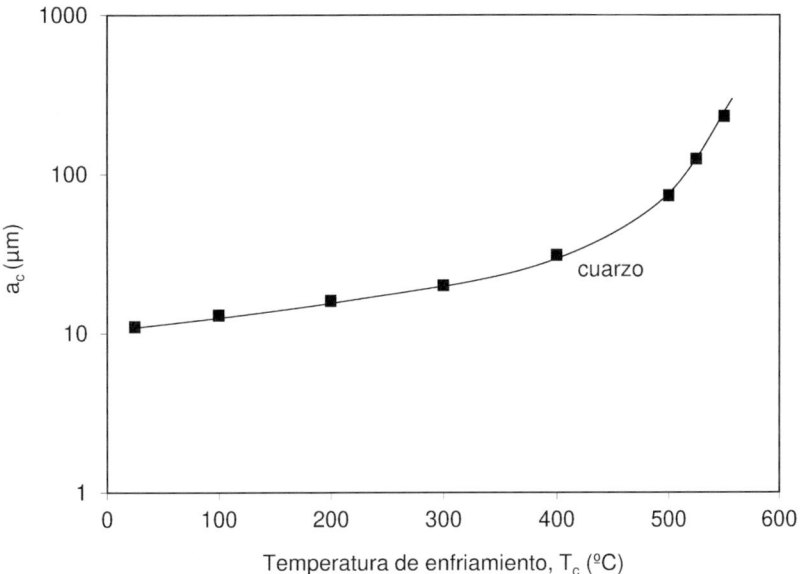

Figura 1.6. Variación del tamaño crítico del cuarzo, a_c, al que se despega de la matriz frente a la temperatura de enfriamiento. (Amorós et al. 2009)

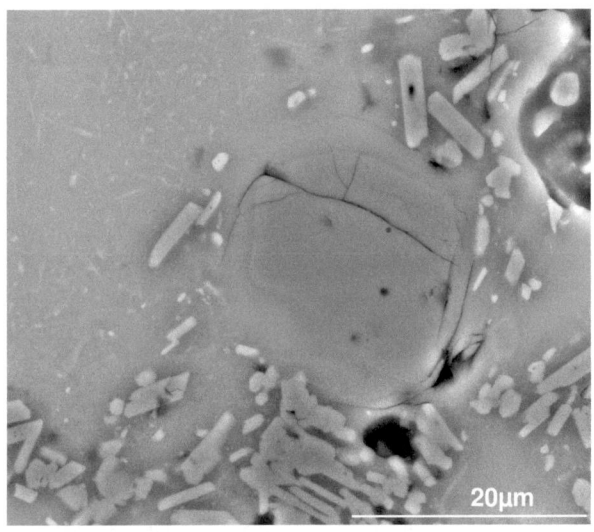

Figura 1.7. Micrografía SEM de una partícula de cuarzo de unos 20 µm, con grietas circulares en la interfase con la matriz vítrea y transversales en su interior. Porcelana eléctrica. (Cortesía del Laboratorio de Microscopía del ITC)

29

Así pues, la caracterización microestructural del producto final debe incluir la fracción volumétrica de partículas de cuarzo que se despega de la matriz, ε_c, debido a este fenómeno de acoplamiento cuarzo-matriz. Esta se puede definir como la razón: volumen de cuarzo despegado/volumen total de la pieza, por similitud a la porosidad, ε. Sin entrar en detalles sobre la estimación de ε_c (basada en la histéresis de la expansión térmica en un material cocido y en validada por observación microscópica) se ha comprobado y descrito cuantitativamente el efecto de la fracción volumétrica de estas grietas, ε_c, sobre la expansión térmica y las propiedades mecánicas (módulo elástico, E, y resistencia mecánica, σ_f), para revestimientos porosos de naturaleza calcárea de composición estándar (Amorós et al. 2009, Amorós et al. 2010c). En este estudio se modificaron las variables de compactación (presión y humedad de prensado), temperatura de cocción y tamaño de partícula del cuarzo, con vistas a obtener microestructuras con porosidades y fracciones volumétricas de grietas distintas.

Para un composite binario cuarzo-matriz, sin grietas, el modelo de Tummala y Friedberg (1970) se puede expresar como:

$$\alpha_{th} = \alpha_m + \phi(\alpha_Q - \alpha_m)\beta \qquad \text{ec. 1.2}$$

siendo α_{th}, α_m y α_Q los coeficientes de expansión térmica que predice el modelo, de la matriz y del cuarzo, respectivamente, a una temperatura dada o para un intervalo de temperaturas determinado; ϕ es la fracción másica de cuarzo y β un parámetro que depende de las propiedades mecánicas del cuarzo y de la matriz.

Ahora bien, al comparar los valores experimentales, α, con los calculados teóricamente, α_{th}, mediante la ec. 1.2 se apreció una clara relación entre la diferencia entre los calculados y los experimentales, δ:

$$\delta = \left(\frac{\alpha_{th} - \alpha}{\alpha}\right) \cdot 100 \qquad \text{ec. 1.3}$$

y la fracción volumétrica de grietas (figura 1.8). En ellas se representan los valores de δ frente a ε_c correspondientes a piezas obtenidas con distinto tamaño medio de partícula del cuarzo (C = 42 μm, M = 23 μm y F = 7,8 μm) y a distintas temperaturas máximas de cocción (1.050 °C, 1.100 °C y 1.150 °C).

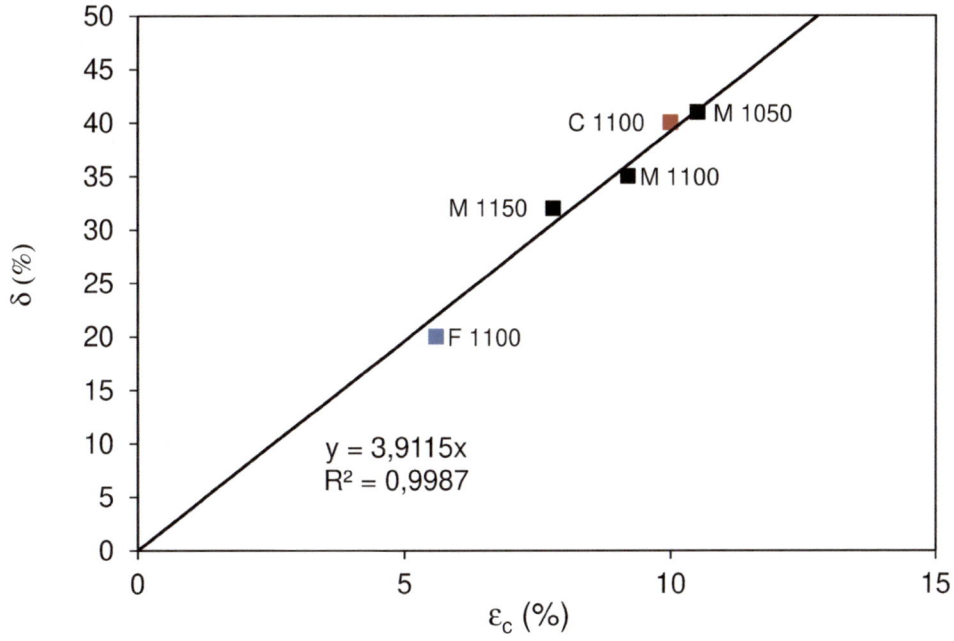

*Figura 1.8. Relación entre la desviación porcentual, δ, del coeficiente
de expansión térmica estimado teóricamente y el obtenido experimentalmente
y la fracción volumétrica de grietas, ε_c. Los puntos representan piezas
con diferente tamaño medio de cuarzo: C = 42 μm, M = 23 μm y F = 7,8 μm;
cocidas a diferentes temperaturas máximas: 1.050 °C, 1.100 °C y 1.150 °C.
(basada en los resultados de Amorós et al. 2009)*

Se aprecia una buena proporcionalidad entre una y otra magnitud ($\delta = 3{,}91\ \varepsilon_c$),
que además es independiente de las variables de operación utilizadas (temperatura
de cocción, tamaño del cuarzo y compacidad de la probeta), lo que pone de manifiesto la importancia de esta característica microestructural, ε_c, sobre la expansión
térmica de estos soportes (propiedad). De esta proporcionalidad y de la ec. 1.2 y
ec. 1.3 se llega a la relación deseada:

$$\alpha = \frac{\alpha_m + \phi\left(\alpha_Q - \alpha_m\right)\beta}{k\varepsilon_c + 1} \qquad \text{ec. 1.4}$$

31

En efecto, este modelo (ec. 1.4) describe la relación entre α (propiedad) de la pieza cocida en función, únicamente, de las características microestructurales del material (fracción másica de cuarzo, ϕ, y fracción volumétrica de grietas, ε_c). Los restantes parámetros son propiedades (α_m y α_Q) o combinación de propiedades de ambos materiales (β), que no cambian al modificar la composición de partida y ni las variables de proceso. Además, este modelo, al menos cualitativamente, es aplicable a materiales de cerámica blanca de más baja porosidad (Amorós et al. 1992a).

Esta característica microestructural, que depende de las variables de operación, engloba el efecto de todas ellas sobre la expansión térmica. En la figura 1.9 se representa la variación que sigue la fracción volumétrica de grietas, ε_c, en función de la temperatura de cocción, para probetas conformadas a igualdad de densidad aparente en crudo e igualdad de presión, con distintos tamaños de cuarzo. Se prensaron probetas, a 22 MPa, para cada tamaño de cuarzo. Además, para obtener piezas con la misma compacidad en crudo, se prensaron probetas a 17 MPa con cuarzo de tamaño C y a 40 MPa para del F. De este modo, las compacidades de las probetas C17, F40 y M22 eran la misma en crudo (y prácticamente en cocido, ya que la contracción de cocción de las probetas era muy pequeña).

La disminución de ε_c con el aumento de la temperatura se debe, principalmente, al incremento del área de contacto matriz-cuarzo que se produce con la reducción de la porosidad, ε, y a una mejora de las propiedades mecánicas de la matriz propiamente dicha, debido a un mayor avance de la sinterización. Las áreas compactas son mayores (figura 1.10).

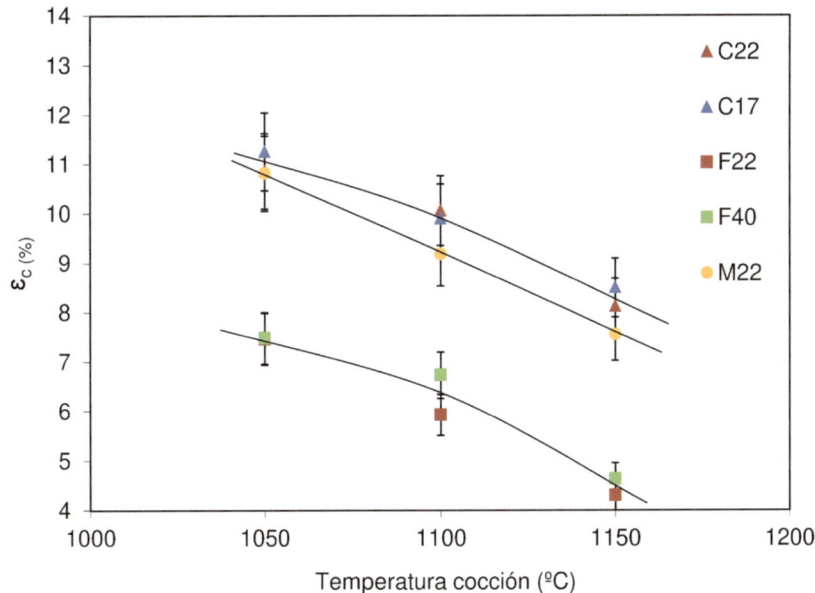

Figura 1.9. Variación de la fracción volumétrica de grietas, ε_c, con la temperatura de cocción, para probetas preparadas con diferentes tamaños de cuarzo (C = 42 μm, M = 23 μm y F = 7,8 μm) y compactadas a diferentes presiones de prensado (17 MPa, 22 MPa y 40 MPa). Las probetas C17, M22 y F40 presentaban la misma compacidad en crudo. (Adaptado de Amorós et al. 2009)

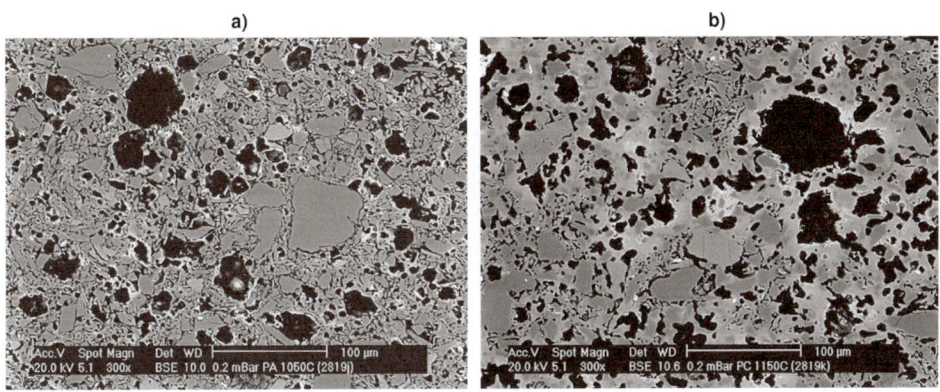

Figura 1.10. Micrografías MEB de las probetas M22 cocidas a: a) *1.050 ºC* y b) *1.150 ºC. (Amorós et al. 2009)*

Afortunadamente, para composites vítreos o vitrocristalinos (esmaltes), en los que no suele producirse microgrietas por acoplamiento entre las distintas fases cristalinas y la matriz de distinta expansión térmica, los valores del coeficiente de expansión térmica, α, pueden estimarse por la ecuación de Tummala y Friedberg (1970), como ya ha sido comprobado para diferentes esmaltes de pavimento y revestimiento cerámico.

Para tratar de relacionar el módulo elástico, E, y las características microestructurales de la pieza, porosidad, ε, y fracción volumétrica de grietas, ε_c, se ha partido de los modelos de *Minimum Solid Area* (MSA) (Scheffler y Colombo 2005) y el de Martin y Haynes (1971), y se ha considerado que el efecto de ε_c sobre E es análogo al que ejerce la porosidad, ε, sobre esta misma propiedad (E). Operando resultan la ecuación MSA modificada:

$$E = E_0\left[1 - k(\varepsilon + \varepsilon_c)^{2/3}\right]$$
ec. 1.5

y la ecuación de Martin y Haynes modificada:

$$E = E_0\exp[-k(\varepsilon + \varepsilon_c)]$$
ec. 1.6

Estos modelos ajustaron aceptablemente bien el módulo elástico, E, (propiedad) con solo dos características microestructurales: porosidad, ε, y fracción volumétrica de grietas, ε_c, (Amorós et al. 2009, Amorós et al. 2010c). Además, dicha relación era independiente de todas las variables de operación utilizadas.

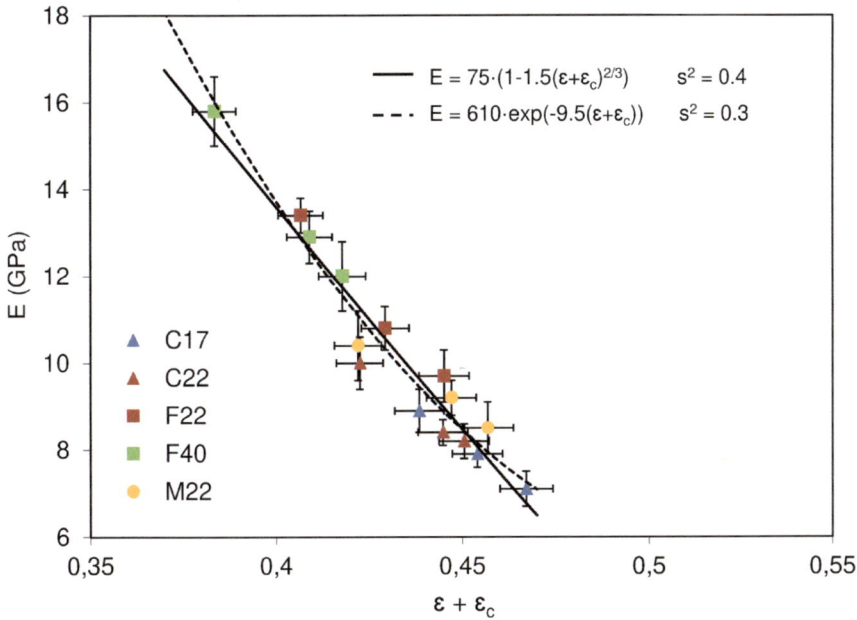

Figura 1.11. Verificación, adecuación de los resultados a los modelos
(ec. 1.5 y ec. 1.6), para las mismas probetas que las de la figura 1.9.
(Adaptado de Amorós et al. 2009)

Para el caso de la resistencia mecánica, la relación básica viene dada por el modelo de Griffith (1921):

$$\sigma_f = \frac{1}{Y}\left[\frac{2\gamma_i E}{c}\right]^{1/2} \qquad \text{ec. 1.7}$$

donde γ_i es la energía superficial efectiva o energía de fractura para iniciar la grieta; E es el módulo elástico; c es el tamaño de la grieta iniciadora de la fractura; e Y el factor de calibración (dependiente de la geometría y dimensiones de la probeta y de la forma de aplicar la carga en el ensayo).

Por otra parte, de acuerdo con la mecánica de fractura lineal (Irwin 1962), la tenacidad de fractura, K_{IC}, que se puede definir como la resistencia que opone el material a la propagación de la grieta, viene dada por:

$$K_{IC} = Y\sigma_f c^{1/2} \qquad\qquad \text{ec. 1.8}$$

Combinando ambas ecuaciones (ec. 1.7 y ec. 1.8) se obtienen las relaciones:

$$K_{IC} = 2(\gamma_i E)^{1/2} \qquad\qquad \text{ec. 1.9}$$

y

$$\sigma_f = \frac{1}{Y}\frac{K_{IC}}{c^{1/2}} \qquad\qquad \text{ec. 1.10}$$

Para materiales muy porosos, $\varepsilon \gg 0$, y con muchas grietas de enfriamiento, $\varepsilon_c \gg 0$, tanto E como γ_i deben depender mayoritariamente de ε y ε_c, por lo que, en principio, se puede considerar que la tenacidad, K_{IC}, varía de forma análoga a como lo hace E con estas características (ε y ε_c) (ec. 1.5 y ec. 1.6), o bien que la energía de fractura dependa del tamaño más grueso de partícula de cuarzo, a_{90} (diámetro por debajo del cual se sitúa el 90 % de las partículas).

Por otra parte, en principio, también puede suponerse que el tamaño de la grieta iniciadora de la fractura, c, depende de esta característica, a_{90}. En ambos casos, para tener en cuenta el efecto del tamaño más grueso de partícula de cuarzo, se han modificado la ec. 1.5 y ec. 1.6, introduciendo un término potencial que incluya a_{90}.

$$\sigma_f = \sigma_{f0}\left[1 - k(\varepsilon + \varepsilon_c)^{2/3}\right] a_{90}^{-n} \qquad\qquad \text{ec. 1.11}$$

y

$$\sigma_f = \sigma_{f0}\exp\left[-k(\varepsilon + \varepsilon_c)\right]a_{90}^{-n} \qquad\qquad \text{ec. 1.12}$$

siendo σ_{f0} la resistencia a la fractura para $\varepsilon = 0$ y $\varepsilon_c = 0$; y k y n son constantes.

De nuevo, los resultados se ajustaron bien a los dos modelos (ec. 1.11 y ec. 1.12) (figura 1.12).

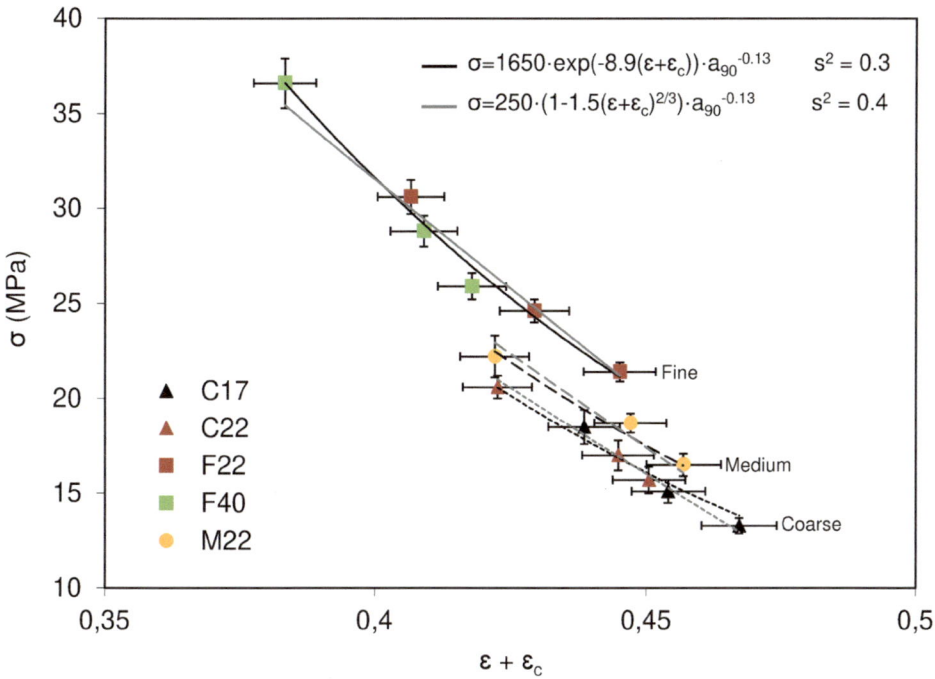

Figura 1.12. Verificación de los modelos propuestos (ec. 1.11 y ec. 1.12),
para las mismas probetas que de la figura 1.9 y figura 1.11.
(Adaptado de Amorós et al. 2009)

Así pues, esta propiedad, σ_f, se relaciona con tres características microestructurales: la porosidad, ε, la fracción volumétrica de grietas de enfriamiento, ε_c, y el tamaño más grueso de partícula, a_{90}, de cada distribución. Además, estas relaciones también son independientes de las variables de operación ensayadas. Teniendo en cuenta que el efecto del tamaño de grano de cuarzo puede influir más en K_{IC} que en el tamaño de inicio de fractura, c, que generalmente es mayor que el tamaño de los poros y de las partículas, se consideró englobar su efecto dándole más importancia a ε_c sobre σ_f. Así pues, el nuevo modelo a ensayar fue:

$$\sigma_f = \sigma_{f0}\exp[-k_1(\varepsilon + k_2\varepsilon_c)] \qquad \text{ec. 1.13}$$

Los resultados, aunque dispersos, se ajustan al modelo (figura 1.13), lo que permite, para este tipo de muestras porosas y con grietas asociadas al cuarzo, disponer de una relación entre la resistencia mecánica, σ_P, (propiedad) y las dos características microestructurales más importantes: la fracción volumétrica de grietas de enfriamiento, ε_c, y la porosidad, ε, (totalmente independientes de las variables de operación). Así mismo, se pone de manifiesto la marcada influencia de la fracción volumétrica de grietas de enfriamiento, ε_c.

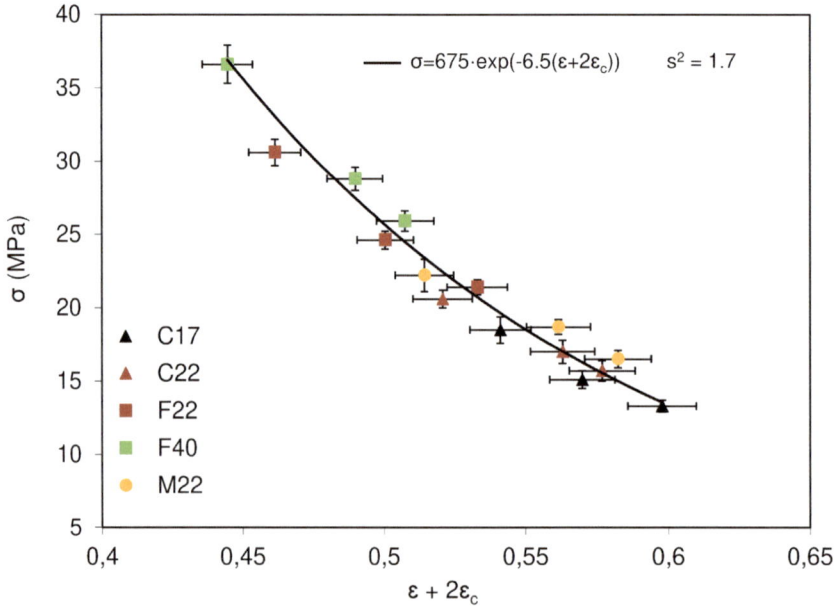

Figura 1.13. Verificación del modelo propuesto (ec. 1.13), para las mismas probetas que la de la figura 1.9, figura 1.11 y figura 1.12. (Adaptado de Amorós et al. 2009)

1.3.3. Materiales altamente densificados (porcelana triaxial, eléctrica, gres porcelánico, esmaltes, etc.). Propiedades mecánicas

Para todos estos productos, en general, y para las láminas y baldosas de gres porcelánico, en particular, la resistencia mecánica, σ_P, y la tenacidad, K_{IC}, a la fractura, esta última directamente relacionada con la resistencia al impacto, son de gras interés.

En el caso de composiciones tradicionales formuladas con arcillas, feldespatos, sienitas y cuarzo, tanto la resistencia mecánica, σ_f, como la tenacidad, K_{IC}, están condicionadas, en gran medida, por la presencia de fracturas periféricas en el borde del grano, cerca de este o en su interior, generadas durante el enfriamiento de la pieza en el horno. En estos productos de porosidad mucho más bajas que los anteriormente discutidos, entran en juego distintos mecanismos de reforzamiento del material que mejoran su resistencia mecánica, σ_f, debido a un incremento de su tenacidad. Estos mecanismos son: reforzamiento superficial de la pieza, reforzamiento volumétrico por generación de tensiones residuales en el interior de la matriz vítrea o vitrocristalina y reforzamiento volumétrico por desviación de la grieta.

El primero de estos mecanismos consiste en provocar, en la superficie de la pieza, una tensión de compresión, bien enfriando su superficie mucho más rápido que su interior, en el intervalo de temperaturas en el que la matriz presenta un comportamiento viscoelástico, o bien mediante la aplicación de un vidriado con un coeficiente de expansión térmica menor que el del soporte. El segundo de estos procedimientos es aplicable también a materiales porosos.

El segundo de los mecanismos consiste en la generación de tensiones residuales en el interior de la matriz. Para ello se introducen partículas cristalinas en la matriz para generar un campo de tensiones residuales, debido a la diferencia del módulo de Young y/o del coeficiente de expansión térmica entre las partículas cristalinas (reforzantes) y la matriz vítrea durante la fase de enfriamiento de la cocción del material (figura 1.14).

En el caso de que el coeficiente de expansión térmica de la partícula reforzante sea más grande que el de la matriz, las partículas cristalinas estarán sometidas a un esfuerzo de tensión, mientras que la matriz estará, también, en tensión en la dirección radial, pero en compresión en dirección tangencial. El sometimiento de la matriz a un estado de compresión, que es tanto mayor cuanto más grande es la diferencia entre el coeficiente de expansión térmica de los dos materiales y mayor los módulos de ambos, conduce a un incremento de la tenacidad del material. Pequeñas partículas de cuarzo, que no presentan fisuras generadas durante el enfriamiento por el mecanismo de acoplamiento partícula-matriz, actúan como reforzantes mediante este mecanismo. Lo propio sucede para la alúmina (Wan et al. 2019a, Takashi et al. 2020).

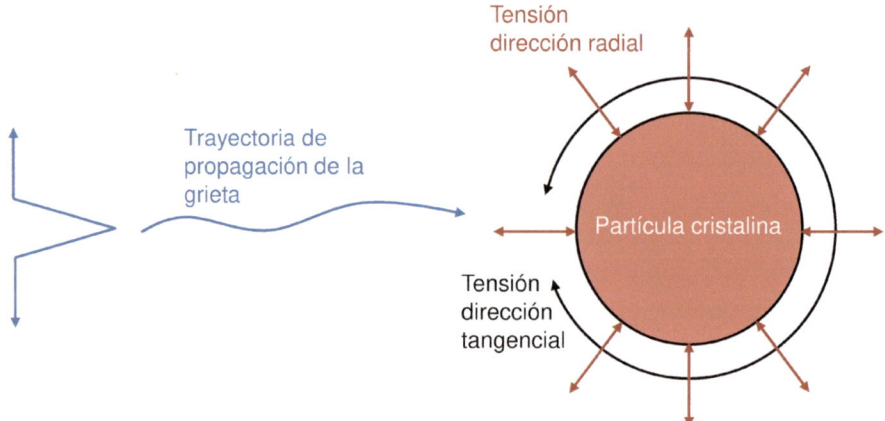

Figura 1.14. Distribución de tensiones y trayectoria de la grieta
en las proximidades de una partícula cristalina de coeficiente de expansión
térmica y módulo de elasticidad mayores que los de la matriz

El reforzamiento volumétrico por desviación de la grieta (figura 1.15) se basa en que la dispersión de partículas duras y elásticas en una matriz vítrea desvían la trayectoria recta de la grieta (a), rodeando la partícula, e incluso detiene su propagación (b), lo que aumenta la energía de fractura, γ_i, y, en consecuencia, su tenacidad, K_{IC}, y resistencia mecánica, σ_f.

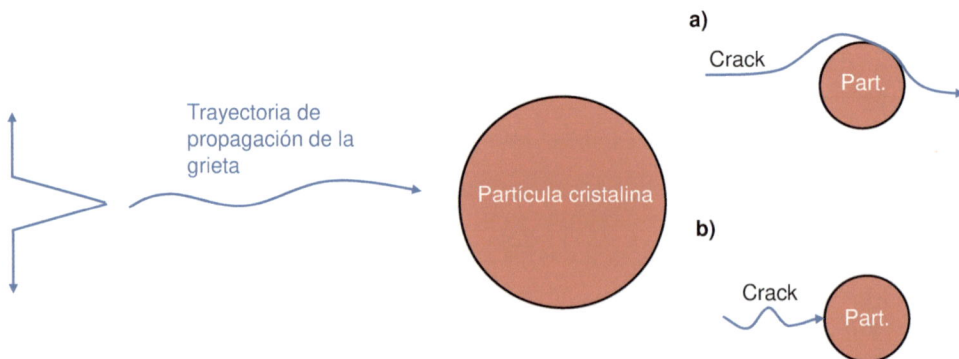

Figura 1.15. Distribución de tensiones y trayectoria de la grieta
en las proximidades de una partícula cristalina de coeficiente de expansión
térmica y módulo de elasticidad mayores que los de la matriz

Se ha comprobado que la sustitución de cuarzo, en composiciones de porcelana triaxial, por otras fases cristalinas –silimanita (Maity y Sarkar 1996; Maity, Mukhopadhyay y Sarkar 1996), cordierita y alúmina (Blodgett 1961; Harada, Sugiyama e Ishida 1996)– aumenta la resistencia mecánica del material por este mecanismo (figura 1.16).

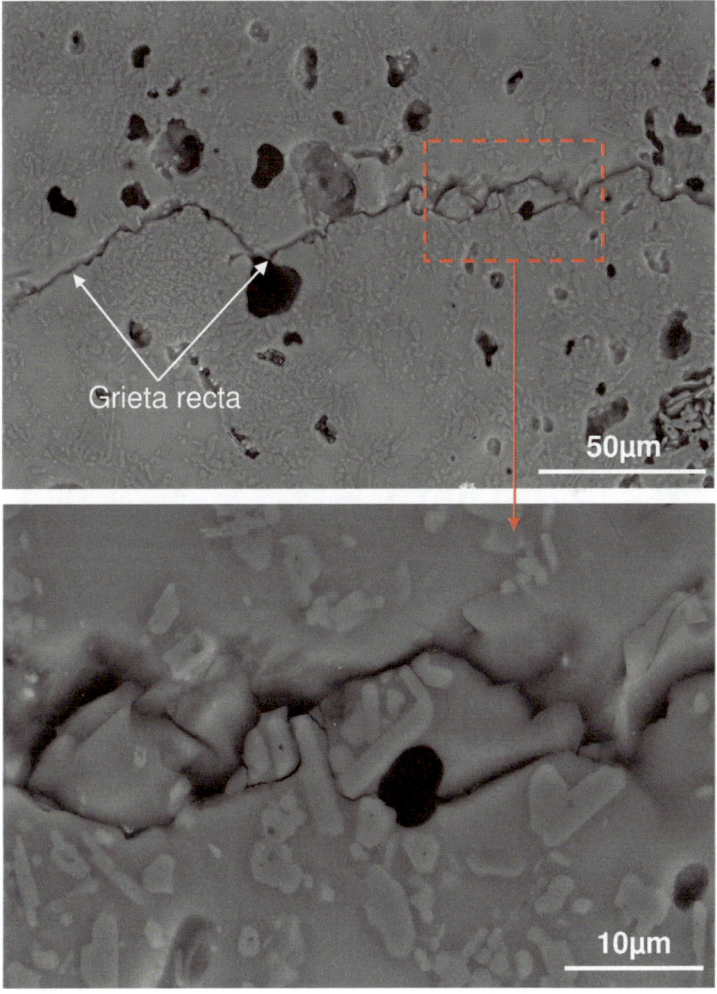

Figura 1.16. Micrografías MEB de una porcelana eléctrica con corindón.
La trayectoria de la grieta en las áreas de matriz son rectas. La presencia
de corindón desvía la grieta e incrementa la tenacidad. (Cortesía
del Laboratorio de Microscopía del ITC)

Al analizar el comportamiento mecánico y la microestructura de estos materiales densos y con abundante cuarzo en su formulación (siempre por encima del 25 % en peso) se puede concluir que existe una clara proporcionalidad entre la resistencia mecánica a la flexión, σ_f, y la tenacidad a la fractura, K_{IC}, aun cuando la microestructura de los materiales sea muy diferente entre unos y otros. En efecto, Bragança, Bergmann y Hübner (2006) determinaron el efecto del tamaño de partícula del cuarzo sobre la resistencia mecánica a la flexión, σ_f, tenacidad, K_{IC}, y tamaño de la grieta iniciadora de la fractura, c, en porcelanas triaxiales (de composición: 25 % en peso de cuarzo, 25 % en peso de feldespato potásico y 50 % en peso de caolín). Hemos tratado estos resultados, representando los valores de σ_f, K_{IC} y c frente al tamaño de partícula del cuarzo representativo de la fracción más gruesa de cada distribución, a_{90}, (figura 1.17). Se aprecia que, excepto para tamaños excesivamente grandes ($a_{90} \approx 180$ µm), mucho mayores de los que se encuentran en las porcelanas comerciales, el tamaño de la grieta iniciadora de la fractura se mantiene prácticamente constante (c ≈ 200 µm). Este comportamiento demuestra que el aumento de la resistencia mecánica a la fractura con la disminución del tamaño de las partículas de cuarzo es consecuencia, exclusivamente, del efecto de esta variable sobre la tenacidad. En otras palabras, el marcado cambio microestructural de la pieza, que implica el aumento del tamaño de partícula de cuarzo (manteniendo constante las demás variables de operación), que se manifiesta en un aumento del tamaño y volumen de los poros, partículas de cuarzo y grietas, y una disminución de la homogeneidad de la microestructura, solo afecta a K_{IC} y, como consecuencia de ello, a la resistencia mecánica, σ_f.

Lo propio sucede al analizar los resultados de la bibliografía, en los que se estudió el efecto de la temperatura de cocción, cantidad y tamaño de cuarzo sobre las propiedades mecánicas del gres porcelánico (Sánchez et al. 2006) y el del comportamiento mecánico de diferentes piezas industriales de este material (Tenorio Cavalcante et al. 2004). En todos los casos, el tamaño de la grieta iniciadora de la fractura se sitúa sobre los 200 µm.

Así pues, la tenacidad de este material, directamente relacionada con su microestructura, es determinante de la resistencia mecánica de las piezas. En efecto, la resistencia a la propagación de la grieta, es decir la tenacidad, es la medida de la dificultad a que se forme una fractura interconectada entre poros y grietas a través de la matriz, que provoque la fractura catastrófica de la pieza. Esta característica, por tanto, dependerá de la longitud de la trayectoria de la grieta y de la resistencia mecánica de la matriz (vidrio más cristales). Así pues, una matriz tensionada en compresión, por dispersión de partículas cristalinas reforzantes, soportará mejor el esfuerzo de tracción al que se somete la pieza durante el ensayo de torsión o flexión. Análogamente, la presencia de cristales dispersos en la matriz desvía o ramifica la trayectoria de la grieta, aumentando la energía de fractura, γ_v, y, con ello, K_{IC}. Por último, y no por ello menos importante, conforme aumenta el tamaño y volumen de los poros y de las microgrietas más fácilmente se propaga la grieta. En este sentido, las formulaciones de gres porcelánico y porcelana con abundante cuarzo de tamaño de partícula grueso conducen a microestructuras cocidas con abundantes grietas y poros, por lo que el efecto de este componente (cuarzo) es negativo. Análogamente, piezas sobrecocidas que contienen grandes poros aislados y esféricos, o bien piezas poco cocidas con poros irregulares y, a menudo, conectados, conducen a tenacidades bajas, especialmente cuando los poros están conectados con grietas alrededor del cuarzo.

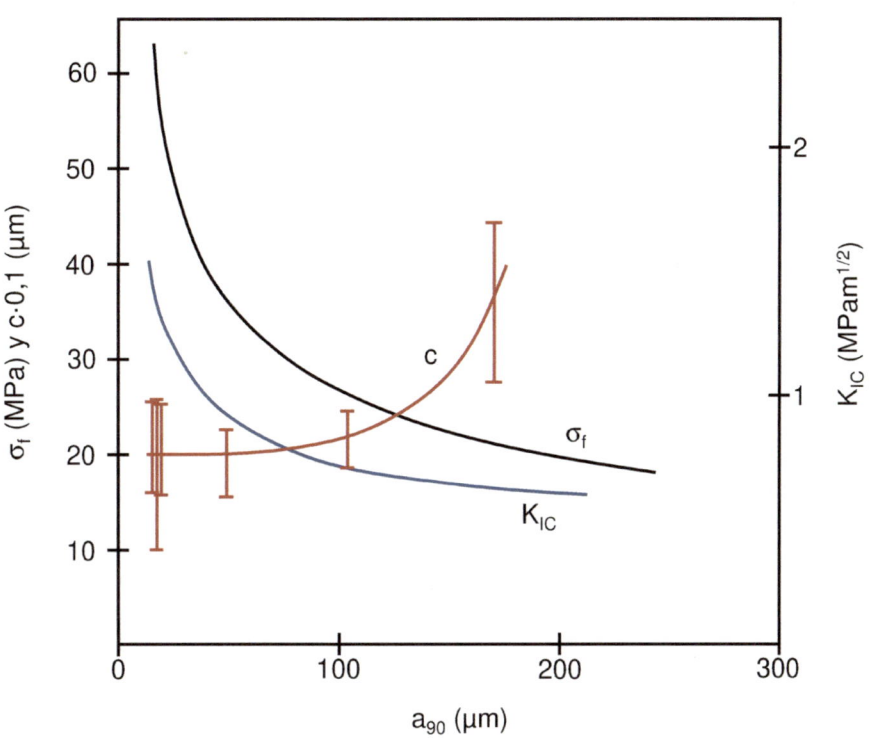

Figura 1.17. Variación de la resistencia mecánica a la fractura, σ_f, de la tenacidad, K_{IC}, y del tamaño de grieta iniciadora de la fractura, c, frente al tamaño del cuarzo más grueso de cada distribución, α_{90}. (Obtenida del tratamiento de los datos de Bragança, Bergmann y Hübner 2006)

La sustitución de cuarzo por alúmina en las porcelanas eléctricas ratifica lo anteriormente expuesto al duplicar prácticamente su resistencia mecánica a la flexión, de 76 MPa a 143 MPa en un caso (Meng et al. 2012) y, en otro, de 112 MPa a 207 MPa (Yousaf et al. 2022). En este último caso, la sustitución de un 30 % en peso de cuarzo por su equivalente en alúmina conduce a una microestructura más homogénea, con ≈35 % en peso de corindón como fase mayoritaria, que actúa como reforzante, frente a un ≈28 % en peso de cuarzo y un ≈27 % en peso de mullita de la formulación original. Así pues, el efecto reforzante de la mullita (por el mecanismo de desviación de grietas) no compensa el efecto negativo del cuarzo.

Así pues, la microestructura ideal para conseguir un aumento de la tenacidad en ese tipo de materiales, de por sí frágiles, es la de un material vitrocristalino, exento de porosidad y con una elevada proporción de pequeños cristales de elevada dureza y de un coeficiente de expansión térmica ligeramente más alto que el de la matriz vítrea. La formulación de composiciones que conduzcan a materiales vitrocristalinos de las características antes indicadas, mediante un proceso de sintercristalización, son una excelente alternativa a las composiciones actuales de piezas densas y de esmaltes (Amorós et al. 2021, Amorós et al. 2022a, Blasco et al. 2024).

La microdureza de recubrimientos (vidriados, etc.) es una de las propiedades mecánicas que puede determinarse en estos materiales una vez aplicados sobre un soporte y cocidos. Se ha estudiado (Amorós et al. 2020), en materiales compuestos circón-vidrio, el efecto del porcentaje de fases cristalinas, tamaño de cristal y de la porosidad sobre las propiedades mecánicas, determinadas por nanoidentación (módulo de deformación, M, equivalente al módulo elástico, E) y la microdureza. Este sistema, más simple que los esmaltes industriales, permite obtener las relaciones propiedades-microestructura, que son aplicables a recubrimientos más complejos (Amorós et al. 2020). Los resultados obtenidos se han ajustado a siguientes modelos:

$$M = \left[M_g(1 - \phi) + M_z\phi\right]\exp(-a\varepsilon) \qquad \text{ec. 1.14}$$

y

$$H = \left[H_g(1 - \phi) + H_z\phi\right](1 + bG^{-0,5})\exp(-c\varepsilon) \qquad \text{ec. 1.15}$$

donde: ϕ es la fracción volumétrica de circón, M_g y H_g son el módulo de deformación y la microdureza de la matriz vítrea, M_z y H_z son el módulo de deformación y la microdureza del circón, G es el tamaño de grano del circón, ε es la porosidad, y a, b y c son parámetros de ajuste.

Se comprueba que los valores del módulo de deformación y de la microdureza de los composites son siempre intermedios a los de los componentes individuales, aumentando cada propiedad conforme se incrementa la fracción volumétrica de cristales de circón, ϕ, y disminuye la porosidad, ε. En el caso de la microdureza, H, esta propiedad también aumenta conforme se reduce el tamaño de grano del circón, G.

En el caso de materiales vitrocristalinos obtenidos por sintercristalización, se obtienen resultados similares en cuanto al efecto negativo de la porosidad y a la distribución de valores de las propiedades mecánicas determinadas por nanoidentación. La dispersión de estas propiedades viene determinada, en este caso, por la amplitud de la distribución del volumen y tamaño de los poros. En efecto, para un esmalte vitrocristalino en el que el tamaño y fracción volumétrica de cristales es elevado y su distribución, homogénea (figura 1.18a), la curva de distribución de los valores de la microdureza (figura 1.18b) puede considerarse la suma de dos: la correspondiente a zonas más densas y de mayor dureza y la de las áreas más porosas.

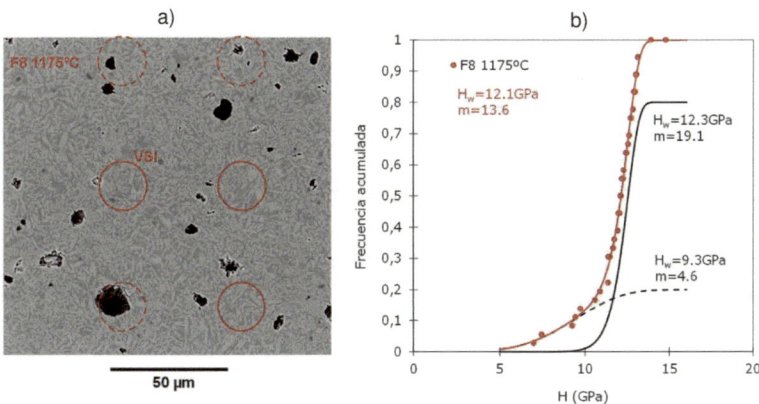

Figura 1.18. a) *Microstructura de un esmalte vitrocristalino. Los círculos representan el volumen de material sensible a la identación.* b) *Ajuste de la distribución bimodal de la microdureza determinada experimentalmente a la suma de dos distribuciones de Weibull correspondientes a áreas porosas y áreas densas. (Blasco et al. 2024)*

1.4. PROCESADO CERÁMICO

1.4.1. Algunas consideraciones generales

A escala microscópica, o desde el punto de vista microestructural, el proceso de fabricación cerámico de cualquier producto puede definirse como una serie de etapas individuales, ordenadas de forma secuencial, que van transformando de forma progresiva las características microestructurales de la mezcla de materias primas (formulación) hasta conseguir la microestructura final del producto acabado (figura 1.2). En cada etapa individual del proceso, el producto intermedio resultante de una etapa anterior experimenta alguno/s cambio/s microestructural/es (respuesta del material) bajo la acción de las variables de operación; y así sucesivamente, hasta llegar al producto final. Desde el punto de vista del procesado cerámico, el proceso de fabricación es pues una transformación secuencial controlada de la microestructura del material, para conseguir una microestructura final deseada. Las propiedades, tanto de la formulación de partida como la de los productos intermedios y finales, son consecuencia de su microestructura.

De lo anterior se desprende algunas consideraciones generales:

1) Cualquier alteración involuntaria o modificación deliberada de una/s variable/s de operación, de una etapa del proceso, provocará alguno/s cambio/s microestructural/es del producto intermedio resultante que afectará al desarrollo de las etapas que le siguen, a las características de los productos intermedios posteriores y a las del producto final. Únicamente para algunas etapas la alteración involuntaria de alguna variable de operación puede ser contrarrestada deliberadamente modificando otra. En efecto, la modificación de la presión de prensado cuando la humedad del polvo de prensas se ha alterado involuntariamente dentro de un cierto intervalo es una buena práctica industrial habitual, cuando se dispone de un sistema de control efectivo de esta etapa (Amorós et al. 1982, Amorós 1987, Amorós et al. 1987, Amorós et al. 2010b).

2) La optimización del proceso implica la selección coordinada de todas las variables de operación de cada etapa; la optimización de cada etapa individual está supeditada al conjunto del proceso y a las características microestructurales del producto final, es decir, es aquella que conduce a la microestructura óptima para el conjunto de etapas del proceso (Amorós y Orts 2001). Siguiendo con el ejemplo del prensado, un aumento de

la presión y/o humedad del polvo de prensas supone una modificación de algunas de sus características microestructurales: volumen y tamaño de los poros, orientación de las partículas, área de contacto entre gránulos y partícula, etc. Dichos cambios microestructurales conducen a la mejora de algunas propiedades de la pieza prensada (la resistencia mecánica en verde y en seco mejora) (Amorós et al. 1988, Amorós et al. 2000), favorece el proceso de sinterización (se reduce la temperatura a la que la pieza alcanza la mínima porosidad, la contracción de cocción y el volumen y tamaño de los poros) (Amorós et al. 1990). Por el contrario, estos mismos cambios microestructurales se traducen en que la pieza prensada, en seco y durante el precalentamiento sea menos permeable a los gases, lo que dificulta el proceso de secado y las reacciones de oxidación y descomposición en la fase de precalentamiento de la cocción (Amorós et al. 1992b). En consecuencia, la optimización de estas variables de prensado pasa por una solución de compromiso.

3) El diseño racional de nuevos materiales y/o la mejora de alguna/s de las propiedades de los materiales existentes implica la concepción de una microestructura final (dada la relación entre microestructura y propiedades), lo que, además, únicamente puede conseguirse si se dispone de buenas relaciones entre las variables de operación de cada etapa (considerando el material que se procesa como una variable más) y la microestructura del material resultante de cada etapa del proceso, que es el objetivo de la ciencia del procesado.

4) El análisis de defectos en piezas acabadas no solo tiene como objetivo identificar y caracterizar el defecto en el producto final, tanto si es puntual como macroscópico, sino también determinar su causa y la etapa del proceso en la que se ha generado. En muchos casos, no son evidentes ni las causas que lo generan ni la etapa en la que se produce, por lo que para resolver el problema es necesario conocer muy bien la variación que sigue la microestructura del material a lo largo de todo el proceso, tratando de averiguar la/s etapa/s en las que se generan irregularidades (a escala microscópica) y falta de homogeneidad (a escala macroscópica).

1.4.2. La respuesta del material en cada etapa es la clave del procesado cerámico

El estudio cuantitativo de cada una de las etapas del proceso (etapa i de la figura 1.19) tiene como objetivo final determinar cuantitativamente el efecto de las variables de operación, X_j^i, y de las características microestructurales del producto intermedio que se procesa, M_j^{i-1}, sobre las características microestructurales del producto resultante de esta etapa, M_j^i. En principio, dicha relación puede obtenerse a partir de un modelo caja negra (figura 1.19), mediante una buena planificación de experimentos y una realización, a menudo costosa, de los mismos. De este modo, se obtiene una relación cuantitativa, a menudo compleja, entre el conjunto de variables y la característica microestructural objetivo. En el caso más sencillo, fijando las características microestructurales del material que se procesa, M_j^{i-1} = constante, y modificando únicamente dos variables de operación, X_1^i y X_2^i, se obtendrá, por lo general, una ecuación polinómica para cada característica microestructural, del tipo:

$$M_1^i = a_0 + a_1 X_1^i + a_2 X_2^i + a_3 X_1^i X_2^i + a_4 \left(X_1^i\right)^2 + a_5 \left(X_2^i\right)^2 ... \qquad \text{ec. 1.16}$$

siendo los coeficientes a_i resultantes de la minimización de la desviación estándar entre los valores experimentales y los calculados por el modelo.

En consecuencia, ni los coeficientes de a_i ni la interacción entre variables a menudo no tienen sentido físico. Además, este tipo de relaciones no tienen validez general y solo son aplicables al material estudiado. No obstante, a efectos de control de procesos, son útiles, ya que suelen ser precisas.

En contrapartida al modelo de caja negra, si se dispone de información sobre los mecanismos de las transformaciones físicas, químicas y microestructurales que se desarrollan en cada etapa del proceso (respuesta del material) y se planifican bien los experimentos, no solo se reducirá la experimentación requerida para conseguir las relaciones entre las características microestructurales y las variables de operación, sino que, lo que aún es más importante: las relaciones obtenidas tendrán una validez más universal, un verdadero sentido físico, e incrementarán el conocimiento científico sobre el procesado cerámico.

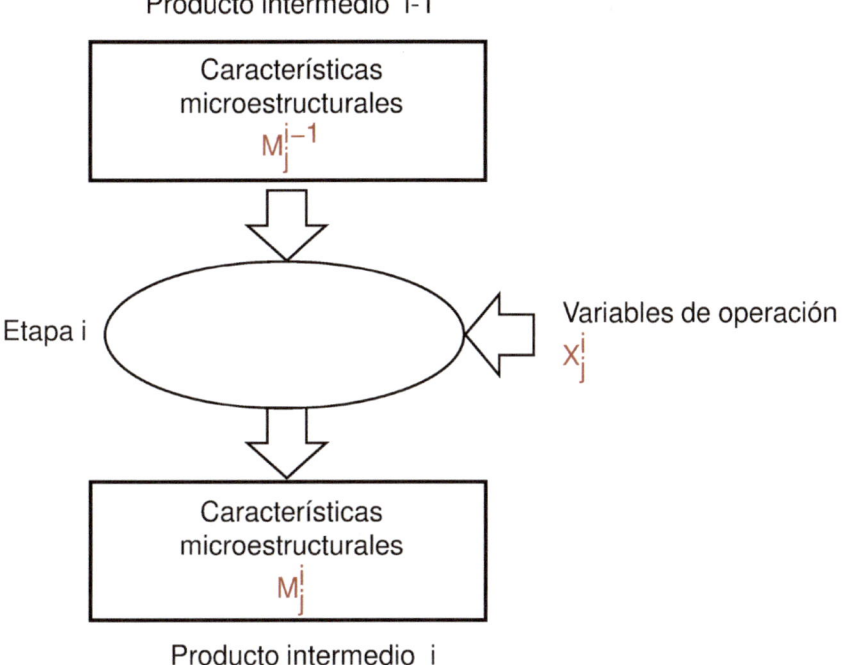

Figura 1.19. Modelo caja negra para determinar M_j^i (características microestructurales resultantes de una etapa del proceso) en función de las variables de operación, X_j^i, y las características microestructurales del producto intermedio que se procesa

A continuación, tras analizar la relevancia de la relación entre la formulación de la mezcla de partida y el procesado cerámico, nos centraremos en destacar la importancia que el conocimiento de los fenómenos coloidales, en general, y las fuerzas superficiales, en particular, ejercen sobre la estabilidad de las suspensiones; y, en consecuencia, sobre el desarrollo de todo el proceso cerámico, la microestructura final e, incluso, sobre la aparición de defectos.

La reología de suspensiones, los fenómenos capilares y el comportamiento mecánico de lechos de partículas insaturados (porosos y compactos) constituyen áreas de conocimiento de gran interés en el procesado en crudo, y que serán tratadas en un volumen posterior.

Análogamente, el estudio de las reacciones y procesos a alta temperatura, que constituyen los fundamentos de la cocción y la transformación de la microestructura en crudo en la microestructura final serán objeto de otro volumen.

1.4.3. Formulación de la mezcla de partida. Su relación con el procesado cerámico

En lo que respecta a la formulación de la mezcla de partida, primera etapa no física del procesado cerámico es imprescindible disponer de materias primas bien caracterizadas, tanto en la composición químico-mineralógica como en la microestructura, especialmente si estas son naturales. En efecto, las arcillas no son minerales arcillosos puros, sino una mezcla de algunos de ellos con otros componentes no coloidales en proporciones significativas (cuarzo, feldespato, calcita…) y otros minoritarios (materia orgánica, hidróxidos y sulfatos metálicos, etc.), por lo que el porcentaje de una determinada arcilla en la formulación vendrá dado por la proporción y naturaleza de sus componentes mineralógicos. Así pues, la formulación racional de la mezcla de partida debe basarse en la función que ejerce cada uno de sus componentes mineralógicos (minerales arcillosos, cuarzo, feldespatos, etc.) sobre las características microestructurales de cada producto intermedio resultante de cada etapa (y también final) y no en la materia prima con que se aporte estos componentes a la mezcla. Ahora bien, una vez bien caracterizadas las materias primas (mediante la determinación de la composición química y mineralógica, distribución de tamaños de partícula, superficie específica, etc.) y establecido su porcentaje en la formulación, para un control rutinario de la mezcla de partida es suficiente determinar periódicamente algunas características y propiedades tecnológicas sencillas (Amorós, Sánchez y García 1988; Amorós, Sánchez y García 2004).

La selección de las materias primas y la preparación en las que interviene en una mezcla de partida (formulación) se debe realizar teniendo en cuenta no solamente las características y propiedades del producto final, sino también considerando el comportamiento del material (muy dependiente de las características microestructurales de las materias primas de partida) a lo largo de todo el proceso (procesabilidad).

1.5. ESTABILIZACIÓN DE SUSPENSIONES: FENÓMENOS COLOIDALES, FUERZAS SUPERFICIALES Y MECANISMOS DE ESTABILIZACIÓN

Las fuerzas entre partículas o superficiales, tales como Van der Waals, electrostáticas, estéricas, electroestéricas, etc., gobiernan el comportamiento de las suspensiones. Cuando las interacciones repulsivas entre superficies son dominantes las partículas estarán dispersas, mientras que si las interacciones resultantes son atractivas las partículas estarán floculadas, formando agrupaciones de partículas llamadas flocs. En este último caso, si la fracción volumétrica de las partículas, ϕ, supera un determinado valor crítico, denominado fracción volumétrica de gel, ϕ_{gel}, se forma una red tridimensional de partículas que se extiende a lo largo de todo el sistema, denominado gel. El comportamiento de este último a bajas deformaciones (cizallas), inferior a un esfuerzo crítico, denominado tensión de fluencia, σ_y, es el de un sólido elástico; a cizallas más altas, $\sigma > \sigma_y$, se rompe la estructura del gel en flocs que fluyen como suspensiones de elevada viscosidad. Así pues, dependiendo de la etapa del proceso (molienda vía húmeda, transporte, colado, etc.), la suspensión debe estar estabilizada y deben dominar las interacciones repulsivas. En otros casos, por ejemplo, en el moldeo en plástico, en la suspensión deben dominar las fuerzas atractivas. Por todo ello, resulta imprescindible un conocimiento profundo de las fuerzas superficiales para conseguir que el tipo de interacción entre las partículas (atractiva o repulsiva) y su magnitud (determinada como fuerza o energía) sean las deseadas. Se denomina suspensión estabilizada cuando la interacción entre partículas es repulsiva y al procedimiento para conseguirlo, estabilización, utilizando como adjetivo el mecanismo empleado para ello (electrostática, estérica, electroestérica).

Los mecanismos de estabilización de sistemas ideales, constituido por partículas esféricas de un solo componente, generalmente un óxido cerámico, ya son complejas, debido a que en este proceso intervienen muchos fenómenos de adsorción en la interfase sólido-líquido (iones, macromoléculas, polielectrolitos, etc.), dependientes de la naturaleza y características físico-químicas de la superficie de la partícula, del medio dispersante, generalmente acuoso (naturaleza y concentración de iones, pH, etc.) y de los aditivos (desfloculantes y ligantes, principalmente). En el caso de suspensiones de materiales de cerámica blanca, en cuya formulación intervienen distintos componentes de naturaleza y características superficiales muy diferentes entre ellos, y en el caso de los minerales arcillosos, en los que en la misma partícula ya se encuentran superficies distintas (borde y cara), el estudio de la estabilidad de las suspensiones es todavía mucho más complejo.

Además, en estos sistemas, por lo general, se desarrollan en medio acuoso toda una serie de reacciones químicas interfaciales (intercambio iónico, disolución de iones, adsorción de precipitados) y en fase acuosa (formación de complejos solubles y precipitados), que influyen sobremanera en la estabilidad de la suspensión, en su comportamiento reológico, en la microestructura de la pieza en crudo y en cocido, e incluso en la aparición de defectos. A continuación, dos ejemplos que confirman lo anteriormente expuesto.

1.5.1. Comportamiento del material en la molienda y durante el almacenamiento de la suspensión resultante. Importancia de los fenómenos coloidales sobre la estabilidad de la suspensión y la aparición de defectos

La molienda, que por lo general se realiza por vía húmeda, tiene como objetivos desplazar la distribución de tamaños original de las materias primas hacia tamaños menores y conseguir una mezcla íntima de los diferentes componentes y aditivos. La reducción del tamaño de partícula depende, por una parte, del comportamiento mecánico (a la abrasión y al impacto de los elementos de molienda) de las partículas y agregados de partículas, que dependen, a su vez, de las características microestructurales de las materias primas (forma, tamaño, distribución de las partículas, presencia o no de fisuras, estado de tensiones) y de su naturaleza (frágil y elástica, dura o blanda, o tenaz y deformable, etc.). Por otra, de las variables de operación propiamente dichas, tales como densidad, dureza y distribución de tamaños de los elementos de molienda (bolas), carga del molino, tipo de molino, densidad y viscosidad de la suspensión, etc. Ahora bien, paralelamente a estos procesos mecánicos, que de forma continua generan superficies de fractura nuevas, se desarrollan, en la superficie de las partículas, procesos físicos (adsorción de iones y aditivos, intercambio iónico en minerales arcillosos) y reacciones interfaciales (lixiviación de iones) y en el seno de la fase líquida, generalmente agua, formación de precipitados y complejos solubles. Estos fenómenos no mecánicos se siguen desarrollando, aunque a menor velocidad, durante el almacenamiento de la suspensión, lo que determina la naturaleza y concentración de iones libre en solución (que no forman complejos) y su pH. Todo ello, se traduce en una modificación de estabilidad coloidal de la suspensión y de su variación con el tiempo, que en última instancia puede provocar un comportamiento reológico de la suspensión no deseable y cambiante (de partículas dispersas a aglomerados porosos) e incluso la aparición de sedimentos densos o porosos en el fondo del depósito de almacenamiento.

En muchas ocasiones, se forman precipitados de tamaño suficiente para provocar defectos en el esmalte (figura 1.20). La forma esférica y el tamaño del precipitado, en este caso fosfato cálcico, confirma que su crecimiento se ha producido durante su almacenamiento en el tanque, mediante un mecanismo de solución-reprecipitacion, aunque los núcleos de precipitado o precipitados de tamaño más pequeño probablemente se hayan producido durante la molienda.

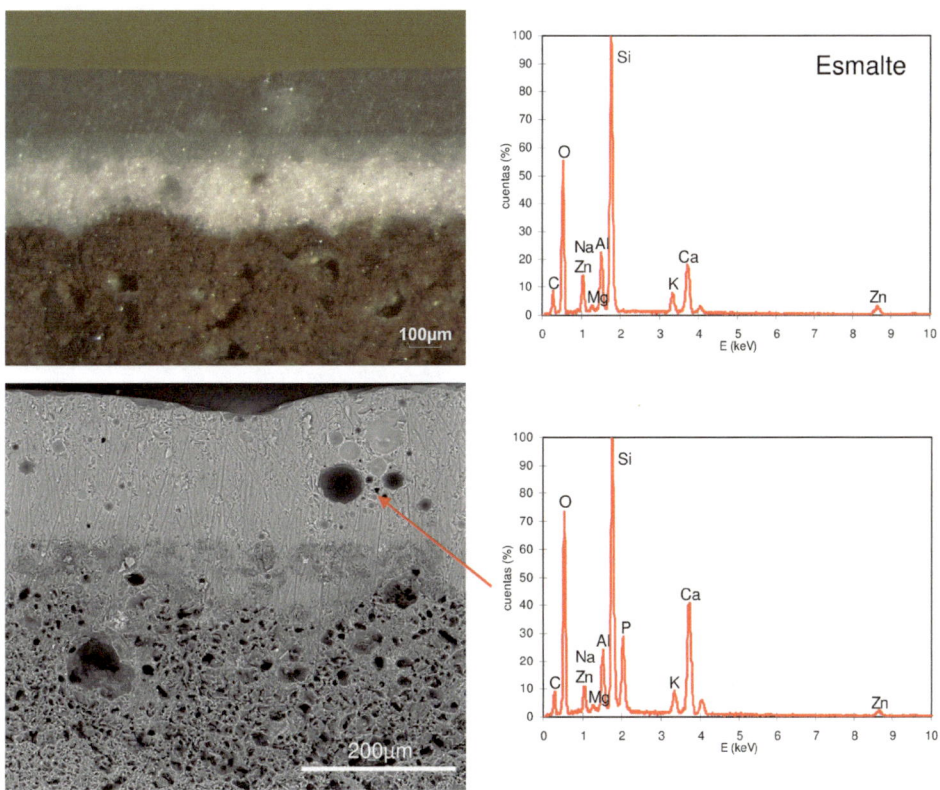

Figura 1.20. Defecto en el esmalte debido a la precipitación de fosfato de calcio en la suspensión. (Cortesía del Laboratorio de Microscopía del ITC)

La formación de precipitados de fosfatos de calcio insolubles se ha comprobado que se produce por hidrolisis del anión tripolifosfato en presencia de iones calcio, magnesio y cinc en solución, por un mecanismo (figura 1.21) que implica la adsorción del anión tripolifosfato sobre un componente aluminoso de alta superficie específica (caolines, arcillas, hidróxidos de aluminio, etc.) y posterior formación de un complejo transitorio con estos cationes (Wan et al. 2019b).

La importancia del desarrollo de reacciones y procesos en la superficie de las partículas y en el seno de la fase líquida sobre la estabilidad coloidal de la suspensión y sobre la aparición de defectos en el producto acabado denota la importancia que adquieren estos fenómenos coloidales y la estabilización de la suspensión en el procesado de materiales de cerámica blanca.

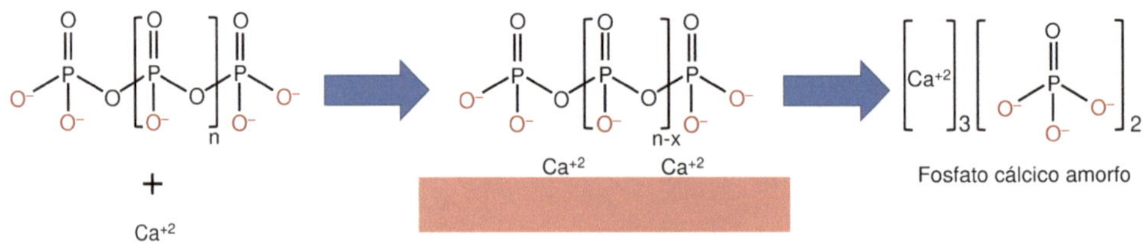

Figura 1.21. Hidrólisis del tripolifosfatos en presencia de calcio
y precipitación de fosfato cálcico amorfo

1.5.2. Formación de agregados porosos de partículas en una suspensión inicialmente homogénea debido a la separación de componentes por sedimentación. Efecto sobre el desarrollo de la cocción y sobre la microestructura final

Por otra parte, la sedimentación de partículas más gruesas y/o más densas en una suspensión de partículas dispersas, inicialmente homogéneas, provoca la separación de algunos de los componentes de la mezcla durante su almacenamiento, si la agitación es baja o la velocidad de sedimentación elevada. En muchos casos, incluso sometiendo de nuevo la suspensión a una agitación vigorosa, no se consigue recuperar la homogeneidad del material, formándose áreas de composición y estructura diferente del resto, que persiste en la pieza una vez moldeada e incluso cocida, e influye en el desarrollo de etapas posteriores (cocción). En efecto, se han preparado materiales vitrocerámicos reforzados por corindón a partir de una mezcla que contiene una frita que desvitrifica durante la cocción (62 % en peso de frita, 8 % en peso de caolín y 30 % en peso de corindón). El conformado de las piezas y cocción se ha mantenido constante, mientras que se ha modificado el procedimiento de obtención del polvo de prensas a partir de la suspensión. Se comprobó que, utilizando un procedimiento habitual de preparación del polvo, consistente en la molienda de la torta que resulta del secado de la suspensión (procedimiento 1) conduce a una microestructura en crudo heterogénea que se manifiesta en un comportamiento durante la cocción y en una microestructura final deficientes (figura 1.22) (Amorós et al. 2022b).

Se confirma, por tanto, la importancia del fenómeno de la sedimentación en suspensiones inicialmente homogéneas en la generación de irregularidades en la microestructura en crudo y en cocido y sobre el desarrollo de la cocción.

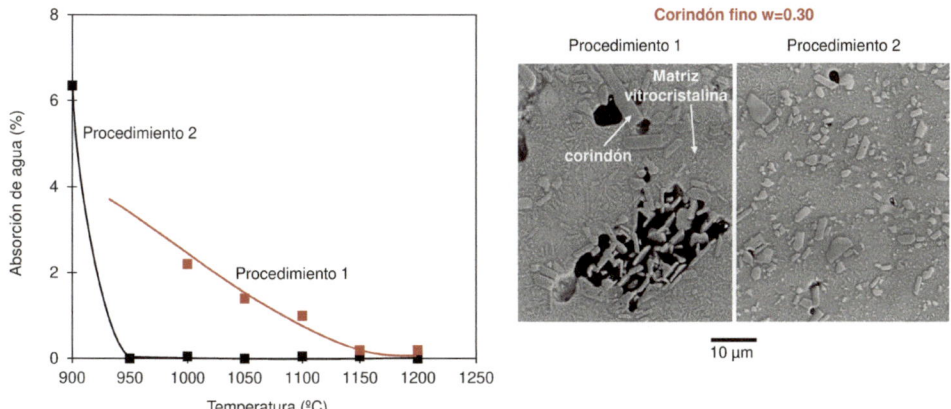

Figura 1.22. Efecto de la separación de componentes (por sedimentación) en una suspensión homogénea sobre la temperatura de cocción (a la que se alcanza el mínimo de porosidad) y sobre la microestructura de la pieza cocida. (Amorós et al. 2022b)

PARTE 1

SUSPENSIONES DE PARTÍCULAS: FENÓMENOS COLOIDALES, FUERZAS SUPERFICIALES Y MECANISMOS DE ESTABILIZACIÓN

CAPÍTULO 2
Análisis de algunos fenómenos coloidales de interés

2.1. INTRODUCCIÓN

El objetivo de esta parte es el estudio de los fundamentos de la estabilización de las suspensiones cerámicas. Ahora bien, las suspensiones cerámicas, en general, y las de cerámica blanca, en particular, contienen un elevado porcentaje de partículas coloidales, que son las que aportan la mayoría de la superficie específica del sólido, y que, como veremos, determinan la estabilidad coloidal de toda la suspensión, resultando, por tanto, imprescindible, introducir, en primer lugar, algunos conceptos básicos, de forma simplificada, de la ciencia de los coloides.

El término coloide generalmente se refiere a las partículas dispersas en un medio continuo, cuyo tamaño es demasiado pequeño para ser observadas fácilmente por el microscopio óptico, y cuyo movimiento está afectado por las fuerzas de origen térmico. Cuando la fase continua, o medio suspensionante, es un líquido, las partículas coloidales ni sedimentan ni pasan a través de una membrana (como ocurre en la diálisis). Los coloides pueden ser geles, emulsiones, suspensiones, aerosoles, etc.; ejemplos de este estado de la materia son la leche, las tintas, las pinturas, la sangre, la mahonesa, las suspensiones de arcillas, etc. En general, pueden ser partículas sólidas, líquidas o gaseosas dispersas en un medio también sólido, líquido o gaseoso. Cuando las partículas sólidas o líquidas están dispersas en un gas se conocen como aerosoles, y cuando las partículas sólidas están dispersas en un líquido se denominan suspensiones o dispersiones. En cerámica blanca, las tintas inkjet son dispersiones coloidales, mientras que, en la mayoría de las suspensiones, el comportamiento coloidal viene dado por las partículas de arcilla, ya que son las que aportan la mayor parte de la superficie específica del material.

La definición de coloide dada anteriormente, aunque imprecisa sugiere un intervalo de tamaños desde el nanómetro (nm = 10^{-9} m) hasta el micrómetro (μm = 10^{-6} m). El límite más pequeño viene impuesto por la restricción de que el coloide sea mucho mayor que el de las moléculas del medio suspensionante. Esta condición es crítica para que este último pueda considerarse como medio continuo, cuyas propiedades correspondan a las de un medio continuo (viscosidad, constante dieléctrica, índice de refracción, etc.). El límite superior asegura que las fuerzas de origen térmico que actúan sobre las partículas sean lo suficientemente elevadas para que el movimiento de estas partículas coloidales (movimiento browniano) sea muy superior al debido a la fuerza de la gravedad, evitando de este modo, la sedimentación o la flotación de las partículas, dependiendo de que su densidad sea mayor o menor que la del fluido. Así pues, en parte, definimos el término coloide atendiendo a la magnitud de las fuerzas que actúan sobre las partículas.

Sin lugar a duda, los fenómenos coloidales más importantes para abordar el estudio de la estabilidad de las suspensiones son, por una parte, el movimiento browniano (MB) y la difusión traslacional de las partículas, directamente relacionada con MB, y, por otra, la interacción entre las partículas coloidales y su papel sobre la estabilidad coloidal de suspensiones. Para análisis rigurosos sobre estos y otros fenómenos coloidales se recomiendan los textos de Hiemenz y Rajagopalan (1997), Hunter (1989) y Russel, Saville y Schowalter (1989).

Los dos primeros fenómenos y su influencia sobre la sedimentación de partículas serán tratados en la primera parte del tema. En la segunda parte, se describirá sucintamente las principales fuerzas de interacción entre partículas (Van der Waals, electrostáticas, estéricas, electroestéricas, de solvatación, etc.) y su papel sobre la estabilidad coloidal de la suspensión. En los temas siguientes se analizarán con detalle los diferentes mecanismos de estabilización de suspensiones, basándose en el estudio detallado de los diferentes tipos de fuerzas de interacción entre partículas.

2.2. MOVIMIENTO BROWNIANO, DIFUSIÓN Y SEDIMENTACIÓN

2.2.1. Movimiento browniano

Consideremos una partícula coloidal, también denominada browniana, del tamaño de una micra (10^{-6} m), rodeada de moléculas de tamaño mucho menor (de 1Å o 10^{-10} m para el caso del agua) que, con velocidades del orden de decenas de metros por segundo (10-10^2 m/s), la golpean por todas las direcciones. El choque de una molécula es imperceptible para la partícula, ya que su masa es millones de veces mayor. No obstante, el número de colisiones (10^{21} colisiones/s·partícula) es tan elevado que la partícula acaba desplazándose. Ahora bien, las colisiones de las moléculas se producen en todas las direcciones y se distribuyen al azar, lo que genera diferencias instantáneas de velocidad (en módulo y dirección) en cada punto de la partícula (figura 2.1). Como resultado, la partícula se ve sometida a una fuerza instantánea fluctuante (en módulo y dirección) que conduce a una trayectoria errática (en zigzag) (figura 2.2).

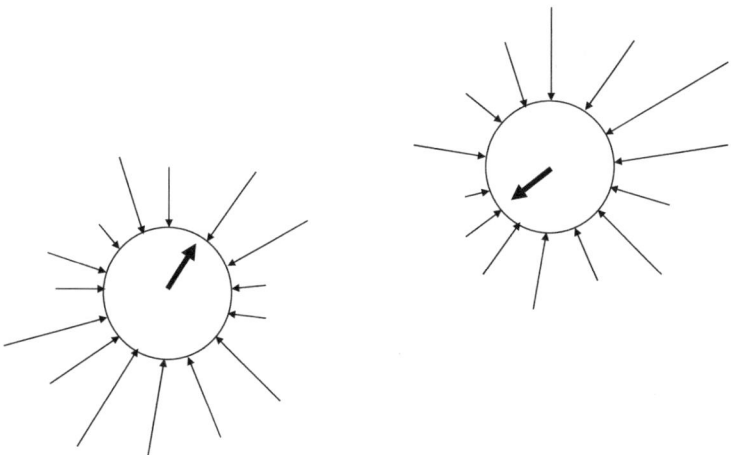

Figura 2.1. Fuerza a la que está sometida una partícula como resultado de los impactos de las moléculas del medio; la dirección y el módulo de la fuerza resultante varía al azar de instante a instante

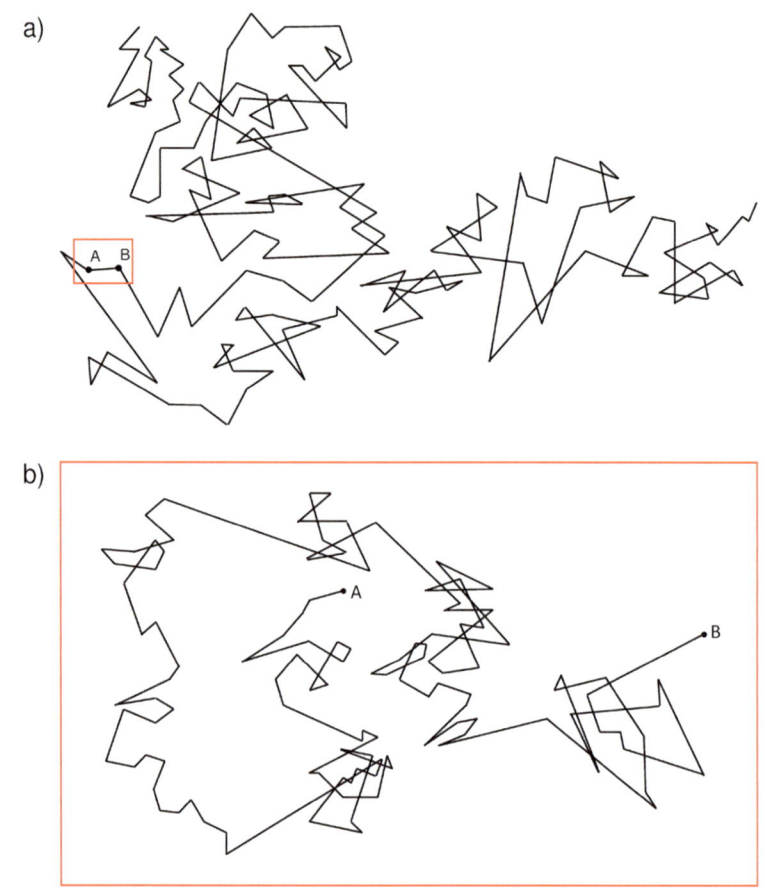

*Figura 2.2. Movimiento browniano, MB; de una partícula coloidal (browniana)
suspendida en un líquido.* a) *Recorrido de la partícula en pocos segundos (≈30 s).* b)
*Si se amplifica una pequeña parte de la trayectoria, unas 100 veces,
se reproduce la trayectoria original*

Einstein, con su teoría cinética del MB, fue el primero (1905) en interpretar el fenómeno utilizando conceptos de mecánica estadística. No obstante, el planteamiento utilizado por Langevin (1908) conduce a los mismos resultados que los de Einstein, es más sencillo que el de este y puede generalizarse para el estudio de la dinámica de sistemas constituidos por numerosas partículas y en el que intervienen más fuerzas que las consideradas por Einstein.

2.2.1.1. Planteamiento de Langevin

En 1908, el científico francés Paul Langevin (1908) propuso un método para abordar el problema del MB, diferente y más sencillo que el de Einstein. Su planteamiento parte de la aplicación de la segunda ley de Newton a una partícula browniana, PB. Según la propuesta de Langevin el movimiento observado para estas partículas se debe a la resultante de las dos fuerzas siguientes:

1) Fuerza de arrastre de Stokes

Dentro del contexto de la hidrodinámica clásica, una partícula en movimiento en el seno de un fluido experimenta una fuerza de rozamiento dada por la ley de Stokes. Para el caso de una PB, que es pequeña ($\leq 10^{-6}$ m) a escala macroscópica, pero muy grande comparada con las moléculas de fluido, se puede aplicar esta ley. En consecuencia, la fuerza de Stokes para una partícula PB vendrá dada por:

$$F_R = -B\upsilon \qquad\qquad \text{ec. 2.1}$$

donde $B = 6\pi\eta_m a$ es el coeficiente de fricción, υ es la velocidad de la partícula, η_m es la viscosidad el fluido y a el radio de la PB.

2) Fuerza fluctuante, fuerza estocástica, fuerza de Langevin, ruido estocástico o simplemente ruido

La PB es tan pequeña que las moléculas del fluido que colisionan con ella ejercen un efecto neto sobre su movimiento (figura 2.2). Así pues, Langevin propuso una fuerza efectiva de carácter aleatorio que depende del tiempo, $F_f(t)$, y agrupa todas las interacciones de las moléculas del fluido con la PB (figura 2.1). El valor exacto de esta fuerza fluctuante, $F_f(t)$, en cada instante de tiempo, es prácticamente imposible de determinar por el número tan grande de interacciones que ocurren (10^{21} colisiones/s·partícula); sin embargo, como se mencionó anteriormente, hay un efecto neto de estas interacciones en el desplazamiento de la PB, tal como se muestra en la figura 2.2.

Al aplicar la segunda ley de Newton a una PB resulta:

$$\left[\begin{array}{l} \text{Fuerza que actúa} \\ \text{sobre la partícula} \end{array}\right] = \left\{\text{Fuerza fluctuante}\right\} - \left\{\text{Fuerza viscosa}\right\}$$

$$m\frac{dv}{dt} = F_f(t) - Bv \qquad \text{ec. 2.2}$$

Esta expresión se conoce como la ecuación de Langevin. Debido al carácter aleatorio del ruido, $F_f(t)$, la ec. 2.3 no representa una ecuación diferencial ordinaria con solución determinista, sino una ecuación diferencial estocástica cuya solución no es posible calcular explícitamente. En consecuencia, Langevin ideó un procedimiento nuevo para llegar al mismo resultado que Einstein, que se describe a continuación.

Se parte de la ecuación de Langevin (ec. 2.2), pero sustituyendo la velocidad de la partícula, v, por $v = \frac{dx}{dt}$, con lo que resulta:

$$m\frac{d^2x}{dt^2} = -B\frac{dx}{dt} + F_f(t) \qquad \text{ec. 2.3}$$

A continuación, se multiplica la ec. 2.3 por la distancia que recorre la partícula, x, resultando:

$$xm\frac{d^2x}{dt^2} = -Bx\frac{dx}{dt} + xF_f(t) \qquad \text{ec. 2.4}$$

Considerando las siguientes relaciones entre derivadas:

$$\frac{d^2x^2}{dt^2} = 2x\frac{d^2x}{dt^2} + 2\left(\frac{dx}{dt}\right)^2, \qquad \frac{dx^2}{dt} = 2x\frac{dx}{dt} \qquad \text{ec. 2.5}$$

y promediando temporalmente la ecuación resultante para tiempos mucho más largos que los de colisión molecular (10^6 o 10^9 veces el valor del tiempo de colisión molecular, que es del orden de 10^{-12} s), se obtiene la ecuación:

$$\frac{m}{2}\frac{d^2\langle x^2\rangle}{dt^2} - m\langle v^2\rangle = \frac{\alpha}{2}\frac{d\langle x^2\rangle}{dt} + \langle xF_f(t)\rangle \qquad \text{ec. 2.6}$$

Langevin consideró como una primera hipótesis que $\langle xF_f(t)\rangle = 0$, lo que significa que la trayectoria promedio, $\langle x\rangle$, es independiente de la fuerza fluctuante, $F_f(t)$. La segunda hipótesis que considera es la validez del principio de equipartición de energía, esto es, que las partículas brownianas, PB, están en equilibrio con el fluido a una temperatura, T, y que se satisface que la energía cinética media de una partícula es igual a la energía térmica de las moléculas, $m\langle v^2\rangle/2 = k_BT/2$, siendo k_B la constante de Boltzman. De esta manera, la ecuación ec. 2.6 se transforma en:

$$\frac{m}{2}\frac{d^2\langle x^2\rangle}{dt^2} - \frac{B}{2}\frac{d\langle x^2\rangle}{dt} = k_BT \qquad \text{ec. 2.7}$$

Esta expresión ya es una ecuación diferencial determinista, y su primera integración conduce a:

$$\frac{d\langle x^2\rangle}{dt} = \frac{2k_BT}{B} + C\exp\left(-\frac{m}{B}\right) \qquad \text{ec. 2.8}$$

El término exponencial de la ec. 2.8 tiende a cero para valores de $t \ggg B/m$, o bien $t \ggg 10^{-6}$-10^{-8} s. Así pues, en estas condiciones, el último término de la ecuación se anula y la ec. 2.8 se convierte en:

$$\frac{d\langle x^2\rangle}{dt} = \frac{2k_BT}{B} \qquad \text{ec. 2.9}$$

Integrando nuevamente con la condición inicial, para $t = 0x \langle x_0^2\rangle = 0$, y sustituyendo $B = 6\pi\eta_m a$ se llega a:

$$\langle x^2 \rangle = \frac{2k_BT}{B}t = \frac{2k_BT}{6\pi\eta_m a}t = 2Dt \qquad\qquad \text{ec. 2.10}$$

siendo D el coeficiente de difusión browniana, el cual se analizará posterior-mente.

Así pues, el desplazamiento cuadrático medio, $\langle x^2 \rangle$, es proporcional al producto del coeficiente de difusión browniana, D, y del tiempo, t, siendo D inversamente proporcional al radio de la partícula, a, y la viscosidad del fluido, η_m, y directamen-te proporcional a la temperatura absoluta, T. Este resultado es análogo al obtenido por Einstein, pero deducido de una forma más sencilla y directa.

2.2.1.2. Teoría cinética del movimiento browniano de Einstein

La teoría molecular o cinética del MB comprende dos partes bien diferenciadas. La primera parte es matemática, y consiste en derivar una ecuación que describa el MB de una partícula coloidal suspendida en un medio fluido. La segunda parte consiste en relacionar, basándose en argumentos físicos, el coeficiente de difusión, D, con otras propiedades físicas del fluido y de la partícula (k_B, a, η_m o bien con N_A, ya que $k_B = R/N_A$, siendo R la constante universal de los gases y N_A el número de Avogadro). Para comprender mejor el desarrollo de esta teoría consideremos el siguiente experimento: una membrana permeable saturada de partículas coloidales que se introduce en el interior de un baño paralelipédico de 30cm de longitud que lo divide en dos partes iguales (figura 2.3). La variación que sigue la concentración de partículas, c (número de partículas/m³), expresada en forma adimensional, c/c_0 (siendo c_0 la concentración inicial de partículas en la membrana), con la distancia a esta, x, y con el tiempo transcurrido desde el comienzo del experimento, t, es una familia de curvas en forma de campana. El máximo de la curva siempre se presenta en el punto medio del baño (posición de la membrana), y conforme transcurre el tiempo, t, la curva se hace más plana y ancha. Estas representaciones son los resul-tados que se obtienen al integrar la ecuación de la difusión browniana en estado no estacionario (segunda ley de Fick, ec. 2.11); para esta geometría y para las condi-ciones de integración dadas (inicial, simetría y contorno) se obtiene la ec. 2.12.

$$\frac{\partial c}{\partial t} = D \frac{\partial^2 c}{\partial x^2} \qquad \text{ec. 2.11}$$

$$c(x, t) = \frac{1}{\sqrt{4\pi D t}} \exp\left(-\frac{x^2}{4Dt}\right) \qquad \text{ec. 2.12}$$

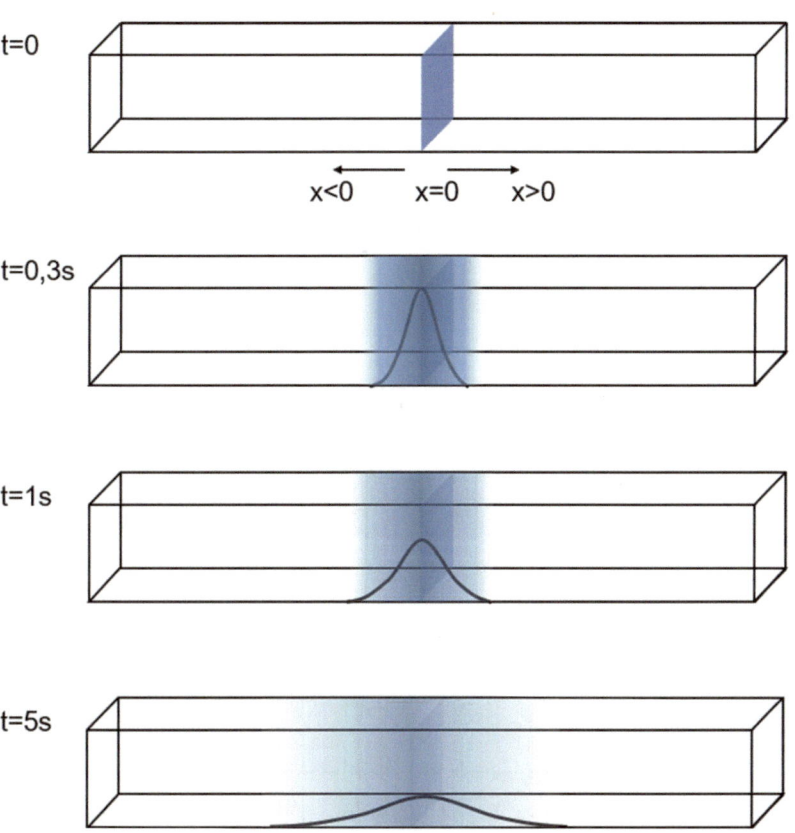

Figura 2.3. Difusión de partículas brownianas a través de agua para diferentes tiempos. Las partículas comienzan a difundirse desde la membrana satura de partículas coloidales ubicada en la mitad de la caja, de unos 30 cm de longitud. La curva en forma de campana es la representación de la concentración relativa de partículas, c/c₀, en función de la distancia a la membrana, x

La ec. 2.12 corresponde a una distribución normal, cuyo valor medio del desplazamiento es cero, y cuya varianza es igual a la desviación cuadrática media, $\langle x^2 \rangle$, que es igual a 2Dt. Cada punto de las curvas $c(x, t)$ representa la concentración relativa de las partículas o densidad numérica relativa a una distancia +x o –x del plano medio x = 0, a un tiempo t. Ahora bien, estos resultados también pueden interpretarse como curvas de densidad de probabilidad de localización de una partícula en función de la distancia, de manera que la probabilidad de que una partícula browniana, PB, durante su movimiento aleatorio se sitúe en una región localizada entre las distancias x_1 y x_2 para un tiempo determinado viene dada por el área que queda debajo del tramo de curva delimitado por las dos rectas verticales que pasan por x_1 y x_2 (figura 2.4).

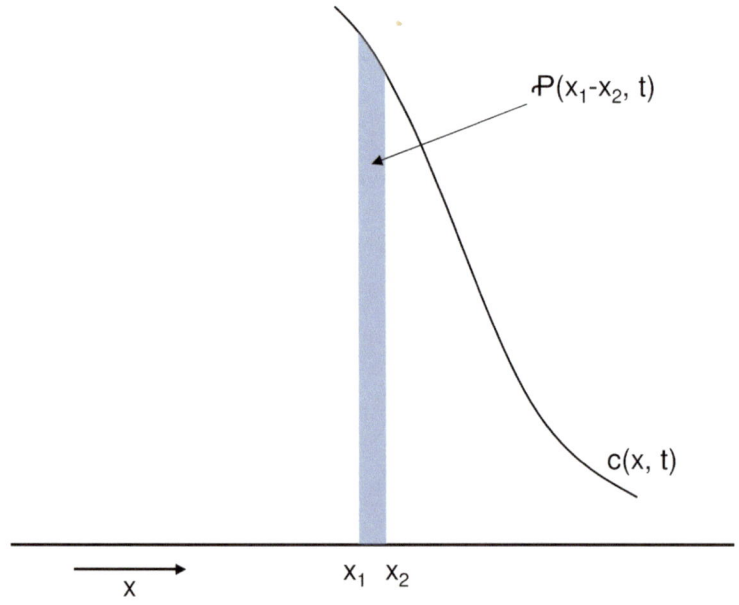

Figura 2.4. La probabilidad, $P(x_1 - x_2, t)$, de que la partícula browniana, PB, a un tiempo, t, se encuentre entre x_1 y x_2 es igual al área azul.

De acuerdo con esta interpretación, la solución de la ecuación de la difusión (ec. 2.12) no es solo una expresión que describa la distribución de concentración relativa de partículas, sino también la solución de la distribución de probabilidad a la que se encuentra una partícula en su movimiento browniano.

Si se tiene en cuenta las propiedades de las curvas de distribución normal o gaussiana (figura 2.5) y la variación de $\langle x^2 \rangle$, (varianza de la distribución) con el tiempo, $\langle x^2 \rangle = 2Dt$, se tiene que la probabilidad de que una partícula browniana, PB, se haya desplazado a una distancia mayor de $\langle x^2 \rangle^{1/2}$, en dirección a la derecha, +x, o a la izquierda, -x, es del 15,9 %, y que lo haga a una distancia mayor que $2\langle x^2 \rangle^{1/2}$ es solo del 2,3 %.

Otro de los resultados extremadamente importantes que obtuvo Einstein fue la relación entre el coeficiente de difusión, D, y las propiedades del sistema (ec. 2.10). La deducción de esta relación se realizará de una forma más sencilla en el apartado siguiente.

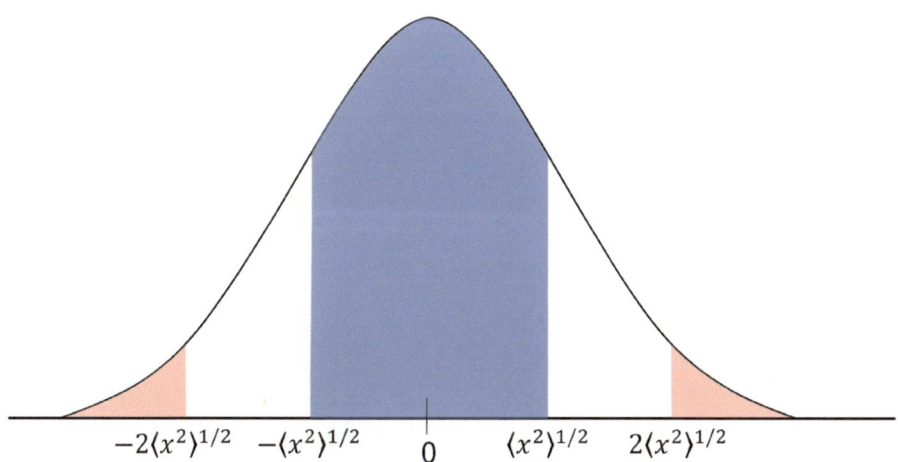

$$-2\langle x^2 \rangle^{1/2} \quad -\langle x^2 \rangle^{1/2} \quad 0 \quad \langle x^2 \rangle^{1/2} \quad 2\langle x^2 \rangle^{1/2}$$

Figura 2.5. La curva en forma de campana relaciona la probabilidad de que una partícula se encuentre en una determinada región del espacio después de un tiempo de difusión dado. Así, para un determinado tiempo, t, al que corresponde un valor de $\langle x^2 \rangle^{1/2} = \sqrt{2Dt}$, la probabilidad de que la partícula se encuentre dentro de la región del espacio comprendido entre $-\langle x^2 \rangle^{1/2}$ y $\langle x^2 \rangle^{1/2}$ es del 68 % y entre $-2\langle x^2 \rangle^{1/2}$ y $2\langle x^2 \rangle^{1/2}$, del 94,7 %

2.2.2. Difusión traslacional en estado estacionario. Fuerza impulsora del proceso y coeficiente de difusión browniana

Tal como vimos en la figura 2.3, siempre que existan gradientes de concentración de partículas en el seno de una matriz fluida, el sistema siempre evoluciona hacia la homogeneidad de la concentración. Esto se debe a que en este estado la entropía del sistema es la máxima, si se mantienen constantes todas las demás variables (temperatura, viscosidad del fluido, etc.) coincide con la de mínima energía. La velocidad a la que el sistema tiende al equilibrio viene dada por la ley de Fick, que puede enunciarse como: «la densidad de flujo de partículas, J (n.º de partículas/ m^2·s) que atraviesa una superficie expuesta perpendicularmente al flujo (dirección x) es directamente proporcional al producto del coeficiente de difusión browniana, D, por el gradiente negativo de la concentración de partículas», es decir:

$$J = D\left(-\frac{dc}{dx}\right)$$

ec. 2.13

Analicemos ahora el siguiente experimento de difusión browniana, también unidireccional, pero en estado estacionario. En la figura 2.6a, dos conducciones por las que circulan dos suspensiones coloidales con distinta concentración numérica de partículas, c1 y c2, están conectadas entre sí. Si c1 > c2, cuando se alcance el estado estacionario, la densidad de flujo de partículas a través del tubo, J, será constante, y el perfil de concentración de partículas, lineal (figura 2.6-b). En este estado, las partículas se mueven a través del plano, en x, en ambas direcciones, pero el flujo desde (1) es más grande que desde (2), puesto que el flujo neto y la densidad de flujo, J, siempre va desde más a menos concentración. Además, la densidad de flujo que atraviesa el plano x, en dirección creciente de la x, también vendrá dado por:

$$J = vc$$

ec. 2.14

siendo v la velocidad neta macroscópica a la que atraviesan las partículas en el plano x y c la concentración de las partículas en este plano.

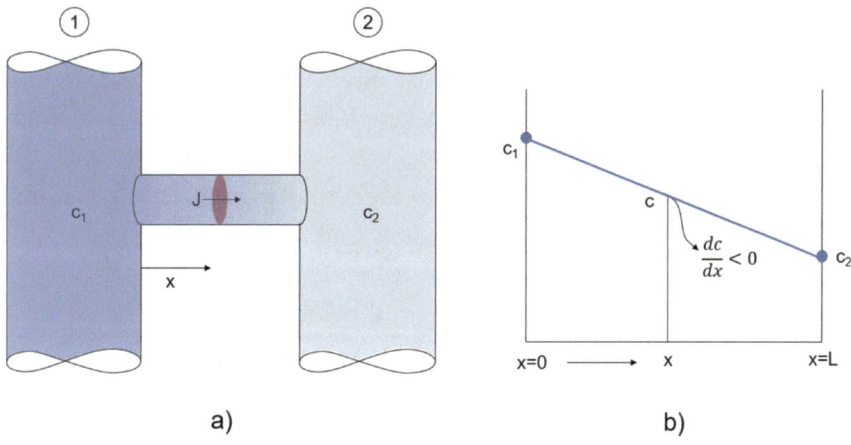

Figura 2.6. a) *Experimento de difusión browniana en estado estacionario. El flujo de partículas tiene lugar en la dirección x, ya que en esta dirección disminuye la concentración ($c_1 > c_2$).* b) *Perfil de concentración, dc/dt en x*

Por otra parte, desde el punto de vista termodinámico, una fuerza siempre puede expresarse en función de su energía potencial, o simplemente potencial. Así, por ejemplo, el potencial gravitacional de un sólido de masa m es: mgh, siendo g la aceleración de la gravedad y h la altura respecto a un punto de referencia; la fuerza gravitacional, F_g, que actúa sobre el sólido es simplemente el gradiente negativo del potencial gravitatorio, es decir:

$$F_g = -\frac{d(mgh)}{dh} = -mg \qquad \text{ec. 2.15}$$

En suspensiones coloidales también se puede definir el potencial químico de una partícula, μ, como:

$$\mu = \mu^* + k_B T \ln c \qquad \text{ec. 2.16}$$

siendo μ^* el potencial estándar que es independiente de la concentración de partículas, c, y de su posición, pero dependiente de las restantes variables del sistema (temperatura, composición, tamaño de la partícula, etc.). Según esta ecuación, una partícula situada en una región más concentrada (valor del lnc más alto) posee un potencial químico, μ, mayor que el correspondiente a una partícula en una zona diluida (valor del lnc más bajo). De ahí que la difusión se produzca de mayor a menor potencial químico, μ, al igual que ocurre con la concentración, c. En este caso, al igual que en el potencial gravitatorio, la fuerza impulsora de la difusión se obtendrá diferenciando la ec. 2.16 respecto a x, es decir:

$$-\frac{d\mu}{dx} = -\frac{k_B}{c}T\frac{dc}{dx} = -k_BT\frac{d(lnc)}{dx} \qquad \text{ec. 2.17}$$

Así pues, esta fuerza impulsora, que es la que tiende a homogeneizar la concentración de la suspensión, es directamente proporcional a la temperatura, T, y al gradiente negativo de concentración, $-\frac{dc}{dx}$, e inversamente proporcional a la concentración, c.

Por otra parte, cuando se alcanza el estado estacionario en un proceso dinámico, de acuerdo con la segunda ley de Newton, la resultante de las distintas fuerzas componentes tiene que ser cero, por lo que la velocidad, v, en una posición dada permanecerá constante y la fuerza impulsora de la difusión, $-\frac{d\mu}{dx}$, debe igualarse con la que ofrece la resistencia viscosa, Bv, (arrastre de Stokes). Así pues:

$$-\frac{d\mu}{dx} = Bv \qquad \text{ec. 2.18}$$

De ec. 2.17 y ec. 2.18 se obtiene:

$$v = -\frac{K_BT}{Bc}\left(\frac{dc}{dx}\right) \qquad \text{ec. 2.19}$$

Sustituyendo ec. 2.19 en ec. 2.14, y teniendo en cuenta ec. 2.13, se tiene:

$$J = D\left(-\frac{dc}{dx}\right) = vc = -\frac{k_BT}{Bc}\frac{dc}{dx}c \qquad \text{ec. 2.20}$$

de donde se deduce:

$$D = \frac{k_B T}{B} = \frac{k_B T}{6\pi\eta_m a}$$

ec. 2.21

relación que fue deducida por primera vez por Einstein, basándose en argumentos físicos más complejos, y que relaciona la difusividad browniana con las características del fluido, η_m, de la partícula, a, y de la energía térmica del sistema, $k_B T$.

2.2.3. Sedimentación de Stokes y el equilibrio entre la difusión browniana y la sedimentación

2.2.3.1. Sedimentación de Stokes

El primer objetivo de este apartado es desarrollar una expresión que relacione la velocidad de sedimentación, v_{est}, en función de las características de la partícula y del fluido, suponiendo una suspensión ultradiluida de partículas micrométricas esféricas, es decir, que el recorrido libre medio de las partículas por el movimiento browniano sea despreciable, frente al desplazamiento de la partícula por gravedad. En este caso, no se requiere considerar la fuerza browniana, por lo que, al aplicar la segunda ley de Newton a una partícula de densidad, ρ_s, mayor que la del fluido, ρ, se obtiene (figura 2.7):

$$m\frac{dv}{dt} = P - E - F_R$$

ec. 2.22

siendo: P el peso de la partícula, $P = \frac{4}{3}\pi a^3 \rho_s g$; E el empuje debido al fluido desplazado, $E = \frac{4}{3}\pi a^3 \rho g$; y F_R la fuerza de fricción de Stokes, $F_R = Bv = 6\pi\mu_m a v$.

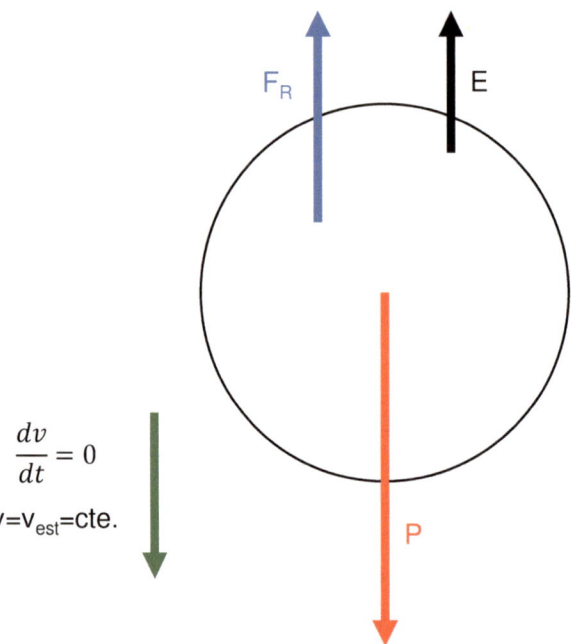

Figura 2.7. Fuerzas que actúan sobre la partícula cuando sedimenta en estado estacionario. F_R es la fuerza de arrastre viscoso, E es la fuerza debida al empuje del fluido desplazado y P es el peso de la partícula

Cuando se alcance el estado estacionario, la resultante de todas las fuerzas es cero: $m\frac{dv}{dt} = 0$, y la velocidad de sedimentación, $v = v_{est}$, es constante, denominándola terminal o estacionaria. En este estado, sustituyendo en la ec. 2.22 cada término por su expresión correspondiente, y operando, resulta:

$$v_{est} = \frac{2a^2(\rho_s - \rho)g}{9\eta_m}$$

ec. 2.23

La ec. 2.23 expresa que la velocidad de sedimentación, v_{est}, es proporcional al cuadrado del radio de la partícula, a^2, a la diferencia de densidad entre la partícula y el fluido, $(\rho_s - \rho)$, e inversamente proporcional a la viscosidad del fluido, η_m.

Se han calculado, para diferentes tamaños y densidades de partícula, los valores del recorrido libre medio browniano, $\langle x^2 \rangle^{1/2}$, mediante la ec. 2.10, y se han comparado con los que resultan de su desplazamiento por sedimentación (ec. 2.23). Las variables de operación han sido: t=1h, medio suspensionante agua a 20 °C y densidad del sólido ρ_s = 2.000 y 3.000 kg/m³. Los resultados se incluyen en la figura 2.8.

Se comprueba que, para partículas de radio, a = 1 μm, el desplazamiento que experimentan las partículas por sedimentación es 200 o 400 veces mayor que el browniano. Por el contrario, para partículas de a = 0,1 μm, el recorrido de ambos es similar. Para tamaños de $a \leq 0,01$ μm, el modelo de Stokes ya no es válido, puesto que la sedimentación se ve dificultada por el movimiento browniano, e incluso impedida por difusión, como se demostrará en el apartado siguiente.

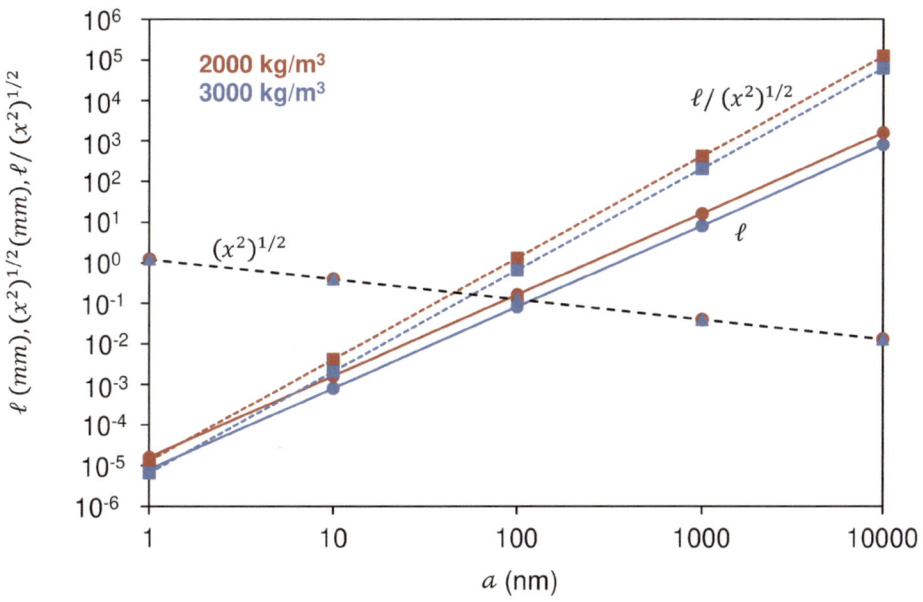

Figura 2.8. Desplazamiento de las partículas por movimiento browniano, $\langle x^2 \rangle^{1/2}$, y por sedimentación, ℓ, al cabo de 1 h, en función del radio de la partícula, a, y de su densidad, ρ, en agua a 20 °C. Se incluye la razón: desplazamiento por gravedad/desplazamiento browniano, $\ell / \langle x^2 \rangle^{1/2}$

Por el contrario, se comprueba la imposibilidad de mantener en suspensión partículas de tamaño micrométricos sin agitación, incluso para tiempos relativamente cortos, y evitar, con ello, la segregación por tamaños en suspensiones con una amplia distribución por tamaños (entre 0,1 μm y 50 μm) frecuentemente empleadas en la industria de cerámica blanca (porcelana, baldosas, etc.). Asimismo, conviene resaltar que cuando se utilizan técnicas basadas en la sedimentación (*sedigraph*) para determinar la distribución de tamaños de partícula, los valores de tamaño y frecuencia de tamaños de partícula inferiores al micrómetro se ven distorsionados, debido a que la contribución browniana ya es significativa. Para partículas de tamaño coloidal, se pueden emplear técnicas que solo tengan en cuenta el movimiento browniano.

Por otra parte, para suspensiones concentradas, la velocidad de sedimentación, $(v_{est})_c$, es tanto más baja cuanto mayor es la fracción volumétrica de sólidos, ϕ, debido a que el apiñamiento de las partículas dificulta el proceso (*crowding effect*). Las expresiones más sencillas de la velocidad resultan de multiplicar la velocidad de sedimentación correspondiente a las suspensiones diluidas, v_{est}, por un factor que tenga en cuenta el efecto crowding. De las más utilizadas (Lewis 2000) es:

$$(v_{est})_c = v_{est}(1 - \phi)^{6,55} \qquad \text{ec. 2.24}$$

el efecto de la fracción volumétrica de sólidos, ϕ, sobre la velocidad de sedimentación, $(v_{est})_c$, es, por tanto, muy significativo.

Como ya se ha indicado anteriormente, la sedimentación de partículas en una suspensión conduce a la segregación por tamaños y/o densidades, lo que provoca, irremediablemente, problemas de todo tipo, derivados de la falta de homogeneidad del material (figura 1.22).

2.2.3.2. Método para reducir o anular la velocidad de sedimentación

Generalmente se utilizan dos métodos para reducir la velocidad de sedimentación, $(v_{est})_c$, o anularla, en sistemas reales: i) Adición de espesantes que aumenten considerablemente la viscosidad a bajas cizallas. ii) Transformación de la suspensión de partículas dispersas en un gel con una tensión de fluencia, σ_y, mayor que la fuerza gravitacional que actúa sobre la partícula más grande.

1) Uno de los procedimientos más utilizados para reducir la velocidad de sedimentación de partículas micrométricas es la adición de espesantes disueltos o dispersos en la fase continua. La adición de macromoléculas solubles en el solvente (alginatos, hidroxietilcelulosa, metilcelulosa, goma de xantano,

goma Gellan, etc.) incrementa considerablemente la viscosidad de la fase continua, debido al gran tamaño de estas moléculas. Otros espesantes como las arcillas de tamaño nanométrico (bentonitas, laponitas) no se disuelven ni en el agua ni en otros medios, sino que se dispersan formando suspensiones coloidales altamente viscosas, por lo que, aunque no constituyen estrictamente una fase continua, su efecto sobre la disminución de la velocidad a la que sedimentan las partículas micrométricas suspendidas es el de una fase continua de viscosidad elevada. En este sentido conviene señalar que muchas suspensiones cerámicas industriales se pueden considerar bimodales, constituidas por partículas de tamaño coloidal y de tamaño micrométrico; y que su viscosidad, especialmente a bajas cizallas, que es la determinante den la sedimentación, depende del contenido y tamaño de las partículas coloidales.

La elección del espesante dependerá de la compatibilidad del sistema y de las propiedades reológicas requeridas. Algunos espesantes, en determinadas condiciones, inducen a suspensiones con una tensión de fluencia, σ_y, suficiente para evitar la sedimentación de partículas micrométricas.

2) La formación de un gel de propiedades mecánicas requeridas (módulo elástico, tensión de fluencia, etc.) y que fácilmente se transforme en una suspensión viscosa, sol, mediante métodos mecánicos (agitación) o modificando las condiciones del sistema (fuerza iónica del medio, pH, etc.) es uno de los procesos para evitar la segregación de una mezcla de componentes de diferente tamaño y/o densidad y la sedimentación de partículas gruesas. Los procedimientos habituales para obtener geles a partir de suspensiones son:

   a) Floculación de suspensiones concentradas (con fracciones volumétricas de sólido, ϕ, más altas que la del gel) para formar una red tridimensional de partículas que se mantienen unidas por fuerzas atractivas. La floculación puede llevarse a cabo en las suspensiones previamente estabilizadas electrostáticamente o electroestéricamente, mediante la adición de electrolitos y/o modificación del pH para cambiar la interacción entre partículas de repulsiva a atractiva, pero de magnitud débil. También para suspensiones estabilizadas estéricamente; es decir, debida a la repulsión entre las capas de polímero adsorbidas sobre las partículas, se puede formar un gel por cambio de temperatura (gelificación térmica).

   b) Preparación directa de geles reversibles mediante la adición de polímeros que enlacen una partícula con otra/s diferentes «bridging flocculation».

En este caso, deben utilizarse polímeros de gran longitud de cadena (elevado peso molecular) y en bajo contenido, ya que se pretende que la misma molécula de polímero se adsorba sobre dos partículas diferentes. La adición de polímero en cantidades elevadas podría cubrir completamente la superficie las partículas, lo que provocaría la estabilización estérica.

Como ya se ha indicado antes, para que una partícula de tamaño a permanezca suspendida en un gel, su tensión de fluencia, σ_y, debe ser mayor que la fuerza gravitatoria que actúa sobre ella. El valor de esta tensión de fluencia mínima del gel, $\sigma_{y,gel}$, que impide la sedimentación de las partículas se suele estimar mediante la expresión (Laxton y Berg 2005):

$$\sigma_{y,gel} = \frac{\Delta\rho a g}{0,06}$$

ec. 2.25

Según esta relación la tensión de fluencia mínima para evitar la sedimentación es proporcional al tamaño de partícula, a, y a la diferencia de densidad entre el sólido y la fase continua, $\Delta\rho$.

2.2.3.3. Equilibrio entre sedimentación coloidal y difusión. Determinación del tamaño crítico de partícula

Consideremos la densidad de flujo de partículas en una columna de sedimentación a través de una superficie horizontal (figura 2.9), donde la concentración de partículas es c y el gradiente de concentración, dc/dx. La densidad de flujo de partículas que atraviesa la superficie, por sedimentación, en la dirección x, J_s, será:

$$J_s = v_{est}c$$

ec. 2.26

La densidad de flujo de partículas que lo hacen por difusión, J_x, a través de la misma superficie y en sentido contrario, –x, será:

$$J_x = D\frac{dc}{d(-x)} = D\frac{dc}{dx} \qquad \text{ec. 2.27}$$

Puesto que en el equilibrio $J_s = J_x$ de la ec. 2.21, ec. 2.23 y ec. 2.27 se tiene:

$$c\frac{2a^2(\rho_s - \rho_l)g}{9\eta_m} = \frac{k_BT}{6\pi\eta a}\frac{dc}{dx} \qquad \text{ec. 2.28}$$

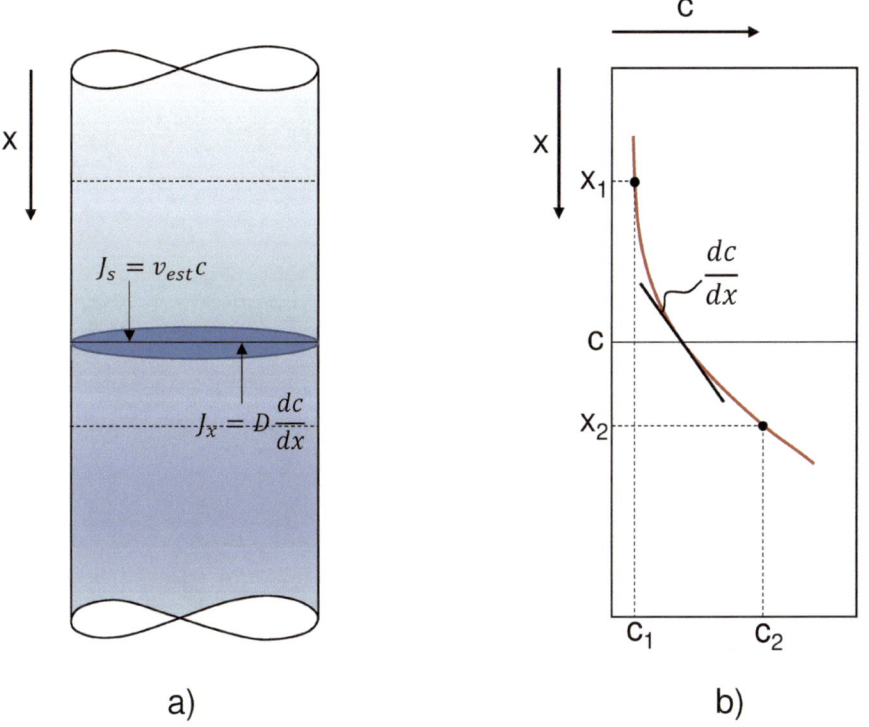

a)   b)

Figura 2.9. a) *Columna de sedimentación. En el equilibrio, la densidad de flujo de partículas que sedimentan en la dirección x, J_s, es igual a las que se difunden, J_x, en sentido contrario «–x». b) Perfiles de concentración*

Al integrar la ec. 2.28 entre las distancias x_1 y x_2 de la superficie de la columna, a las que corresponden las concentraciones c_1 y c_2, respectivamente, (figura 2.9b), se obtiene la siguiente ecuación:

$$\ln\left(\frac{c_2}{c_1}\right) = \frac{4\pi a^3 (\rho_s - \rho_l)g}{3k_BT}(x_2 - x_1) \qquad \text{ec. 2.29}$$

Para comprender más fácilmente el significado de esta ecuación determinaremos los valores de la razón de concentraciones, c_2/c_1, correspondientes a las dos alturas, x_2 y x_1, separadas por 1cm, para radios de partícula de $a = 0,1$ μm y $a = 0,01$ μm. Se supone que la densidad de la partícula es de $\rho_s = 3.000$ kg/m³ y el líquido es agua a 20 °C. Al aplicar la ec. 2.29 para estas condiciones resulta:

-   Para $a = 0,1$ μm, un valor de $c_2/c_1 = 4,7 \cdot 10^{86}$
-   Para $a = 0,01$ μm, un valor de $c_2/c_1 = 1,221$

Se aprecia que las partículas con $a < 0,01$ μm forman una capa de 1 cm en la que las fuerzas de origen browniano impiden su sedimentación; la concentración de partículas en esta capa es prácticamente uniforme. Dicho con otras palabras, el valor del radio $a = a_c$ al que la razón $c_2/c_1 \approx 1$ indica el valor del tamaño de partícula por debajo del cual las partículas no sedimentarán nunca. Partículas más grandes, $a > a_c$, podrían sedimentar a tiempos más largos, formando una interfase de sedimentación clara. En efecto, para $a = 0,1$ μm, la concentración de partículas a un determinado nivel 1, c_1, aumenta muchísimo al descender al nivel 2, c_2, ($c_2 = 5 \cdot 10^{86}$ c_1). Cabe recalcar que estos resultados son para partículas esféricas que no interaccionan con otras, en suspensiones diluidas y en condiciones de equilibrio.

En suspensiones industriales, para las que no son aplicables las simplificaciones utilizadas en la deducción de la ec. 2.22, ec. 2.23 y ec. 2.28, se requiere evaluar experimentalmente la estabilidad macroscópica de la suspensión mediante ensayos de sedimentación. La estabilidad macroscópica de una suspensión implica la ausencia de gradientes de la concentración de partículas y/o de composición de la mezcla en la dirección de la gravedad, debido a la diferencia de la velocidad de sedimentación de las partículas originada por diferencias de densidad y/o tamaño de partícula.

2.3. LAS FUERZAS DE INTERACCIÓN ENTRE PARTÍCULAS Y LA ESTABILIDAD COLOIDAL

2.3.1. Interacciones coloidales. Tipos y breve descripción de las más importantes

La interacción partícula-partícula es el fundamento de la estabilidad coloidal, entendiendo como tal la estabilidad de las partículas dispersas frente a su agregación; es decir, a permanecer como tales, individualizadas, sin coagulación ni floculación. El concepto de energía potencial de interacción entre partículas o «pair interaction» implica la interacción energética entre dos partículas individuales suspendidas en una gran cantidad de solución (dilución infinita, $\phi \to 0$). La contribución energética potencial de la interacción «i», G_i, se define como el trabajo reversible realizado en contra de dicha interacción, es decir, para aproximar dos partículas desde distancias infinitas hasta una distancia «h». Así pues, las interacciones energéticas de naturaleza atractiva, G_1, serán negativas mientras que las repulsivas, G_2, serán positivas (figura 2.10).

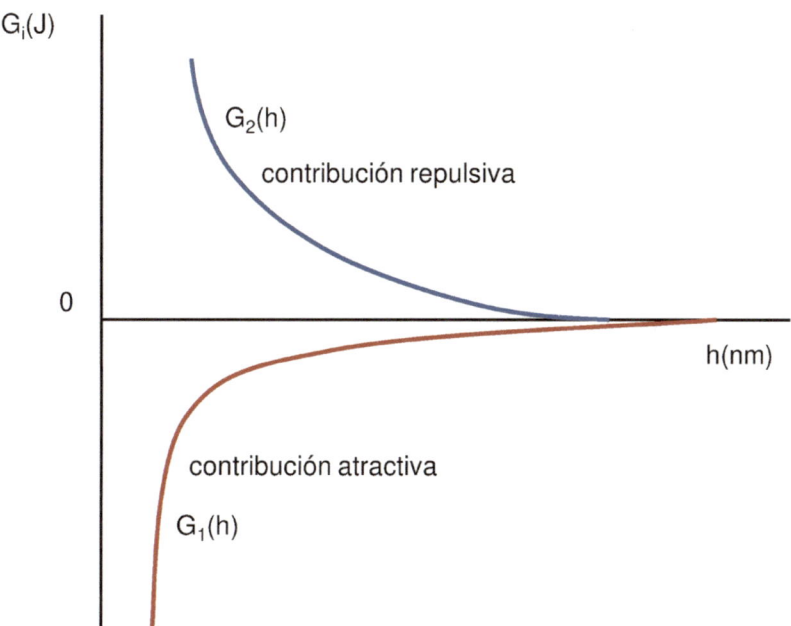

Figura 2.10. Contribución de energía potencial atractiva y repulsiva

Definiendo la fuerza de interacción, F_i, como:

$$F_i = -\left(\frac{\partial G_i}{\partial h}\right)$$

ec. 2.30

La fuerza será positiva si hay atracción entre las partículas y negativa si la interacción es repulsiva.

En muchas ocasiones la contribución energética se expresa en forma adimensional, dividiendo G_i por $k_B T$, siendo «k_B» la constante de Boltzmann y T la temperatura absoluta. Esto se debe a que las partículas tienen una energía cinética, en virtud de la temperatura del medio en el que están suspendidas, que es igual a $(3/2) k_B T$. Expresando la contribución energética de este modo, $G_i/k_B T$, se pone de manifiesto la importancia relativa de la contribución energética considerada respecto a la energía cinética de la partícula.

A continuación, se describirá muy brevemente las principales fuerzas de interacción que operan entre partículas coloidales dispersas en el seno de un líquido. Posteriormente, al estudiar los diferentes mecanismos de estabilización de suspensiones, se analizarán con mayor profundidad, de forma cuantitativa, cada una de ellas, discutiendo su naturaleza y determinando las variables de las que dependen.

2.3.1.1. Interacción de London-Van der Waals

Estas fuerzas están siempre presentes, dependen de la naturaleza del medio y del tamaño y geometría de las partículas, y en el caso de no ser esféricas, también de su orientación relativa. En primera aproximación, la contribución energética de Van der Waals, G_{vdW}, entre dos partículas de tamaño «a» situadas a distancias cortas, h, es del tipo:

$$G_{vdW} = -A_{12(3)}f(a, \text{geometría}, h)$$

ec. 2.31

donde $A_{12(3)}$ es la constante de Hamaker correspondiente a la interacción entre una partícula de naturaleza 1 y otra de naturaleza distinta, 2, en un medio 3.

Cuando el material 1 y 2 son idénticos, homointeracción, la constante de Hamaker es positiva, $A_{12(3)} > 0$, por lo que la contribución de Van der Waals siempre será atractiva, $G_{vdW} < 0$. En el caso de heterointeracción, solo en escasas ocasiones $A_{12(3)} < 0$, por lo que $G_{vdW} > 0$ y la contribución será repulsiva.

Para dos esferas coloidales de radio a, a una distancia de separación, h, entre ellas pequeña, $h \lll a$, $A_{12(3)}$ viene dada por:

$$G_{vdW} = -\frac{A_{12(3)}a}{12h}$$

ec. 2.32

Para partículas de radios $a = 0,1$ μm, dispersas en agua ($A_{12(3)} \approx 10^{-20}$ J), y separadas una distancia h = 1 nm, le corresponde un valor de $G_{vdW} \approx -10^{-18}$ J, o bien $G_{vdW} \approx -10^3$ k_BT, energía que es mucho mayor que la térmica o browniana ($\approx k_BT$). A distancias de separación, h, del orden del tamaño de la partícula o mayores, $G_{vdW} \leq -k_BT$, lo que indica que estas fuerzas son verdaderamente operativas a pequeñas distancias de separación, h. Así pues, en ausencia de cualquier contribución energética repulsiva, que impida que se acerquen las partículas a distancias pequeñas, las partículas se agregarán y sedimentarán debido a la acción de las fuerzas de Van der Waals.

2.3.1.2. Interacciones electrostáticas

De forma general, dos partículas con valores netos de su carga del mismo signo se repelen, de modo que $G_{EDL} > 0$. Por el contrario, si son de signo opuesto se atraen, $G_{EDL} < 0$. Ahora bien, el estudio de este tipo de interacciones requiere el análisis de una serie de fenómenos involucrados en su desarrollo, tales como:

- Origen de las cargas superficiales en las partículas y el efecto que sobre estas ejercen las características de la solución (polaridad del líquido, pH, concentración y carga de los iones en solución…).
- Formación de una capa alrededor de la partícula cargada, en la que la concentración de iones del mismo signo (que el de la superficie de la partícula) y de signo contrario (contraiones) varía con la distancia, siendo esta, además, diferente de la concentración media en solución (doble capa) (figura 2.11). La formación de esta doble capa (EDL) está asociada al efecto contrapuesto

que sobre la distribución iónica (o de la concentración) ejercen dos factores: la carga eléctrica superficial de la partícula, que tiende a atraer a los iones de signo contrario, y por otra, la tendencia termodinámica de todo sistema a mantener una distribución homogénea de iones en el seno de la fase líquida. El espesor de esta doble capa difusa (κ^{-1}), que está inversamente relacionada con la raíz cuadrada de la fuerza iónica del medio,[1] I, determina en gran medida la separación entre partículas (h $\approx 2\kappa^{-1}$) a la que esta interacción electrostática es operativa, ya que a esta distancia comienzan a solaparse la doble capa de cada partícula, como se verá posteriormente.

- Potencial eléctrico asociado a la carga eléctrica neta, en la superficie de la partícula, ψ^0, en la superficie externa de la capa de especies fuertemente adsorbidas sobre la partícula (potencial de Stern), ψ^d, y en el interior de la doble capa, ψ.

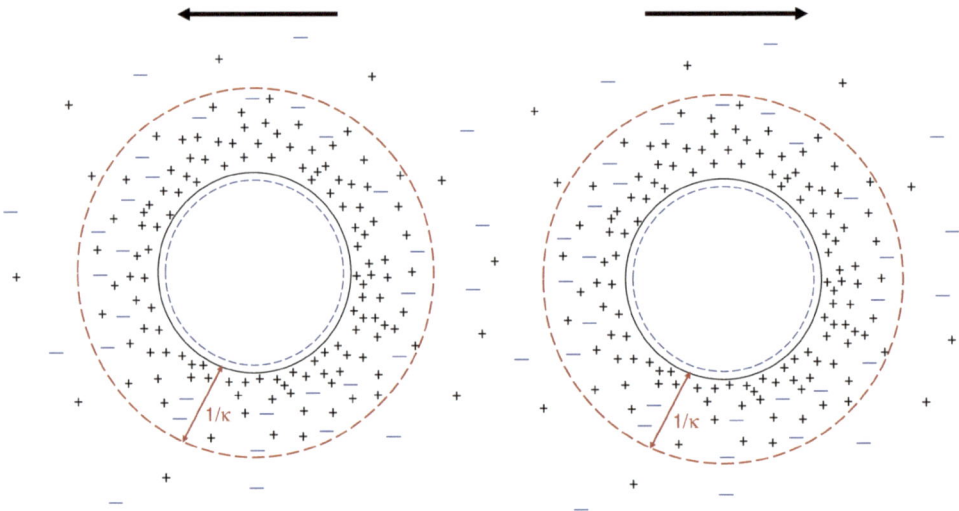

Figura 2.11. Repulsión electrostática entre partículas coloidales cargadas negativamente

---

1. La fuerza iónica del medio, I, se calcula a partir de la concentración molar de iones, c_i, y de su carga, z_i, mediante la expresión: $I = \sqrt{c_i z_i^2}$.

Las ecuaciones para la estimación de G_{EDL} varían ampliamente dependiendo de la geometría del sistema: de que el grado de solapamiento de las dobles capas sea pequeño o grande, de que la fuerza iónica del medio, I, sea alta o baja, de que el potencial eléctrico sea grande o pequeño, de la geometría de la partícula, etc. Para pequeños grados de solapamiento de las dobles capas y bajos potenciales superficiales, las ecuaciones son de la forma:

$$G_{EDL} = f(a, EDL)(\psi^d)^2 \exp(-\kappa h) \qquad \text{ec. 2.33}$$

donde $f(a, EDL)$ es una función que depende del tamaño, a, y forma de la partícula y de las características de la doble capa, EDL; ψ^d es el potencial de Stern de la partícula; κ^{-1} es la longitud de Debye o espesor de la doble capa y «h» la distancia entre partículas. A diferencia de la atracción de Van der Waals, la interacción electrostática es independiente de la naturaleza de las partículas. En cambio, las fuerzas de Van der Waals son independientes del contenido en electrolito y del pH de la solución.

2.3.2. Interacciones estéricas y de depleción

Las estéricas son debidas a las interacciones entre macromoléculas adsorbidas sobre la superficie de las partículas. No obstante, la presencia de macromoléculas dispersas en el medio también provoca interacciones entre las partículas. Ambos tipos pueden ser atractivas o repulsivas (figura 2.12).

Algunos aspectos destacables de este tipo de interacción son:

- La contribución energética estérica, que resulta de una densa capa de polímero adsorbido sobre la partícula, G_{st}, puede ser muy alta, mucho mayor que la electrostática, G_{EDL}. En general, para dispersiones en medios no acuosos de baja polaridad, a las que corresponden G_{EDL} bajos, la estabilización estérica es el único mecanismo eficaz de estabilización.
- La adsorción de macromoléculas sobre la superficie de las partículas modifica la composición de su superficie efectiva, lo que supone: la alteración de su potencial eléctrico superficial efectivo, o de Stern, ψ^d (y con ello, la contribución electrostática, G_{EDL}); la modificación de la constante de Hamaker, $A_{11(3)}$ (y con ello la contribución de Van der Waals, G_{vdW}) y la distancia entre

la superficie efectiva de las partículas, h, debido a que se añade una capa de macromoléculas.

- La afinidad química entre el solvente y las macromoléculas determinan, en gran medida, la estructura de estas últimas, tanto en solución como adsorbidas.

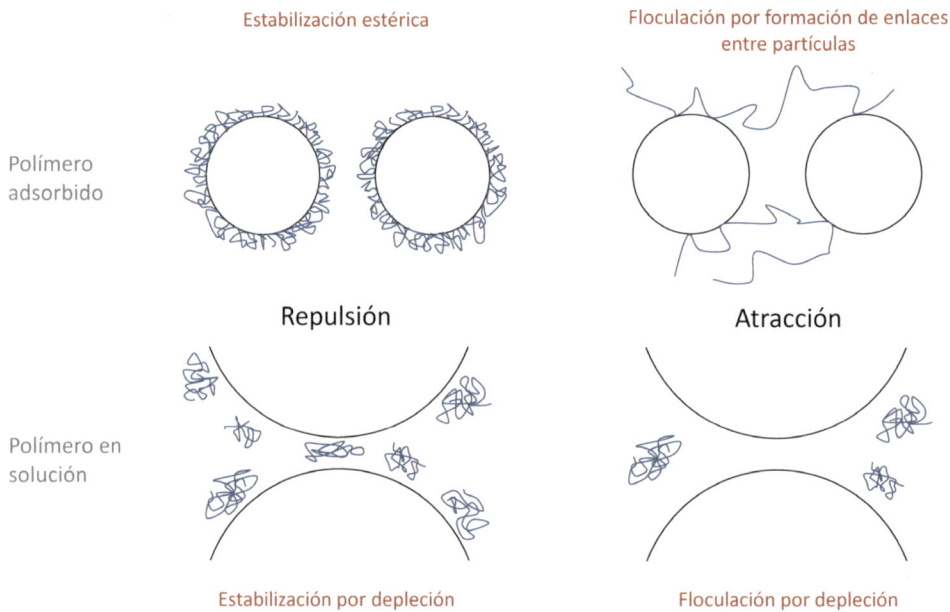

Figura 2.12. *Interacción entre partículas debido a la presencia de polímeros adsorbidos sobre su superficie o en solución*

2.3.2.1. Interacciones electroestéricas

Estas implican la adsorción superficial sobre la partícula de un polímero cargado eléctricamente (polielectrolito), por lo que, en principio, pueden considerarse una combinación de la interacción electrostática y la estérica (figura 2.13).

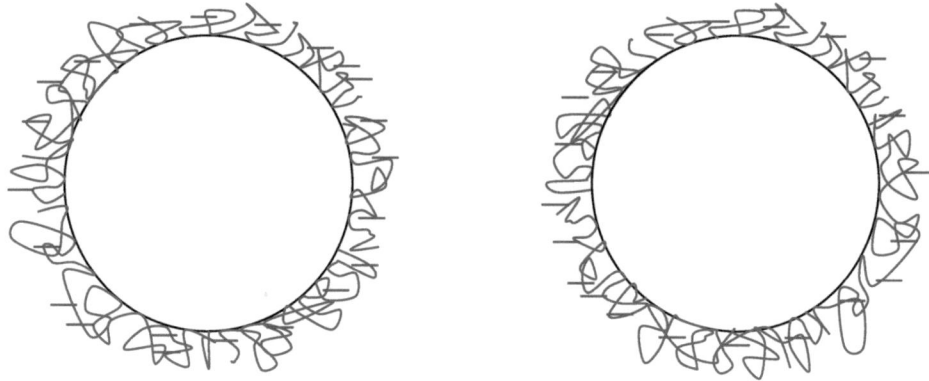

Figura 2.13. Repulsión electroestérica de partículas debido a la repulsión de polianiones adsorbidos sobre su superficie

Se asocia comúnmente con soluciones acuosas, aunque su efecto también puede manifestarse en medios no acuosos, aunque polares. La estabilización por este mecanismo, utilizando polímeros que tienen, al menos, un grupo ionizable (grupo carboxílico), es ampliamente utilizado para preparar suspensiones cerámicas concentradas (fracción volumétrica de sólidos mayor del 0,5, $\phi > 0,5$).

2.3.2.2. Interacciones magnéticas

Representan un caso muy especial. Cuando estas fuerzas son operativas, generalmente, son mayores que cualquier otras. Es muy complicado y difícil estabilizar partículas coloidales que presentan atracción magnética.

2.3.2.3. Interacciones debidas a la estructura del solvente

Bajo este término se engloban todos los fenómenos de interacción entre partículas provocados por la estructura del líquido suspensionante, en la medida en que esta se modifica por la presencia de las superficies rígidas de las partículas. Las modificaciones estructurales más importantes del líquido en las proximidades a la superficie rígida de una partícula son: oscilaciones de la densidad del líquido y la reorganización de sus moléculas debidas a los enlaces puentes de hidrógeno con el sólido (en el caso del agua). En la literatura estos fenómenos se expresan con un batiburrillo de nombres, que a menudo son un reflejo de la interpretación específica del autor, tales como fuerzas estructurales del agua, fuerzas estructurales, fuerzas de hidratación o interacciones ácido-base. En ocasiones estos nombres reflejan la incapacidad de interpretar cuantitativamente ciertos fenómenos observados, basándose en los modelos de interacción entre partículas bien conocidos y desarrollados.

De forma empírica se establece que dicha contribución, G_{sol}, en el caso de que el solvente sea agua y el sólido sean óxidos metálicos (o arcillas) viene dada por:

$$G_{sol}(h) = f(a, \text{int})\exp\left(-\frac{h}{\lambda}\right) \qquad \text{ec. 2.34}$$

donde f(a, int) es una función del tamaño de la partícula, a, y de la naturaleza de la interacción molecular partícula-solvente, int, y λ es un parámetro relacionado con el alcance.

2.4. APROXIMACIÓN DE DEJARGUIN. MEDIDA DIRECTA DE LAS FUERZAS SUPERFICIALES

La aproximación de Dejarguin relaciona la fuerza de interacción entre superficies curvadas, F(h), a una distancia de separación, h, con las energías de interacción por unidad de superficie para superficies planas, W(h), (a la misma distancia de separación, h). Su única restricción es que la distancia de separación, h, sea mucho más pequeña que el radio de curvatura de la superficie (h $\lll$ R). Así pues, mediante esta aproximación se pueden estimar los perfiles de energía y fuerzas de interacción para geometrías y tamaños muy diferentes a los que se miden experimentalmente. Esto es, se pueden desarrollar teóricamente expresiones de la energía y de las fuerzas de interacción entre superficies planas, que son más sencillas, y, mediante esta aproximación, obtener las correspondientes a otras geométricas más complejas.

La aproximación de Dejarguin se enuncia como: «La fuerza de interacción entre dos superficies curvadas, F(h), de radios R_1 y R_2, a una distancia de separación, h, es igual a 2π veces el producto del radio efectivo, R_{eff}, de estas superficies por la energía de interacción entre las superficies planas por unidad de superficie, W(h); es decir:

$$F(h) = 2\pi R_{eff} W(h)$$ ec. 2.35

Las geometrías más frecuentemente utilizadas son:

1. Dos esferas de radio a_1 y a_2 distinto:

$$R_{eff} = \frac{a_1 a_2}{a_1 + a_2}$$ ec. 2.36

2. Dos esferas iguales de radio a:

$$R_{eff} = \frac{a}{2}$$ ec. 2.37

3. Una superficie plana y una esfera de radio a:

$$R_{eff} = a$$ ec. 2.38

4. Para dos cilindros cruzados perpendicularmente:

$$R_{eff} = \sqrt{R_1 R_2}$$ ec. 2.39

siendo: R_1 y R_2 los radios de curvatura de los dos cilindros. En el caso de que los dos cilindros sean de igual curvatura, a, se tiene:

$$F_{cc}(h) = 2\pi a W(h)$$ ec. 2.40

La medida de las fuerzas de interacción entre superficies, mediante el aparato de fuerzas superficiales («surface force apparatus», SFA) básicamente consiste en determinar la fuerza de interacción entre dos superficies cilíndricas de mica orientadas perpendicularmente, $F_{cc}(h)$, (figura 2.14) (geometría de cilindros cruzados) conforme estas se aproximan (figura 2.15a). Una superficie está sujeta a una varilla elástica, y, a partir de su deformación, se determina la fuerza de interacción entre cilindros cruzados, F_{cc}. La distancia de separación entre superficies, h, se mide por interferometría (figura 2.15a) (Israelachvili y Tabor 1973, Israelachvili y Adams 1978). La determinación de la curva: fuerza de interacción-distancia de separación, $F_{cc}(h)$, permite, aplicando la aproximación de Dejarguin, calcular las energías o fuerzas de interacción para otras geometrías.

La técnica de microscopía de fuerza atómica con probeta coloidal («coloidal probe atomic force microscopy, CP-AFM») (figura 2.15b) para la medida de fuerzas superficiales, básicamente consiste en sustituir la punta («tip») del microscopio de fuerza atómica por una microesfera de radio micrométrico pegada a una varilla elástica (Ducker, Senden y Pashley 1991; Ducker, Senden y Pashley 1992). La otra superficie puede ser plana (sustrato), u otra esfera anclada al sustrato. La deformación de la varilla, que se utiliza para determinar la fuerza de interacción y distancia de separación entre superficies, se determina por la posición del extremo de la varilla, por láser. Aplicando la aproximación de Dejarguin se calculan las curvas: energía o fuerza de interacción-distancia.

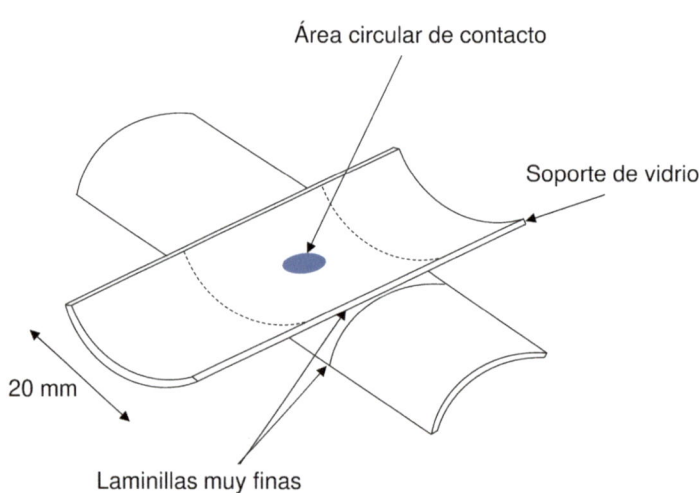

Figura 2.14. El contacto entre laminillas muy finas de mica pegadas a soportes cilíndricos de vidrio es circular. La superficie de la mica es lisa a escala molecular

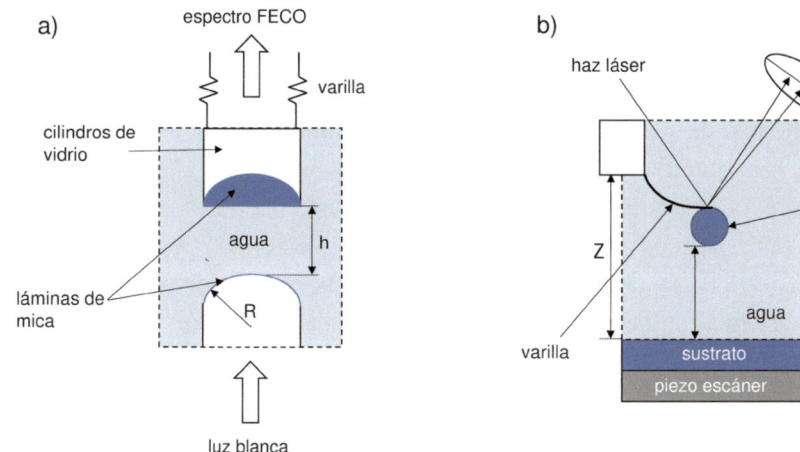

Figura 2.15. Esquemas de las dos principales técnicas para la medida de fuerzas superficiales. a) *Aparato de fuerzas superficiales «SFA»; la distancia entre superficies, h, se mide por interferometría, haciendo pasar luz blanca a través de los cilindros y del medio (vacío, aire o líquido), y la fuerza de interacción determinado la deformación elástica de la varilla.* b) *Microscopio de fuerza atómica con microesfera «CP-AFM». La posición del extremo de la varilla, mediante láser, permite determinar la distancia de separación entre la microesfera y el sustrato plano y la fuerza de interacción (a partir de la deformación elástica de la varilla)*

2.5. COMBINACIÓN DE DIFERENTES ENERGÍAS DE INTERACCIÓN. ESTABILIDAD COLOIDAL DE SUSPENSIONES

Aunque en principio las distintas contribuciones energéticas, asociadas a los diferentes tipos de interacción, no son rigurosamente aditivas, la combinación de dos o tres de ellas resulta apropiado, a efectos prácticos, con vistas a interpretar los diferentes mecanismos de estabilización coloidal e, incluso, determinar cuantitativamente la influencia de las diferentes variables sobre esta, aunque con cierta imprecisión. Conviene resaltar que las curvas de energía de interacción se calculan para dilución infinita, es decir, para suspensiones muy diluidas.

Así pues, la combinación de la contribución atractiva de Van der Waals, G_{vdW}, y la repulsiva de tipo electrostático, G_{EDL}, es la base de la teoría DLVO de estabilidad de coloides, desarrollada por Derjaguin y Landau (1941) y Verwey y Overbeek

(1948). La adición a estas dos contribuciones de la correspondiente a la fuerza de hidratación o ácido-base, en medio acuoso, constituye la teoría DLVO extendida, XDLVO, desarrollada por Van Oss (1994), y que ha permitido, en el caso de minerales arcillosos, un mejor acuerdo entre los resultados experimentales y los calculados que los obtenidos por la teoría DLVO clásica.

Análogamente, la combinación de la contribución estérica, G_{st}, y la de Van der Waals, G_{vdW}, es la base de los modelos de la estabilización estérica. Lo propio sucede al combinar la contribución electroestérica, $G_{EDL,st}$, con la de Van der Waals, G_{vdW}.

A igualdad de temperatura, presión y composición, la energía libre de una dispersión es mayor que la correspondiente a un material floculado, coagulado o aglomerado, debido a que con el desarrollo del proceso de floculación va disminuyendo la energía superficial del sistema. En consecuencia, desde el punto de vista termodinámico, la floculación, que implica el paso de un estado de energía más alta a otro de menor energía, es un proceso espontáneo y como tal ocurrirá a menos que exista una barrera energética suficientemente elevada que evite este paso (figura 2.16).

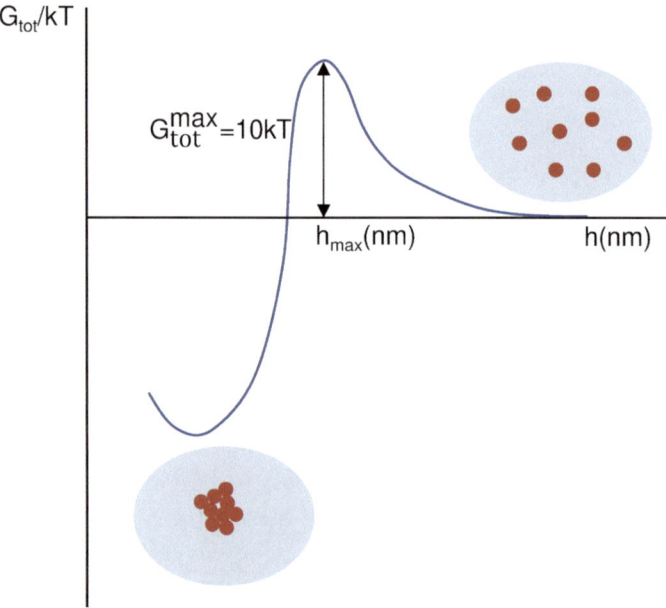

Figura 2.16. Curva de energía potencial correspondiente a una dispersión coloidal estable

Así pues, una dispersión coloidal estable es metaestable desde el punto de vista termodinámico. Ahora bien, puede permanecer en dicho estado durante un tiempo muy largo,[2] si la barrera energética es suficientemente grande para evitar que el sistema pueda superarla.

Sin la aplicación de fuerzas hidrodinámicas externas, por ejemplo, la agitación, la única energía que dispone el sistema para superar la barrera de energía, G_{tot}^{max}, es la energía cinética de las partículas, debida a su movimiento browniano. Esta resulta del bombardeo al azar de la superficie de las partículas por las moléculas del medio. La energía cinética media, debida a este fenómeno, es $(3/2)k_BT$ por partícula, donde k_B es la constante de Boltzmann y T la temperatura absoluta. Sin embargo, siempre hay una cierta probabilidad que en un momento dado una determinada partícula pueda alcanzar una mayor energía (y también más pequeña). Ahora bien, la probabilidad de que una partícula adquiera una energía de, por ejemplo, 10-15 K_BT es muy pequeña, por lo que una barrera energética de esta magnitud, $G_{tot}^{max}/k_BT = 10\text{-}15$ se consideraría suficientemente elevada para que la dispersión permanezca indefinidamente metaestable, es decir, coloidalmente estable,[2] si la suspensión es muy diluida. En el caso de suspensiones muy concentradas (mayor del 60 % en volumen de sólidos) y constituidas por partículas de tamaño de 0,5 µm se estima que el potencial de barrera adecuado es de $G_{tot}^{max}/k_BT \geq 25$.

En cualquier caso, la obtención de la curva: energía de interacción entre partículas, $G_{tot}(h)$, frente a la distancia de separación entre ellas, h, obtenida a partir de las contribuciones energéticas atractivas y repulsivas que intervienen, considerándolas aditivas, permite, para un determinado sistema, conocer, entre otras informaciones, si este es o no estable, desde el punto de vista coloidal. A título de ejemplo, en la figura 2.17 se han representado las curvas de energía de interacción entre partículas, $G_{tot}(h)$, en función de la distancia entre ellas, h, obtenidas al combinar las contribuciones atractiva de Van der Waals, $G_{vdW}(h)$, y la repulsiva, $G_{EDL}(h)$, según la teoría DLVO para tres casos diferentes.

---

2. Algunas dispersiones coloidales de oro, preparadas por Faraday, todavía permanecen como tales en la Royal Institution, en Londres.

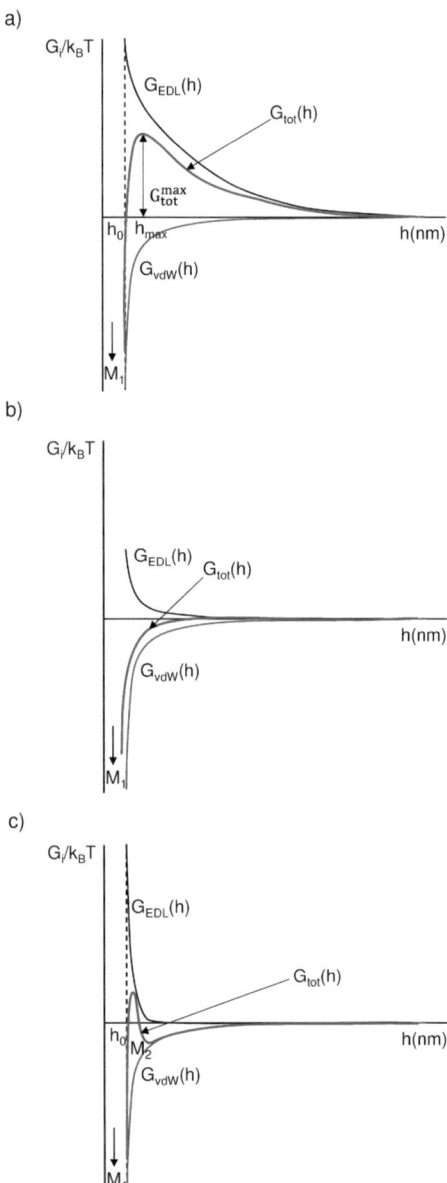

Figura 2.17. Curvas de energía potencial de interacción entre partículas,
G_{tot} *(h), obtenidas como suma de las contribuciones repulsiva,* G_{EDL}, *y atractiva,* G_{vdW}.
a) Suspensión estable: el sistema presenta un potencial de barrera, G_{tot}^{max},
suficientemente elevado. b) Suspensión inestable: el sistema no presenta
potencial de barrera. c) Suspensión débilmente inestable: presenta un mínimo,
M_2, *secundario*

En el caso de la figura 2.17a, la contribución repulsiva es mayor que la atractiva a distancias $h \geq h_0$. En consecuencia, se forma una barrera de energía cuya máximo, $G_{tot}^{max} >> 10k_BT$, se sitúa a una distancia entre partículas h_{max}. Dicha dispersión será estable. Este caso es representativo de suspensiones con potenciales eléctricos de Stern, ψ^d, elevados (partículas muy cargadas) y espesores de doble capa, κ^{-1}, (longitud de Debye) grandes, es decir, con una baja concentración de electrolito en el medio (baja fuerza iónica, I). La suspensión estaría completamente dispersada.

En el caso de la figura 2.17b, la contribución repulsiva, G_{EDL}, siempre es menor que la atractiva, G_{vdW}, por lo que no se forma barrera energética y la dispersión es inestable. Esta situación se presenta cuando las partículas están poco cargadas (ψ^d bajo) y/o las concentraciones del electrolito en el medio son elevadas (reducida longitud de Debye, κ^{-1}). La dispersión estaría fuertemente floculada.

En el caso de la figura 2.17c, la contribución repulsiva, G_{EDL}, solo es mayor que la atractiva, G_{vdW}, en un determinado intervalo de separación entre partículas, por lo que la curva de energía potencial de interacción entre partículas es análoga a la de la figura 2.17a, pero con un nuevo mínimo, denominado secundario. Esta situación se presenta cuando las partículas están muy cargadas (ψ^d altos) y las concentraciones de electrolito en el medio son elevadas (reducida longitud de Debye, κ^{-1}). La dispersión estaría débilmente floculada.

A distancias muy pequeñas, $h \approx 0$, siempre aparece una contribución energética repulsiva. En unos casos es la contribución repulsiva es debida a las fuerzas de hidratación, G_{hid}, para valores de $h \leq 0,3$ nm. En otros es la repulsión de Born, G_{Born}, entre átomos superficiales de cada partícula, que es significativa para valores de $h < 0,1$ mm. En ambos casos, la adición de G_{hid} y G_{Born} a la contribución atractiva produce un mínimo de energía de interacción, M_1, denominado mínimo primario (figura 2.18). Este es el punto de mínima energía del sistema, por lo que, salvo que exista una barrera de potencial suficiente (caso figura 2.17a) la dispersión evoluciona hasta flocular, formando agregados de partículas, cuya fuerza de adhesión dependerá del valor de G_{tot}^{min} y con una distancia h entre partículas en cada unión de $h = h_{min}$.

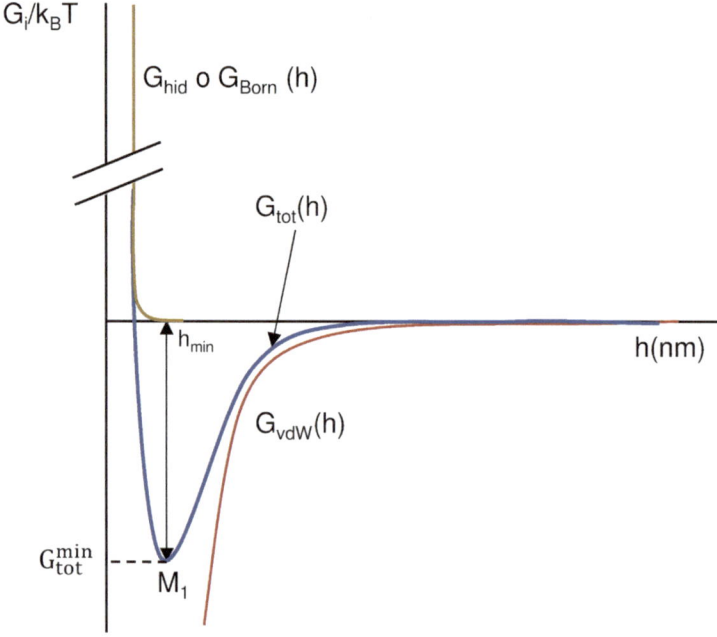

Figura 2.18. Curva de energía total de interacción, $G_T(h)$, para distancias entre partículas $h \approx 0$. Formación del mínimo primario, M_1, por adición de las contribuciones repulsivas de Born, G_{Born}, o de hidratación, G_{hidr}, a la atractiva de Van der Waals, G_{vdW}

En los siguientes capítulos se estudiarán con detalle cada una de las interacciones entre partículas y las curvas de energía total de interacción, $G_{tot}(h)$, resultantes de la combinación de dos o tres combinaciones individuales.

2.6. INTERRELACIÓN ENTRE LA ESTABILIDAD COLOIDAL, LA ESTRUCTURA DE LA SUSPENSIÓN Y EL COMPORTAMIENTO REOLÓGICO

El comportamiento reológico de las suspensiones coloidales es una de sus propiedades más importantes, por lo que será tratado con profundidad en el volumen 2. Básicamente, las medidas reológicas consisten en determinar el flujo y/o la deformación de un material cuando se somete a un esfuerzo o deformación; es decir, la respuesta de un material (suspensión o gel) a un esfuerzo o deformación externa. Su inclusión breve en este capítulo se debe a que, a partir del comportamiento reológico de una suspensión se puede deducir o estimar su estabilidad coloidal e, incluso, su estructura.

La estabilidad coloidal implica que no se formen agregados de partícula cuando estas se ven sometidas, exclusivamente, al movimiento browniano. Así pues, para sistemas sencillos la tendencia a la agregación puede estimarse teóricamente, como se verá en el apartado 3.4.5 para suspensiones diluidas, monomodales, de un solo componente y estabilizadas electroestáticamente. También se puede seguir la formación de aglomerados o flocs en suspensiones diluidas mediante difracción dinámica de luz («Dynamic Light Scattering», DLS). Mediante técnica basada en la dispersión de luz múltiple estática («Static Multiple Light Scattering», SMLS, más conocida bajo el nombre de su firma comercial, Turbiscan@) se puede seguir la cinética de aglomeración de partículas de la misma naturaleza en suspensiones ligeramente concentradas (tintas inkjet). No obstante, en suspensiones concentradas y constituidas por componentes de distinta naturaleza no puede distinguirse fácilmente la pérdida de estabilidad macroscópica, debida a la sedimentación por diferencias de densidad o de tamaño de partículas, de la falta de estabilidad coloidal, debida a la formación de aglomerados. Así pues, la estabilidad coloidal de las suspensiones concentradas y su estructura (dispersa, agregados de partículas, geles…) suele estimarse a partir de su comportamiento reológico.

Para el caso idealizado de suspensiones diluidas (la distancia de separación entre partículas es mucho mayor que su diámetro) constituidas por partículas esféricas y del mismo tamaño, un control cuidadoso de las fuerzas de interacción entre partículas permite preparar suspensiones: dispersas, débilmente floculadas y fuertemente floculadas, con las estructuras que se detallan en la figura 2.19. En estado disperso (figura 2.19a), la estructura de la suspensión está constituida por partículas discretas y que se repelen unas a otras cuando se aproximan a distancias, h, menores que h_R. En estas suspensiones estabilizadas por cualquiera de los mecanismos (electrostáticos, estéricos o electrostéricos), el hecho de que las partículas se repelan cuando su separación es menor que h_R, reduce el espacio en el que estas pueden desplazarse libremente, sin interaccionar unas con otras. En otras palabras, todo ocurre como si el tamaño de las esferas, de diámetro d, se expandiese, convirtiéndose en una esfera blanda de diámetro efectivo, $d_{eff} = d + h_R$.

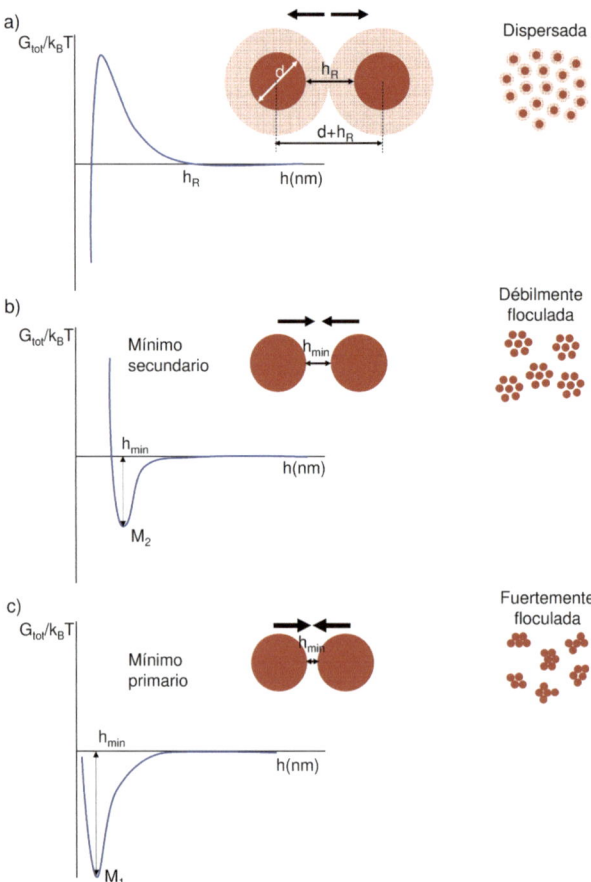

Figura 2.19. Relación entre la curva de energía potencial de interacción entre partículas y la estructura para una suspensión diluida. a) *Domina una interacción repulsiva.* b) *Domina una interacción atractiva débil (mínimo secundario).* c) *Domina una interacción atractiva fuerte (mínimo primario)*

En el estado débilmente floculado (figura 2.19b), las partículas se agregan formado flocks o clústeres. La distancia de separación entre las partículas que constituyen el clúster, h_{min}, y la resistencia mecánica de este dependen de la posición a la que se presenta el mínimo secundario de energía y de su magnitud, respectivamente.

En el estado fuertemente floculado (figura 2.19c), la estructura de la suspensión está también constituida por agregados de partículas, pero la distancia de separación de estas en el agregado o flock es más pequeña que en el caso anterior, y la resistencia mecánica del flock, mayor. Los valores de estas características también vienen determinados por la profundidad y distancia entre partículas en el que se presenta el mínimo, en este caso primario.

Consideremos ahora suspensiones de partículas más concentradas que las anteriores, llenando el espacio laminar que se forma entre dos placas grandes (de superficie A), paralelas y muy próximas entre sí (distancia de separación, L, $<<<<A^{1/2}$) (figura 2.20). La placa superior es móvil y se le puede aplicar un esfuerzo de cizalla y registrar su desplazamiento. Esta es una representación idealizada de un reómetro de placas deslizantes.

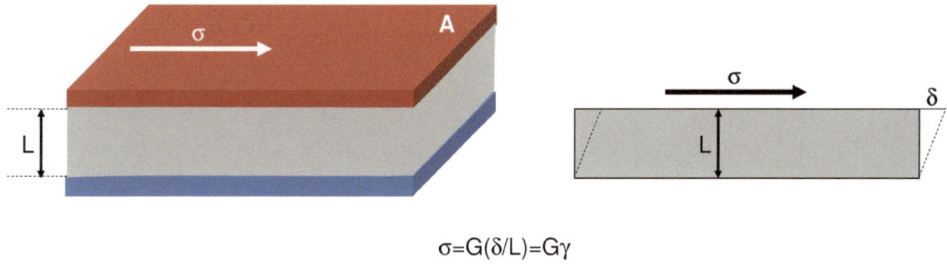

$$\sigma = G(\delta/L) = G\gamma$$

Figura 2.20. Espacio laminar entre placas lleno de material.
σ es el esfuerzo cortante aplicado, L es el espesor de la lámina de material,
δ es el desplazamiento en la dirección del esfuerzo, γ = σ/L es la deformación
por cizalla y G es el módulo elástico de cizalla

En el caso de suspensiones estabilizadas a una fracción volumétrica de sólidos, φ, suficientemente elevada, la estructura de la suspensión (figura 2.21a) está constituida por algunas agrupaciones de partículas con sus capas repulsivas en contacto, que se extienden en el seno de la suspensión hasta alcanzar los límites del sistema (placas). La aplicación de un pequeño esfuerzo cortante a la placa provoca un aumento del solapamiento de las capas repulsivas de las partículas que forman esta agrupación, actuando como una columna o línea de fuerza que soporta el esfuerzo de cizalla aplicado. La estructura formada por estas columnas de partículas constituye un gel repulsivo que se comporta como un sólido elástico. En efecto, estas líneas de fuerza actúan como columnas de esferas elásticas blandas que se van comprimiendo conforme se va incrementando el esfuerzo cortante aplicado, provocando una leve deformación por cizalla. Únicamente cuando el esfuerzo aplicado es lo suficientemente elevado para provocar el colapso de la estructura, debido a la rotura de alguna de las líneas de fuerza más débiles, el material fluye. A la tensión a la que sucede este esfuerzo de fluencia se le denomina esfuerzo o tensión de fluencia, σ_y. A tensiones más bajas que esta, $\sigma < \sigma_y$, el material se comporta como un sólido elástico que sigue la ley de Hooke.

$$\sigma = G\gamma \qquad\qquad \text{ec. 2.41}$$

siendo G el módulo elástico de cizalla y γ la deformación por cizalla del material. Cuando el módulo elástico de cizalla se obtiene mediante ensayos dinámicos oscilatorios se representa por G' (Amorós et al. 2001, Amorós et al. 2002).

Para suspensiones débil o fuertemente desfloculadas, a las que les corresponderían curvas de energía potencial como las de la figura 2.19b y c, también se forman estructuras de partículas unidas entre sí, que se extienden en todas direcciones formando una red elástica que abarca todo el sistema, pero, en este caso, la unión es debida a las fuerzas interparticulares atractivas (gel atractivo) (figura 2.21b y c).

Las propiedades G' y σ_y de estos geles, tanto atractivos como repulsivos, aumentan de forma aproximadamente potencial con la fracción volumétrica de sólidos, ϕ, (figura 2.22). Para los geles repulsivos, un incremento del potencial de barrera y/o del espesor de la capa repulsiva conduce a un incremento del módulo elástico, G', y del esfuerzo o tensión de fluencia, σ_y (figura 2.22). Para los geles atractivos, ambas propiedades aumentan conforme lo hace el mínimo, primario o secundario, de la curva de energía potencial de interacción (figura 2.22). También, como consecuencia de lo anterior, la fracción volumétrica de sólidos, ϕ, a la que empieza a detectarse la formación de gel ($\phi_{gel, r}$, $\phi_{gel, at}$) depende de las curvas de energía potencial de interacción (figura 2.22).

Para suspensiones con fracciones volumétricas de sólidos menores que las de gel, $\phi < \phi_{gel}$, la estabilidad de la suspensión puede determinarse a partir de los valores de la viscosidad aparente de la suspensión, η_{ap}, obtenida a bajos gradientes de velocidad de cizalla, $\dot{\gamma}$, ya que, en estas condiciones, la estructura de la suspensión es muy parecida a la de reposo.

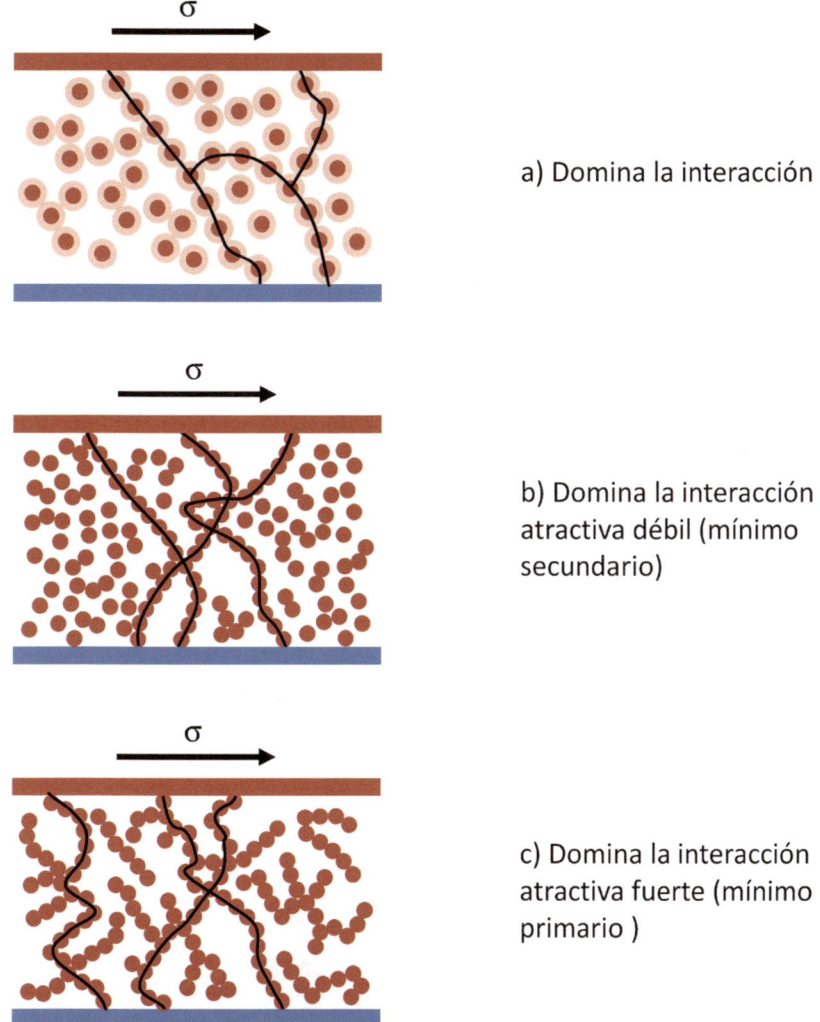

a) Domina la interacción

b) Domina la interacción atractiva débil (mínimo secundario)

c) Domina la interacción atractiva fuerte (mínimo primario)

Figura 2.21. Relación entre la energía de interacción entre partículas y la estructura del gel. a) *Gel repulsivo.* b) *Gel atractivo débil (minimo secundario).* c) *Gel atractivo fuerte (mínimo primario). Las líneas negras son las líneas de fuerza*

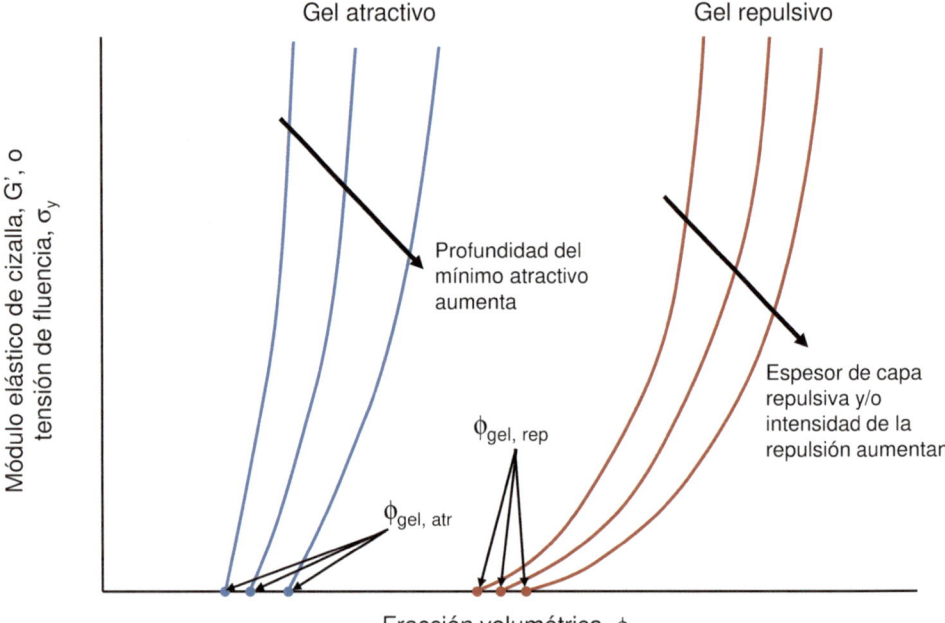

Figura 2.22. Variación del módulo elástico de cizalla, G', o de la tensión
de fluencia, σy_y, de geles atractivos y repulsivos, con la fracción volumétrica
de sólidos, φ. Efecto de la profundidad del mínimo primario en los geles
atractivos y del espesor de capa repulsiva y/o de la intensidad de la repulsión,
en los repulsivos

En este estado, cuando la suspensión se comporta como un fluido viscoso, la aplicación de un esfuerzo cortante, σ, a la placa móvil provoca su desplazamiento a una velocidad constante, δ/t, que se va transmitiendo a través de la lámina de fluido, hasta alcanzar la placa fija (figura 2.23). Simultáneamente, cada una de las múltiples capas de fluido, que constituyen el espacio laminar de la suspensión, se va desplazando paralelamente a las placas, siguiendo las líneas de corriente rectas y paralelas, cada una a una velocidad distinta, debido al rozamiento o freno que ejerce la capa que está en contacto con ella y que se desplaza a menor velocidad. De este modo, se alcanza un perfil lineal de velocidad, $v_x(y)$, en el que la velocidad de cada capa de fluido disminuye desde la capa en contacto con la placa móvil, $v_x = \delta/t$, para $y = 0$, a $v_x = 0$, para la capa en contacto con la placa fija, $y = L$. Así pues, podemos concluir que la aplicación del esfuerzo cortante, σ, a una lámina de fluido provoca un gradiente de velocidad a su través:

$$\dot{\gamma} = \frac{\delta}{Lt} = \frac{\gamma}{t}$$

ec. 2.42

que es proporcional al esfuerzo cortante aplicado, σ, y cuya constante de proporcionalidad es la viscosidad aparente del fluido, η_{ap}. Es decir, que para unas condiciones dadas de σ o $\dot{\gamma}$ se cumple la ley de Newton de la viscosidad:

$$\sigma = \eta_{ap}\dot{\gamma}$$

ec. 2.43

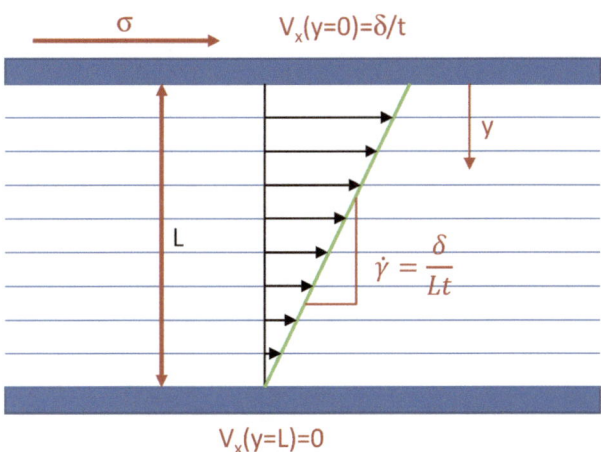

Figura 2.23. Perfil de velocidad, $v_x(y)$, que se desarrolla al aplicar
un esfuerzo cortante a una lámina de fluido. Las líneas horizontales azules
son las líneas de corriente, las flechas negras representan el vector de velocidad puntual,
la línea verde representa el perfil de velocidad, cuya pendiente
es igual al gradiente de velocidad: $\dot{\gamma} = \delta/Lt$

Ahora bien, excepto para suspensiones de partículas muy diluidas, la viscosidad aparente de la suspensión, η_{ap}, depende, además de la temperatura, de las condiciones de cizalla aplicadas (σ o $\dot{\gamma}$), ya que la estructura de la suspensión es función de estas variables. La variación que sigue la viscosidad aparente de una suspensión, η_{ap}, con el gradiente de velocidad, $\dot{\gamma}$, o la tensión de cizalla aplicada, σ, se denomina curva de flujo; esta es muy dependiente de la fracción volumétrica de sólidos y de la estabilidad coloidal de la suspensión. Para el caso de suspensiones estables, la forma de las curvas de flujo y su variación con ϕ, y/o con el espesor de la capa repulsiva se representa en la figura 2.24, en escala doble logarítmica.

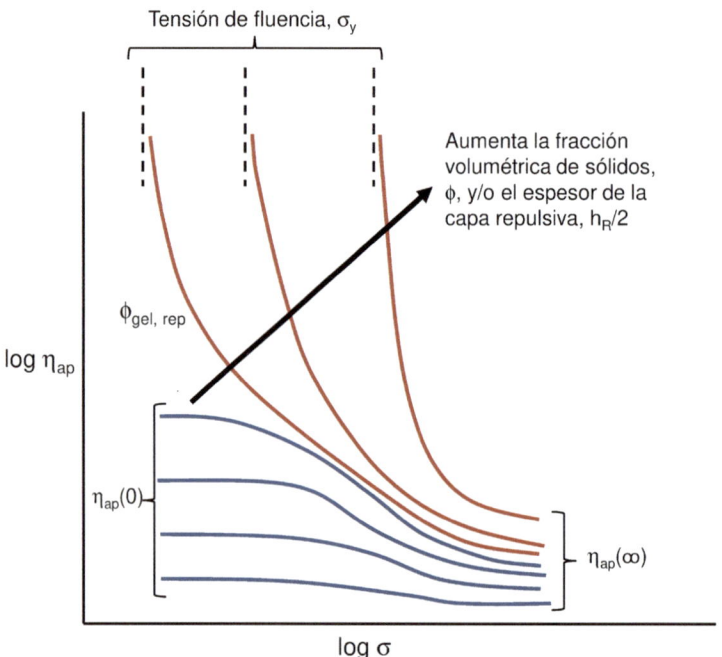

Figura 2.24. Curvas de flujo de suspensiones estabilizadas. Efecto de la fracción volumétrica de sólidos, ϕ, y del espesor de la capa repulsiva, $h_R/2$

Se aprecia que para valores de $\phi < \phi_{gel, rep}$, a bajas tensiones de cizallas, σ, la viscosidad de la suspensión, $\eta_{ap}(0)$, apenas varía con σ (tramo newtoniano). Esto se debe a que la estructura de la suspensión se mantiene prácticamente constante, debido a que las fuerzas de tipo browniano contrarrestan las fuerzas hidrodinámicas que provoca el esfuerzo cortante aplicado, σ. Conforme se va incrementando σ, la viscosidad aparente va disminuyendo, debido a que la estructura de las partículas se va ordenando en la dirección del flujo, puesto que las fuerzas hidrodinámicas ya superan las brownianas. La resistencia que ofrece la suspensión al flujo, es decir, su viscosidad, alcanza un mínimo a altas cizallas, $\eta_{ap}(\infty)$, cuando se alcanza la estructura más favorable al flujo (más ordenada).

Para estas suspensiones, con $\phi < \phi_{gel, rep}$, la resistencia al flujo, es decir, su viscosidad, aumenta con el contenido en sólidos y con el espesor de la capa repulsiva, $h_R/2$, ya que esta capa repulsiva aumenta el tamaño efectivo de la partícula, $d_{eff} = d + h_R$, disminuyendo el volumen de suspensión libre de partículas. De forma general, la viscosidad de una suspensión aumenta considerablemente conforme se reduce la distancia media de separación efectiva entre partículas.

Para suspensiones concentradas, $\phi \geq \phi_{gel, rep}$, a bajas tensiones de cizalla, σ, no se aprecia ningún tramo horizontal, sino que $\eta_{ap}(0)$ tienden a un valor muy alto, $\eta_{ap}(0) \to \infty$, cuando σ se aproxima a un esfuerzo cortante determinado, que denominamos tensión de fluencia, σ_y, interpolado. A $\sigma < \sigma_y$, se admite que el material no fluye. A $\sigma > \sigma_y$, se va rompe la estructura de gel repulsivo (figura 2.21a) y la viscosidad va disminuyendo conforme aumenta σ, hasta alcanzar la viscosidad mínima a altas cizallas, $\eta_{ap}(\infty)$.

Para el caso de suspensiones débil o fuertemente floculadas, las curvas de flujo y su evolución con ϕ y/o el mínimo del potencial de interacción son similares a las descritas (figura 2.24). Las principales diferencias entre las floculadas y las estabilizadas son:

1) La fracción volumétrica de gel en las suspensiones floculadas, $\phi_{gel, atr}$, es generalmente menor que las correspondientes a las estabilizadas, $\phi_{gel, rep}$, (figura 2.22).
2) El tramo horizontal newtoniano se presenta en las suspensiones floculadas a fracciones volumétricas mucho más bajas que las correspondientes a las estabilizadas, y su viscosidad suele ser mayor, debido a la presencia de flocks.
3) La caída de la viscosidad aparente con la tensión de cizalla, σ, comportamiento fluidificante («shear thinning»), es más acusado para las suspensiones floculadas, debido a la rotura de flocks con el aumento del esfuerzo cortante aplicado, σ.

4) Para las suspensiones floculadas, los valores de la tensión o esfuerzo de fluencia, σ_y, son mayores y se presentan a fracciones volumétricas más bajas, ϕ, que las estabilizadas (figura 2.22).

De lo anterior se desprende que para determinar la estabilidad de suspensiones en cualquier estado (estable, débil o fuertemente floculado) es más conveniente determinar los valores de las propiedades reológicas representativas de la estructura de la suspensión en estado de reposo o cuando la tensión de cizalla es muy baja. Por una parte, en este estado, la estructura de la suspensión en reposo no se ve afectada por las fuerzas hidrodinámicas que la distorsionarían. Por otra, a bajas cizallas, el efecto de la estabilidad de la suspensión en la estructura y en las propiedades reológicas es mucho mayor que en otras condiciones. En efecto, en la figura 2.24 se aprecia que conforme aumenta la tensión de cizalla, las diferencias en los valores de la viscosidad aparente, correspondientes a diferentes estados, se reducen. Las curvas se aproximan a altas cizallas. Así pues, la mejor manera de estimar la estabilidad coloidal de suspensiones reales es mediante la determinación de las siguientes propiedades reológicas: módulo elástico de cizalla, G', mediante ensayos de viscoelasticidad oscilatorios, muy apropiados para suspensiones concentradas de cerámica blanca (Amorós et al. 2001, Amorós et al. 2002); tensión de fluencia, σ_y; y viscosidad aparente, η_{ap}, a bajas cizallas.

Un método clásico que permite estimar un valor de la tensión de fluencia aproximado, sin la necesidad de recurrir al empleo de equipos sofisticados (tales como reómetros de amplio espectro y alta sensibilidad), consiste en la determinación de la tensión de fluencia de Bingham por extrapolación, σ_B. El procedimiento consiste en representar en escala lineal los pares de valores: esfuerzo cortante aplicado, σ, y gradiente de velocidad, $\dot{\gamma}$, obtenidos en un ensayo reológico, sin necesidad de recurrir a esfuerzos constantes muy bajos (figura 2.25).

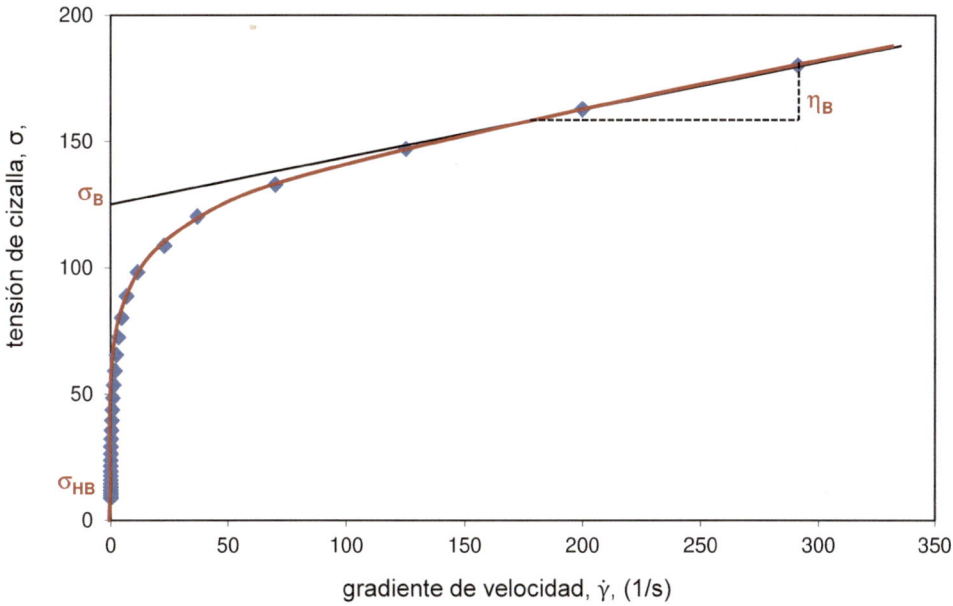

Figura 2.25. Representación de la tensión de cizalla, σ, frente al gradiente de velocidad, γ̇, para una suspensión floculada. Ajuste al modelo de Bingham (recta negra) y al modelo de Hersehel-Burkley (curva roja)

Los resultados generalmente correspondientes a elevadas cizallas se ajustan a una recta (modelo de Bingham):

$$\sigma = \sigma_B + \eta_B \, \dot{\gamma} \qquad\qquad \text{ec. 2.44}$$

siendo σ_B la tensión de fluencia y η_B la viscosidad plástica de Bingham.

Tal como se aprecia en la figura 2.25, el valor de σ_B suele ser más alto que el que se obtiene mediante extrapolación de las curvas de flujo, σ_y, o bien utilizando otros modelos que ajusten los datos correspondientes a bajas tensiones de cizalla, como el modelo de Hersehel-Burkley:

$$\sigma = \sigma_{HB} + K\dot{\gamma}^n \qquad\qquad \text{ec. 2.45}$$

107

siendo σ_{HB} la tensión de fluencia de Hersehel-Burkley y K y n, dos parámetros.

No obstante, el modelo de Bingham ha sido y es bastante utilizado para determinar la estabilidad de las suspensiones e, incluso, estimar mediante modelos teóricos la energía potencial de interacción entre partículas para suspensiones idealizadas (Stenius, Järnström y Rigdahl 1990; Lepoutre y Lord 1990; Kugge y Daicic 2004; Loginov et al. 2008; Abend y Lagaly 2000; Tombácz y Szekeres 2004; Tombácz y Szekeres 2006).

En la figura 2.26 se esquematiza la interrelación universal que existe entre las características del sistema coloidal (suspensión), junto con el control de las fuerzas entre partículas (mediante la adición de aditivos y ajustando el pH de la suspensión), y la estructura de la suspensión resultante, que depende no solo de su estado de floculación o desfloculanción, sino también de todas las características del sistema. Esta estructura de la suspensión en reposo (las partículas coloidales solo se desplazan debido al movimiento browniano) es la que determina el comportamiento reológico de la suspensión o gel en este estado. La respuesta del material (flujo o deformación de la suspensión) bajo la acción mecánica externa (aplicación de esfuerzos de cizalla o de deformación según ciclos predeterminados) determina su comportamiento reológico, que se evalúa mediante una serie de propiedades tales como tensiones de fluencia (medida directamente, σ_y, estimada según el modelo de Bingham, σ_B, y estimada según el modelo Hersehel-Burkley, σ_{HB}), modulo elástico de cizalla, G', curvas de flujo ($\eta_{ap} = f(\sigma)$ y $\eta_{ap} = f(\dot{\gamma})$) y viscosidades aparentes a altas y bajas cizallas ($\eta_{ap} = (0)$ y $\eta_{ap} = (\infty)$, respectivamente). Todas estas propiedades son dependientes de la estructura de la suspensión sometida a la acción mecánica (estructura espacial de las partículas) y de las fuerzas que se establecen entre partículas y entre las partículas y el líquido.

En este volumen solo nos vamos a ocupar del análisis de las fuerzas de interacción entre partículas y su control (figura 2.26), con vistas a conseguir suspensiones con el estado de estabilidad coloidal deseado, haciendo especial hincapié en los métodos de estabilización de dispersiones disponibles. El interesante tema que implica el estudio del comportamiento reológico de suspensiones (figura 2.26 área azul) será objeto del volumen siguiente.

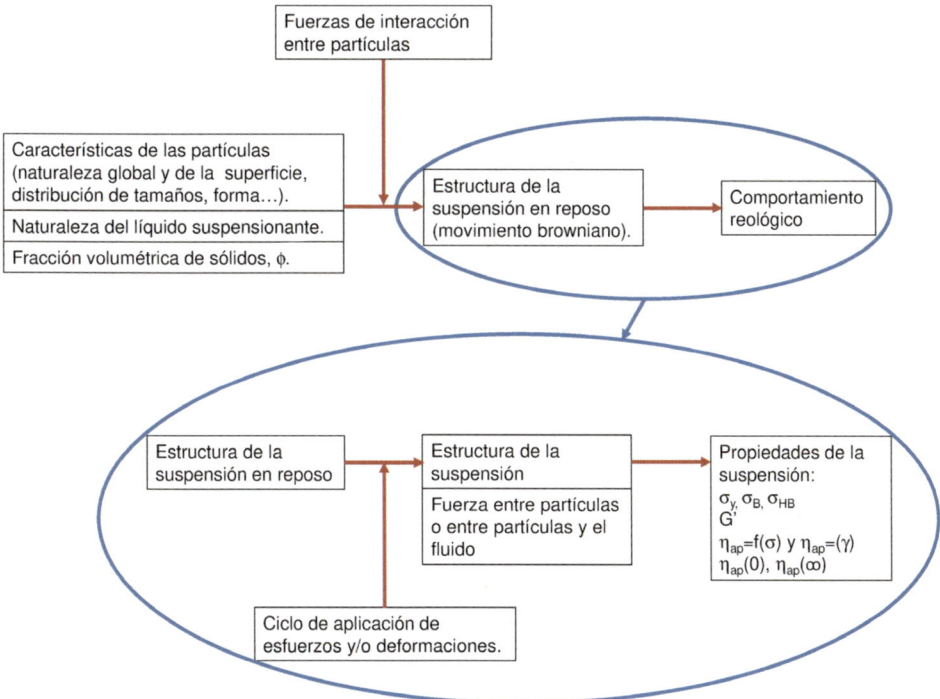

Figura 2.26. Interrelación entre características del sólido/fuerzas de interacción entre partículas/estructura de la suspensión/comportamiento reológico

CAPÍTULO 3
Estabilización electrostática. la teoría DLVO

3.1. INTRODUCCIÓN

Derjaguin, Landau, Verwey y Overbeek desarrollaron la teoría de estabilidad coloidal, conocida con el acrónimo (DLVO), que es la piedra angular de nuestro conocimiento acerca de la interacción entre partículas coloidales y su comportamiento frente a la agregación.

Las ideas principales fueron desarrolladas por Derjaguin (1939) y Derjaguin y Landau (1941) y más tarde, fueron ampliamente difundidas por Verwey y Overbeek (1948).

La teoría, inicialmente formulada para dos interfases idénticas, proporciona una descripción sencilla y precisa de cómo dos superficies separadas por un líquido interaccionan entre sí, lo cual es la clave para comprender el comportamiento de los sistemas coloidales. La teoría DLVO inicialmente solo consideró dos tipos fuerzas de interacción entre superficies: las de Van der Waals y las de repulsión debida al solapamiento de las dobles capas, EDL, que se forman alrededor de las superficies (partículas cargadas). Así pues, en primer lugar, se analizarán las fuerzas de Van der Waals a escala molecular y entre cuerpos macroscópicos (partículas). A continuación, se estudiará la doble capa eléctrica («Electric Double Layer», EDL) que se forma alrededor de las superficies (partículas) cargadas eléctricamente y la repulsión que se desarrolla entre superficies rígidas, con la misma carga eléctrica, cuando se solapan las dobles capas, EDL. Posteriormente, se abordará la teoría

DLVO, introduciendo las curvas de interacción entre superficies, y se discutirán los resultados que se desprenden de la teoría.

Por último, se estudiarán otras fuerzas (fuerzas NO DLVO) que también actúan entre superficies cargadas y que no son consideradas en la teoría DLVO original, pero que su introducción posterior como una contribución energética más, conduce a la teoría DLVO Extendida (DLVOE). Esta última mejora la interpretación de la estabilidad coloidal. Por simplicidad, no se tratará el caso de que las cargas de las partículas sean de diferente magnitud y/o signo, ya que los excelentes textos de Israelachvili (2011) y Hunter (1989), entre otros, ya lo tratan muy extensivamente. El reciente artículo de Hernández (2023) también trata este tema con mucha simplicidad.

3.2. INTERACCIONES DE LONDON-VAN DER WAALS

En primer lugar, se analizarán sus orígenes, estudiando el tipo de fuerzas entre átomos y moléculas; y, a continuación, se tratará la interacción entre partículas.

3.2.1. Fuerzas de London-Van der Waals entre átomos y moléculas

Estas pueden dividirse en tres grupos:

1) Fuerzas dipolo-dipolo (fuerzas Keesom)
   Las moléculas muy polares, cuyo enlace es muy iónico, tienen una fracción de carga positiva y negativa separadas por una pequeña distancia (alrededor de 0,1 nm). Así pues, este tipo de molécula constituye un diminuto dipolo eléctrico. La interacción entre una molécula con otra genera una fuerza neta atractiva cuya magnitud depende fundamentalmente del valor del momento dipolar de la molécula. Algunos autores consideran el enlace por puentes de hidrógeno como un caso especial de este tipo de interacción.
2) Fuerzas dipolo-dipolo inducido (fuerzas de Debye)
   Una molécula polar puede inducir un dipolo a un átomo o molécula no polar, provocando, con ello, una fuerza atractiva instantánea entre ambos. Los factores que determinan la magnitud de esta fuerza son el momento dipolar de la molécula inductora y la polarizabilidad del átomo o molécula inducido.

3) Fuerzas de dispersión o fuerzas de London

Este tipo de fuerzas se presentan entre átomos o moléculas no polares. En efecto, incluso en este tipo de átomos o moléculas, sus nubes electrónicas experimentan una fluctuación local de la densidad de carga, provocando, de este modo, un dipolo instantáneo. Este último produce, a su vez, un campo eléctrico, E, que polariza la distribución electrónica en los átomos o moléculas vecinos, generando un dipolo inducido también instantáneo. La interacción entre ambos dipolos genera una fuerza atractiva que depende de la polarizabilidad de los átomos y/o moléculas.

La energía de interacción correspondiente a las fuerzas de dispersión se puede calcular de forma sencilla como sigue. Supongamos que un átomo o molécula, en un instante dado, adquiere un momento dipolar instantáneo, μ, que a su vez crea un campo eléctrico, E, también instantáneo, en la dirección del eje del dipolo (figura 3.1).

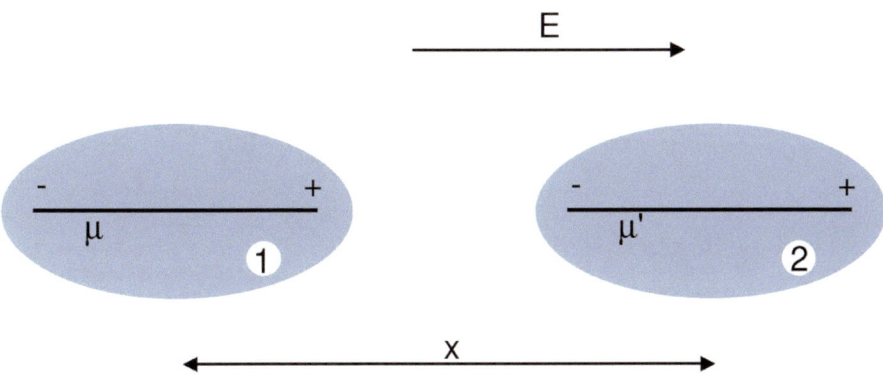

Figura 3.1. Polarización de un átomo o molécula, 2, provocada por un campo eléctrico instantáneo, E, originado por un dipolo instantáneo, 1

La magnitud del campo eléctrico inducido sobre la molécula será:

$$E = \frac{1}{4\pi\varepsilon_0}\left(\frac{2\mu}{x^3}\right)$$

ec. 3.1

donde ε_0 es la permisividad del vacio y «x» la distancia entre dipolos (o molécu-las), que debe ser mayor que la longitud de estos. Debido al efecto del campo eléc-trico, E, el segundo átomo o molécula se polariza y adquiere un momento dipolar inducido e instantáneo μ' dado por:

$$\mu' = \alpha E \qquad \text{ec. 3.2}$$

siendo α la polarizabilidad del átomo o molécula. La energía potencial correspon-diente al dipolo μ' en el seno de un campo eléctrico E es:

$$V_L = -\mu' E \qquad \text{ec. 3.3}$$

Introduciendo la ec. 3.2 en ec. 3.3 resulta la energía de interacción entre dos átomos y/o moléculas:

$$V_L = \left(\frac{1}{4\pi\varepsilon_0}\right)^2 \left(\frac{4\alpha\mu^2}{x^6}\right) \qquad \text{ec. 3.4}$$

Si se considera que μ debe ser una función de la polarizabilidad, α, la ec. 3.4 adquiere una forma parecida a la que obtuvo London (1939) mediante la aplicación de la mecánica cuántica:

$$V_L = -\frac{3}{4}\left(\frac{1}{4\pi\varepsilon_0}\right)^2 \left(\frac{\alpha^2 \hbar v}{x^6}\right) \qquad \text{ec. 3.5}$$

donde v la frecuencia del orbital polarizado y $\hbar$ la constante de Planck. Conviene re-saltar que, a pesar de la sencillez en el desarrollo de la ec. 3.5, esta predice el mismo efecto de la distancia sobre V_L que la obtenida de forma más rigurosa (ec. 3.6).

La fuerza entre átomos y/o moléculas será:

$$F_L = -\frac{\partial V_L}{\partial x} = \frac{B}{x^7}$$

ec. 3.6

siendo B una constante. Las fuerzas de Keesom y Debye también son proporcionales a $1/x^7$ y las energías de interacción correspondientes proporcionales a $1/x^6$.

La ec. 3.6 es solo estrictamente aplicable a distancias de separación relativamente pequeñas (unas pocas decenas de nanómetros) para que las interacciones puedan considerarse instantáneas.

3.2.2. Fuerzas de London-Van der Waals entre cuerpos macroscópicos

Para determinar las fuerzas de Van der Waals entre dos cuerpos macroscópicos cualesquiera, se considera que la interacción entre una partícula (1) y otra partícula (2) es la suma de todas las interacciones de London entre cada molécula en la partícula (1) y todas las de la partícula (2) (figura 3.2).

En otras palabras, se asume la aditividad de las fuerzas de London entre átomos y moléculas, ignorando otros efectos. Hamaker (1937), en su procedimiento de cálculo, considera que cada volumen diferencial de materia, Δv_i, es uniforme y de densidad ρ_i, de tal modo que un volumen infinitesimal, Δv_1, de la partícula (1) ejerce una interacción sobre un volumen infinitesimal, Δv_2, de la partícula (2) que viene dada por:

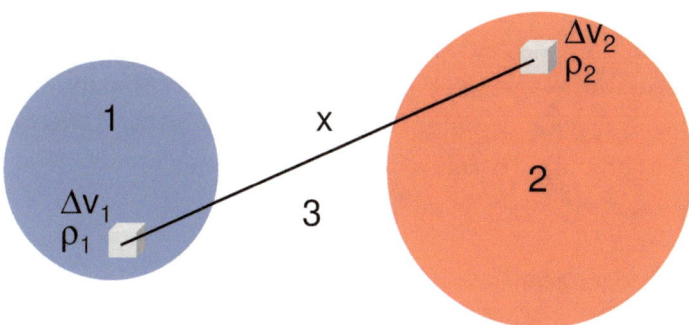

Figura 3.2. La interacción de Van der Waals entre dos partículas, según
el procedimiento de Hamaker, es la suma de las interacciones entre los volúmenes
infinitesimales de las dos partículas, 1 y 2, dispersas en un medio 3

$$dG_{vdW} = -\frac{C}{x^6} \rho_1 \Delta v_1 \rho_2 \Delta v_2 \qquad\qquad \text{ec. 3.7}$$

donde C es una constante y ρ_1 y ρ_2 las concentraciones moleculares de las partículas 1 y 2, respectivamente.

Si las interacciones son aditivas:

$$G_{vdW} = \int_0^v dG_{vdW} = \int_0^v -\frac{C}{x^6} \rho_1 \rho_2 dv_1 dv_2 \qquad\qquad \text{ec. 3.8}$$

equivalente a:

$$G_{vdW} = -\frac{A_{12(3)}}{\pi^2} \int_0^v \frac{dr_1 dr_2}{x^6} \qquad\qquad \text{ec. 3.9}$$

siendo $A_{12(3)}$ la constante de Hamaker, que engloba, a su vez, los parámetros constantes de la ec. 3.9, es decir:

$$A_{12(3)} = C\pi^2 \rho_1 \rho_2 \qquad\qquad \text{ec. 3.10}$$

Esta constante, $A_{12(3)}$, solo depende de la naturaleza de las partículas y del medio. Por el contrario, el integrando es independiente de la naturaleza de los materiales y es solo función de las características geométricas del sistema (forma y tamaños de las partículas, distancia de separación, etc.).

1) Características geométricas del sistema
   Para el caso de dos esferas de radio «*a*» separadas una distancia «h», la expresión ec. 3.9 se convierte en:

$$G_{vdW} = -\frac{A_{12(3)}}{6}\left(\frac{2a^2}{H^2-4a^2} + \frac{2a^2}{H^2} + \ln\frac{H^2-4a^2}{H^2}\right) \qquad \text{ec. 3.11}$$

siendo H la distancia entre los dos centros de las esferas, es decir: $H = h + 2a$. Para esferas muy próximas, $h <<< a$, la ec. 3.11se transforma en:

$$G_{vdW} = -\frac{A_{12(3)}a}{12h} \qquad \text{ec. 3.12}$$

Si las esferas están muy alejadas, $h >>> a$, se tiene:

$$G_{vdW} = -\frac{16A_{12(3)}a^6}{9h^6} \qquad \text{ec. 3.13}$$

En la figura 3.3 se detallan las expresiones para el cálculo de G_{vdW} para diferentes geometrías.

2) Rugosidad superficial

La disminución de la energía de interacción de Van der Waals, debido al incremento de la rugosidad (RMS), se cuantifica teniendo en cuenta el efecto de RMS sobre la constante de Hamaker. Para partículas de sílice en medio acuoso se ha determinado que una rugosidad RMS = 2,5 nm conduce a una constante de Hamaker de $3,0 \cdot 10^{-22}$ J, mientras que para una RMS = 0,8 nm le corresponde un valor de $1,6 \cdot 10^{-21}$ J (Trefalt, Palberg y Borkovec 2017).

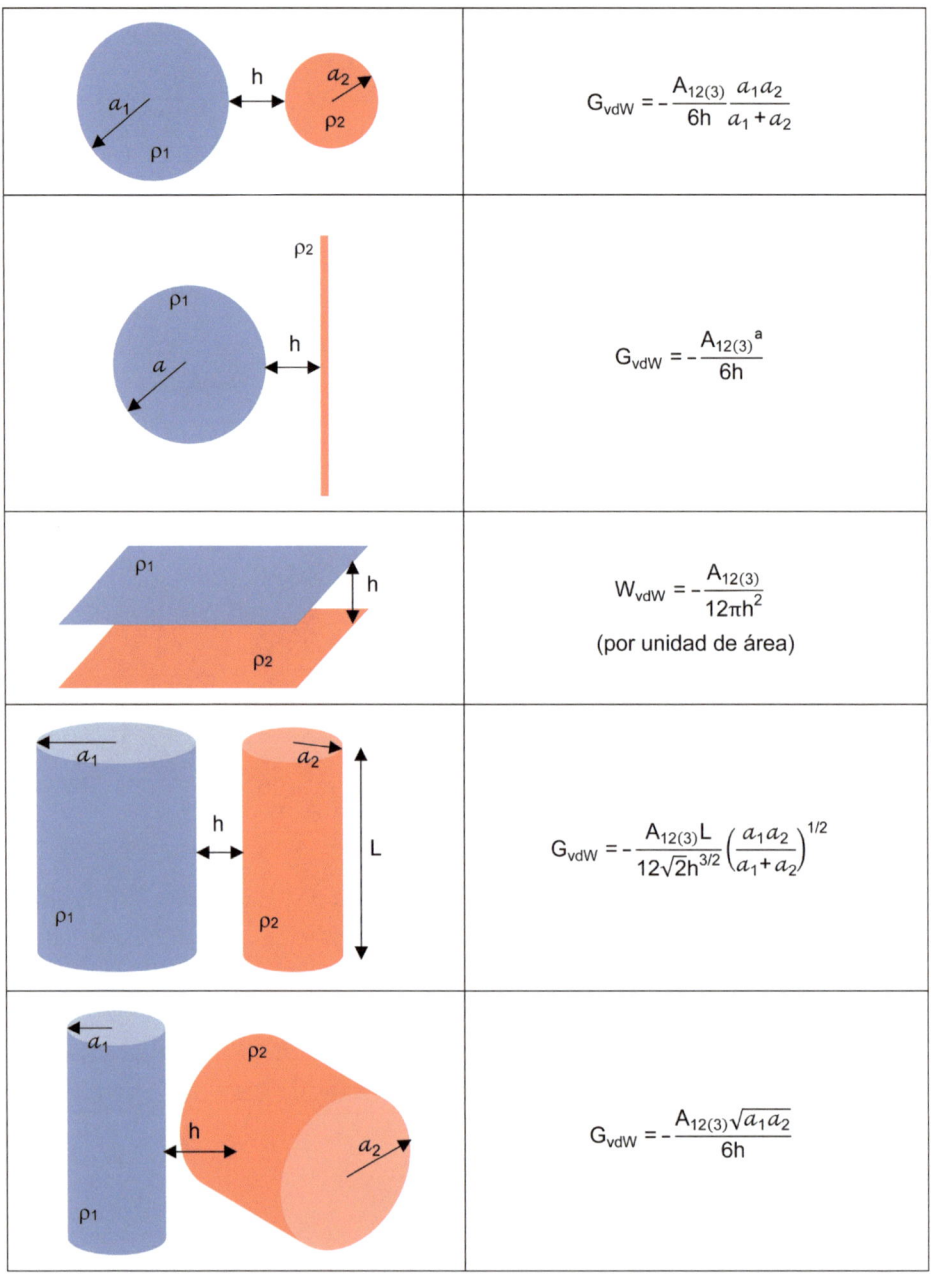

Figura 3.3. Expresiones para el cálculo de la energía de interacción
de Van der Waals, G_{dvW}, para diferentes geometrías. La constante de Hamaker
$A_{12(3)} = \pi^2 C \rho_1 \rho_2$ (ec. 3.10)

3) Influencia de la naturaleza de las partículas

Para partículas de la misma naturaleza suspendidas en el vacío, de acuerdo con la ec. 3.10 se tiene:

$$A_{12(3)} = C\pi^2 \rho_1^2 \qquad \text{ec. 3.14}$$

donde C, de acuerdo con la ec. 3.5 y ec. 3.7, depende de la polarizabilidad del átomo, α, y de la frecuencia de los orbitales polarizados, ν. Así pues, $A_{12(3)}$ en el vacío es función, además de estas dos propiedades del átomo (α y ν), de la concentración numérica de átomos, ρ, del material.

Considerando que los átomos o moléculas que constituyen las partículas son esféricos y que estos se apilan formando un empaquetamiento cúbico, se obtiene la siguiente relación aproximada:

$$A_{12(3)} \approx \frac{\nu\hbar}{8} \approx 1,5 \cdot 10^{-19} J \qquad \text{ec. 3.15}$$

Para muchos sólidos, el valor de $A_{12(3)}$ en el vacío varía entre 10^{-20} J y 10^{-19} J (equivalente a $\approx 2,5\text{-}25 \ k_B T$) (tabla 3.1), tal como predice el método de Hamaker con las simplificaciones antes indicadas.

Tabla 3.1. Constantes de Hamaker, $A_{11(3)}$, a 298 K para materiales cerámicos cuando el medio es el vacío o el agua. Valor medio para cada constante calculado mediante un procedimiento ponderado. (Bergström 1997)

Material	Estructura cristalina	Constante de Hamaker (10^{-20} J)	
		Vacío	Agua
$\alpha\text{-}Al_2O_3$	Hexagonal	15,2	3,67
$BaTiO_3$	Tetragonal	18	8
BeO[a]	Hexagonal	14,5	3,35
C (diamante)	Cúbica	29,6	13,8

Tabla 3.1. Continuación

Material	Estructura cristalina	Constante de Hamaker (10^{-20} J)	
		Vacío	Agua
$CaCO_3$[a]	Trigonal	10,1	1,44
CaF_2	Cúbica	6,96	0,49
CdS	Hexagonal	11,4	3,40
CsI	Cúbica	8,02	1,20
KBr	Cúbica	5,61	0,55
KCl	Cúbica	5,51	0,41
LiF	Cúbica	6,33	0,36
$MgAl_2O_4$	Cúbica	12,6	2,44
MgF_2	Tetragonal	5,87	0,37
MgO	Cúbica	12,1	2,21
Mica	Monoclínica	9,86	1,34
NaCl	Cúbica	6,48	0,52
NaF	Cúbica	4,05	0,31
PbS	Cúbica	8,17	4,98
6H-SiC	Hexagonal	24,8	10,9
β-SiC	Cúbica	24,6	10,7
$β-Si_3N_4$	Hexagonal	18,0	5,47
Si_3N_4	Amorfo	16,7	4,85
SiO_2 (cuarzo)	Trigonal	8,86	1,02
SiO_2	Amorfo	6,5	0,46
$SrTiO_3$	Cúbica	14,8	4,77
TiO_2[a]	Tetragonal	15,3	5,35

Tabla 3.1. Continuación

Material	Estructura cristalina	Constante de Hamaker (10^{-20} J)	
		Vacío	Agua
Y_2O_3	Hexagonal	13,3	3,03
ZnO	Hexagonal	9,21	1,89
ZnS	Cúbica	15,2	4,80
ZnS	Hexagonal	17,2	5,74
ZrO_2/3 mol% Y_2O_3	Tetragonal	20,3	7,23

Ahora bien, la aproximación macroscópica o de Hamaker para el cálculo de $A_{12(3)}$ presenta algunos inconvenientes. En primer lugar, no tiene en cuenta lo que se denomina «many-body interactions» en los átomos. En efecto, es evidente que si un átomo A en la partícula (1) ejerce una fuerza sobre un átomo B de la partícula (2) la presencia de átomos vecinos a A y a B influyen sobre la interacción de estos. En segundo lugar, no está claro cómo se modifica $A_{12(3)}$ al alterar el medio en el que ocurre la interacción. La solución, más compleja y precisa, a estos problemas fue propuesta por Lifshitz (1956). En la bibliografía se han descrito varios métodos para el cálculo de $A_{12(3)}$ basándose en esta teoría (Israelachvili 2011).

4) Influencia del medio

Una forma aproximada de determinar las constantes de Hamaker para las fases 1 y 2 interaccionando a través de un medio 3, $A_{12(3)}$, para materiales cuyas propiedades son desconocidas, consiste en utilizar las siguientes relaciones:

$$A_{12} = \sqrt{A_{11}A_{12}}$$

$$A_{11(3)} = \left(\sqrt{A_{11}} - A_{33}\right)^2 \qquad \text{ec. 3.16}$$

$$A_{12(3)} = \left(\sqrt{A_{11}} - \sqrt{A_{33}}\right)\left(\sqrt{A_{22}} - \sqrt{A_{33}}\right)$$

A_{11}, A_{22} y A_{33} son las constantes de Hamaker para fases idénticas a través de vacío. A_{12} es la constante para fases 1 y 2 a través de vacío. $A_{11(3)}$ representa el caso de dos capas de fase 1 a través de la fase 3 y $A_{12(3)}$ es la constante de Hamaker para las fases 1 y 2 interaccionando a través de la fase 3.

3.2.2.1. Medidas experimentales de las fuerzas de Van der Waals

La fuerza atractiva de Van der Waals, F_{vdW}, entre dos cilindros cruzados de mica, de radio R, utilizado el equipo de medida de fuerzas superficiales (SFA) fue determinado por Israelachvili y Adams (1978) en agua y por Israelachvili y Tabor (1973) en aire. Los resultados para valores separación entre superficies menor de 10 nm se ajustaron adecuadamente a la

$$F_{vdW}/R = -\frac{A_{11(3)}}{6h^2}$$ ec. 3.17

siendo h la distancia de separación entre las superficies de mica y $A_{11(3)}$ la constante de Hamaker, que en medio acuoso es $A_{11(3)} = 2,2 \cdot 10^{-20}$ J y en aire, $A_{11(3)} = 13,5 \cdot 10^{-20}$ J.

En la figura 3.4 se han representado las curvas F_{vdW}/R frente a h, en aire y en agua, calculadas a partir de la ec. 3.17, utilizando los valores de $A_{11(3)}$ determinados experimentalmente por estos autores. Se comprueba que, en aire, la intensidad de la fuerza de Van der Waals es mucho mayor que en medio acuoso, y que su magnitud aumenta de forma considerable conforme se reduce la distancia de separación entre partículas, para valores de h < 10 nm.

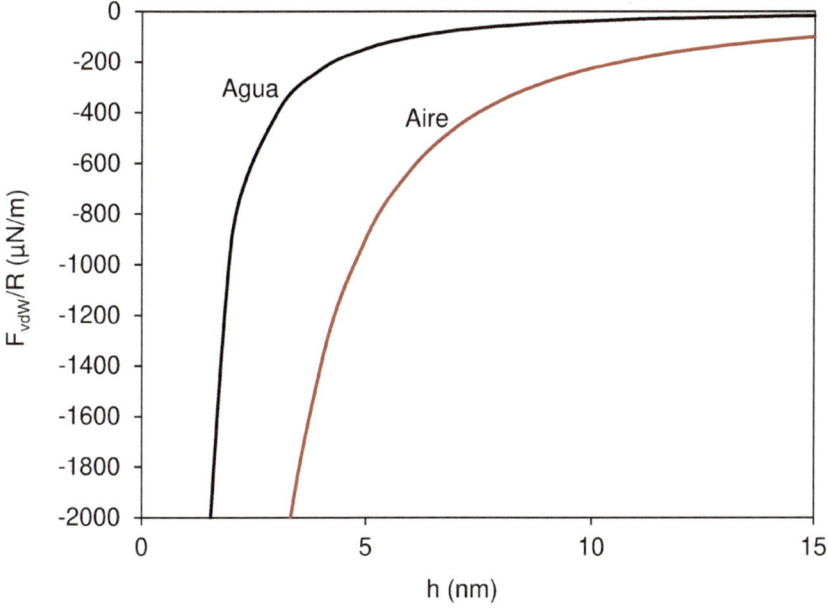

Figura 3.4. Curvas de fuerza atractiva de Van der Waals/Radio, F_{vdW}/R,
para dos cilindros cruzados de mica en función de la distancia, h, calculados
a partir de las constantes de Hamaker en aire y en agua, determinadas
experimentalmente. (Adaptado de Israelachvili y Tabor 1973;
Israelachvili y Adams 1978)

3.3. LA DOBLE CAPA ELÉCTRICA

La práctica totalidad de los materiales cerámicos adquieren una carga superficial cuando se ponen en contacto con un líquido polar por diferentes mecanismos (adsorción de iones y surfactantes, desorción de iones, etc.). La carga superficial de la partícula influye sobre la distribución de iones vecinos en solución. Los iones de carga opuesta a la de la superficie (contraiones) son atraídos hacia la superficie, mientras que los del mismo signo son repelidos. Este efecto, junto con la tendencia a alcanzar una concentración homogénea de iones (estado de menor energía), debido al movimiento browniano, conduce a la formación de una doble capa eléctrica difusa junto a la superficie cargada. En el interior de esta capa, la concentración de contraiones y coiones varía con la distancia a la superficie cargada; la primera va disminuyendo conforme se aleja de la superficie de la partícula mientras que la

123

segunda aumenta. Dicho fenómeno provoca, a su vez, que la carga neta eléctrica y el correspondiente potencial eléctrico disminuyan con la distancia a la superficie de la partícula. La teoría de la doble capa eléctrica trata de la distribución de iones en solución y de la variación del potencial eléctrico en las proximidades de la superficie cargada (doble capa), como ya se ha indicado en el apartado 2.3.1.2. Su estudio es imprescindible para la comprensión de la estabilidad de suspensiones, propiedades electrocinéticas y otras características.

3.3.1. Desarrollo de cargas superficiales en medios acuosos

Las partículas dispersas en agua adquieren carga superficial mediante alguno de los siguientes procesos: (1) adsorción preferencial de iones, (2) desionización de grupos superficiales, (3) sustitución isomórfica y (4) adsorción de polímeros cargados (polielectrolitos).

El primer mecanismo (1) es el más común para óxidos en agua, mientras que el (3) es también muy usual en arcillas. La adsorción de polielectrolitos (4) es el principal mecanismo de carga en la estabilización electroestérica de suspensiones. La adsorción de surfactantes que contienen grupos ionizables tales como sulfatos, sulfonatos, carboxilos, etc., es otro de los mecanismos de carga superficial de las partículas.

1) Adsorción de iones desde la solución

Muchas de las superficies de los óxidos en agua están hidratadas, es decir, contienen grupos M-OH (siendo M un catión) en su superficie y adsorben H^+ o OH^-, dependiendo del pH de la solución (figura 3.5). En soluciones acuosas con valores del pH inferiores a uno dado, denominado zpc y característico del tipo de óxido, la superficie adsorbe H^+ lo que conduce a una superficie cargada positivamente. En cambio, en soluciones con un pH > zpc, por la adsorción de OH^- la superficie se carga negativamente. Así pues, el zpc, denominado punto de carga cero (point of zero charge), determina las propiedades ácido-base de los óxidos. Cuanto más ácido es un óxido menor es su zpc, como es el caso del SiO_2 con un zpc = 2-3. Análogamente, cuanto más básico es el óxido mayor es su zpc; por ejemplo, para el MgO el zpc = 12. Los valores zpc de materiales se miden mediante valoraciones ácido-base. En la tabla 3.2 se indican estos valores para algunos materiales cerámicos comunes.

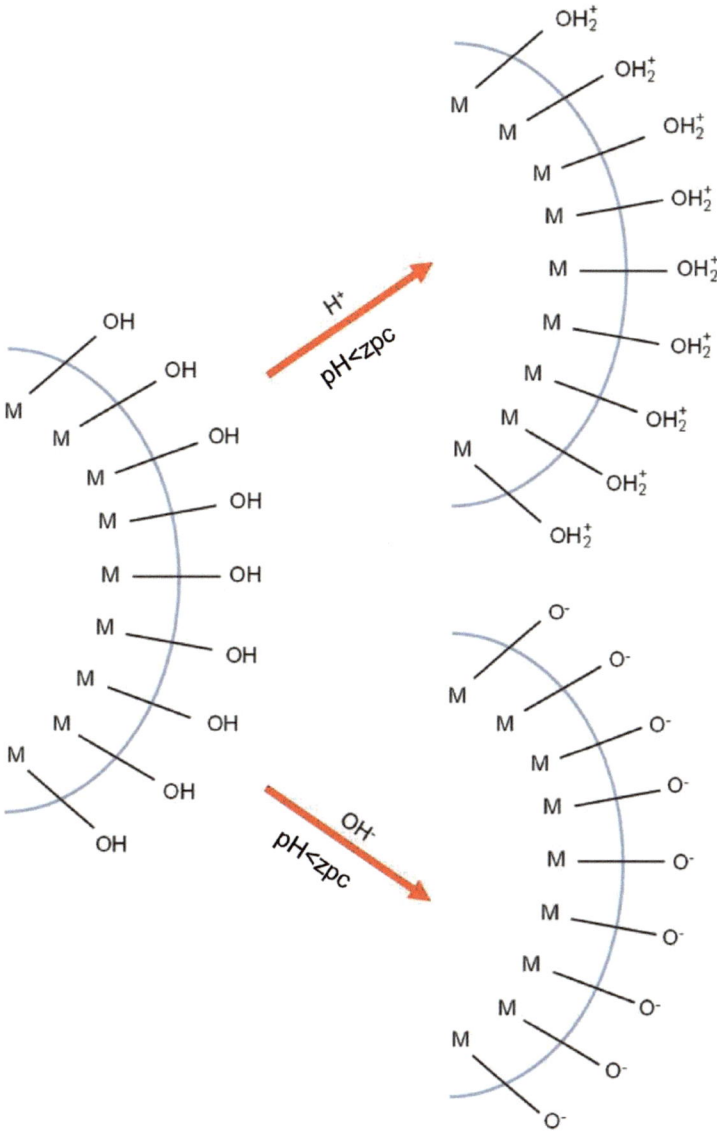

Figura 3.5. Formación de cargas en la superficie de un óxido por adsorción de H^+ o de OH^-

Tabla 3.2. Valores de zpc para algunos materiales (Parks 1965)

Material	Composición nominal	zpc
Cuarzo	SiO_2	2-3
Vidrio común	$1,0Na_2O \cdot 0,6CaO \cdot 3,7SiO_2$	2-3
Feldespato potásico	$K_2O \cdot Al_2O_3 \cdot 6SiO_2$	3-5
Circonia	ZrO_2	4-6
Óxido de estaño	SnO_2	4-6
Titania	TiO_2	4-6
Titanato de bario	$BaTiO_3$	5-6
Caolín	$Al_2O_3 \cdot SiO_2 \cdot 2H_2O$	5-7
Mullita	$3Al_2O_3 \cdot 2SiO_2$	6-8
Ceria	CeO_2	6-7
Óxido de cromo	Cr_2O_3	6-7
Hidroxiapatito	$Ca_{10}(PO_4)_6(OH)_2$	7-8
Hematita	Fe_2O_3	8-9
Alúmina	Al_2O_3	8-9
Óxido de cinc	ZnO	9
Carbonato cálcico	$CaCO_3$	9-10
Óxido de Níquel	NiO	10-11
Magnesia	MgO	12

Los valores de los zpc de óxidos puros se pueden estimar teóricamente. Según Parks (1965) los grupos hidroxilo de la superficie de un óxido actúan como ácido o como base de acuerdo con los equilibrios:

$$M\text{-}OH \leftrightarrows M\text{-}O^- + H^+$$
$$M\text{-}OH + H^+ \leftrightarrows M\text{-}OH_2^+$$

De modo que el equilibrio entre cargas superficiales positivas y negativas puede expresarse como:

$$(MO^-)_{sup} + 2H^+ \leftrightharpoons (MOH_2^+)_{sup}$$

con una constante de equilibrio:

$$K_{eq} = \frac{\left[(MOH_2^+)_{sup}\right]}{\left[(MO^-)_{sup}\right]\left[H^+\right]^2} \qquad \text{ec. 3.18}$$

Cuando la carga neta superficial es cero $\left[(MOH_2^+)_{sup}\right] = \left[(MO^-)_{sup}\right]$, por definición pH = zpc. En este caso, la ec. 3.18 se transforma en:

$$K_{eq} = \frac{1}{\left[H^+\right]^2} \qquad \text{ec. 3.19}$$

De la definición de pH y operando, resulta:

$$\frac{1}{2}\log K_{eq} = -\log\left[H^+\right] = pH = zpc \qquad \text{ec. 3.20}$$

Teniendo en cuenta la definición de pK_{eq}:

$$zpc = \frac{1}{2}\log K_{eq} = -\frac{1}{2}pK_{eq} \qquad \text{ec. 3.21}$$

Se ha relacionado K_{eq} con la naturaleza del óxido, M_xO_y, obteniéndose la siguiente relación (Parks 1965):

$$zpc = 15{,}35 - 0{,}86\,\frac{z}{r} \qquad\qquad \text{ec. 3.22}$$

donde z es la carga del catión y $r = 2r_O + r_z$, siendo r_O y r_z los radios iónicos del oxígeno y del catión, respectivamente. La bondad del ajuste se muestra en la figura 3.6.

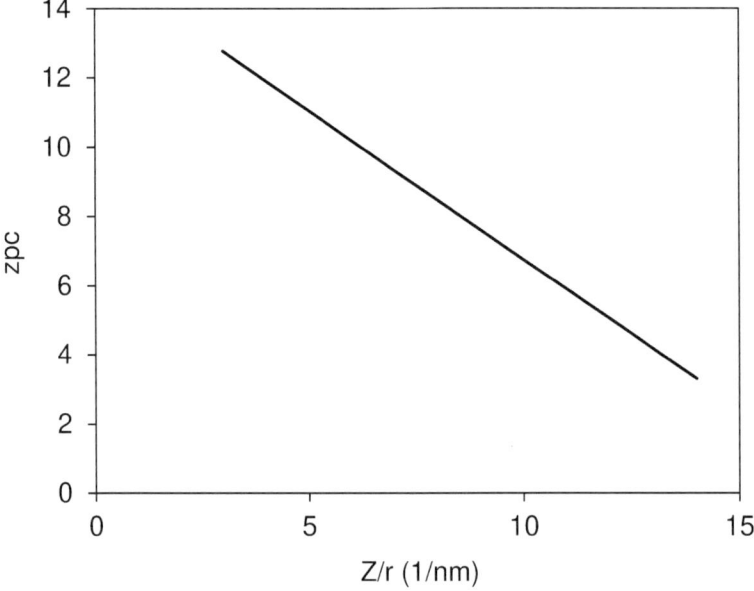

Figura 3.6. Relación de Parks (1965) (ec. 3.22). Variación del punto de carga, zpc, con la razón: carga del catión/suma de radio iónico del catión y del anión, Z/r

2) Sustituciones isomorfas

En las redes cristalinas de los minerales arcillosos es muy frecuente que algunos cationes sean sustituidos por otros de menor valencia; generalmente Si^{4+} por Al^{3+} o Mg^{2+} y Al^{3+} por Mg^{2+}, etc. Estas sustituciones provocan un déficit de cargas positivas (o un exceso de cargas negativas) que son equilibradas con la adsorción de cationes (Na^+, K^+, Ca^{2+}, …) sobre las caras de las laminillas de arcilla. A título de ejemplo, la sustitución en la pirofilita, de fórmula $Al_2(Si_2O_5)_2(OH)_2$, una sexta parte del Al^{3+} por Mg^{2+} en la red cristalina conduce a la montmorillonita, $Na_{0,33}(Al_{1,67}Mg_{0,33})(Si_2O_5)_2(OH)_2$; en este nuevo mineral, con la misma estructura cristalina que el anterior, el déficit de carga positiva se equilibra por el Na^+ adsorbido en las caras de las partículas. Cuando este último mineral se dispersa en agua, los cationes Na^+ pasan a la solución dejando las cara o superficies basales cargadas negativamente (figura 3.7).

La extensión de la sustitución isomorfa en las arcillas depende de su naturaleza, y está directamente relacionada con la capacidad de cambio catiónico (CEC), «cation exchange capacity». Dicha propiedad se puede definir como el número de cargas superficiales de la arcilla (expresado en C/kg) que pueden sustituirse en solución. Estos valores varían en un amplio intervalo, entre 10^3 y 10^5 C/kg. Este tipo de cargas, que son prácticamente independientes del pH del medio, se denominan permanentes, a diferencia de las que se originan en los bordes de los cristales de arcilla, que no tienen su origen en sustituciones isomorfas, y cuya magnitud y signo dependen del pH de la solución (figura 3.8). Todo ello se tratará con mayor profundidad en el apartado 5.5.

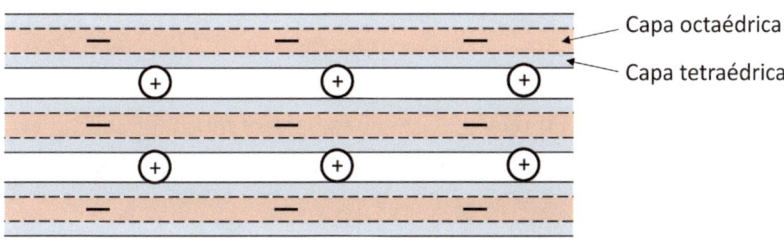

Figura 3.7. Diagrama esquemático de la estructura de la montmorillonita. Las cargas negativas se sitúan en la capa octaédrica (uno de cada seis Al^{+3} son sustituidos por un Mg^{+2}). Los cationes se adhieren a las capas tetraédricas para compensar la carga

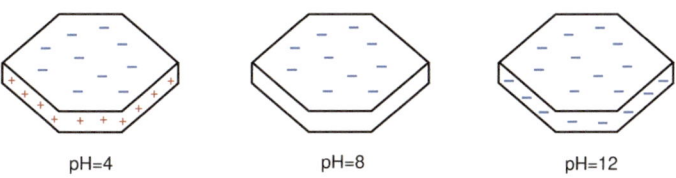

Figura 3.8. Carga de las caras y los bordes de una laminilla de kaolinita en función del pH

3.3.2. La doble capa difusa

La doble capa eléctrica consiste en dos regiones: la interna, capa de Stern, en la que se incluyen los iones y especies químicas adsorbidos en la interfase sólido-líquido, y la externa, o región difusa, en la que los iones se distribuyen bajo el efecto de las fuerzas eléctricas y del movimiento browniano (debido al golpeo de las partículas por las moléculas del medio en constante movimiento).

El tratamiento cuantitativo de la doble capa eléctrica, en adelante EDL «electric double layer», es complejo y difícil, y algunos aspectos todavía no se han resuelto. A pesar de ello, si se consideran algunas simplificaciones se pueden desarrollar modelos relativamente sencillos y, a la vez, útiles para interpretar, al menos de forma aproximada, muchos fenómenos coloidales.

Antes de abordar la teoría de la EDL conviene recordar, o bien introducir, algunos conceptos necesarios para su desarrollo, tales como potencial eléctrico, constante dieléctrica y la ley de distribución de Boltzmann.

3.3.2.1. Potencial eléctrico

Toda carga puntual q_1 produce un campo eléctrico a una distancia «d». El potencial eléctrico ψ_1 en dicho punto, d, es el trabajo requerido para aproximar una carga unidad desde el infinito hasta dicho punto. La relación entre estas variables viene dada por:

$$\psi_1 = \frac{q_1}{4\pi\varepsilon_0\varepsilon d}$$

ec. 3.23

donde ε es la constante dieléctrica del medio, es decir, la razón entre la permisividad del medio, ε, y la del vacío, ε_0.

El trabajo necesario para aproximar una carga q_2 desde el infinito hasta una distancia «d» de la carga q_1 es, simplemente, $\psi_1 q_2$.

3.3.2.2. La ley de distribución de Boltzmann

Esta relaciona la probabilidad de localización de las partículas coloidales, moléculas o iones en función de su energía potencial, ΔG, relativa a un estado de referencia.

Una forma sencilla de describir la distribución numérica de iones, $n(x)$, en el seno de un líquido cuando actúan fuerzas electrostáticas (provocadas por una carga superficial) y fuerzas entrópicas (derivadas de la energía térmica de las moléculas que conduce al movimiento y difusión brownianos) se basa en considerar el potencial químico de un ion en solución, μ, como la suma de estas contribuciones, es decir:

$$\mu = ze\psi(x) + k_B T \ln n(x) \qquad \text{ec. 3.24}$$

siendo $n(x)$ la concentración numérica de iones a una cierta distancia de la superficie cargada, e la carga elemental del electrón, z la valencia del ion y $\Psi(x)$ el potencial eléctrico en x.

En el equilibrio, $\mu = 0$, por lo que:

$$-ze\psi(x) = k_B T \ln n(x) \qquad \text{ec. 3.25}$$

Considerando que a distancias grandes de la superficie cargada ($x \rightarrow \infty$), el potencial eléctrico es nulo ($\Psi(\infty) = 0$) y la concentración es $n(\infty)$, de ec. 3.24 y ec. 3.25 se tiene:

$$-ze\big(\psi(x) - \psi(\infty)\big) = k_B T[\ln n(x) - \ln n(\infty)] = k_B T \ln\left(\frac{n(x)}{n(\infty)}\right) \qquad \text{ec. 3.26}$$

resultando:

$$\frac{n(x)}{n(\infty)} = \exp\left(-\frac{ze\psi(x)}{k_B T}\right) \qquad \text{ec. 3.27}$$

que es la denominada distribución de Boltzman.

Es decir, el equilibrio físico-químico que conduce a una distribución de la concentración de cationes y aniones, dada por la ley de distribución de Boltzmann, se alcanza cuando se equilibran el efecto de la energía potencial (energía electrostática en este caso) y la energía térmica de las moléculas (representada por la difusión o movimiento brownianos).

3.3.2.3. Teoría de Gouy y Chapman

El tratamiento más sencillo de la parte difusa de la EDL, desarrollado por Gouy y Chapman (figura 3.9) (Hunter 1989; Russel, Saville y Schowalter 1989) se basa en las siguientes hipótesis y simplificaciones:

1) Se considera que la superficie del sólido es plana, de extensión infinita e uniformemente cargada.
2) Los iones, en la parte difusa de la EDL, son cargas puntuales (no tienen dimensiones), y se distribuyen de acuerdo con la distribución de Boltzmann.
3) La naturaleza del medio (solvente) solo influye en el desarrollo de la EDL mediante su constante dieléctrica, $\in$, cuyo valor se mantiene constante en la doble capa difusa.
4) El electrolito es simétrico, es decir, del tipo 1:1 (NaCl), 2:2 $Ca(SO_4)$, de forma genérica, z:z.

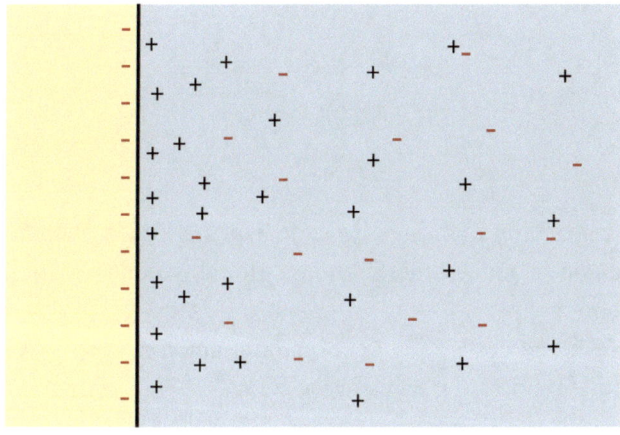

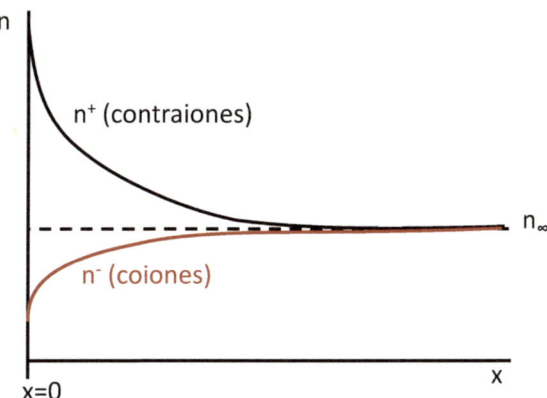

Figura 3.9. Distribución de iones (contraiones, n^+, y coiones, n^-) alrededor de una superficie cargada negativamente, según el modelo de Gouy y Chapman

Considérese una superficie plana cargada negativamente en contacto con una solución de electrolito del tipo 1:1 (figura 3.9). Esta teoría no considera la existencia de una capa interna o de Stern. A una cierta distancia de la interfase, la concentración numérica de iones positivos, n^+, y negativos, n^-, de acuerdo con la ley de distribución de Boltzmann (ec. 3.27), serán:

$$n^+ = n_\infty \exp\left(-\frac{ze\psi}{k_B T}\right) \qquad\qquad \text{ec. 3.28}$$

133

y

$$n^- = n_\infty \exp\left(\frac{ze\psi}{k_B T}\right)$$

ec. 3.29

siendo n_∞ la concentración numérica de cada especie iónica alejada de la superficie, que coincide con la concentración media global, ya que el espesor de la doble capa difusa es pequeño.

La densidad de carga neta, ρ, en la solución a una distancia a la superficie a la que le corresponde un potencial eléctrico ψ será:

$$\rho = zen^+ - zen^- = (n^+ - n^-)ze$$

ec. 3.30

que teniendo en cuenta la ec. 3.28 y ec. 3.29 resulta:

$$\rho = zen_\infty \left[\exp\left(-\frac{ze\psi}{k_B T}\right) - \exp\left(\frac{ze\psi}{k_B T}\right)\right]$$

ec. 3.31

que se puede agrupar en:

$$\rho = 2zen_\infty \sinh\left(\frac{ze\psi}{k_B T}\right) \ddagger$$

ec. 3.32

Por otra parte, la relación entre el potencial eléctrico, ψ, y la densidad de carga, ρ, viene dada por la ecuación de Poisson, que para una doble capa plana en la que ρ y ψ solo son función de la posición, x, toma la forma:

$$\frac{d^2\psi}{dx^2} = -\frac{\rho}{\epsilon\epsilon_0}$$

ec. 3.33

donde $\in$ es la constante dieléctrica del medio y ε_0 es la permisividad del vacío.

---

‡ El seno hiperbólico de una función cualquiera, x, es $\sinh(x) = \frac{e^{-x}-e^x}{2}$.

Combinando la ec. 3.32 y la ec. 3.33 se obtiene la ecuación de Poisson-Boltzmann (PB) para una doble capa plana cuando el electrolito es del tipo z:z:

$$\frac{d^2\psi}{dx^2} = -\frac{2zen_\infty}{\epsilon\epsilon_0}\sinh\left(\frac{ze\psi}{k_BT}\right) \qquad \text{ec. 3.34}$$

La solución de esta ecuación diferencial necesita las condiciones de contorno siguientes:

1) En la superficie del sólido, $x = 0$, el potencial eléctrico es el superficial, es decir:

para $x = 0 \rightarrow \psi = \psi^0$

2) A una distancia alejada de la superficie el potencial eléctrico es cero, es decir:

para $x = \infty \rightarrow \psi = 0$ y $\frac{d\psi}{dx} = 0$

La solución de la ec. 3.34 es:

$$\psi = \frac{2\,k_BT}{ze}\ln\left[\frac{1 + \gamma\exp\left(\frac{-\kappa}{x}\right)}{1 - \gamma\exp\left(\frac{-\kappa}{x}\right)}\right] \approx \frac{4\,k_BT}{ze}\gamma\exp(-\kappa x) \qquad \text{ec. 3.35}$$

donde:

$$\gamma = \text{tagh}\left(\frac{ze\psi^0}{4\,k_BT}\right)^{\S} \qquad \text{ec. 3.36}$$

y

$$\kappa^{-1} = \left(\frac{\epsilon\epsilon_0 k_BT}{e^2 2n_\infty z^2}\right)^{1/2} = \left(\frac{\epsilon\epsilon_0 k_BT}{F^2 2Cz^2}\right)^{1/2} = \left(\frac{\epsilon\epsilon_0 k_BT}{F^2 I}\right)^{1/2} \qquad \text{ec. 3.37}$$

donde κ^{-1} es la longitud de Debye o espesor de la doble capa, F es la constante de Faraday y C la concentración de electrolito, en (mol/l). El término $2Cz^2$, que en el

---

§ La tangente hiperbólica de una función cualquiera, x, es $\text{tagh}(x) = \frac{e^x - e^{-x}}{e^x + e^{-x}}$.

caso de electrolitos simétricos representa la concentración de carga, se denomina fuerza iónica del medio, I.

La variación del espesor de la doble capa, κ^{-1}, en función de la concentración y tipo de electrolito en medio acuoso a 25 °C, se muestra en la tabla 3.3.

Tabla 3.3. Variación del espesor de la doble capa, κ^{-1} (nm), en función de la concentración y tipo de electrolito. Medio acuoso a 25 °C

Concentración (mol/l)	Tipo de electrolito					
	1:1	1:2	1:3	2:2	3:3	2:3
10^{-3}	9,6	5,6	3,9	4,8	3,2	4,3
10^{-2}	3,0	1,8	1,2	4,5	1,0	1,4
10^{-1}	0,960	0,56	0,39	0,48	0,32	0,43

Si $ze\Psi^0/2\,k_BT \ll 1$, aproximación de Debye-Hückel, que se cumple para valores de $\psi^0 < 25$ mV, z = 1 y a 25 °C, la ec. 3.35 y la ec. 3.36 se simplifica a:

$$\Psi = \Psi^0\exp(-\kappa X) \qquad\qquad \text{ec. 3.38}$$

Según esta ecuación, a una distancia de la superficie del sólido $x = \kappa^{-1}$, el potencial eléctrico superficial, ψ^0, se ha reducido a un valor de ψ^0/e (figura 3.10). De gran importancia en la ciencia de coloides es la marcada influencia de la fuerza iónica del medio, I, sobre el espesor de la doble capa, κ^{-1} (ec. 3.37).

De todo lo anteriormente expuesto se desprende que la concentración iónica lo-cal, n^+ y n^-, varía con la distancia de forma exponencial (ec. 3.28 y ec. 3.29) (figura 3.11a) y la densidad de carga neta local, ρ, de acuerdo con la ec. 3.32 (figura 3.11b). La distancia a la que se extiende la densidad de carga neta total depende de la con-centración de electrolito (figura 3.11c).

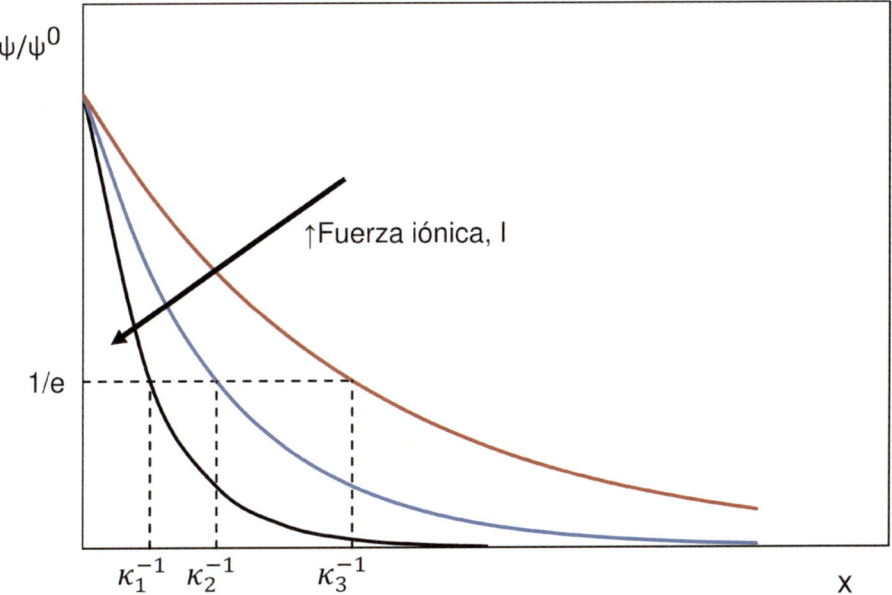

Figura 3.10. Variación del potencial eléctrico adimensional, $\psi = \psi^0$, con la distancia a la superficie, x. Efecto de la fuerza iónica del medio, I

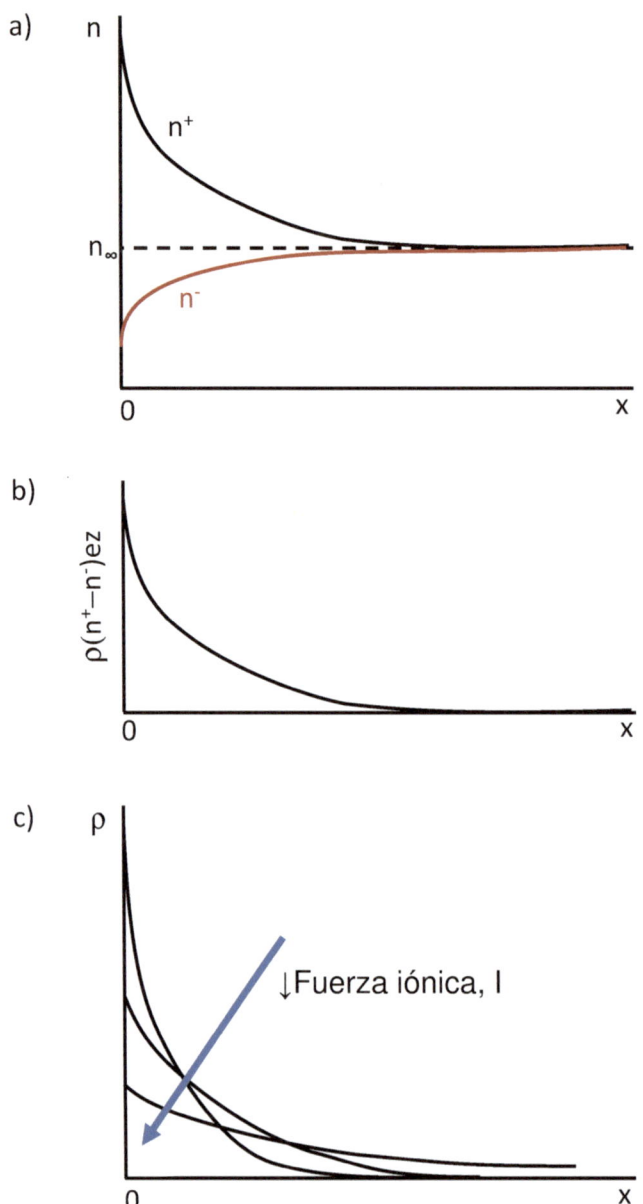

Figura 3.11. Distribución de carga en la doble capa difusa. Variación con la distancia a la superficie, x: a) *concentración numérica de iones positivos, n^+, y negativos, n^-;* b) *densidad de exceso de carga, $\rho(n^+ - n^-)ez$;* c) *densidad de exceso de carga, ρ, para diferentes fuerzas iónicas del medio, I*

El área bajo la curva es igual a la densidad de carga en la superficie del sólido, es decir:

$$\sigma^0 = -\int_0^\infty \rho dx \qquad \text{ec. 3.39}$$

Sustituyendo ρ por ec. 3.32 e integrando resulta:

$$\sigma^0 = (8n_\infty \epsilon \epsilon_0 kT)\sinh\frac{ze\psi^0}{2k_BT} \qquad \text{ec. 3.40}$$

que para bajos valores de ψ^0 se simplifica a:

$$\sigma^0 = \epsilon \epsilon_0 \kappa \psi^0 \qquad \text{ec. 3.41}$$

De acuerdo con esta ecuación, el potencial superficial, ψ^0, depende de la densidad de carga en la superficie del sólido, σ^0, y de la fuerza iónica del medio, I, debido a la relación de esta última con κ^{-1}. Así pues, un incremento de la fuerza iónica del medio, I, comprime la doble capa, κ^{-1} disminuye, lo que se traduce en un aumento de la carga superficial, σ^0, y/o una disminución de su potencial, ψ^0.

3.3.3. La doble capa alrededor de una esfera

Para una simetría esférica y un electrolito del tipo 1:1 (figura 3.12), la ecuación de Poisson-Boltzmann toma la forma:

$$\frac{1}{r^2}\frac{d}{dr}\left(\frac{r^2 d\psi}{dr}\right) = \frac{2zen_\infty}{\epsilon \epsilon_0}\sinh\frac{ze\psi}{k_BT} \qquad \text{ec. 3.42}$$

siendo r la distancia hasta al centro de la esfera. Con la aproximación de Debye-Hückel ($\psi^0 < 50$ mV), la ec. 3.42 se simplifica a:

$$\frac{1}{r^2}\frac{d}{dr}\left(\frac{r^2 d\psi}{dr}\right) = \kappa^2\psi \qquad\qquad\text{ec. 3.43}$$

Al integrar la ec. 3.43 con las siguientes condiciones de contorno:

- Para $r = a \rightarrow \psi = \psi^0$
- Para $r = \infty \rightarrow \psi = 0$ y $d\psi/dr = 0$

siendo ψ^0 el potencial superficial y a el radio del comienzo de la capa difusa.
Así pues, resulta:

$$\psi = \psi^0\frac{a}{r}\exp[-\kappa(r-a)] \qquad\qquad\text{ec. 3.44}$$

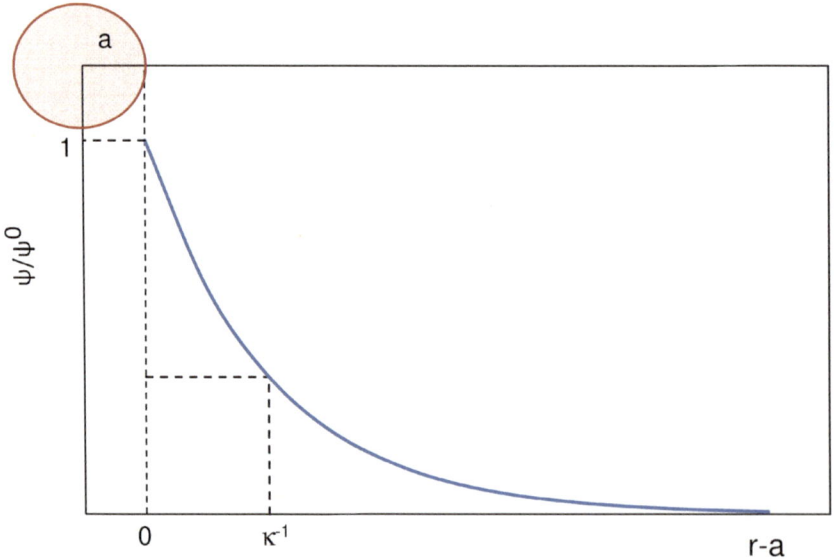

Figura 3.12. Doble capa difusa alrededor de una esfera. Variación del potencial eléctrico adimensional, ψ/ψ^0, con la distancia a la superficie, r-a

La carga total de la capa difusa debe ser igual a la carga de la superficie de la partícula, σ^0, pero de signo contrario, por lo que:

Asumiendo que la distribución de la carga sigue la ecuación de Poisson, resulta:

$$\sigma^0 = 4\pi\in\varepsilon_0\psi^0 a[1+\kappa a]$$

ec. 3.45

Para valores de $\psi^0 > 50$, la ec. 3.43, ec. 3.44 y ec. 3.45 no son válidas y la ec. 3.42 no puede ser integrada analíticamente.

3.3.4. La capa de Stern y el potencial eléctrico superficial, ψ^0, de Stern, ψ^d, y potencial zeta, ζ

El tratamiento de la doble capa difusa se basa en suponer que los iones son cargas puntuales dispersos en un medio continuo. Ahora bien, el tamaño de los iones no solo limitará su concentración máxima en la superficie del sólido, sino también el contorno de la parte difusa de la EDL, ya que el centro de un ion solo puede aproximarse a la superficie del sólido una distancia mínima correspondiente a su radio. Cuando se presenta la adsorción específica de iones, éstos están fuertemente anclados, al menos temporalmente, a la superficie, bien electrostáticamente o bien mediante una interacción química específica, ya que las energías de adsorción de ambos mecanismos (en valor absoluto) son mayores que la energía de agitación térmica. Los iones pueden estar deshidratados, al menos en la zona en contacto con la superficie. Sus centros se localizan en la capa de Stern, entre la superficie sólida y el plano de Stern. Los iones cuyos centros están más alejados del plano de Stern forman la capa difusa de la EDL, para la que el tratamiento anterior es válido.

En el modelo de Stern, si la superficie sólida está cargada positivamente, los aniones no hidratados se adsorben preferentemente en la interfase sólido-líquido, desplazando moléculas de agua (figura 3.13).

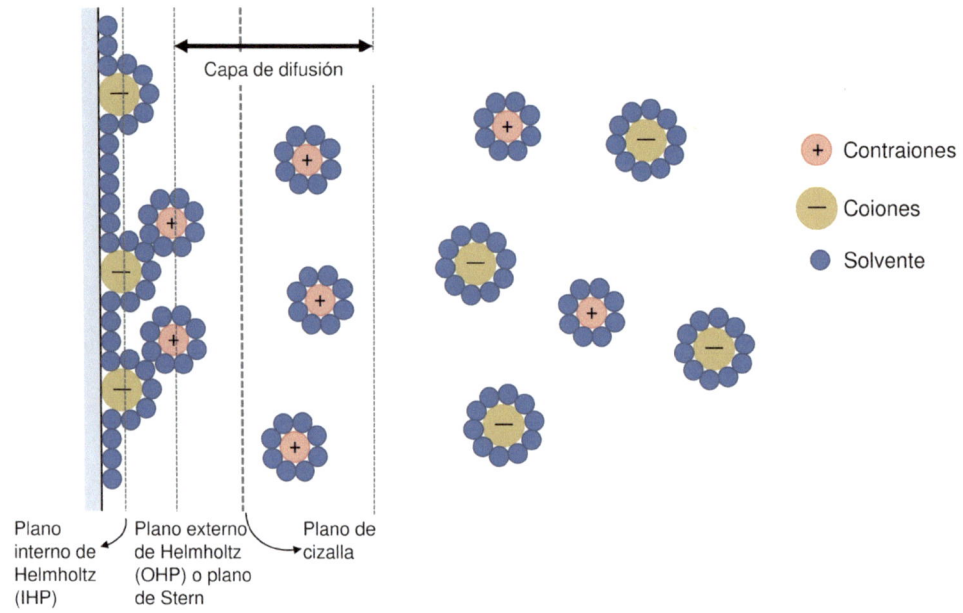

Figura 3.13. Doble capa eléctrica, EDL. Iones negativos selectivamente son adsorbidos sobre la superficie, formando una segunda capa

El plano formado por los centros de estos aniones y de las moléculas de agua se denominan plano interior de Helmholtz, IHP «Inner Helmholtz Plane». Asociados con el IHP se sitúa una capa semiordenada de moléculas de agua con cationes hidratados; al plano formado por los centros de estos últimos se denomina plano exterior de Helmholtz, OHP «Outer Helmholtz Plane» (figura 3.13).

El potencial de Stern es el correspondiente al plano OHP y es el resultado de una adsorción compleja de iones, por lo que es difícil de medir. En consecuencia, se recurre a la medida del denominado potencial zeta, ζ, que es el correspondiente al plano de cizalla y se sitúa un poco más alejado de la superficie de la partícula (figura 3.13). En efecto, cuando una partícula se desplaza en el seno de un líquido, la capa de Stern y parte de la capa difusa se mueven con la partícula. El plano de cizalla representa la superficie de la unidad electrocinética (partícula cargada más capa límite) que se mueve como un todo cuando sobre ella actúa un campo eléctrico.

La naturaleza y la carga (o el potencial) del plano IHP está controlado por las fuerzas de adsorción, mientras que las características del plano exterior OHP vienen determinadas por las fuerzas electrostáticas, principalmente. De forma general, la naturaleza de los iones adsorbidos (carga y tamaño) y su cantidad, y la fuerza iónica del medio, I, determinan el potencial de Stern, ψ^d, y el potencial zeta, ζ, tal como se esquematiza en la figura 3.14.

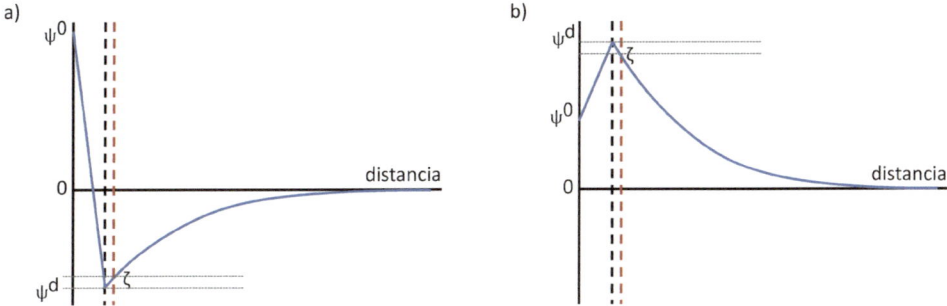

Figura 3.14. a*) Inversión de la carga superficial debido a la adsorción de contraiones polivalentes o activos superficialmente.* b*) Adsorción de coiones activos superficialmente*

Al aumentar la concentración y/o la carga de los electrolitos indiferentes o inertes (aquellos que no interaccionan directamente con la superficie y, por supuesto, no son determinantes del potencial) se incrementa en la fuerza iónica del medio, I, se reduce el espesor de la doble capa, κ^{-1}, y con ello, también disminuye el valor absoluto del potencial zeta, ζ, (figura 3.15). Por el contrario, el valor de pH al que se anula el potencial zeta, ζ, denominado punto isoeléctrico, isp, no cambia, y coincide con el punto de carga cero, zpc, ya que en estos casos solo los H^+ y OH^- son los iones determinantes del potencial (figura 3.16).

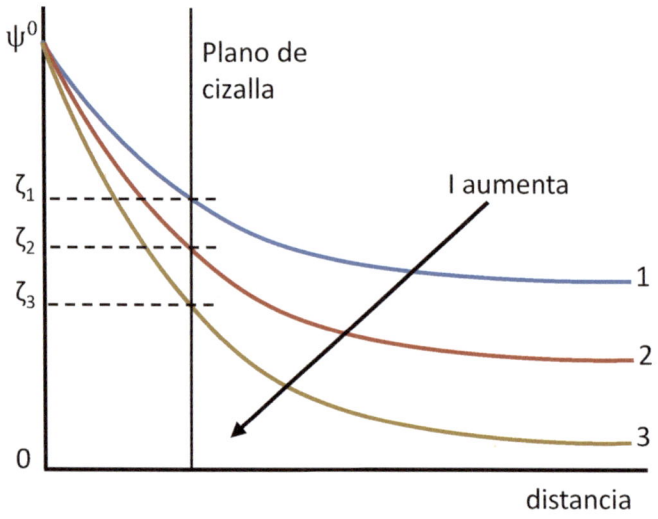

Figura 3.15. Al aumentar la fuerza iónica, I, se reduce el espesor de la doble capa y disminuye el potencial zeta, ζ

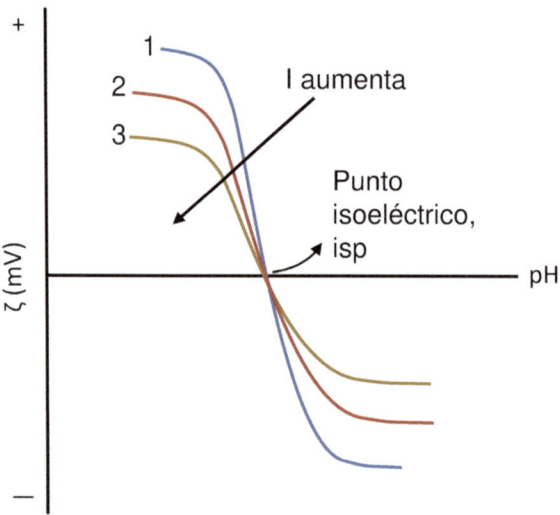

Figura 3.16. Al aumentar la fuerza iónica del medio, I, disminuye el valor absoluto del potencial zeta, ζ, pero el punto isoeléctrico, isp, permanece inalterable

3.3.5. Determinación experimental del potencial zeta, ζ. Su relación con la movilidad electroforética, μ_E

Las partículas cargadas eléctricamente tienden a moverse bajo la influencia de un campo eléctrico, E. Consideremos una partícula esférica de radio *a*, con una carga, q, uniformemente distribuida sobre la superficie, desplazándose a una velocidad, v, debido a la existencia de un campo eléctrico, E, (figura 3.17).

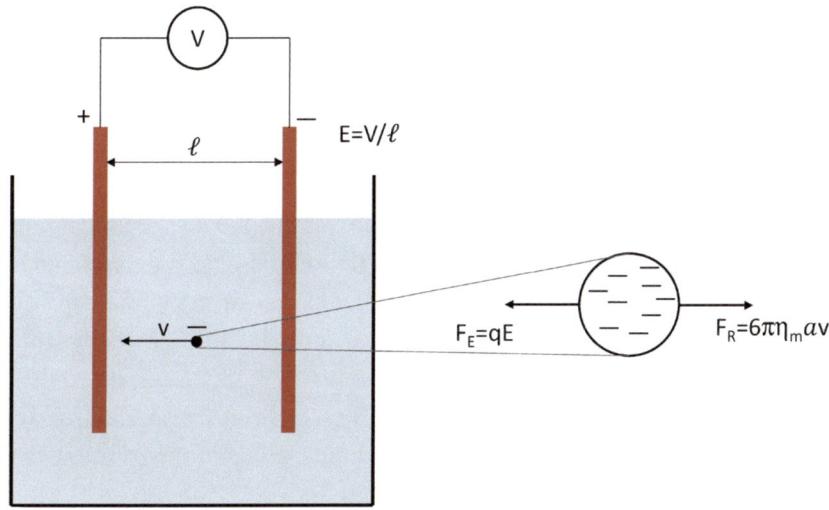

Figura 3.17. Movimiento de una partícula cargada en una célula electroforética.
Concentración de electrolito muy baja

Cuando se alcanza el estado estacionario, v es constante, ya que, de acuerdo con la segunda ley de Newton, el sumatorio de las fuerzas que actúan sobre el sistema es cero. En este caso, a la fuerza eléctrica, F_E, solo se opone la fuerza de resistencia viscosa de Stokes, F_R. Así pues:

$$F_E = F_R$$

ec. 3.46

Teniendo en cuenta, además, que:

$$F_E = qE \qquad\qquad \text{ec. 3.47}$$

y la fuerza de Stokes (apartado 2.2.1.1i)

$$F_R = Bv = 6\pi\mu_m a v \qquad\qquad \text{ec. 3.48}$$

De ec. 3.46 a ec. 3.48 se obtiene:

$$v = \frac{qE}{6\pi\mu_m a} \qquad\qquad \text{ec. 3.49}$$

Llegados a este punto deben tenerse en cuenta algunas consideraciones. En primer lugar, la influencia de la capa límite fluidodinámica. En efecto, cuando una partícula se mueve en el seno de un fluido, siempre se arrastra una capa de fluido, debido a la adherencia y fricción entre la partícula y el fluido (capa límite). Así pues, el radio de la partícula, a, que aparece en la ec. 3.48 y ec. 3.49 debería incluir el espesor de dicha capa límite. Por otra parte, según la teoría electrostática, una esfera con una carga, q, uniformemente distribuida sobre su superficie se comporta, a efectos eléctricos, como si toda la carga estuviera concentrada en el centro de la esfera, con un potencial eléctrico superficial dado por:

$$\zeta = \frac{q}{4\pi\varepsilon\varepsilon_0 a} \qquad\qquad \text{ec. 3.50}$$

siendo ε la constante dieléctrica del fluido y ε_0 la permitividad eléctrica del vacío.

De ec. 3.49 y ec. 3.50 se obtiene la relación entre el potencial zeta, ζ, y la movilidad electroforética, μ_E.

$$\zeta = \frac{3v\eta_m}{2\varepsilon\varepsilon_0 E} = \frac{3\eta_m}{2\varepsilon\varepsilon_0}\left(\frac{v}{E}\right) = \frac{3\eta_m}{2\varepsilon\varepsilon_0}\mu_E \qquad\qquad \text{ec. 3.51}$$

siendo μ_E = V/E la movilidad electroforética. Así pues, el potencial zeta, ζ, de una partícula se refiere al potencial eléctrico de una partícula se refiere al potencial eléctrico en el extremo de la capa límite, es decir, en el plano de cizalla. La forma más simple de determinar el potencial zeta, ζ, es mediante una célula electroforética (figura 3.17), midiendo su movilidad electroforética, μ_E. Debido a que la localización precisa del plano de cizalla es difícil de localizar, el potencial zeta, ζ, se considera equivalente al potencial efectivo de Stern, ψ^d.

La ec. 3.51 es válida para una esfera desplazándose en un medio de fuerza iónica muy baja, es decir: $\kappa a \lll 1$. En caso contrario, es necesario introducir un factor que tenga en cuenta la presencia de iones de signo contrario alrededor de la partícula. Así pues, para $0{,}1 < \kappa a < 200$ (Ohshima 1994):

$$\zeta = \frac{3\eta_m}{2\varepsilon\varepsilon_0}\left(\frac{V}{E}\right)\frac{1}{1 + f(\kappa a)}$$

ec. 3.52

La función $f(\kappa a)$ es creciente; para valores de $\kappa a \lll 1$, $f(\kappa a) = 0$, es decir, $f(0) = 0$; y para valores de κa muy grandes ($\kappa a \rightarrow \infty$), $f(\kappa a) = 0{,}5$, es decir, $f(\infty) = 0{,}5$.

3.3.6. Repulsión entre dos dobles capas

3.3.6.1. Solapamiento de dobles capas planas y simétricas

La interacción entre superficies depende: de la geometría de ambas, de la magnitud y signo de la carga de cada una de ellas e, incluso, de la naturaleza del electrolito (simétrico o no simétrico).

En este apartado se estudiará, de forma detallada, el caso más sencillo, es decir: la interacción repulsiva es entre dos dobles capas planas de igual signo y magnitud; sus potenciales eléctricos y su grado de solapamiento son pequeños, y, en el medio polar, el electrolito es simétrico. Además, se tendrá en cuenta la existencia de una capa de Stern de espesor «d». A esta distancia de la superficie (d), plano de Stern, le corresponde un potencial $\psi = \psi^d$, potencial de Stern, y una carga $\sigma = \sigma^d$, carga de Stern.

La interacción repulsiva, en este caso, puede ser analizada considerando la presión osmótica que se genera por la acumulación de iones entre las dos superficies (figura 3.18). En efecto, en el plano medio, h'/2, entre los dos planos de Stern separados una distancia h' = h − 2d, la presión osmótica, Π_m, debida a la acumulación de iones en este plano será:

$$\Pi_m = k_B T(n^+ + n^-)_m \qquad \text{ec. 3.53}$$

que al introducir la ley de distribución de Boltzmann (ec. 3.28 y ec. 3.29) resulta:

$$\Pi_m = k_B T \left(n_\infty \exp\left(-\frac{ze\psi_m}{k_B T}\right) + n_\infty \exp\left(\frac{ze\psi_m}{k_B T}\right) \right) \qquad \text{ec. 3.54}$$

siendo ψ_m el potencial eléctrico en el plano medio, h/2.

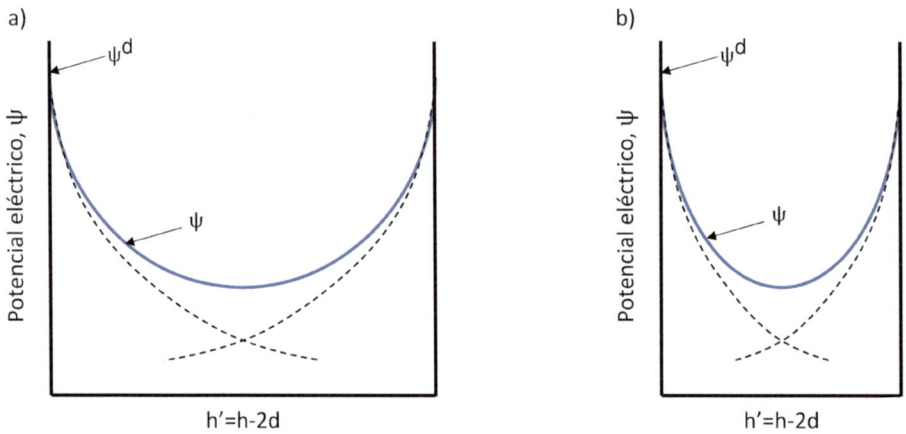

Figura 3.18. Potencial eléctrico, ψ, resultante del solapamiento de las dos dobles capas correspondientes a dos superficies paralelas. a) Distancia de separación grande y b) distancia de separación pequeña. Conforme disminuye la separación entre superficies, el potencial eléctrico, ψ, aumenta, y, con ello, la repulsión

Teniendo en cuenta la función $\cosh$[5] resulta:

$$\Pi_m = 2n_\infty kT\cosh\left(\frac{ze\psi_m}{k_B T}\right) \qquad \text{ec. 3.55}$$

Por otra parte, la presión osmótica a distancias a las que no se solapan las dobles capas es:

$$\Pi_\infty = 2n_\infty k_B T \qquad \text{ec. 3.56}$$

Así pues, la fuerza de repulsión a la que están sometidas las dos placas cuando se solapan sus dobles capas será:

$$\Pi = \Pi_m - \Pi_\infty \qquad \text{ec. 3.57}$$

De ec. 3.53 y ec. 3.56 resulta:

$$\Pi = k_B T(n^+ + n^- - 2n_\infty) \qquad \text{ec. 3.58}$$

que al introducir la ec. 3.55 se obtiene:

$$\Pi = 2n_\infty k_B T\left[\cosh\left(\frac{ze\psi_m}{k_B T}\right) - 1\right] \qquad \text{ec. 3.59}$$

o bien:

$$\Pi = 2RTC\left[\cosh\left(\frac{zF\psi_m}{RT}\right) - 1\right] \qquad \text{ec. 3.60}$$

---

5. El coseno hiperbólico de una función cualquiera, x, es $\cosh(x) = \frac{e^{-x}+e^x}{2}$.

donde C es la concentración molar de electrolito y F la constante de Faraday.

Considerando que, para grados de solapamiento de dobles capas pequeños, $h' \gg \kappa^{-1}$, el potencial eléctrico es aditivo (figura 3.19), se tendrá que: $\psi_m = 2\psi(h/2)$ siendo $\psi(h/2)$ el potencial correspondiente a cada doble capa a una distancia $h/2$ de cada superficie.

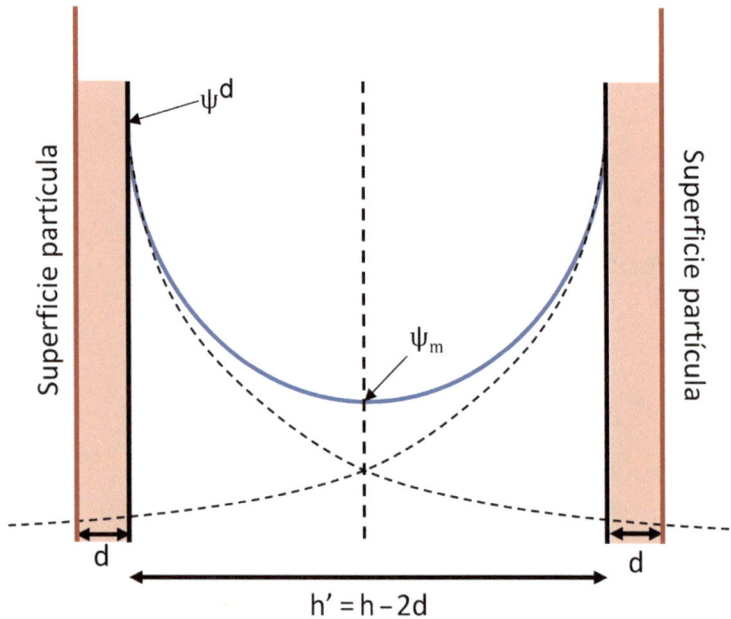

Figura 3.19. El solapamiento de las dos dobles capas asociadas a las respectivas superficies paralelas conducen a un incremento de la concentración iónica. La presión osmótica que resulta de este incremento de la concentración actúa separando las superficies

Si ψ_m es pequeño, es decir, $ze\psi_m \ll k_B T$ o bien $zF\psi_m \ll RT$, la ec. 3.59 se simplifica a:

$$\Pi = \frac{z^2 e^2 \psi_m^2 n_\infty}{k_B T} = \frac{4z^2 e^2 \psi^2 (h'/2)}{k_B T}$$
ec. 3.61

que al introducir κ^{-1} (ec. 3.37) resulta:

$$\Pi = 4\kappa^2\psi^2(h'/2)\epsilon\epsilon_0 \qquad \text{ec. 3.62}$$

Aplicando la aproximación de Debye-Hückel, para valores de $\psi^d \leq 50$ mV, se tiene:

$$\psi(h/2) = \psi^d\exp\left(-\frac{\kappa h'}{2}\right) \qquad \text{ec. 3.63}$$

Por otra parte, la energía potencial repulsiva por unidad de superficie, W_{EDL}, es el trabajo realizado, por unidad de superficie, para aproximar dos placas desde el ∞ hasta una separación h', es decir:

$$W_{EDL} = \int_{h'}^{\infty} \Pi dh' \qquad \text{ec. 3.64}$$

De ec. 3.62, ec. 3.63 y ec. 3.64 resulta:

$$W_{EDL} = 2\epsilon\epsilon_0\kappa\psi^d\exp(-\kappa h') \qquad \text{ec. 3.65}$$

Conviene señalar que esta ecuación es válida únicamente cuando el potencial de Stern es pequeño, $\psi^d \leq 50$ mV, y el solapamiento de dobles capas también es pequeño, $h' \gg \kappa^{-1}$.

En el supuesto de que ψ^d fuese grande, no puede aplicarse la aproximación de Debye-Hückel (ec. 3.63). En este caso, la relación entre ψ^d y ψ viene dada por la ec. 3.35 y la ec. 3.36. Así pues, la ec. 3.35, para $x = h'/2$, se transforma:

$$\psi(h/2) = \frac{4k_BT\gamma}{ze}\exp[-\kappa(h'/2)] \qquad \text{ec. 3.66}$$

que al introducirla en la ec. 3.62 y resolviendo la integral ec. 3.64 se obtiene:

$$W_{EDL} = \frac{64k_BTn_\infty\gamma^2}{\kappa}\exp(-\kappa h') \qquad \text{ec. 3.67}$$

donde γ viene dada por la ec. 3.36.

Para altos grados de solapamiento de dobles capas, h' < κ^{-1}, es imprescindible recurrir a métodos numéricos, ya que $\psi_m \neq 2\psi(h'/2)$. En la figura 3.20 se representan los valores de W_{EDL} (en escala logarítmica) frente a la distancia de separación entre planos en forma adimensional, $\kappa h'$, para diferentes valores del potencial de Stern, también en forma adimensional, $Y_d = ze\psi^d/k_BT$. En esta representación, si κ se expresa en nm^{-1}, las unidades de W_{EDL} (ordenadas) serán mJ/m^2. En esta figura también se han añadido los valores que se obtienen mediante la ec. 3.67 (líneas azules). Se comprueba que para valores de h' $\leq$ 1-1,5κ^{-1}, las diferencias entre los resultados calculados por uno u otro método comienzan a ser significativas.

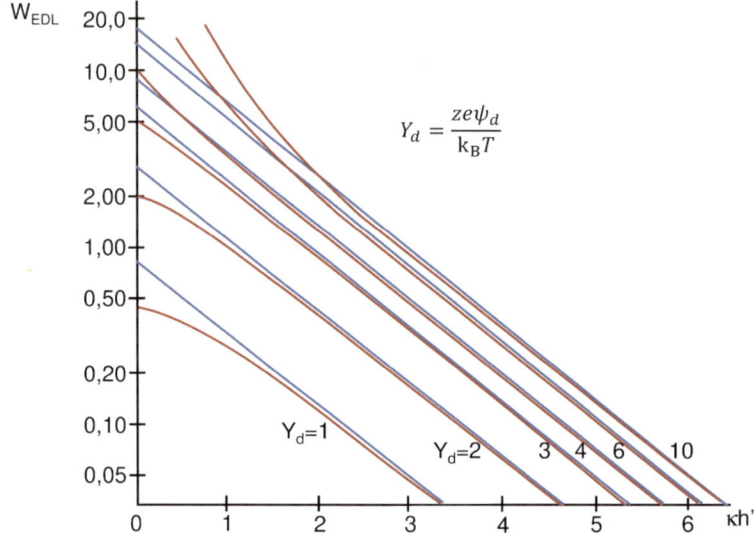

Figura 3.20. Repulsión electrostática entre planos, W_{EDL}, en escala logarítmica, frente a la separación entre planos de Stern, $\kappa h'$, en forma adimensional. Líneas azules calculadas de acuerdo con la ec. 3.67 y las rojas por integración numérica. El parámetro Y_d expresa el potencial de Stern en forma adimensional. (Adaptada de Hunter 1989)

Por otra parte, debe tenerse también en cuenta que, para pequeñas distancias de separación entre superficies, h, el mecanismo de regulación de la carga en las dos superficies implica que los resultados obtenidos por estos métodos numéricos tampoco son válidos, ya que ψ^d se modifica conforme se aproximan las superficies.

En efecto, para valores pequeños de h', las densidades de carga superficial en el plano de Stern, σ^d, o en la superficie de la partícula, σ^0, disminuyen al reducirse el valor de h', ya que algunos contraiones se pegan a la superficie de las partículas, lo que afecta a ψ^d.

3.3.6.2. Solapamiento de dobles capas asociadas a dos partículas esféricas iguales

1) Para grandes valores de κa

Esta situación implica que el espesor de la doble capa, κ^{-1}, es mucho menor que el radio de la partícula, a. Es decir, el solapamiento entre las EDL ocurre a pequeñas distancias respecto a «a», por lo que es aplicable la aproximación de Derjaguin (apartado 2.4), según la cual:

$$(F_{EDL})_{sp} = \pi a (W_{EDL})_{pl} \qquad \text{ec. 3.68}$$

siendo $(F_{EDL})_{sp}$ la fuerza de repulsión entre dos esferas debido al solapamiento de sus capas difusas y $(W_{EDL})_{pl}$ la energía repulsiva por unidad de superficie debido a este efecto entre dos superficies planas.

La energía de interacción para las dos esferas $(G_{EDL})_{sp}$ se obtiene por integración de ec. 3.68:

$$(G_{EDL})_{sp} = \int_{h'}^{\infty} (F_{EDL})_{sp}\, dh' = \pi a \int_{h'}^{\infty} (W_{EDL})_{pl}\, dh' \qquad \text{ec. 3.69}$$

Sustituyendo $(W_{EDL})_{pl}$ por la ec. 3.67 e integrando, resulta:

$$(G_{EDL})_{sp} = \frac{64\pi a k_B T n_\infty \gamma^2}{\kappa^2} \exp(-\kappa h') \qquad \text{ec. 3.70}$$

donde γ viene dada por la ec. 3.36.

2) Para valores de κa y ψ^d pequeños

Cuando el espesor de la doble capa difusa alrededor de cada partícula es grande, $\kappa a < 5$, no pueden aplicarse la aproximación de Derjaguin (apartado 2.4) (ec. 3.68). En este caso, el procedimiento de cálculo es complejo. No obstante, si se cumple que el potencial de Stern es bajo, $\psi^d < 25$ mV, se obtienen resultados aceptables aplicando la ecuación:

$$(G_{EDL})_{sp} = 2\pi a \in \varepsilon_0 \kappa (\psi^d)^2 \exp(-\kappa h')$$
ec. 3.71

3.3.6.3. Solapamiento de dobles capas asociadas a partículas de diversas geometrías

En la figura 3.21 se detallan las expresiones de las energías de interacción que resultan del solapamiento de dobles capas, G_{EDL}, (por unidad de superficie, W_{EDL}, para superficies planas), para partículas de diferente geometría (las mismas que las consideradas en la figura 3.3) para el cálculo de la energía de Van der Waals. Estas ecuaciones relacionan los términos G_{EDL} y W_{EDL} en función de las dimensiones de las partículas, la longitud de Debye (o espesor de la doble capa, κ^{-1}), la distancia entre las superficies de Stern, h', y una constante de interacción, Z, definida, para soluciones de electrolito 1:1, por:

$$Z = 64\pi\varepsilon_0\in(k_BT/e)^2\tanh^2(e\psi^d/4k_BT) \ (J/m)$$
ec. 3.72

que si el solvente es agua a 25 °C se transforma en:

$$Z = 9{,}22\cdot10^{-11}\tanh^2(\psi^d/103) \ (J/m)$$
ec. 3.73

La constante de interacción Z, análoga a la constante de Hamaker, $A_{11(3)}$, depende del tipo solvente, de la naturaleza del electrolito y del potencial de Stern, ψ^d. Se comprueba que la energía de interacción debida al solapamiento de dobles capas asociadas a diferentes superficies planas, W_{EDL}, o partículas, G_{EDL}, siempre disminuyen con la distancia entre superficies de Stern, h', con una longitud de caída característica igual a la longitud de Debye o espesor de la doble capa, κ^{-1}.

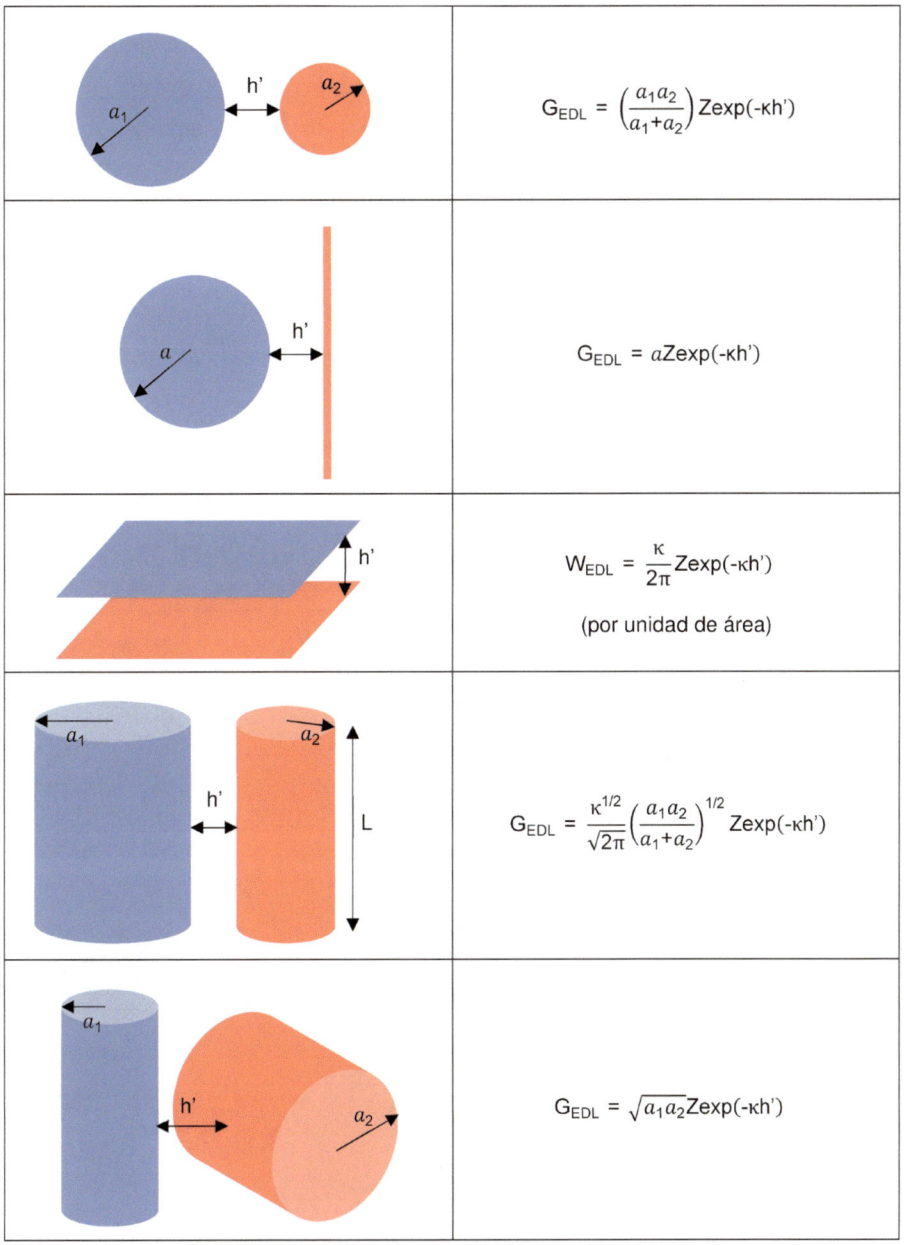

Figura 3.21. Expresiones para el cálculo de la energía de interacción electrostática, G_{EDL}, para diferentes geometrías.
Para soluciones de electrolito 1:1, por ejemplo, NaCl (z = 1),
$Z = 64\pi\varepsilon_0\in(k_BT/e)^2tanh^2(e\Psi^d/4k_BT) = 9,22\cdot10^{-11}tanh^2(\Psi^d/10^3)(J/m)$ *(a 25 ºC).*
El espesor de la doble capa, κ^{-1}, se calcula mediante la ec. 3.37

3.3.7. Medidas experimentales directas de las fuerzas EDL

En la figura 3.22 se representan los resultados experimentales de las medidas de fuerza directa entre dos cilindros cruzados de mica (SFA) sumergidos en soluciones muy diluidas de electrolito, 1:1 y 2:1, a las que corresponde una longitud de Debye, $1/\kappa$, grande. En estas condiciones, el perfil de la fuerza está normalmente dominado por la fuerza EDL. Para esta geometría de cilindros cruzados, F/R, la aproximación de Derjaguin conduce a:

$$\frac{F}{R} = 2\pi W_{tot}\,(h) \qquad\qquad \text{ec. 3.74}$$

donde R es el radio de la superficie curvada de mica y W_{tot} la energía de interacción entre dos superficies planas por unidad de área.

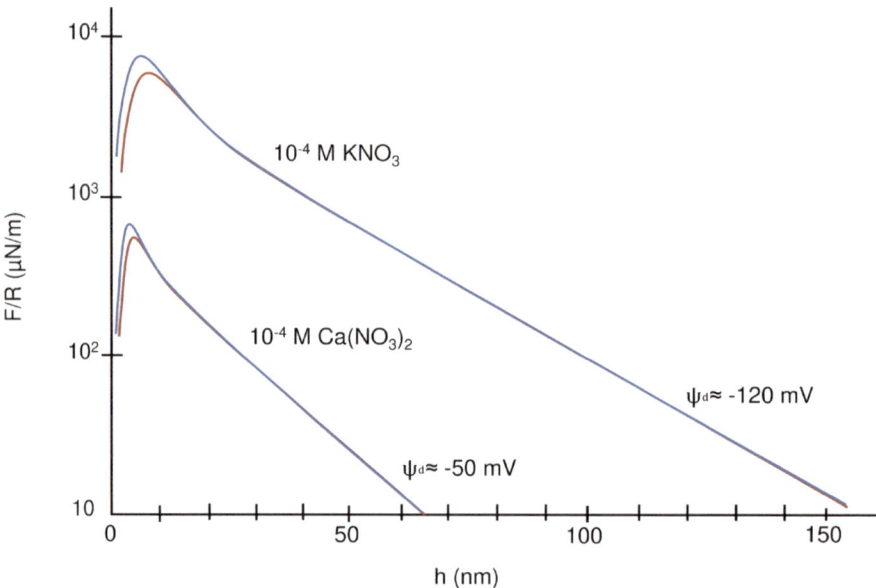

Figura 3.22. Fuerza de interacción entre dos superficies curvadas de mica (R = 1cm) en soluciones diluidas de KNO₃ y Ca(NO₃)₂. Las curvas azules hasta el máximo corresponden a la solución numérica de la figura 3.20 de la energía de repulsión electrostática. Las curvas rojas corresponden a la solución numérica considerando densidad de carga constante. Los valores experimentales coinciden con los valores de las curvas. (Adaptado de Israelachvili 2011)

Excepto para bajas distancias de separación (h ≤ 7—10 nm), a las que dominan las fuerzas de Van der Waals (distancias menores del máximo de la figura 3.22), la energía total de interacción, F/R, corresponde a la energía repulsiva, $W_{tot} = W_{EDL}$. La forma de la curva es la que predice la solución numérica de la figura 3.20. A mayores distancias, las curvas son rectas semilogarítmicas, lo que indica que a estas distancias la repulsión electrostática puede describirse mediante la aproximación de Debye-Hückel (figura 3.20). Se confirma que con el aumento de la carga del catión aumenta la fuerza iónica del medio, I, y, con ello, se reduce el espesor de la doble capa. Asimismo, se aprecia una considerable disminución del potencial de Stern con el aumento de I. Se comprobó que, únicamente para distancias cortas de separación entre superficies (h < 10 nm), los valores experimentales se situaban entre los que predice la solución numérica de la figura 3.20, que considera potencial constante (curvas azules en figura 3.22), y el modelo que considera densidad de carga constante (curvas rojas en figura 3.22). Esto se debe a que a pequeñas distancias se producen fenómenos que implican una regulación de la carga en la doble capa eléctrica conforme se aproximan las partículas (Trefalt, Behrens y Borkovec 2015).

En la figura 3.23 se representan los resultados de las medidas de fuerza directa entre microesferas de sílice en distintas soluciones de KCl, obtenidas por microscopia de fuerza atómica (AFM). En la representación semilogarítmica (figura 3.23a) se aprecian casi líneas rectas a distancias superiores a 5 nm, cuyas pendientes reflejan la inversa de la longitud de Debye, κ^{-1}. Estas líneas rectas corresponden a la aproximación de Debye-Hückel. Los valores del potencial de Stern obtenidos al ajustar la curva de interacción a la ec. 3.67 se representan en la figura 3.23b. Se comprobó que hasta distancias menores de 2 o 3 nm la curva F/R = f(h) se ajustaba a un modelo riguroso que tenía en cuenta la regulación de la carga de las superficies cuando estas se aproximan. El potencial de Stern calculado con este modelo, mediante solución numérica, también se representa en la figura 3.23b. En esta última figura se comprueba que para concentraciones de sal superiores a 7—10 mM los resultados obtenidos por uno y otro procedimiento coinciden. Esto viene a confirmar la validez del modelo simplificado de Debye-Hückel para soluciones concentradas de electrolito monovalente y potenciales de Stern no excesivamente elevados para la determinación de las curvas de energía repulsión electrostática.

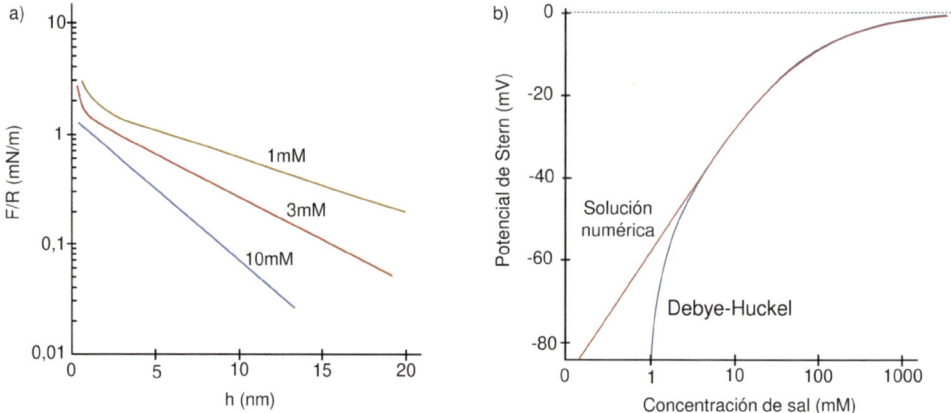

Figura 3.23. Fuerzas EDL entre microesferas de sílice mediante AFM
en soluciones diferentes de KCl y a pH = 4. a) Curva de fuerza-distancia
(F/R versus h). b) Potenciales de Stern frente a la concentración de electrolito
calculados mediante un modelo riguroso y la aproximación de Debye-Hückel.
(Adaptado de Trefalt, Palberg y Borkovec 2017)

3.4. LA TEORÍA DE DLVO. LAS FUERZAS DE VAN DER WAALS Y LAS EDL ACTUANDO JUNTAS

Derjaquin, Landau, Verwey and Overbeek (DLVO) desarrollaron en la década de los 40 del siglo pasado una teoría de estabilidad coloidal que es la base de nuestro conocimiento sobre las interacciones entre partículas coloidales y sobre la estabilidad coloidal. La teoría DLVO tradicional solo considera en su formulación la repulsión electrostática y la atracción de Van der Waals. Fue elaborada para superficies planas y simétricas (con la misma carga y de la misma naturaleza), considerando, además, que las EDL son únicamente difusas, es decir, h' = h (no hay capa de Stern), el potencial superficial, ψ_0, coincide con el de Stern, ψ^d, y la carga superficial, σ_0, también coincide con la de Stern, σ_d. Con este modelo sencillo se han podido explicar y tratar, al menos semicuantitativamente, un conjunto de observaciones y fenómenos. Entre estos destacan:

- La regla de Schulze-Hardy, que expresa la marcada influencia de los contraiones sobre la estabilidad coloidal de las suspensiones.

- La relación entre la estabilidad coloidal y el potencial eléctrico superficial, ψ_0, relacionado con el potencial zeta, ζ, que es el que se mide experimentalmente.
- La velocidad de coagulación de una suspensión.
- La relación entre el carácter plástico y tixotrópico de las suspensiones que presentan un mínimo secundario en la curva de energía de interacción total, $W_{tot}(h)$.

3.4.1. Curva de interacción total, $W_{tot}(h)$

3.4.1.1. Superficies planas y simétricas

Para el caso de dos láminas planas y paralelas, del mismo material y con la misma carga, se tiene:

$$W_{tot}(h) = W_{vdW}(h) + W_{EDL}(h) \quad (J/m^2) \qquad \text{ec. 3.75}$$

siendo $W_{vdw}(h)$ la contribución atractiva de Van der Waals, que para láminas planas orientadas paralelamente es:

$$W_{vdW}(h) = -\frac{A_{11(3)}}{12\pi h^2} \quad (J/m^2) \qquad \text{ec. 3.76}$$

La contribución repulsiva debida a la interacción entre las dos EDL idénticas, cuando el solapamiento entre éstas es pequeño, $\kappa h \ggg 1$, viene dada por la relación ec. 3.36 y ec. 3.67, que al considerar que toda la EDL es difusa, es decir, $\psi^d = \psi^0$ y $h = h'$ se convierten en:

$$W_{EDL}(h) = \frac{64 k_B T n_\infty \gamma^2}{\kappa} \exp(-\kappa h) \quad (J/m^2) \qquad \text{ec. 3.77}$$

y

$$\gamma = \tagh \left(\frac{ze\psi^0}{4k_BT} \right)$$

ec. 3.78

Conviene recordar que, a diferencia de la contribución repulsiva, $W_{EDL}(h)$, la contribución atractiva, $W_{vdw}(h)$, es independiente, o depende muy poco, de la concentración, naturaleza y carga del electrolito, del pH de la solución y potencial eléctrico superficial, ψ^0, por lo que, en primera aproximación, al determinar el efecto de estas variables sobre la curva de energía total de interacción, $W_{vdw}(h)$ se considerará constante.

Además, conviene también tener presente, que la contribución $W_{vdw}(h)$ siempre excede a la $W_{EDL}(h)$ para distancias pequeñas, ya que la primera es del tipo $W_{vdw}(h)\alpha(-1/h^2)$, mientras que la segunda es del tipo exponencial, $W_{EDL}(h)\alpha\exp(-\kappa h)$, es decir, $W_{vdw}(h)$ aumenta más bruscamente (en valor absoluto) que $W_{EDL}(h)$ cuando h tiende a 0.

En la figura 3.24 se representa la curva de energía total de interacción, $W_{tot}(h)$, y las contribuciones energéticas $W_{vdw}(h)$ y $W_{EDL}(h)$ calculadas mediante la ec. 3.75 a la ec. 3.78, para un sistema estable desde el punto de vista coloidal, por unidad de superficie (W_i). Concretamente, para láminas de mica, con un valor del potencial superficial de $\psi^0 = -50$ mV, (carga neta superficial negativa) orientadas paralelamente y dispersas en una solución acuosa 10^{-3} M de NaCl, a 25 °C. La constante de Hamaker para este sistema es: $A_{12(3)} = 1,34 \cdot 10^{-20}$ J. Se ha calculado, también, los valores de las diferentes contribuciones energéticas adimensionales (G_i/k_BT) para una partícula plana de $0,1 \times 0,1$ μm^2.

Se confirma que para superficies suficientemente cargadas ($\psi^0 = -50$ mV) y baja concentración de electrolito (10^{-3}M NaCl), a la que corresponde un espesor de doble capa grande ($\kappa^{-1} = 10$ nm), la contribución repulsiva es grande y comienza a ser significativa a grandes distancias. En consecuencia, la curva de energía de interacción total por unidad de superficie, $W_{tot}(h)$, y adimensional, G_{tot}, presentan una barrera de energía grande, de $G_{tot} = 450k_BT$.

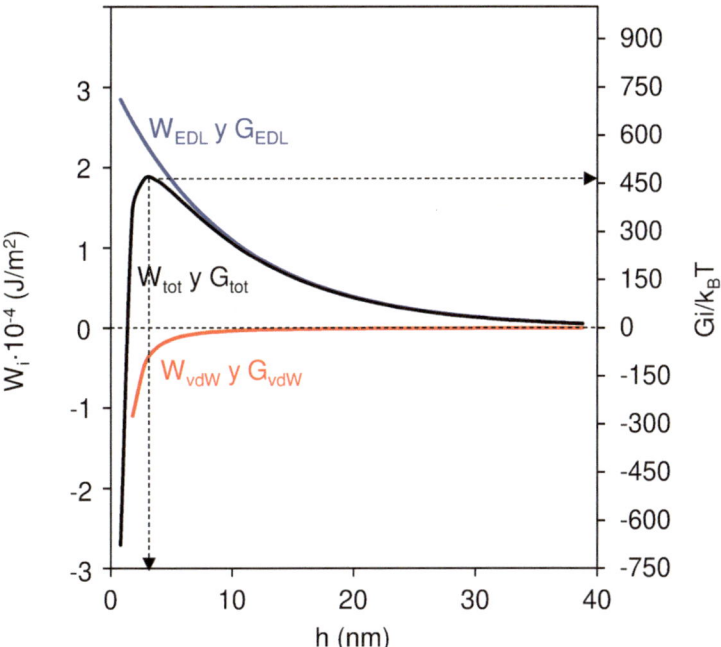

Figura 3.24. Curvas de energía de interacción calculadas para partículas de mica cargadas negativamente, $\psi^0 = -50\ mV$, y dispersas en una solución acuosa de NaCl $10^{-3}M$

3.4.1.2. Esferas iguales

En este caso, al igual que para la interacción entre partículas de otra geometría, se aplica la ecuación:

$$G_{tot}(h) = G_{EDL}(h) + G_{vdW}(h)$$
ec. 3.79

Introduciendo las ec. 3.12 y ec. 3.70, se tiene:

$$G_{tot}(h) = \frac{64\pi a k_B T n_\infty \gamma^2}{\kappa^2}\exp(-\kappa h) - \frac{A_{11(3)}a}{12h}$$
ec. 3.80

161

donde γ viene dada por la ec. 3.36.

Para ilustrar el efecto de la concentración de electrolito, C, y del potencial superficial, ψ^0, sobre la curva de energía de interacción asociada al solapamiento de dobles capas, $G_{EDL}(h)$, y sobre la total, $G_{tot}(h)$, se ha elegido una dispersión de pequeñas partículas ($a = 100$ nm) de Al_2O_3 en una solución acuosa de NaCl.

En la figura 3.25 se representan las curvas de interacción electrostática, $G_{EDL}(h)$, para un valor de $\psi^0 = 50$ mV y diferentes concentraciones de electrolito, [NaCl] = 10^{-4}, 10^{-3}, 10^{-2} y 10^{-1} M. Se incluyen la curva de energía de interacción de Van der Waals, G_{vdW}, (tomando para la Al_2O_3 un valor de $A_{11(3)} = 3,67 \cdot 10^{-20}$ J. En todos los casos, los valores de la energía de interacción se expresan en forma adimensional.

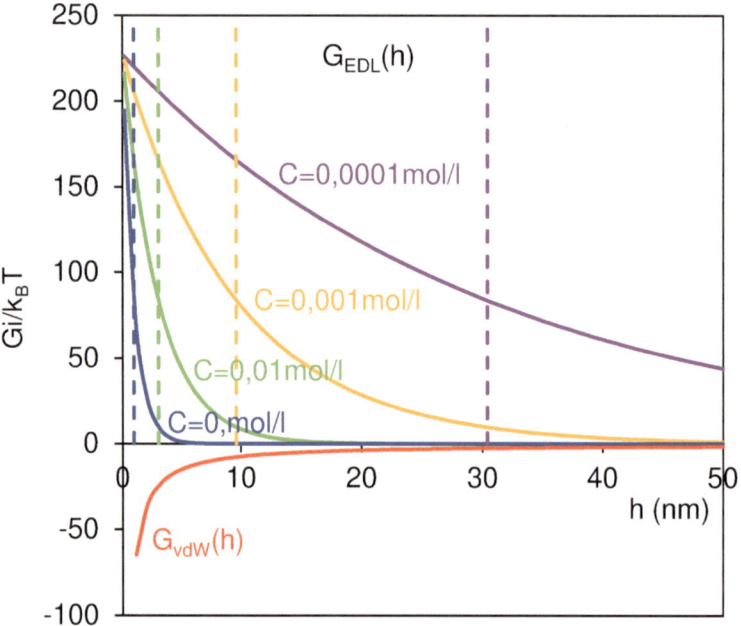

Figura 3.25. Curvas de energía de interacción electrostática, $G_{EDL}(h)$, y de Van der Waals, $G_{vdW}(h)$, calculadas para partículas de alúmina de radio a = 0,1 μm, dispersas en soluciones acuosas de NaCl con distintas molaridades (desde 0,1 a 10^{-4} M). $\psi^0 = 50$ mV y $A_{11(3)} = 3,67 \cdot 10^{-20}$ J

Se aprecia que conforme aumenta la concentración de electrolito, de 10^{-4} a 0,1 M, se reduce el espesor de la doble capa, κ^{-1} (líneas punteadas), pero a diferencia de lo que ocurría para superficies planas, la contribución repulsiva, $G_{EDL}(h)$, se reduce a cualquier distancia.

Las curvas de interacción total, $G_{tot}(h)$, obtenidas a partir de las curvas anteriores (figura 3.25) se representan en la figura 3.26.

Se aprecia que conforme se reduce la concentración de electrolito se reduce, también, el espesor de la doble capa, κ^{-1}, la energía de interacción total, $G_{tot}(h)$, a cualquier distancia, la magnitud de la barrera energética y la distancia a la que esta se produce. Para [NaCl] = 0,1 M, la barrera de potencial es tan baja, $G_{tot} = 4k_BT$, que el sistema deja de ser estable desde el punto de vista coloidal. Asimismo, se aprecia la presencia de un mínimo secundario de $G_{tot} = 15k_BT$. Por tanto, el comportamiento de esta suspensión sería plástico y/o tixotrópico.

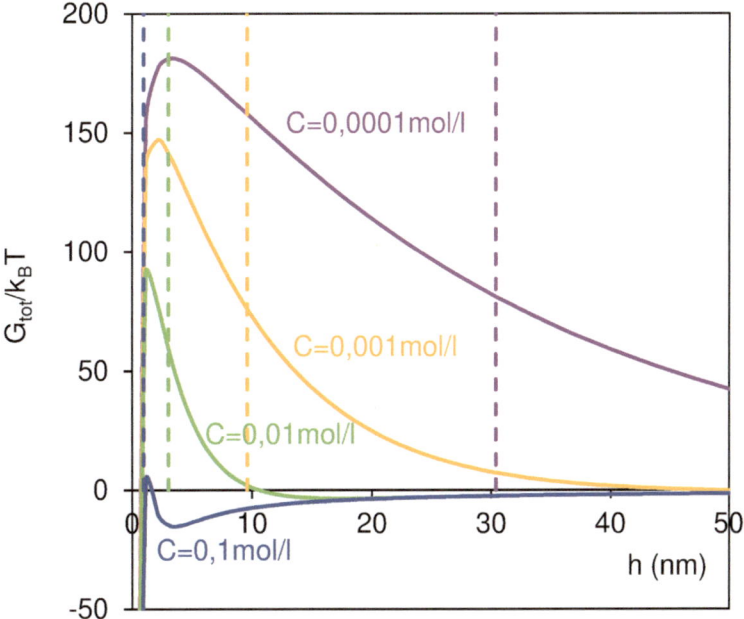

Figura 3.26. Curvas de energía de interacción total, $G_{tot}(h)$, calculadas para partículas de alúmina de radio a = 0,1 μm, dispersas en soluciones acuosas de NaCl con distintas molaridades (desde 0,1 a 10^{-4}M). ψ^0 = 50 mV y $A_{12(3)}$ = 3,67·10^{-20}J

Para determinar el efecto del potencial superficial sobre las curvas de energía de interacción repulsiva, $G_{EDL}(h)$, y total, $G_{tot}(h)$, para un contenido en electrolito de [NaCl] = 10^{-3} M, se ha modificado el potencial superficial desde ψ^0 = 15 hasta 100 mV. Los resultados se detallan en la figura 3.27 y figura 3.28.

Se aprecia que, conforme se incrementa ψ^0, se produce un aumento considerable de la contribución repulsiva, $G_{EDL}(h)$, para cualquier distancia, debido a que $G_{EDL}(h)\alpha(\psi^0)^2$. En cambio, como el espesor de la doble capa, κ^{-1}, permanece constante, la distancia a la que la repulsión comienza a ser significativa tampoco se modifica.

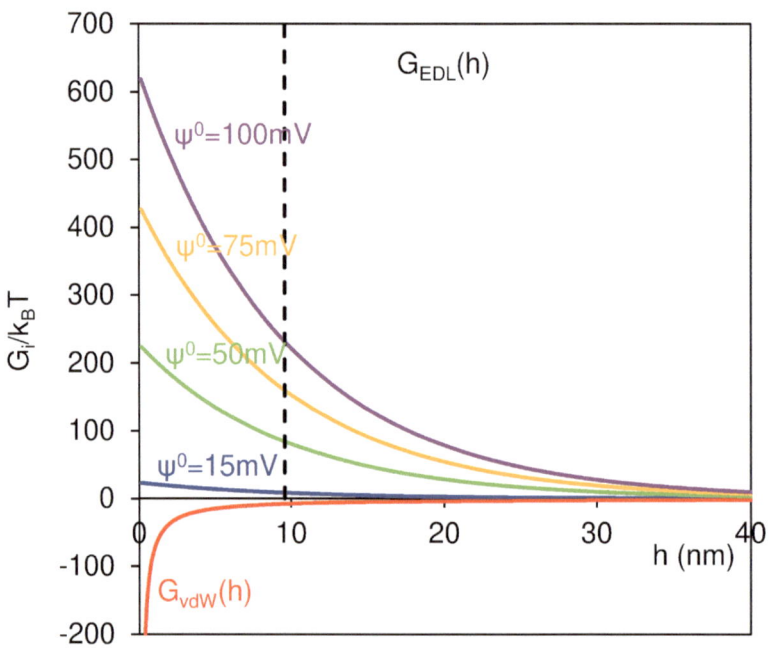

Figura 3.27. Curvas de energía de interacción electrostática, $G_{EDL}(h)$,
y de Van der Waals, $G_{vdW}(h)$, calculadas para partículas de alúmina de radio a = 0,1 μm,
dispersas en soluciones acuosas de NaCl 10^{-3}M con distintos
potenciales superficiales (ψ^0 = 15 a 100 mV). $A_{12(3)}$ = 3,67·10^{-20} J

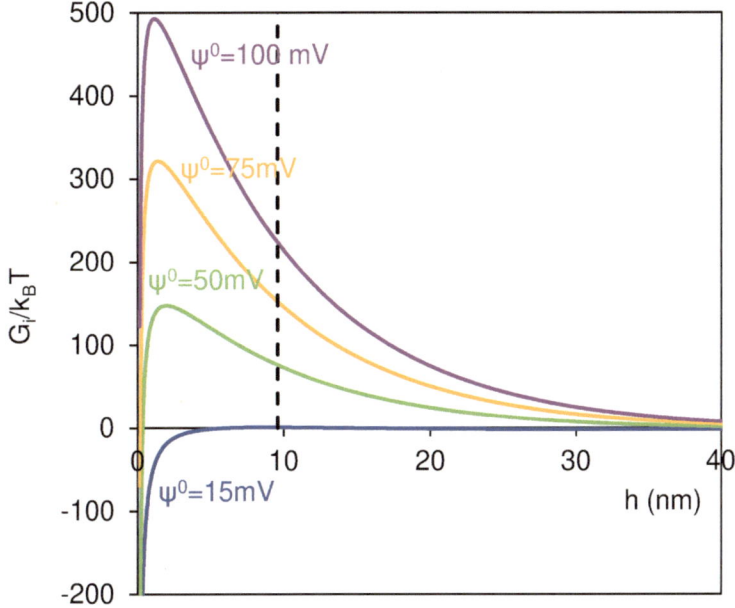

Figura 3.28. Curvas de energía de interacción total, $G_{tot}(h)$, calculadas para partículas de alúmina de radio a = 0,1 μm, dispersas en soluciones acuosas de NaCl 10^{-3} M con distintos potenciales superficiales (ψ^0 = 15 a 100 mV). $A_{12(3)}$ = 3,67·10^{-20} J

Se confirma que a medida que disminuye el potencial superficial, ψ^0, se va reduciendo la barrera de potencial, G_{tot}^{max}, hasta anularse para ψ^0 = 15 mV. Por consiguiente, esta última dispersión será inestable desde el punto de vista coloidal, formándose aglomerados fuertes entre partículas. En cambio, el potencial de barrera, G_{tot}^{max}, cuando existe, se sitúa, en todos los casos, sobre los 2-3 nm de separación entre partículas.

3.4.2. Tipos de curvas de interacción

La contribución de Van der Waals, $G_{vdW}(h)$, es prácticamente insensible a la variación de la concentración y naturaleza del electrolito y del pH, a diferencia de la interacción electrostática, $G_{EDL}(h)$, por lo que, en primera aproximación, se considera fija, para una suspensión determinada en la que se modifican estas variables. Además, la atracción de Van der Waals, $G_{vdW}(h)$, a distancias suficientemente pequeñas, es siempre mayor que la repulsión electrostática, $G_{EDL}(h)$. En efecto, la curva energía-distancia de la primera es de tipo potencial ($G_{vdW} \propto 1/h^n$) y por tanto $G_{vdW} \to \infty$ para $h \to 0$; en cambio, la segunda es de tipo exponencial ($G_{EDL} \propto \exp[-\kappa h]$), por lo que, para pequeñas distancias, la pendiente de la curva G_{EDL} vs h es menor y para $h \to 0$, $G_{EDL}(h)$ tiende a un valor finito. En la figura 3.29 se han representado varios tipos de curvas de interacción total, que pueden presentarse entre dos partículas coloidales bajo la acción combinada de estas fuerzas. Dependiendo de la concentración de electrolito (o fuerza iónica, I) y de la densidad de carga superficial (o potencial superficial) se pueden dar las siguientes situaciones (curvas):

1) Para superficies con elevada carga superficial (o potencial superficial ψ^0 también alto) y bajas concentraciones de electrolito (longitud de Debye, κ^{-1}, grande) la energía de interacción total es fuerte y de largo alcance, y presenta un máximo entre 1—4 nm, es decir, la barrera de energía es alta (figura 3.29a).

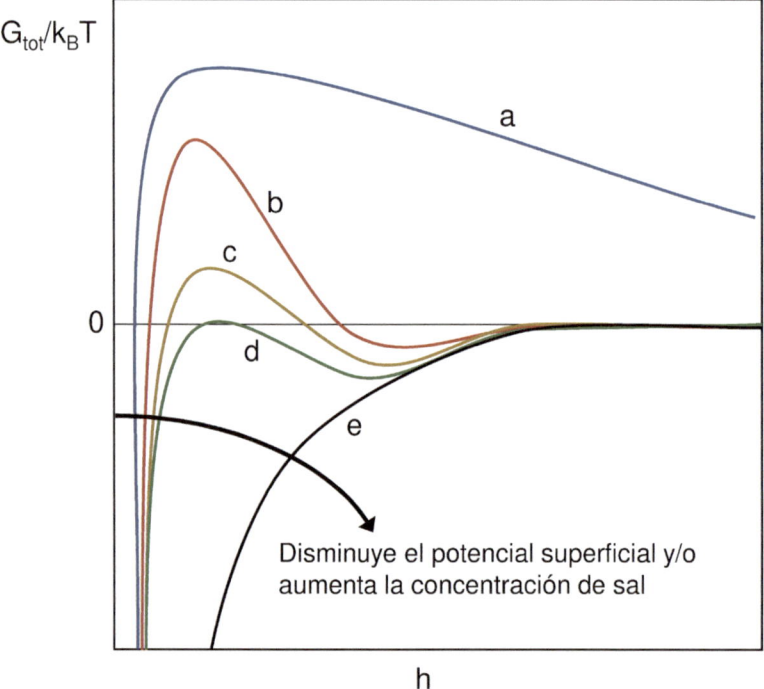

Figura 3.29. Tipos de curvas de interacción entre partículas. Efecto combinado del potencial superficial y de la concentración de sal

2) En soluciones concentradas de electrolito (pequeñas longitudes de Debye, κ^{-1}) las curvas: energía-distancia, presentan un mínimo secundario (generalmente por debajo de 5nm) a distancias mayores que la barrera de energía (figura 3.29b). El mínimo de energía de interacción, para todas las situaciones, se daría al contacto entre partículas y es conocido como mínimo primario. Aun cuando no se presentasen a distancias pequeñas fuerzas de repulsión de corto alcance (solvatación, etc.), la fuerte repulsión de Born para distancias muy pequeñas entre partículas, $h \leq 0,3$ nm, impide que las partículas prácticamente se peguen y que la profundidad de este mínimo, aunque elevada, sea infinita. Para esta suspensión, aunque el estado de equilibrio termodinámico (mínimo primario) corresponde a las partículas en contacto, fuertemente adheridas, si la barrera de energía es lo suficientemente elevada para que las partículas no la superen debido a su energía cinética ($\frac{2}{3}k_BT$), el sistema no alcanza el estado de energía correspondiente al mínimo primario y, por tanto, no es un sistema floculado. En este caso, el estado del sistema más favorable es el metaestable, representado por un débil mínimo secundario. Este estado coloidal se denomina cinéticamente estable.

3) Para superficies con baja carga superficial (o potencial superficial pequeño) la barrera de energía siempre es pequeña, por lo que el sistema tiende al equilibrio termodinámico, las partículas se van agregando a una velocidad dependiente de la magnitud de la barrera de energía (floculación o coagulación) (figura 3.29c).

4) Por encima de una determinada concentración de electrolito (dependiente de la naturaleza del contraión, potencial superficial y naturaleza de la partícula y temperatura) denominada concentración crítica de coagulación (CCC), la barrera de energía se sitúa en el eje de abscisas o por debajo (figura 3.29d). En este estado las partículas coagulan rápidamente y al coloide se refiere como inestable.

5) Conforme la carga superficial de las partículas (o al potencial) se aproxima a cero, la curva de interacción total se aproxima a la de la contribución de Van der Waals y las dos superficies se atraen fuertemente a cualquier distancia de separación (figura 3.29e). La secuencia de los fenómenos analizados puede ser descrita cuantitativamente. Para ello, se requerirán teorías más sofisticadas, que incluyan, además, otros tipos de fuerzas interpartículares.

3.4.3. La regla de Schulze-Hardy. Concentración crítica de coagulación, CCC

Se denomina concentración crítica de coagulación a la concentración de electrólito indiferente, CCC, que provoca la rápida coagulación de una dispersión (en el mínimo primario). Se considera electrolito indiferente aquel que no presenta ninguna interacción específica con la superficie de las partículas, y que, por tanto, no es un ion determinante del potencial superficial de la partícula.

La condición de mínimo implica las siguientes condiciones: $G_{tot}(h) = 0$ y $dG_{tot}(h)/dh = 0$. Al aplicar la primera condición a la ec. 3.80 se obtiene:

$$\frac{\kappa^2}{n_\infty} = \frac{384\pi k_B T \gamma^2 h}{A_{12(3)}} \exp(-\kappa h) \qquad \text{ec. 3.81}$$

La segunda condición implica que la barrera de potencial, G_{tot}^{max}, se presenta para κ^{-1}. Sustituyendo dicho valor en ec. 3.81 resulta:

$$\frac{\kappa^3}{n_\infty} = \frac{768\pi k_B T \gamma^2}{A_{12(3)}} \exp(-1) \qquad \text{ec. 3.82}$$

o bien:

$$\frac{\kappa^6}{n_\infty^2} \propto \frac{T\gamma^2}{A_{12(3)}} \qquad \text{ec. 3.83}$$

Teniendo en cuenta que $\kappa^2 \propto \frac{n_\infty z^2}{\epsilon T}$ se obtiene la expresión:

$$z^6 n_\infty \propto \frac{\epsilon^3 T^5 \gamma^4}{A_{12(3)}^2} \qquad \text{ec. 3.84}$$

que es constante si γ se constante, como ocurre para valores de potenciales superficiales elevados ($\Psi^0 > 100$ mV) donde $\gamma = 1$. En este caso $n_\infty \propto 1/Z^6$ o bien CCC $\propto 1/z^6$. Los valores de CCC varían con la inversa de la sexta potencia de la carga, es decir, que si para un determinado valor de CCC, para un contraión monovalente es CCC(1), para un divalente, CCC(2), se tendrá que CCC(2) = CCC(1)/64 y para un trivalente, CCC(3) = CCC(1)/729 (regla de Schulze-Hardy).

3.4.4. Mapas de estabilidad

Se denominan mapas o diagramas de estabilidad (pH, concentración de electrolito) (figura 3.30) de una suspensión de partículas, con unas características dadas (temperatura, fracción volumétrica de sólidos, tamaño de partícula, etc.), a la representación en un diagrama binario de los valores de (C, pH) (concentración de electrolito-pH) para las que una dispersión es estable desde un punto de vista coloidal (líquido) y para las que no lo es (sólido). Estos diagramas suelen obtenerse experimentalmente, determinando el efecto de estas variables (C, pH) sobre el comportamiento reológico de las suspensiones. Se considera que las suspensiones que presentan una tensión umbral de fluencia (comportamiento plástico) se comportan como sólidos, geles; mientras que las que no presentan esta tensión umbral son consideradas como líquidos viscosos (apartado 2.6). También se pueden obtener teóricamente a partir de los valores del potencial de barrera calculados mediante la teoría DLVO, conociendo o estimando algunos de los parámetros necesarios (potencial superficial o potencial zeta, ζ, en función del pH y de la fuerza iónica del medio, I; la constante de Hamaker, etc.).

En todos los casos, en el diagrama se aprecia tres áreas o regiones (figura 3.30): dos áreas de líquido y un área de sólido. El área de sólido está separada o delimitada por dos curvas que describen la variación de la concentración crítica de coagulación (CCC) con el pH de solución. Para valores de pH próximos al punto isoeléctrico del material (isp), la carga superficial (o potencial superficial, ψ^0) de la partícula es tan bajo, y, con ello, la contribución repulsiva, que el sistema coagula incluso sin la presencia de electrolitos (CCC).

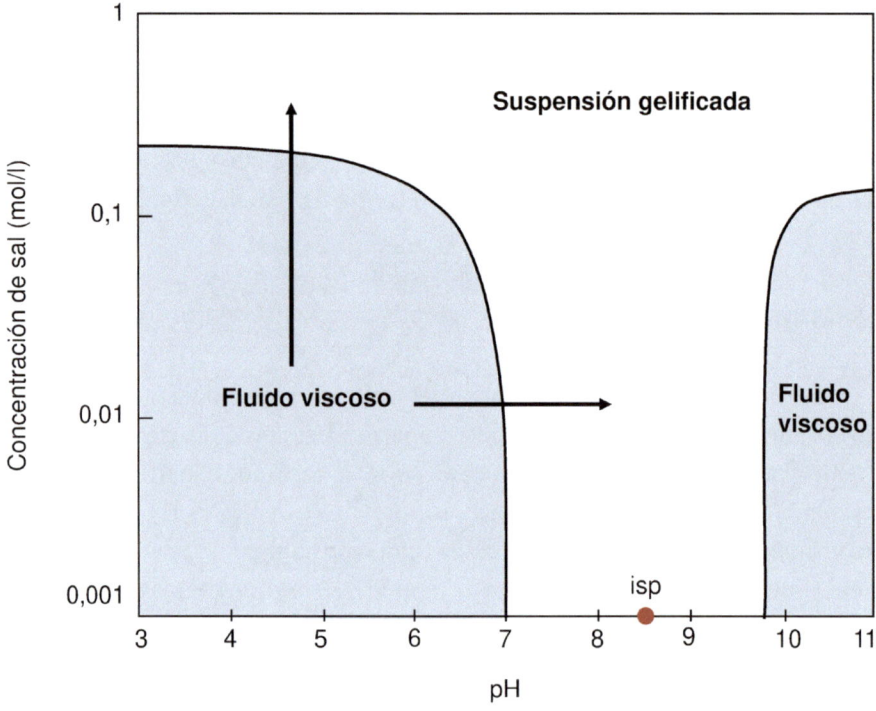

Figura 3.30. Mapa de estabilidad de la alúmina. (Adaptado de Lewis 2000)

Para valores de pH ≥ isp + 1,5 y pH < isp − 1,5, conforme aumenta la acidez (disminuye el pH) o la basicidad (aumenta el pH) de la solución, la carga de la superficie de las partículas (positiva para pH < isp y negativa para pH > isp) (o el valor absoluto del potencial superficial) aumenta y, con ello, la contribución repulsiva, lo que conduce a un incremento de la barrera de potencial, G_{tot}^{max}, y de la CCC. Mediante flechas se representa la transición de líquido a sólido, aumentando la fuerza iónica del medio o acercando el pH de la solución al isp. Este fenómeno es utilizado en el conformado de piezas por colado por coagulación directa («Direct Coagulation Casting»), DCC. Este método consiste en verter en un molde una suspensión concentrada y estabilizada, que posteriormente se coagula debido al cambio de pH y/o al aumento de la fuerza iónica del medio, que se produce como consecuencia de una reacción química controlada de un aditivo seleccionado. En la DCC de suspensiones concentradas de Al_2O_3, la descomposición de urea $(NH_2)_2CO$ utilizando ureasa como enzima conduce a la formación de iones carbonato (CO_3^{2-}) y amoniaco (NH_4^+) que tampona la solución a pH = 9 (muy próximo al isp) y aumenta la fuerza iónica del medio (Lewis 2000).

Desgraciadamente, esta transformación líquido-sólido se produce en muchas suspensiones cerámicas por solubilidad de algunos de sus componentes, lo que provoca un cambio progresivo e inadecuado del comportamiento reológico de la suspensión.

3.4.5. Razón de estabilidad y cinéticas de coagulación

La razón de estabilidad, W, es el parámetro que determina la efectividad de la barrera de potencial en la prevención de la coagulación de las partículas. Se define como la razón entre el número de colisiones entre partículas y el número de colisiones que conducen a la coagulación. El término colisión implica acercamiento de las partículas hasta distancias muy pequeñas.

Se ha comprobado que para valores modestos de la barrera de potencial (G_{tot}^{max} = 15kT) se obtienen valores de W superiores a 10^5 y que valores mayores de 10^{10} son posibles. La velocidad de coagulación en ausencia de barrera de potencial, R_f, está controlada únicamente por la velocidad de difusión de unas partículas hacia otras; en estas condiciones, todas las colisiones posibles conducen a la coagulación, W = 1. Cuando existe una barrera de potencial, no todas las colisiones son efectivas, por lo que la velocidad de coagulación será mucho más lenta, R_s, y vendrá dada por:

$$R_S = \frac{R_f}{W} \qquad\qquad \text{ec. 3.85}$$

1) Velocidad de coagulación rápida

El cálculo de la velocidad de coagulación en ausencia de barrera repulsiva fue primeramente estudiado por Von Smoluchowski (1916 y 1917) y su desarrollo ha sido discutido y analizado de forma exhaustiva desde entonces (Hunter 1989).

Una forma sencilla de expresar la ecuación de velocidad de este proceso consiste en suponer que la velocidad, R_f, disminución de la concentración numérica de partículas, n, es igual a la frecuencia de colisión entre partículas debido al movimiento browniano:

$$R_f = -\frac{dn}{dt} = \frac{4k_BT}{3\eta_m}$$

ec. 3.86

siendo k_B la constante de Botlzman y η_m la viscosidad. Esta ecuación solo puede aplicarse en los primeros estados de la coagulación, antes de que se formen tripletes, etc. El parámetro que suele utilizarse para caracterizar la coagulación rápida es el periodo de vida media, $t_{1/2}$, que se define como el tiempo requerido para que la concentración de partículas se reduzca a la mitad de la inicial, n_0. Integrando la ec. 3.86 y aplicando la definición de $t_{1/2}$ a la forma integrada se obtiene:

$$t_{1/2} = \frac{3\eta_m}{4k_BTn_0}$$

ec. 3.87

que a temperatura ambiente y en medio acuoso se convierte en:

$$t_{1/2} = \frac{2 \cdot 10^{11}}{n_0} \ (s)$$

ec. 3.88

donde n_0 se expresa en número de partículas por cm^3. Para una concentración del 5 % de partículas coloidales, al que corresponde una densidad numérica de $n_0 = 10^{14}$ partículas/cm^3, se obtienen valores de $t_{1/2}$ del orden de milisegundos.

2) Velocidad de coagulación lenta

Cuando existe una barrera de potencial, solo una fracción, 1/W, de los encuentros o colisiones entre las partículas sobrepasan la barrera energética y consiguen un contacto permanente.

Una relación aproximada entre la razón de estabilidad, W, el potencial de barrera, G_{tot}^{max}, espesor de la doble capa, $1/\kappa$, y tamaño de partícula, a, es:

$$W = \frac{1}{2\kappa a}\exp\left[\frac{G_{tot}^{max}}{k_BT}\right] \qquad \text{ec. 3.89}$$

Cálculos detallados y rigurosos sugieren que potenciales de barrera de $G_{tot}^{max} = 15$ k_BT les corresponden valores de W del orden de 10^5 y que valores de $G_{tot}^{max} = 25$ k_BT, $W = 10^9$. De acuerdo con estos valores, una dispersión coloidal diluida, no estabilizada (sin potencial de barrera) coagularía en segundos. En cambio, con un potencial de barrera del orden de 20 k_BT el tiempo de coagulación se alargaría a varios meses.

3.4.6. Limitaciones del modelo DLVO

El modelo, tal y como se concibió originalmente (aunque desde entonces se ha ido modificando progresivamente) adolece de ciertos defectos que derivan de las simplificaciones empleadas en su desarrollo y que se manifiestan, en algunos casos, en una falta de acuerdo entre los valores experimentales y los teóricos; y, en otros, en su incapacidad de explicar ciertos fenómenos. Algunas de las simplificaciones empleadas y su transcendencia en la aplicabilidad del modelo, son:

1) Las EDL no están únicamente constituidas por la capa difusa, como supone el modelo, sino que el espesor real de EDL es la suma del espesor de la capa difusa y del espesor de la capa de Stern, d. Ahora bien, para calcular la contribución repulsiva debido al solapamiento de las capas difusas (ec. 3.80) debe utilizarse el potencial eléctrico correspondiente al plano externo de Helmholtz o Stern, Ψ^d, y la distancia de separación entre estos planos, h' (figura 3.31). h' está relacionada con la distancia de separación entre partículas, h, y con el espesor de la capa de Stern, d, mediante la ecuación:

$$h' = h - 2d \qquad\qquad \text{ec. 3.90}$$

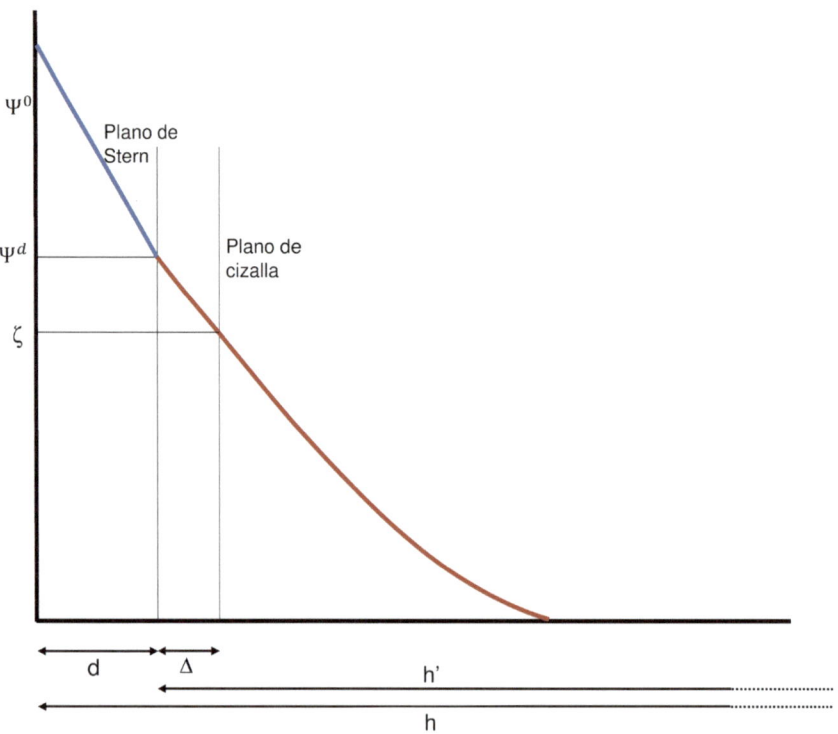

Figura 3.31. Esquema de la doble capa eléctrica, EDL

En cambio, para calcular la contribución de van der Walls (ec. 3.80) debe utilizarse la distancia de separación entre partículas, h. Además, no se conoce *a priori* el espesor de la capa de Stern, d. En consecuencia, al no disponer de valores de d, se suele considerar h = h', con lo que se cometen errores considerables en el cálculo de la contribución electrostática y en la curva de energía potencial total de interacción, $W_{tot}(h)$ y $G_{tot}(h)$ (figura 3.32a). Se aprecia que un incremento del espesor de la capa de Stern, d, de d = 0 a d = 0,03 nm, provoca un aumento de más de tres veces la barrera de energía potencial, G_{tot}^{max}, para las condiciones empleadas en los cálculos. Además, se ha determinado también que este efecto es tanto mayor cuanto más alta es la fuerza iónica del medio, I, y menor es el tamaño de partícula, *a* (figura

3.32b). Se concluye, por tanto, la importancia de disponer de valores de d, aunque sea de forma aproximada. El espesor de la capa de Stern depende considerablemente del tamaño de las especies adsorbidas sobre la superficie de las partículas, el cual depende a su vez de su naturaleza y condiciones de adsorción. En el caso más simple, en el que se adsorben cationes o aniones sencillos, el espesor de la capa suele ser inferior a 1 nm.

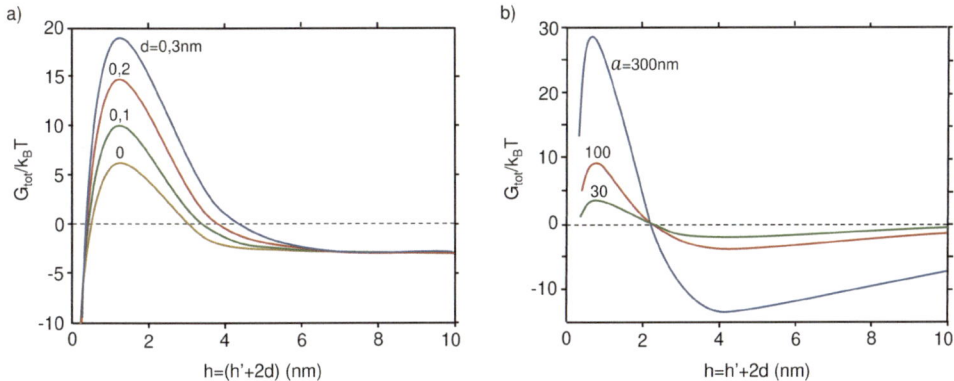

Figura 3.32. Interacción entre dos partículas esféricas idénticas. a) Influencia del espesor de la capa de Stern. Condiciones: a = 100nm, $Y_d = ze\psi^d/k_BT = 1,1$, concentración de electrolito 1:1 = 0,05 M, $A_{11(2)} = 3k_BT$. b) Efecto del tamaño de la partícula. Condiciones: d = 0,3 nm, $Y_d = ze\psi^d/k_BT = 1,1$, concentración de electrolito 1:1 = 0,1 M, $A_{11(2)} = 3k_BT$. (Adaptado de Lyklema 2005)

2) El potencial de Stern, Ψ^d, que es el que debe emplearse para el cálculo de la contribución repulsiva electrostática (ec. 3.80), no solo es difícil de determinar, sino que, además, cuando la distancia de separación entre superficies es pequeña este potencial eléctrico no permanece constante (entran en juego diferentes mecanismos de regulación de la carga eléctrica de la superficie de las partículas). Según la figura 3.31, el potencial ζ viene dado por:

$$\zeta = \psi^d \exp(-\kappa\Delta) \qquad \text{ec. 3.91}$$

Independientemente del valor de Δ, que para algunos autores es de $\Delta = 0,1$ nm y para otros de $\Delta = 0,2$ nm, al utilizar el potencial ζ experimental en el cálculo de la contribución repulsiva (ec. 3.80) en vez del potencial de Stern, que es más grande en valor absoluto, se está infravalorando esta contribución energética y, con ello, la barrera de potencial, G_{tot}^{max}.

Así pues, en su concepción original, la teoría DLVO, al no considerar la existencia de la capa de Stern infravalora la barrera de potencial. Análogamente, la utilización del potencial ζ experimental, en vez del potencial de Stern, Ψ^d, en las ecuaciones del modelo (ec. 3.80) también se minusvalora el potencial de barrera estimado.

En cualquier caso, lo ideal es sustituir en la ec. 3.80 Ψ^d por ζ y h' por h'' = h $-$ 2(d + Δ), puesto que ζ se puede medir fácilmente y (d + Δ) se puede calcular, aunque de forma tediosa. A título de ejemplo, en la tabla 3.4 se incluyen los valores de los parámetros que describen la capa de Stern para una dispersión de nanopartículas de sílice ($a = 9$ nm) en distintas soluciones de electrolito a pH = 10 (Brown, Goel y Abbas 2016).

Tabla 3.4. Valores de los parámetros que describen la capa de Stern para una dispersión de nanopartículas de sílice (a = 9 nm) en distintas soluciones de electrolito a pH = 10 (Brown, Goel y Abbas 2016). C_S = concentración salina y r_{hid} = radio de hidratación del catión

Sal	C_s (mM)	Ψ^0 (mV)	ζ (mV)	d+Δ (nm)	r_{hid} (nm)
LiCl	50	-415	-53,8	0,80	0,53
NaCl	50	-385	-48,5	0,75	0,47
KCl	50	-325	-44,5	0,60	0,39
C_sCl	50	-265	-40,0	0,46	0,25
NaCl	10	-435	-62,5	0,91	0,47
NaCl	50	-385	-48,5	0,74	0,47
NaCl	100	-355	-37,9	0,62	0,47

Se aprecia que la distancia entre la superficie y el plano de cizalla, d+Δ, disminuye conforme se reduce el radio del catión hidratado, r_{hid}, y la concentración de sal, C_s. Esta distancia siempre es inferior a 1nm (0,46 < d + Δ < 0,91 nm), y prácticamente coincide con la suma del radio del catión hidratado, r_{hid}, y del diámetro de la molécula de agua (0,2—0,3 nm). Asimismo, se comprueba que la caída del potencial eléctrico (en valor absoluto) entre la superficie y el plano de cizalla ($\Psi^0 - \zeta$) es muy alta, entre un 85 % y un 90 % del potencial superficial, Ψ^0 Ambos potenciales Ψ^0 y ζ disminuyen en valor absoluto conforme lo hace el radio del catión hidratado, r_{hid}, y la concentración de sal, C_s.

3) La diferencia de propiedades entre contraiones con la misma valencia se manifiesta en que contribuyen de forma distinta a la estabilidad de la suspensión, como puede comprobarse al analizar el valor de la concentración crítica de coagulación, CCC, obtenida experimentalmente. Las secuencias liotrópicas o de Hofmeister ordenan de menor a mayor los cationes y aniones según su CCC (tabla 3.5), es decir, su poder coagulante decreciente. Estas secuencias no reflejan únicamente el efecto del tamaño del ion sobre esta propiedad, sino más bien su tendencia a hidratarse y su interacción ion-superficie. Por consiguiente, este fenómeno no puede interpretarse basándose en la teoría DLVO. Muchas de las dispersiones coaguladas por la adición de electrolitos pueden ser repeptizadas, es decir, redispersadas, lo que demuestra que la coagulación es reversible.

Tabla 3.5. Series de Hofmeister. Ordenación de cationes y aniones según su poder coagulante

$Mg^{2+}>Ca^{2+}>Sr^{2+}>Ba^{2+}>Li^+>Na^+>K^+>NH_4^+>Rb^+>Cs^+>Citrato>SO_4^{-2}>Cl^->NO_3^->I^->CNS^-$

4) De acuerdo con la teoría DLVO, la coagulación (formación de agregados de partículas partiendo del mínimo primario) implica un contacto directo partícula-partícula que nunca puede ser reversible. Sin embargo, para explicar este comportamiento se necesita introducir una nueva contribución repulsiva al sistema, que se manifieste a pequeñas distancias de la superficie de las partículas y que contrarreste, en parte, la contribución atractiva de van der Walls. De este modo, se disminuirá la profundidad del mínimo primario y se

impedirá el contacto directo partícula-partícula. Las fuerzas de hidratación cumplen esta función, como se verá a continuación.

5) La energía de interacción entre superficies rugosas difiere de la calculada para superficies lisas, principalmente en las proximidades de la barrera repulsiva. Tanto la barrera de energía repulsiva como el mínimo de energía primario disminuyen considerablemente con el aumento de la rugosidad de las partículas (Bhattacharjee, Ko y Elimelech 1998).

3.4.7. Desfloculantes electrostáticos

3.4.7.1. Mecanismo de actuación

Los dispersantes electrostáticos son especies iónicas (aniónicas o catiónicas) que se adsorben sobre la superficie de las partículas, para alterar el potencial de Stern, Ψ^d, (y el potencial ζ) (figura 3.14) con vistas a mejorar o conseguir la estabilidad de la suspensión. En efecto, en suspensiones que contienen partículas de diferente naturaleza (y generalmente diferente punto isoeléctrico, isp) o partículas con superficies distintas (arcillas) que, al pH de trabajo presenten cargas de signo distinto, o que alguna/s de estas superficies estén poco cargadas, se requiere adicionar un desfloculante en proporción adecuada para que las superficies de todas las partículas posean una carga alta del mismo signo. En caso contrario se produciría la heterocoagulación de la suspensión.

En otros casos, se emplean dispersantes, para trabajar a pH distintos a los que es estable la suspensión o para incrementar el contenido en sólidos. Estos suelen ser generalmente especies aniónicas procedentes de sales amónicas o sódicas, de ácidos fácilmente hidrolizables (citratos, oxalatos, silicatos, polifosfatos; estos dos últimos de bajo peso molecular) o bien de los propios ácidos.

Su mecanismo de actuación comprende las siguientes etapas:

1) Disolución de la sal o del ácido en el medio (generalmente en agua).
2) Formación de especies aniónicas, dependiente del pH, concentración de iones en la solución y de la temperatura.
3) Adsorción de especies iónicas sobre la superficie de la partícula; proceso que es función de la naturaleza de la partícula, del punto de carga cero, zpc, naturaleza y cantidad del dispersante y de las características de la solución (pH, cantidad y naturaleza del electrolito, temperatura).

3.4.7.2. El ácido cítrico como desfloculante de la alúmina

El ácido cítrico, que contiene tres grupos carboxilo por molécula, es un buen ejemplo para estudiar con detalle el mecanismo de dispersión de un desfloculante electrostático. Esto se debe a las siguientes razones:

- Contiene el grupo carboxilo que es el componente básico de los poliacrilatos y polimetacrilatos, polielectrolitos que son actualmente muy utilizados para un amplio espectro de materiales, como dispersantes electroestéricos.
- La variación de la carga eléctrica de la molécula con el pH es considerable y similar a la de los polielectrolitos antes mencionados.
- El tamaño de la molécula es pequeño, por lo que el mecanismo de estabilización es con toda certeza electrostático.

1) Los tres grupos ácidos de la molécula del ácido cítrico (figura 3.33a) se van ionizando progresivamente conforme se incrementa el pH, se inicia a pH = 2 y se completa a pH = 9 (figura 3.33b).

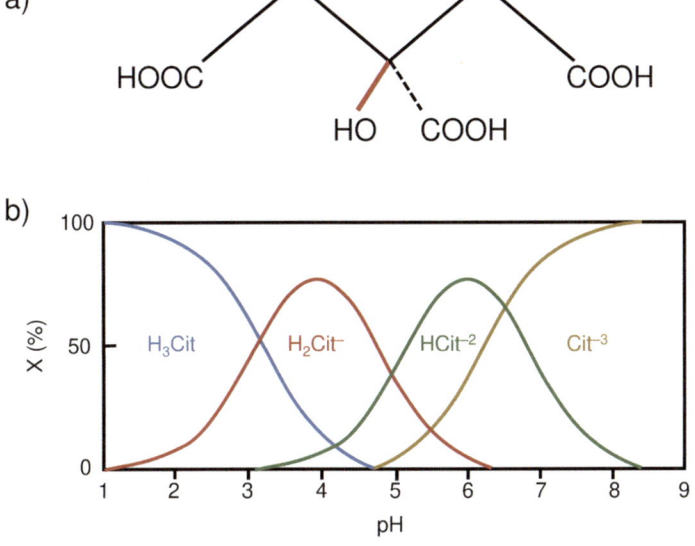

Figura 3.33. a*) Estructura molecular del ácido cítrico.* b*) Distribución de especies iónica y no iónicas del ácido cítrico en función del pH de la disolución. (Adaptado de Hidber, Graue y Gancher 1996)*

2) Las isotermas de adsorción de especies aniónicas derivadas del ácido cítrico sobre alúmina (figura 3.34) representan, para cada pH, los milimoles de anión citrato adsorbidos por m^2 de superficie de alúmina ((mmoles/m^2)·10^{-4}) frente a la concentración de citrato que queda en la solución (mmoles/litro). Su forma indica una elevada afinidad química del anión citrato por la alúmina para todos los pH representados. Esta deriva de la elevada tendencia a la formación de complejos entre el aluminio y el grupo carboxilo. De ahí que inicialmente todo el anión citrato que se va añadiendo a la suspensión sea adsorbido sobre la superficie de la alúmina hasta que todos los sitios de adsorción disponibles prácticamente se agoten. Así pues, el primer tramo de la curva prácticamente es una línea vertical, lo que indica que todo el dispersante añadido a la suspensión se adsorbe en los puntos de adsorción. Ahora bien, cuando ya quedan pocos puntos de adsorción libres, parte del dispersante se adsorbe y el resto queda en solución. Al final del proceso, cuando ya no quedan prácticamente sitios vacantes, todo el dispersante añadido se queda en solución (el tramo de la isoterma es prácticamente una horizontal que define la cantidad máxima de citrato que puede adsorberse en estas condiciones (en este caso pH)).

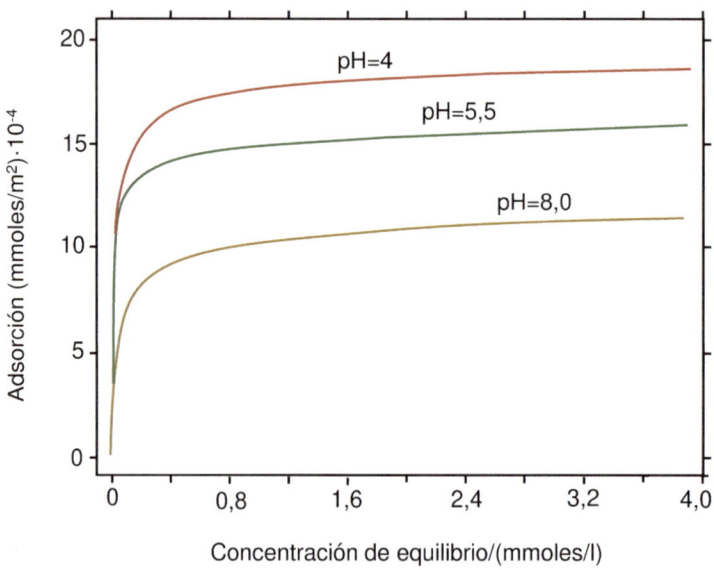

Figura 3.34. Isotermas de adsorción de especies aniónicas del ácido cítrico en función del pH. (Adaptado de Hidber, Graue y Gancher 1996)

Asimismo, se aprecia que las isotermas de adsorción dependen considerablemente del pH de la suspensión (figura 3.34), ya que tanto la carga del anión como la de la superficie de la alúmina dependen de esta variable. En efecto, el punto isoeléctrico de la alúmina es isp = 8-9, por lo que conforme aumenta la acidez de la solución (disminuye el pH) los puntos de carga positiva en la superficie de las partículas van aumentando. La molécula del anión citrato, a su vez, disminuye su carga negativa (de 3 a pH = 8 a 1 a pH = 4) y, con ello, también se reduce la repulsión electrostática entre las moléculas al aproximarse a la superficie y anclarse en ella. Como resultado de ambos efectos, incremento de sitios activos en la superficie y disminución de la repulsión entre moléculas de citrato, la adsorción de citrato sobre alúmina aumenta conforme se reduce el pH de la solución.

3) Las curvas movilidad electroforética, representación de μ_E frente al pH de la suspensión (o del potencial zeta ζ frente a esta misma variable), para distintos contenidos en desfloculante, se muestran en la figura 3.35. A partir de esta gráfica se obtienen los pares de valores (cantidad de dispersante, pH), a los que corresponden valores de μ_E elevados (en valor absoluto), que determinan la estabilidad de la suspensión. El efecto del pH sobre la ionización del anión citrato adsorbido sobre la superficie de la alúmina se traduce en una disminución significativa de la movilidad electroforética (o bien del potencial zeta, ζ) con dicha variable, siendo dicho efecto dependiente del contenido en desfloculante añadido.

En la curva correspondiente a la alúmina sin dispersante añadido se aprecia una disminución de μ_E con el aumento del pH, debido a incremento progresivo de los sitios de carga negativa. En efecto, para valores de pH < zpc (pH = 9), la carga de la superficie es positiva; para pH mayores, la carga neta de la partícula ya es negativa. La adición de dispersante, a cualquier pH, provoca que la carga neta de la partícula se vaya haciendo más negativa, siendo dicho efecto tanto mayor cuanto más baja es la cantidad añadida, hasta prácticamente anularse para valores elevados. Este comportamiento está asociado con la adsorción del anión sobre la superficie. En efecto, a bajos contenidos de dispersante añadido prácticamente todo se adsorbe; no obstante, conforme se va incrementando la adición de dispersante, la razón: cantidad adsorbida/añadida va disminuyendo hasta prácticamente anularse para porcentajes superiores al 0,4 %. Este comportamiento conduce a que las curvas: μ_E-pH y los puntos isoeléctricos, isp, de las suspensiones se desplacen hacia valores más ácidos con la adición de dispersante (figura 3.35 y figura 3.36).

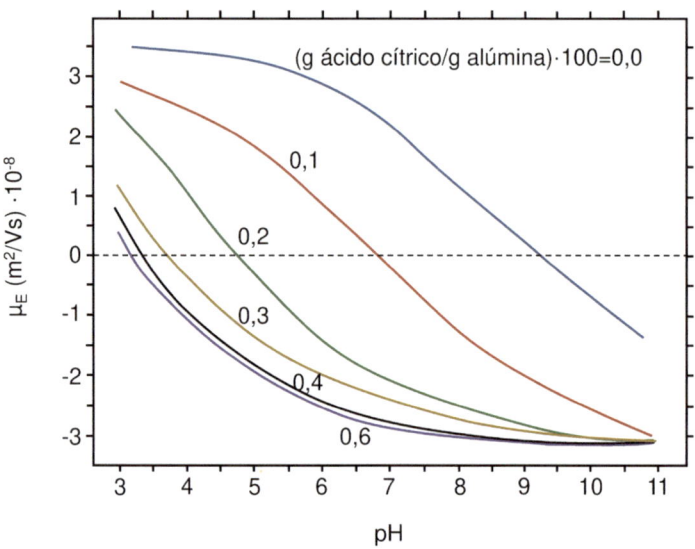

*Figura 3.35. Movilidad electroforética, μ_E, de partículas de alúmina (3 % vol)
en función del pH para distintas adiciones de ácido cítrico (% peso).
(Adaptado de Hidber, Graue y Gancher 1996)*

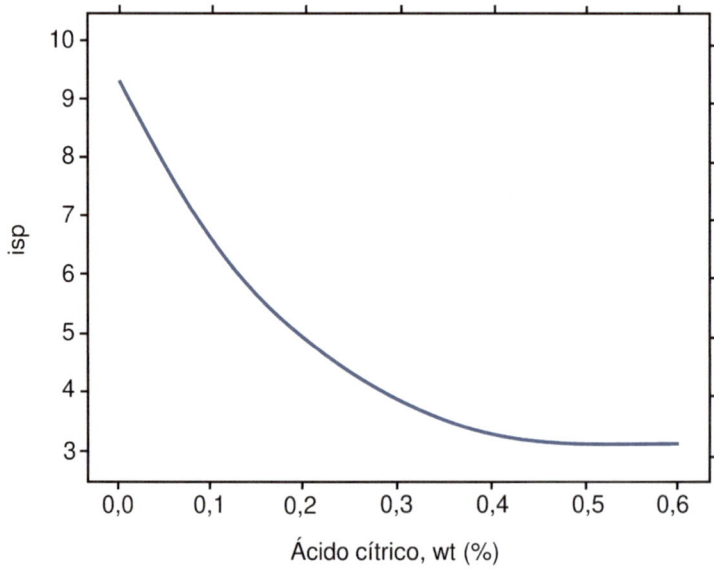

*Figura 3.36. Punto isoeléctrico, isp, de la suspensión de alúmina en función
de la adición de ácido cítrico*

El efecto combinado de la adición de ácido cítrico y del pH sobre la estabilidad de las suspensiones concentradas de alúmina (70 % en peso) (considerando como estables las que poseen una viscosidad baja) se muestra en la (figura 3.37). En esta figura se incluye la curva de la variación del punto isoeléctrico, isp, con la dosis de ácido cítrico. Se aprecia que para valores del pH alejados del isp las suspensiones son estables, tal como predice la teoría. Asimismo, se observa que añadiendo a la suspensión porcentajes moderados de ácido cítrico (0,3 % en peso) es posible disponer de suspensiones concentradas de alúmina en un intervalo de pH próximo a la neutralidad.

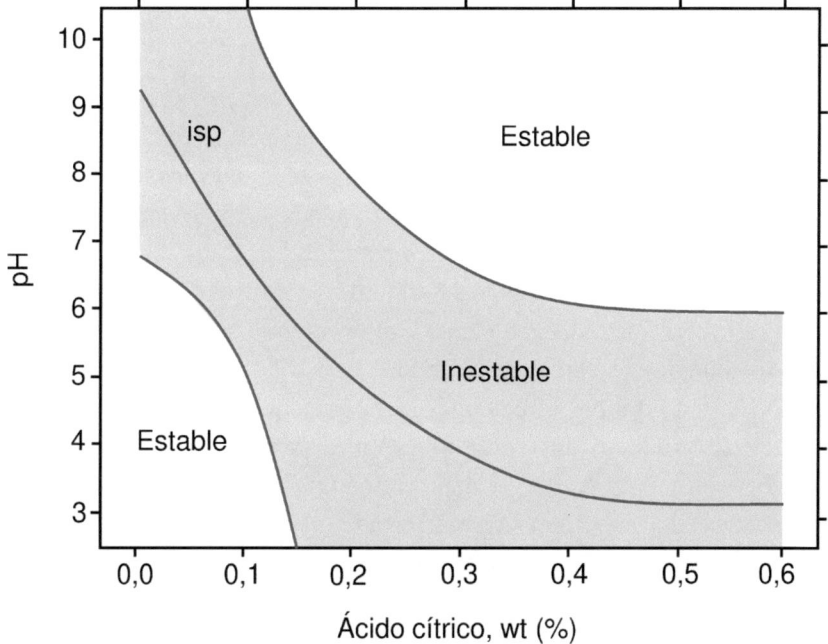

Figura 3.37. Mapa de estabilidad de suspensiones de alúmina, al 70 % en peso, en función del pH y del porcentaje de ácido cítrico añadido

183

3.5. FUERZAS NO-DLVO

3.5.1. Fuerzas de solvatación

Cuando dos superficies se aproximan a distancia inferiores a unos pocos nanómetros, las teorías continuas de las fuerzas de Van der Waals y las asociadas al solapamiento de dobles capas no sirven para describir la fuerza (o energía) de interacción entre estas superficies. Esto se debe a que ambas teorías fallan a distancias pequeñas y/o a que entran en juego otras fuerzas. Estas fuerzas adicionales, denominadas «NO-DLVO», pueden ser monotónicamente repulsivas, monotónicamente atractivas y oscilatorias.

Las fuerzas de solvatación oscilatorias se originan cuando moléculas de líquido son inducidas a estructurarse en capas cuando son confinadas entre dos superficies rígidas y en el interior de un espacio estrecho y restringido. Su origen es, por tanto, principalmente geométrico. Por otra parte, las interacciones entre la superficie y el solvente pueden inducir un orden en la orientación y/o posición en el líquido adyacente provocando fuerzas de solvatación, cuya magnitud, tanto si es atractiva como repulsiva, disminuye de forma exponencial con el aumento de la separación entre superficies.

Otras «fuerzas NO-DLVO» tienen su origen en la rotura progresiva de la estructura de enlaces puente de hidrógeno en el líquido situado entre dos superficies muy cercanas a medida que se van aproximando.

También son importantes y frecuentes las fuerzas que derivan de los fenómenos ion-correlación. En efecto, los contraiones en la interfase sólido-líquido constituyen una capa muy polarizable, lo que origina una fuerza de tipo Van der Waals adicional entre las dos superficies cuando están muy próximas. Esta fuerza ion-correlación comienza a ser significativa a distancias de separación entre superficies inferiores a 4nm y su magnitud es tanto mayor cuando más alta es la densidad de carga superficial y la carga de contraión.

Las fuerzas de solvatación (hidratación en el caso de que el solvente sea agua) dependen, además de las propiedades del medio, de las características físicas y químicas de las superficies; es decir, si son hidrófilas o hidrófobas, amorfas o cristalinas, lisas o rugosas, rígidas o deformables, etc.

Todas «fuerzas NO-DLVO» pueden ser muy fuertes a distancias de separación entre superficies pequeñas («short range»), por lo que son particularmente significativas sobre la magnitud de la fuerza de adhesión entre dos superficies o partículas a la que se presenta el mínimo en la curva de potencial de interacción. Ambas características determinan el comportamiento reológico de la dispersión coagulada.

Para suspensiones acuosas de partículas hidrófilas –que son la inmensa mayoría–, las fuerzas repulsivas de hidratación son las determinantes de la curva de energía total a distancias de separación entre partículas de pocos nanómetros.

3.5.1.1. Fuerzas oscilatorias de solvatación

Conforme dos superficies rígidas y planas se aproximan entre sí, las moléculas de solvente se reordenan tal como se representa en la figura 3.38. Si la distancia de separación entre las superficies, h, es múltiplo del diámetro de la molécula de líquido, d_s, la compacidad del empaquetamiento de las moléculas es muy alta, lo que conduce a una menor energía de solvatación (mayor estabilidad). No obstante, si la distancia entre superficies, h, no es múltiplo entero del diámetro molecular, d_s, el empaquetamiento no es tan compacto y la energía libre es mayor.

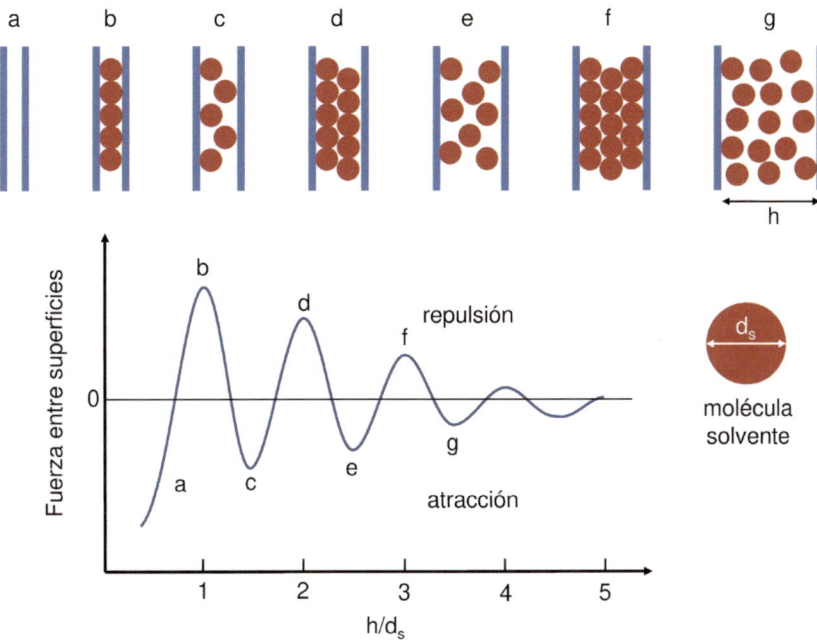

Figura 3.38. Moléculas de solvente confinadas entre láminas planas. Cambio de ordenación de las moléculas con la separación entre superficies, h, resultando un perfil de fuerza oscilante. Los máximos del perfil corresponden a valores de h múltiplos del diámetro, d_s

Así pues, la energía de interacción debido a este fenómeno presenta máximos y mínimos con la distancia de separación entre superficies (máximos si h = nd_{Si} y mínimos si h # nd_{Si}), cuya magnitud disminuye con el aumento de la distancia, h, o con el número de capas de moléculas, n. Estas fluctuaciones, que se van amortiguando con el aumento de la separación, h o n, prácticamente se anulan para valores de n = 5 o 6. Esta contribución se suma a otras contribuciones como a las monotónicas tanto de repulsión como de atracción, como se verá posteriormente.

3.5.1.2. Fuerzas de hidratación monotónicas y repulsivas

Israelachvili y Pashley (1982), en la década de los 80 del siglo pasado, fueron los primeros en determinar la formación y las propiedades de las capas de hidratación sorbe superficies sólidas hidrófilas y en cuantificar su efecto sobre la interacción entre estas en soluciones acuosas, con diferentes concentraciones en electrolitos, utilizando su equipo SFA de láminas de mica moscovita lisas a escala molecular. Comprobaron que el perfil de fuerza, curva fuerza repulsiva/radio versus distancia, para soluciones diluidas de electrolitos 1:1 (10^{-4} y 10^{-5} M), es consistente con la teoría DLVO (figura 3.39a). Por el contrario, para concentraciones de sal más elevadas (>10^{-3} M), los cationes hidratados se unían a las superficies de mica, cargadas negativamente, lo que provocaba un aumento de la fuerza repulsiva entre superficies conforme se aproximaban, para distancias de separación de h < 3-4 nm. La intensidad de estas fuerzas de hidratación y el intervalo de separación entre partículas en el que estas actúan aumentan conforme lo hace el número de hidratación del catión – número de moléculas de agua enlazadas al catión. Así pues, estas fuerzas son más intensas y se extienden a distancias mayores según la naturaleza del catión, en el siguiente orden: Mg^{+2} > Ca^{+2} > Li^{+} > Na^{+} > K^{+} > Cs^{+}. Basándose en estos resultados se concluyó que la fuerza de hidratación está directamente relacionada con la energía requerida para deshidratar los cationes unidos a la superficie de mica, que presumiblemente retienen algo de agua de hidratación. Esta conclusión también se ve reforzada por el hecho de que, en soluciones ácidas, en las que únicamente los protones se unen a las superficies de mica, no se observan estas fuerzas.

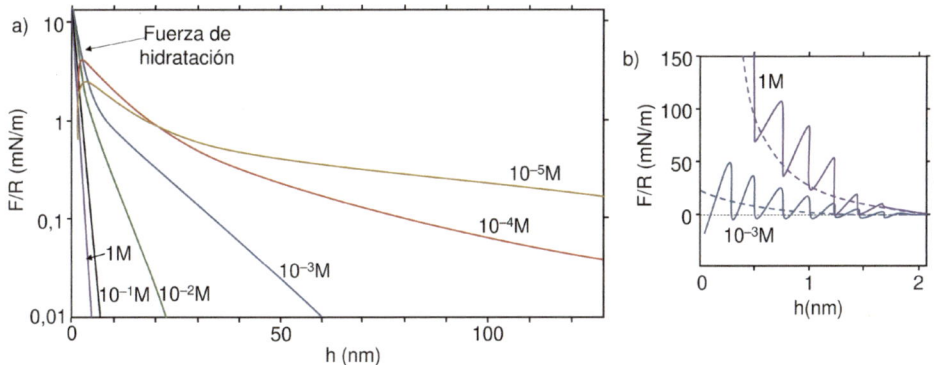

Figura 3.39. a*) Fuerzas entre superficies curvadas de mica en soluciones de KCl. El tramo recto de las representaciones sigue la teoría DLVO. Para valores de h < 3–4 nm las fuerzas de hidratación son dominantes.* b*) La fuerza de hidratación se caracteriza por una periodicidad de las oscilaciones, entre 0,22 y 0,26 nm, muy similar al diámetro de la molécula del agua. Estas se superponen a la fuerza repulsiva de monotónica de más largo alcance. (Adaptado de Israelachvili y Pashley 1982)*

Empíricamente, la energía de hidratación repulsiva por unidad de superficie entre dos superficies hidrófilas (sílice, arcillas, mica, etc.) planas, W(h), viene dada por la ecuación:

$$W_{hid} = W_0 \exp\left(-\frac{h}{\lambda_0}\right) \qquad \text{ec. 3.92}$$

donde λ_0 varía entre 0,6 y 2 nm y W_0 de 3 a 30 mJ/m². Ambos parámetros dependen de la naturaleza del catión y de la superficie. Para el caso de la mica, de acuerdo con lo comentado antes, los dos parámetros aumentan con el número de hidratación del catión. En una publicación reciente (Donaldson et al. 2015), en la que participa el propio Israelachvili, se indica que, todavía, el origen exacto de estas fuerzas es materia de debate, aunque se acepta que la perturbación de las capas de hidratación es su causa última. Estas pueden estar constituidas de iones o grupos, ambos hidratados. También se señala que la fuerza de hidratación es de naturaleza estructural, y por tanto oscila con la distancia, debido a la eliminación progresiva

187

de capas de moléculas de agua unidas a superficies rígidas y lisas. Ahora bien, para una superficie de este tipo, a este perfil oscilatorio se superpone al de repulsión monoatómico creciente (tipo exponencial), resultando una curva: fuerza-distancia creciente oscilante (figura 3.39b). En cambio, la práctica totalidad de las superficies no son lisas a escala atómica, sino rugosas a esta escala de tamaños, por lo que el perfil oscilatorio se suaviza tanto que apenas llega a manifestarse. En este caso, solo se observa una fuerza repulsiva monotónica, cuya magnitud disminuye exponencialmente con la distancia.

Se reconocen dos tipos de fuerzas de hidratación: primaria y secundaria. La primaria ha sido determinada experimentalmente entre superficies de sílice, es de más corto alcance, $\lambda_0 \approx 0{,}3$ nm, que la secundaria, $\lambda_0 \geq 1$ nm, (que es la correspondiente a las de las superficies de mica) y tiene su origen en la presencia de una capa superficial de ácido polisilícico anclado en la superficie de la sílice. El mecanismo físico responsable de la repulsión parece ser una combinación de la deshidratación del ácido y el confinamiento entrópico de las protuberancias móviles del ácido polisilícico parcialmente disociado (figura 3.40b). En la figura 3.40a se representan los perfiles de fuerza correspondientes a la interacción de dos superficies de sílice en soluciones acuosas de NaCl de distinta molaridad. La teoría DLVO determina el comportamiento de estos sistemas a distancias mayores de 3-5 nm. A distancias menores, la presencia de una fuerza de hidratación repulsiva, de tipo exponencial (ec. 3.92) y con un valor de $\lambda_0 < 1$ nm, que supera, con mucho, la fuerza atractiva de Van der Waals, evita la aparición del mínimo primario.

Las fuerzas de hidratación secundaria, como se ha indicado antes, se presentan entre superficies rígidas, como la mica y las arcillas, y se deben a interacciones del tipo ion-correlación en la superficie y a la deshidratación de iones hidratados cuando estos son comprimidos contra las superficies cuando se incrementan las fuerzas de compresión y se reduce la distancia de separación (figura 3.38 y figura 3.39). Por estas razones, la magnitud de la fuerza y el intervalo de separación entre superficies en el que la fuerza de hidratación secundaria es operativa depende del tipo de ion.

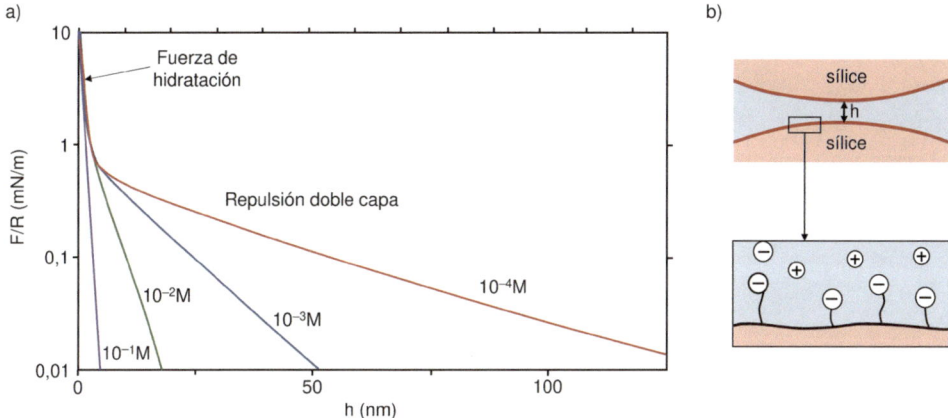

Figura 3.40. a) *Fuerzas de interacción entre dos esferas de sílices en distintas soluciones de NaCl. Las fuerzas repulsivas de doble capa son las dominantes hasta distancias de separación de aproximadamente 3 nm. A pequeñas distancias, las fuerzas de hidratación repulsivas sobrepasan las de atracción de van der Waals.* b) *El confinamiento entrópico de las protuberancias del ácido polisilícico contribuyen a la repulsión. (Adaptado de Israelachvili 2011)*

3.6. TEORÍA DLVO AMPLIADA (*EXTENDED DLVO THEORY*) DLVOE

Esta denominación fue acuñada por primera vez por Van Oss (1994), quien añadió a las contribuciones de Van der Waals, G_{vdW}, y de la doble capa, G_{EDL}, la interacción que él denominó ácido-base, que, en cierto modo, ejerce los mismos efectos que la hidratación repulsiva, G_{hid}, antes descrita, cuando las superficies son hidrófilas. Así pues, según esta teoría:

$$G_{tot} = G_{vdW} + G_{EDL} + G_{hid} \qquad \text{ec. 3.93}$$

En la figura 3.41 se representa la curva de energía potencial de interacción correspondiente a una suspensión estable en forma adimensional. Se aprecia que, para distancias intermedias ($10\kappa^{-1} < h < 6\kappa^{-1}$), la contribución de atracción de Van der Waals, G_{vdW}, es mayor que la repulsiva electrostática, G_{EDL}, lo que provoca la aparición de un mínimo secundario ancho y muy poco profundo a $\approx 7\kappa^{-1}$, que es responsable de un importante número de efectos coloidales. A distancias de separación más pequeñas, la contribución repulsiva debida a la fuerza de hidratación, G_{hid}, cuya magnitud aumenta conforme se reduce la distancia (ec. 3.92), provoca la aparición de un mínimo primario, cuya magnitud y distancia a la que se produce depende, para un determinado sistema, de la magnitud de las fuerzas de hidratación.

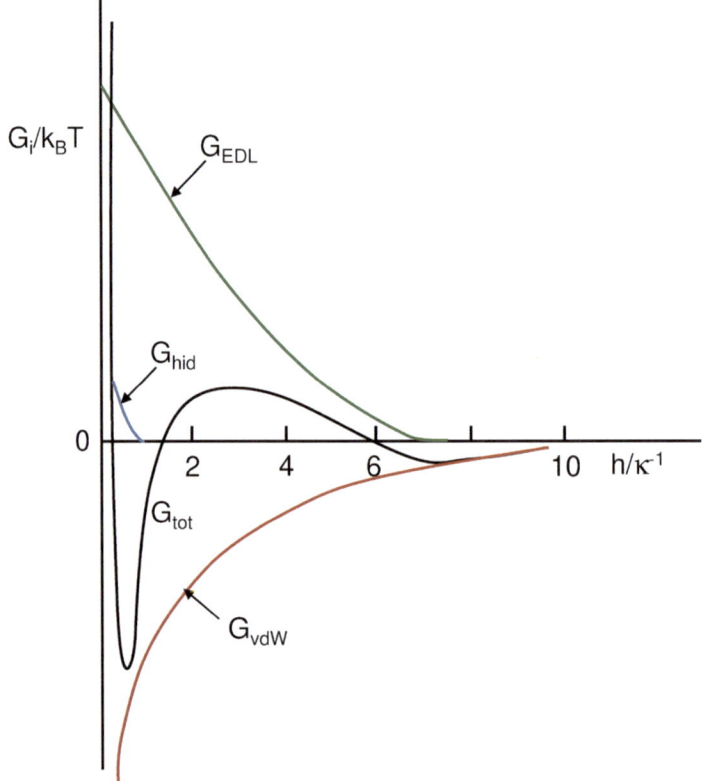

Figura 3.41. En la teoría DVLOE, la energía potencial de interacción es la suma de las contribuciones electrostática, G_{EDL}, de Van der Waals, G_{vdW}, y de hidratación, G_{hid}.

La presencia en muchos sistemas de un mínimo primario de magnitud finita explica el fenómeno de la repeptización (redispersión de partículas coaguladas por acción del electrolito). En efecto, en ausencia de capas de iones hidratados entre las superficies, un aumento, aunque notable, de la contribución repulsiva electrostática, debido a la disminución de κ^{-1}, no influye significativamente en la profundidad del mínimo primario, que es muy grande. Análogamente, también explica la estabilidad de algunas suspensiones de coloides a altas concentraciones de electrolito, para las que la doble capa está completamente comprimida, $\kappa^{-1} \rightarrow 0$.

Por otra parte, modulando estas contribuciones repulsivas de hidratación se pueden controlar las interacciones entre partículas de una suspensión y, con ello, sus características reológicas e incluso, la compacidad del lecho de partículas resultante de la filtración coloidal o de la centrifugación.

En efecto, Velamakanni et al. (1990), partiendo de una suspensión de alúmina al 20 % en volumen, estabilizada a pH = 4 (muy alejada de su punto isoeléctrico ($pH_{isp} \approx 9$), obtuvo suspensiones coaguladas a este pH, al añadir elevados contenidos de electrolito ($[NH_4Cl]$ entre 0,16 y 1,7 M). Estas suspensiones presentaban un comportamiento plástico y cuando eran sometidas a filtroprensado conducían a lechos consolidados de partículas de elevada compacidad ($\rho \approx 0,57$ volumen sólidos/volumen total). Estos resultados son interpretados basándose en la curva de energía de interacción total y en la de sus contribuciones (figura 3.42). A altas concentraciones de electrolito, muy superior a la concentración crítica de coagulación (CCC), la contribución repulsiva electrostática es despreciable (no representada) y la contribución repulsiva debida a las fuerzas de hidratación, G_{hid}, es intensa a distancias de separación entre partículas pequeñas (h < 5 nm). La resultante de la suma de la contribución de Van der Waals, G_{vdW}, y la de hidratación, G_{hid}, conduce a un mínimo primario poco profundo, a una distancia entre partículas pequeña. La baja profundidad del mínimo y la pequeña distancia entre partículas a la que se produce este dependen del espesor de la capa de hidratación, que es del orden de 2–4 nm. Esta última actúa como lubricante, facilitando el desplazamiento entre partículas (viscosidad reducida), durante su compactación. La plasticidad de los sistemas agua-arcilla pueden interpretarse de forma similar.

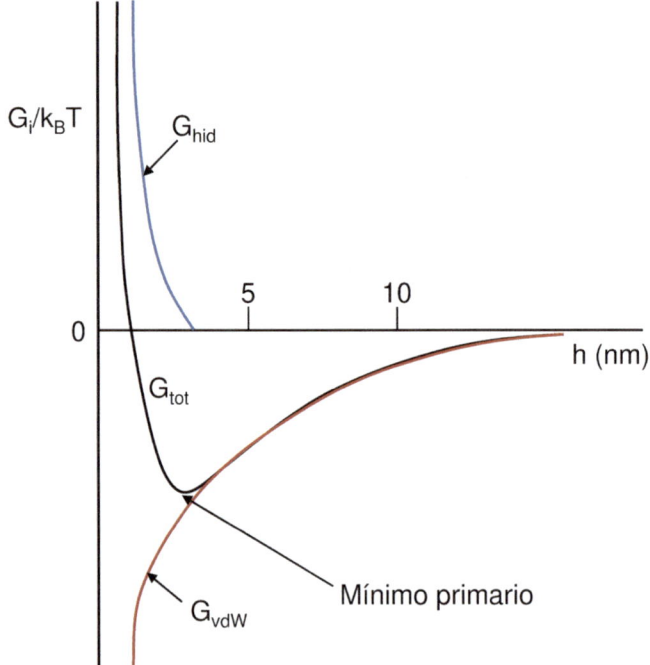

*Figura 3.42. Energía potencial de interacción correspondiente
a una suspensión coagulada, debido a una concentración de electrolito elevada.
En estas condiciones, la contribución de repulsión electrostática, G_{EDL},
es despreciable. El mínimo primario resulta de la suma de la contribución
repulsiva de hidratación, G_{hid} y la atractiva de Van der Waals, G_{vdW}*

CAPÍTULO 4
Estabilización con polímeros

4.1. INTRODUCCIÓN Y CONCEPTOS GENERALES

La estabilidad coloidal de pigmentos cerámicos de tamaño submicroscópico (todas las partículas por debajo de 1μm y el tamaño medio alrededor de 0,5 μm), dispersos en vehículos orgánicos de baja polaridad (parafínicos) se consigue, habitualmente, por el mecanismo estérico. Los dispersantes son, generalmente, copolímeros, constituidos por una parte hidrófila, que se ancla a la superficie del pigmento, y una hidrófoba, que se extiende en el seno del vehículo. La formación de una capa densa de polímero adsorbida sobre la superficie de las partículas de pigmento impide su aglomeración. En el caso que los vehículos sean de alta polaridad (basados en éteres glicoles) o de polaridad medida (ésteres), la estabilidad de la dispersión se consigue por el mecanismo electroestérico.

La estabilidad coloidal de las suspensiones de materiales de cerámica blanca, que en mayor o menor proporción contienen minerales arcillosos, será tratada con mayor profundidad en el capítulo 4. No obstante, ya conviene indicar que su mecanismo de estabilización es electroestérico, utilizando como dispersantes sales sódicas de los ácidos poliacrílicos (poliacrilatos), polifosfóricos (polifosfatos) y silícicos (silicatos). Estas especies de disocian en agua dando los correspondientes polielectrolitos aniónicos (polianiones).

4.4.1. Mecanismos de estabilización

La estabilización de una suspensión mediante polímeros se puede realizar mediante tres mecanismos:

1) Repulsión estérica

   Su objetivo es conseguir una capa de recubrimiento de polímero, adherida a la superficie de la partícula, densa y lo suficientemente gruesa, para que cuando se solapen estas capas, al aproximarse las partículas, la repulsión estérica que se genera sea superior a la atracción de Van der Waals. En el caso en el que no se recubra completamente la superficie de la partícula, un mismo polímero puede enlazar dos partículas diferentes y provocar la floculación. Se emplea preferentemente en medios no acuosos (figura 4.1a).

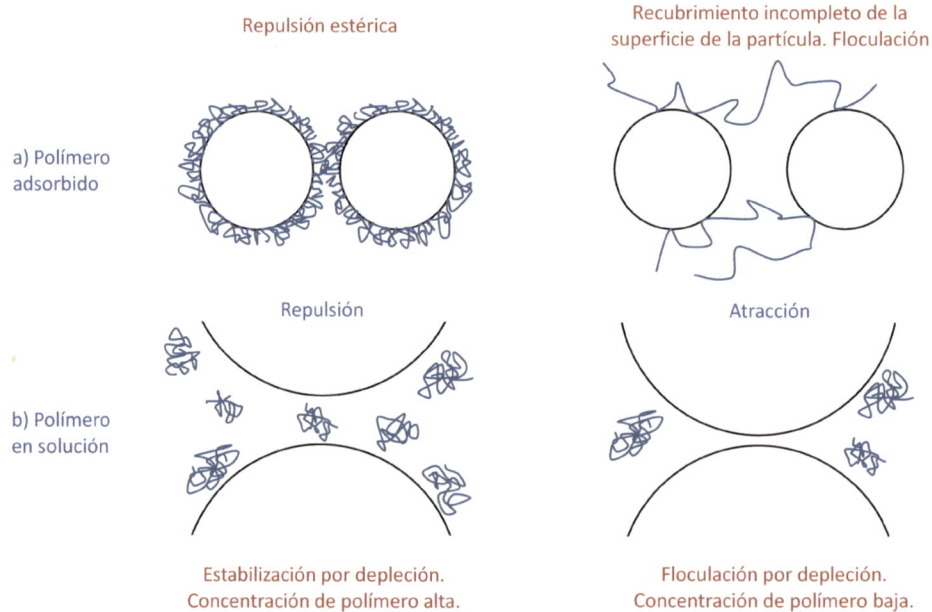

Figura 4.1. Mecanismos de estabilización con polímeros. a) Los polímeros se adsorben. b) los polímeros permanecen en solución

2) Interacción por depleción

En el caso de polímeros libres en solución (figura 4.1b), cuando la separación entre dos partículas coloidales es menor que el diámetro del polímero,
se establece un gradiente de concentración de polímero entre esta zona (donde su concentración es nula) y el resto de la solución, lo que provoca, a su
vez, un flujo de disolvente desde esta zona entre partículas hacia el exterior,
y, en consecuencia, una atracción entre las partículas (floculación por depleción). A concentraciones de polímero elevadas, el polímero se estructura
en capas ordenadas alrededor de la partícula, lo que provoca la aparición de
fuerzas oscilatorias estructurales (repulsión-atracción) (estabilización por
depleción). En sistemas normales, la barrera de potencial es de baja energía
(pocos $k_B T$), por lo que la aplicación de este mecanismo a la estabilización
de suspensiones no es general, como se verá posteriormente.

3) Repulsión electrostática y estérica combinadas

Consiste en obtener recubrimiento de polímero cargado eléctricamente (polielectrolito), PE, de las mismas características que las descritas en (i). En
ese caso, conforme se van acercando las partículas, en primer lugar, se produce la repulsión electrostática, debido al solapamiento de las dobles capas
que se forman alrededor del PE. A distancias menores, cuando se interpene-
tran las capas de PE, se produce la repulsión estérica. Es el procedimiento
más utilizado a escala industrial en medios acuosos.

4.1.2. Tipos de polímeros y características. Su interacción con el disolvente

Un polímero es una molécula de cadena larga, de alto peso molecular, que está
compuesta de unidades más pequeñas que se repiten, llamados monómeros. Si todos los monómeros son iguales se denominan homopolímeros y su configuración
es lineal o ramificada (figura 4.2). Los polímeros constituidos por dos monómeros
distintos (1 y 2) se denominan copolímeros y su estructura molecular puede ser
muy distinta conforme se distribuyan los monómeros 1 y 2. Un polímero, además,
se presenta como una mezcla de moléculas poliméricas de peso molecular diferente. Así, el peso molecular de un polímero siempre viene dado por el valor promedio

de las moléculas, expresado en número o en peso. Si presentan cargas eléctricas se denominan polielectrolitos y serán tratados posteriormente.

Al azar	112211212212	Insertados	2
			2
Alternantes	121212121212		2
Dibloque	111111222222		11111111111
			2
Tribloque	111122221111		2
			2
			2

Figura 4.2. Tipos más comunes de copolímero

La configuración más común de un polímero lineal en solución es la de un ovillo o bobina, pero su tamaño e, incluso su expansión (desovillado) depende, además de su peso molecular, del tipo de disolvente (figura 4.3). Cuando la afinidad monómero/disolvente es alta las interacciones polímero/disolvente se ven favorecidas, el disolvente es un disolvente bueno (de este polímero) y la cadena se extiende, aumentando con ello el contacto polímero/disolvente (figura 4.3c). En caso contrario, cuando las interacciones polímero/polímero son favorables, disolvente pobre, la cadena se recoge, es decir, el ovillo disminuye de volumen, reduciéndose de este modo el contacto polímero/disolvente (figura 4.3a). En el caso intermedio, en el que la afinidad monómero/monómero es igual a la monómero/disolvente se le considera a este disolvente ideal (figura 4.3b). En este último caso, se define el radio de giro imperturbado del polímero, R_g, mediante la relación (Flory 1953 y Flory 1969):

$$R_g = \frac{\ell\sqrt{M/M_0}}{\sqrt{6}}$$
$$\text{ec. 4.1}$$

siendo ℓ la longitud efectiva del segmento (monómero), M_0 su peso molecular y M el peso molecular del polímero. La contracción o expansión del tamaño del polímero se mide por el factor de expansión, α, dado por la relación:

$$\alpha = \frac{R_F}{R_g}$$

ec. 4.2

siendo R_F el radio de Flory; es decir, el radio del polímero (contraído o expandido).

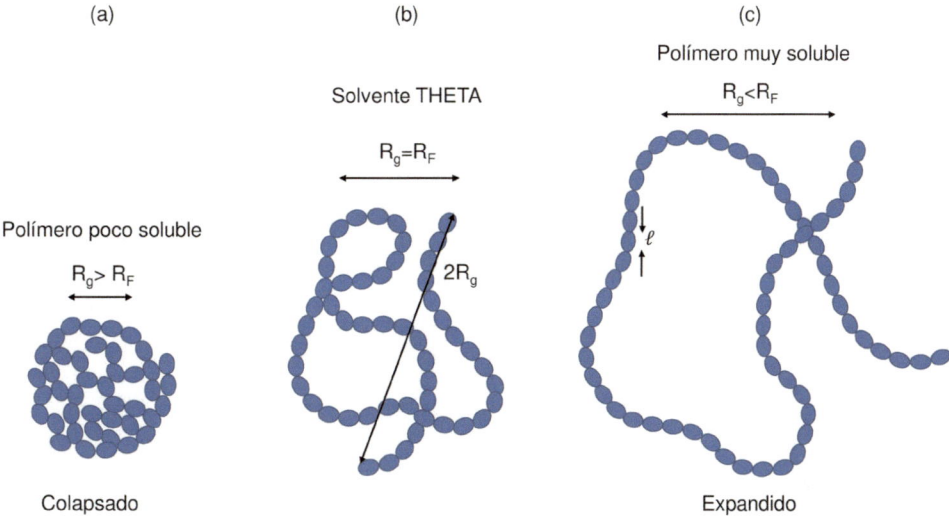

Figura 4.3. Diferentes estados de cadenas de polímeros en solución en función del tipo de solvente. ℓ es la longitud del monómero; R_G es el radio imperturbado y R_F es el radio de Flory del polímero.

Para buenos disolventes $\alpha > 1$ y para disolventes pobres, $\alpha < 1$. Por otra parte, conviene señalar que la solvencia de un disolvente puede mejorarse mediante la adición de solutos y/o cambiando la temperatura por encima (o por debajo) de un valor crítico, conocido como T_θ.

Una expresión aproximada entre el radio de giro, R_g, en nm, y el peso molecular del polímero, M, es (Flory 1953 y Flory 1969):

$$R_g = 0{,}025 M^{1/2}$$

ec. 4.3

En la tabla 4.1 se aprecia que el tamaño del polímero, Rg, solo es superior a la decena de nanómetros para pesos moleculares altos (M > 100.000). En esta misma tabla se muestra el espesor de la doble capa eléctrica, κ^{-1}, para distintas concentraciones de electrolito 1:1, con vistas a comparar el tamaño de ambas capas repulsivas.

Tabla 4.1. Comparación entre el espesor de la capa repulsiva estérica en función del peso molecular del polímero, M, y el de la doble capa en función de la concentración de electrolito, κ^{-1}

M (g/mol)	Extensión espacial (nm)	Concentración de electrolito 1:1 (mol/l)	$1/\kappa$ (nm)
10^3	2	10^{-1}	1
10^4	6	10^{-2}	3
10^5	20	10^{-3}	10
10^6	60	10^{-4}	30

4.2. ESTABILIZACIÓN ESTÉRICA

La repulsión estérica describe la contribución repulsiva que se desarrolla entre dos superficies cubiertas por capas de polímero previamente adsorbido. Algunos polímeros pueden adsorberse con avidez sobre las superficies, alcanzando a menudo la adsorción de saturación a muy bajas concentraciones en solución. Si el volumen del ovillo adsorbido es el mismo que en solución, la cantidad de polímero requerido para cubrir toda la superficie se puede estimar a partir del R_g del polímero, determinando las esferas de polímero necesarias para ello, considerando que el radio de la esfera es el del ovillo del polímero, R_g. Generalmente, la situación es más compleja, dependiendo de la solvencia del medio, de la concentración del polímero en solución, de si el polímero es homopolímero o copolímero o si la adsorción es vía fuerzas físicas (fisiadsorción) o por anclaje a la superficie de grupos específicos vía enlace químico (quimiadsorción). Algunas de estas configuraciones se han representado en la figura 4.4. En general, los mejores dispersantes estéricos son los copolímeros en bloque (diblok) (figura 4.6). Uno de los bloques se ancla fuertemente a la superficie cerámica; el bloque se extiende hacia el medio proporcionando la estabilidad estérica (mitad estabilizadora).

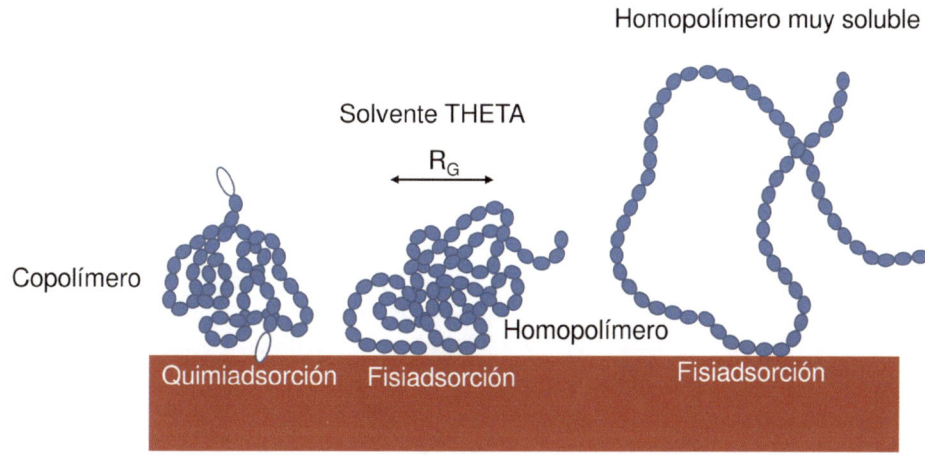

Figura 4.4. Fisiadsorción de homopolímeros y quimiadsoción de copolímeros. Estructura del polímero

4.2.1. Interacción entre capas de polímero al aproximarse las partículas

La repulsión estérica se puede interpretar fácilmente considerando tres dominios de aproximación entre dos superficies planas, h, respecto al espesor de la capa de polímero adsorbida, L (figura 4.5).

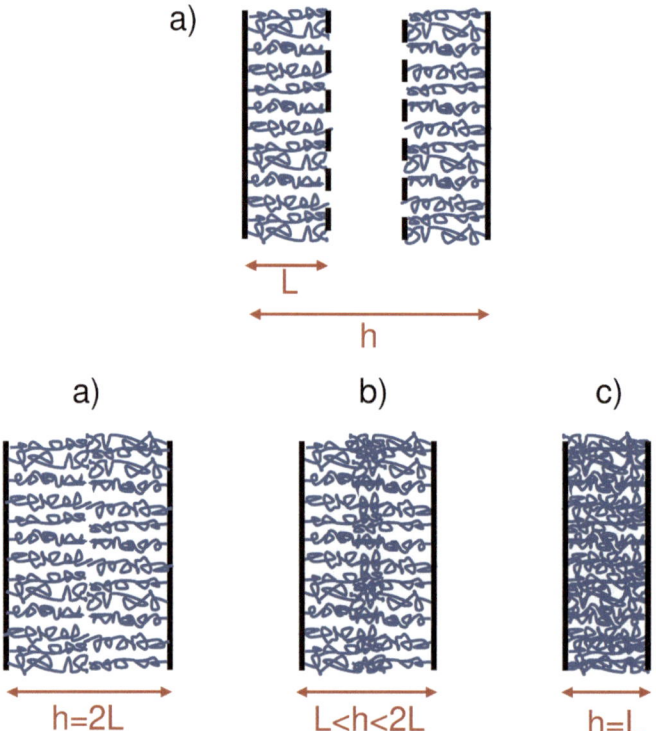

Figura 4.5. Intervalo de aproximación en la repulsión estérica de polímeros anclados/adsorbidos sobre superficies. a) *No hay interacción a grandes distancias de separación (h ≥ 2L).* b) *Dominio interpenetracional (L < h < 2L).* c) *Dominio elástico (h = L)*

1) h ≥ 2L. No se produce interacción entre los polímeros; las hipotéticas superficies externas de cada capa de polímero no se tocan (figura 4.5a).
2) L <h < 2L, dominio interpenetracional (figura 4.5b). Las capas de polímero adsorbido se solapan, por lo que la densidad de monómeros aumenta, disminuyendo el mezclado entre estos y el disolvente. En disolventes ideales (α = 1) y buenos (α > 1), este fenómeno conduce a la repulsión entre capas de polímero, debido a la presión osmótica que se genera entre estas capas de polímero solapadas (de mayor concentración de monómeros) y el resto. Al incremento de energía libre asociada a ese proceso se le denomina de mezclado. En el supuesto que el polímero sea poco soluble, la energía de mezclado es negativa y los polímeros se atraen.

3) $h \leq L$. En este dominio (figura 4.5c), además del componente energético asociado al mezclado, se produce otra repulsión. Esta se debe a que las cadenas estabilizadoras de polímeros anclados/adsorbidos a una superficie son comprimidos por la opuesta. Esta contribución energética siempre es positiva.

Las teorías sobre las interacciones estéricas son complejas (Hesselink 1971, Scheutjens y Fleer 1982, De Gennes 1987). En efecto, las fuerzas estéricas dependen de muchos factores, algunos de los más importantes son los siguientes: porcentaje de cobertura de polímero en cada superficie; tipo de adsorción, fisiadsorción (si el polímero se adsorbe físicamente (proceso reversible) o quimiadsorción (está anclado de forma irreversible sobre las superficies) y calidad del solvente. Ahora bien, actualmente, las fuerzas estéricas entre superficies con copolímeros anclados (figura 4.4), se comprenden bien y el ajuste entre los resultados experimentales y los calculados son buenos. Esto se debe a que el sistema está razonablemente bien definido: cada cadena de copolímero está agarrada a la superficie por el final, la cobertura de la superficie por polímeros es fija y las cadenas de polímero no interaccionan unos con otras ni con las de otras superficies. Los copolímeros «diblock» cumplen estos requisitos y son muy utilizados para producir diferentes configuraciones; uno de los bloques está fuertemente enlazado a la superficie, el bloque de anclaje, y el otro se extiende en el disolvente para formar la capa de polímero estabilizadora (figura 4.6).

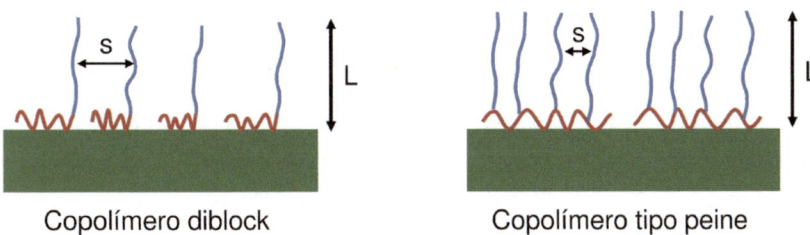

Copolímero diblock Copolímero tipo peine

Figura 4.6. Configuración de copolímeros con un bloque de anclaje (rojo)
y un bloque estabilizador

4.2.2. Repulsión entre capas de polímero anclados. Modelo De Gennes

Para estos casos se puede aplicar la teoría De Gennes (1985, 1987). Según este modelo, cuando h < 2L, la energía de repulsión por unidad de superficie entre dos superficies planas, W_{str}, viene dada por:

$$W_{str} \approx \frac{k_B T}{\pi s^3}\left[\left(\frac{2L}{h}\right)^{9/4} - \left(\frac{h}{2L}\right)^{3/4}\right]$$

ec. 4.4

siendo s la distancia entre los puntos de anclaje del polímero sobre la superficie. El primer término del corchete deriva de la repulsión osmótica entre las cadenas de polímero (energía libre de mezclado), mientras que el segundo término viene de la energía elástica requerida para comprimir el polímero (energía libre elástica). De forma clara, una disminución de la razón, h/2L, al aproximarse las superficies, y de «s» (aumento de la densidad superficial de polímeros anclados) conducen a un considerable aumento de la contribución repulsiva.

La figura 4.7 muestra las curvas de fuerza entre dos capas de poliestirenos, PS, anclados sobre superficies de mica en tolueno (buen disolvente del PS) (Taunton et al. 1990). Las características de los poliestirenos utilizados, peso molecular, M, radio de Flory, R_F, espesor de capa, L, distancia entre puntos de anclaje, s, se detallan en la figura 4.7. Los resultados experimentales (líneas rojas) y los calculados según el modelo (ec. 4.4) (líneas azules) son prácticamente coincidentes. Se aprecia, además, que la repulsión estérica, en ambos casos, comienza cuando h = 2L. A estas distancias de separación entre superficies las fuerzas repulsivas ya son mucho mayores que las de Van der Waals. En consecuencia, la curva de energía de interacción total prácticamente coincide con la curva de repulsión estérica

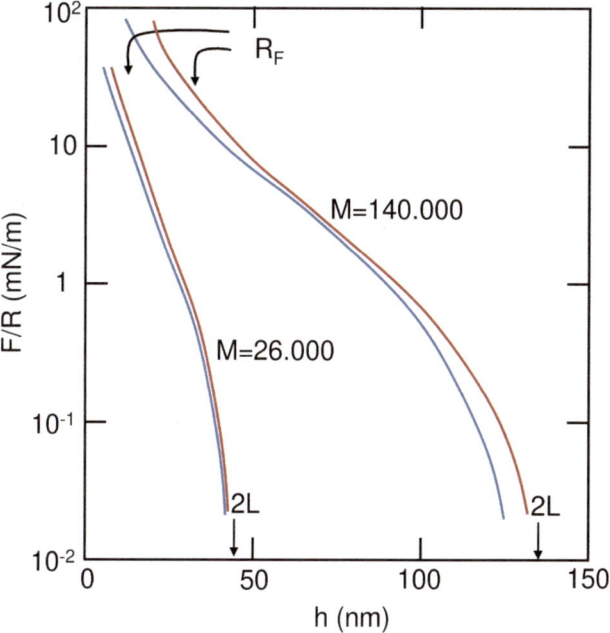

Figura 4.7. Fuerzas de repulsión entre dos capas de poliestireno ancladas sobre superficies de mica en tolueno (buen solvente del poliestireno). Las líneas rojas son los valores promedio de los resultados experimentales. Las líneas azules representan el ajuste de los resultados a la ec. 4.4. Los valores de los parámetros de la ec. 4.4 son: s = 8,5 nm, L = 22,5 nm y L = 65 nm y los valores de R_F fueron 12 nm y 32 nm. (Adaptada de Taunton et al. 1990)

4.2.3. Curvas de energía total de interacción. Efecto de algunas variables

La energía de interacción total, G_{tot}, es la suma de las diferentes contribuciones energéticas que, para este tipo de estabilización, son: energía de mezclado, G_{mix}, energía elástica, G_{elas}, y de Van der Waals, G_{vdW}.

$$G_{tot} = G_{mix} + G_{elas} + G_{vdW}$$ ec. 4.5

En la figura 4.8 se muestra la variación de cada uno de los términos de la ec. 4.5 con la distancia de separación entre partículas, h, para un caso genérico en el que el polímero es muy soluble en el solvente. De acuerdo con lo anteriormente expuesto, G_{mix} aumenta de forma abrupta con la disminución de h, para h < 2L. Lo propio sucede con G_{elas}, pero para valores de h < L. En este caso, G_{tot} vs h presenta un mínimo para h = 2L, debido a que la repulsión de mezclado a esta separación es menor que la atracción de Van der Waals.

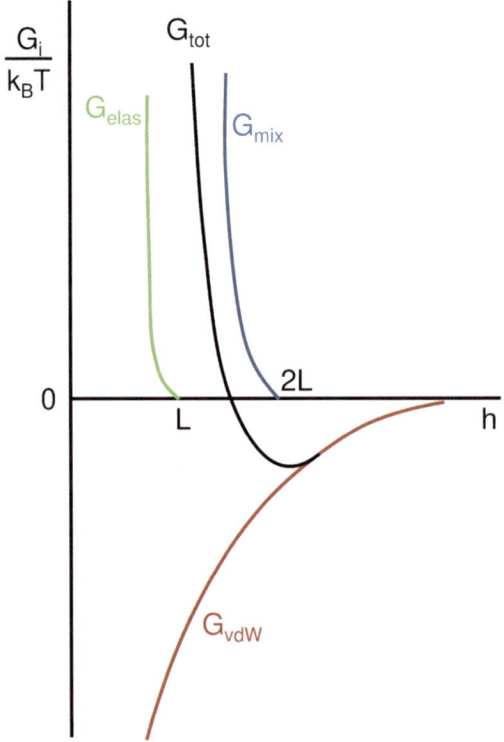

Figura 4.8. Curva de energía potencial de interacción para un polímero muy soluble en el solvente. Variación de las diferentes contribuciones energéticas con la distancia. Contribución elástica (G_{elas}), contribución de mezclado (G_{mix}), contribución de Van der Waals (G_{vdW}) y potencial total de interacción (G_{tot})

A continuación, se analizan el efecto de algunos factores sobre la estabilidad de las suspensiones, basándose en el análisis de las curvas de energía potencial.

4.2.3.1. Solubilidad del polímero. Efecto de la temperatura

En la figura 4.9 se han representado las curvas de repulsión estéricas que resultan al reducir la temperatura de la solución, y con ello disminuir la solubilidad del polímero. Se ha elegido un polímero de peso molecular elevado y de espesor de capa, L, grande; en caso de que el disolvente sea bueno (curva 1), al aproximarse las superficies la repulsión estérica comenzará a producirse a una distancia $h = 2L$, mucho mayor que aquella a la que la fuerza de Van der Waals es operativa. En consecuencia, la curva de interacción total, G_{tot}, prácticamente coincide con la estérica, G_{est}. Si disminuimos, por ejemplo, la temperatura de la suspensión por debajo de la temperatura T_{θ}, el disolvente pasará de bueno a malo, por lo que para separaciones entre superficies $L < h < 2L$ (dominio interpenetracional), la energía libre de mezclado que se desarrolla será atractiva, y únicamente para valores de $h < L$, cuando la energía libre elástica, que siempre es repulsiva, es dominante, la curva de interacción estérica, G_{est}, y total, G_{tot}, se convierten también en repulsivas. En este último caso, se presenta un mínimo a grandes distancias, que suele denominarse seudosecundario. En consecuencia, el estado de la suspensión correspondiente a esta curva de interacción será el de floculación. La distancia de separación entre partículas, en el floc, en suspensiones diluidas, o en un gel, en concentradas, y la fuerza de atracción entre ellas, dependerá de las coordenadas de este mínimo seudosecundario. La transición sol-gel en suspensiones concentradas de este tipo, modificando la temperatura de la suspensión, se utiliza en los procesos de conformado de colado por gelificación.

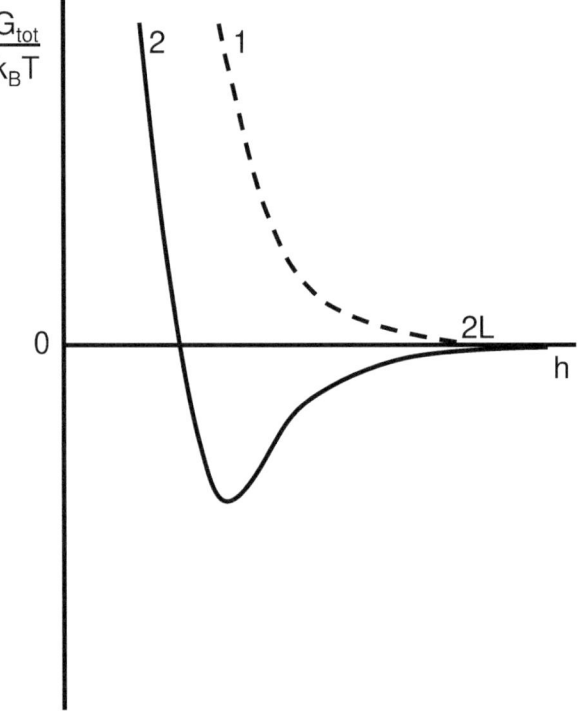

Figura 4.9. Efecto de la solubilidad del polímero sobre la curva de potencial de interacción. 1 buen solvente y 2 mal solvente

4.2.3.2. Espesor de la capa de polímero adsorbido

El efecto del espesor de la capa de polímero sobre las curvas: energía-distancia, cuando el medio es un buen disolvente del polímero ($\alpha > 1$) y la densidad superficial del polímero adsorbido es alta (s pequeña), se representa en la figura 4.10. Se aprecia que, conforme se reduce el espesor de la capa de polímero, la contribución repulsiva de la energía de mezclado, que es de las dos contribuciones estéricas la que actúa a distancias más grandes, $h < 2L$, y la curva de energía total se desplazan hacia distancias de separación entre superficies más pequeñas. En consecuencia, para polímeros de L más pequeño que un valor crítico, L_c, se forman mínimos seudosecundarios, que se desplazan hacia valores de h más pequeños y de mayor profundidad conforme disminuye L. Si se considera que la atracción de Van der Waals es suficientemente elevada cuando se cumple la condición $G_{vdW} = k_B T$, la distancia de separación entre superficies a la que esto sucede debe ser igual al valor del espesor de la capa crítica, $2L_c$. En el caso de partículas esféricas, sustituyendo en la ec. 3.12, h por $2L_c$ y G_{vdW} por k_BT, y operando resulta:

$$L_c = \frac{aA_{12(3)}}{24k_BT}$$

ec. 4.6

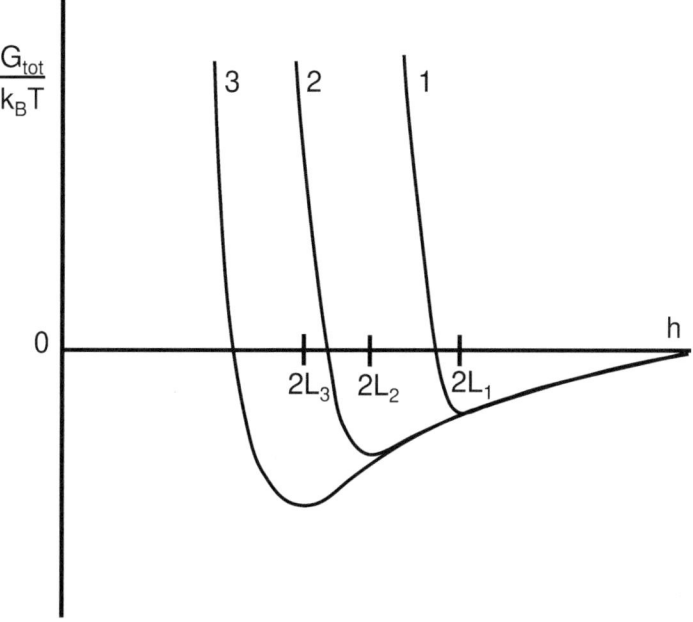

Figura 4.10. Curvas de energía libre de interacción total para suspensiones estéricamente estabilizadas. Efecto del espesor de la capa de polímero, L. Se considera que la densidad de adsorción del polímero no cambia

Así pues, para evitar la floculación de estos sistemas (evitar la aparición del mínimo seudosecundario), el espesor debe ser superior al tamaño L_c. Este, L_c, aumenta conforme lo hace el tamaño de partícula, a, y la constante de Hamaker, $A_{11(3)}$. Por otra parte, para valores de $L > L_c$, con el aumento excesivo del espesor de la capa de polímero, L, aumenta demasiado el volumen aparente o efectivo de la partícula, lo que reduce en igual medida la fracción volumétrica máxima de partículas que puede conseguirse en la suspensión.

4.2.3.3. Densidad superficial de polímero adsorbido

Según la ec. 4.4, manteniendo constantes las restantes características del sistema, conforme se reduce la distancia media de separación entre los puntos de inserción del polímero sobre la superficie, s, disminuye la contribución repulsiva estérica, G_{est}, tanto el término de mezclado como elástico, para h < 2L, es decir, la pendiente de las curvas: G_{est} vs. h disminuye a medida que s aumenta (figura 4.11a). La curva de interacción total, para densidades de adsorción bajas (s grandes), presenta mínimos más profundos y desplazados a separaciones, h, más bajas (figura 4.11b curvas 3 y 4).

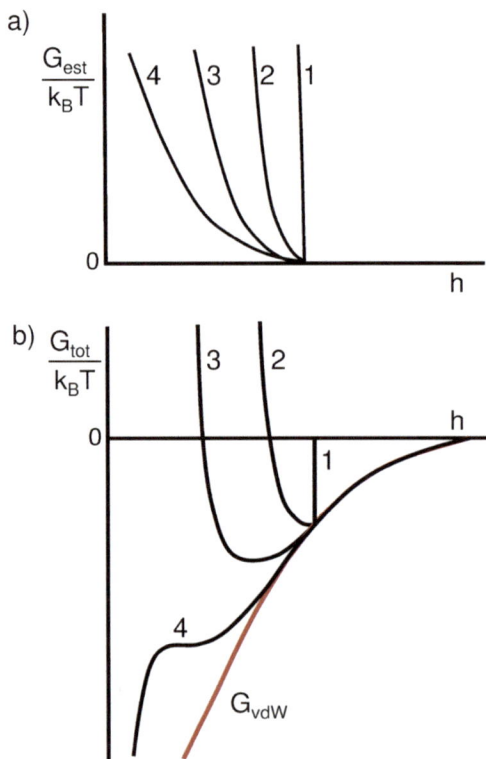

Figura 4.11. a) *Contribución repulsiva estérica de suspensiones con diferente densidad superficial de polímero.* b) *Energía de interacción total, $G_{tot} = G_{est} + G_{vdW}$. La densidad superficial de polímeros adsorbidos sobre la superficie disminuye de 2 a 4. La curva 1 corresponde a un polímero que se comporta como una superficie dura*

4.2.3.4. Grado de recubrimiento superficial de la partícula

Se pueden formar puentes poliméricos entre partículas próximas cuando el polímero se adsorbe en ambas, lo que sucede si el grado de recubrimiento no se satura (figura 4.12).

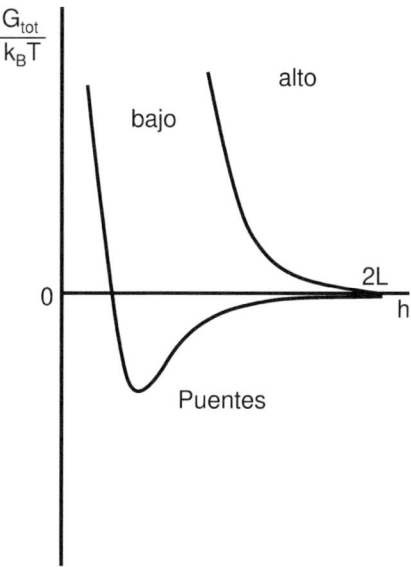

Figura 4.12. Efecto del grado de recubrimiento de la superficie por polímeros sobre las curvas de energía potencial de interacción, G_{tot}

4.2.4. Floculación por depleción y estabilización estructural

4.2.4.1. Adsorción negativa de polímeros. Atracción entre partículas coloidales por depleción a bajas concentraciones de polímero en solución

Los polímeros que no se adsorben también pueden, en determinadas circunstancias, estabilizar una suspensión (estabilización por depleción) o inducir a la floculación. La floculación por depleción se asocia a la formación de una capa de depleción de polímero en la superficie de la partícula (Tuinier, Ouhajji y Linse 2016). Su existencia se debe al hecho de que las cadenas de polímero, al aproximarse a la superficie pierden entropía (libertad de movimiento en todas direcciones), lo que provoca un aumento de su energía libre, que, si no se contrarresta con la energía asociada a la atracción de polímero a la superficie, produce una adsorción negativa o depleción (figura 4.13a). Por el contrario, si la energía libre de atracción del polímero a la superficie es muy negativa se produce la adsorción completa del polímero (figura 4.13b). En consecuencia, el sistema tiende a reducir su energía libre, disminuyendo la concentración de segmentos de polímero a medida que se acera a la superficie. Es decir, la concentración de segmentos de un polímero aumenta desde cero en la interfase hasta un valor igual a la global; a una distancia de la superficie, L_d, denominada espesor de la capa de depleción, similar al diámetro del polímero, $2R_g$ (figura 4.13c).

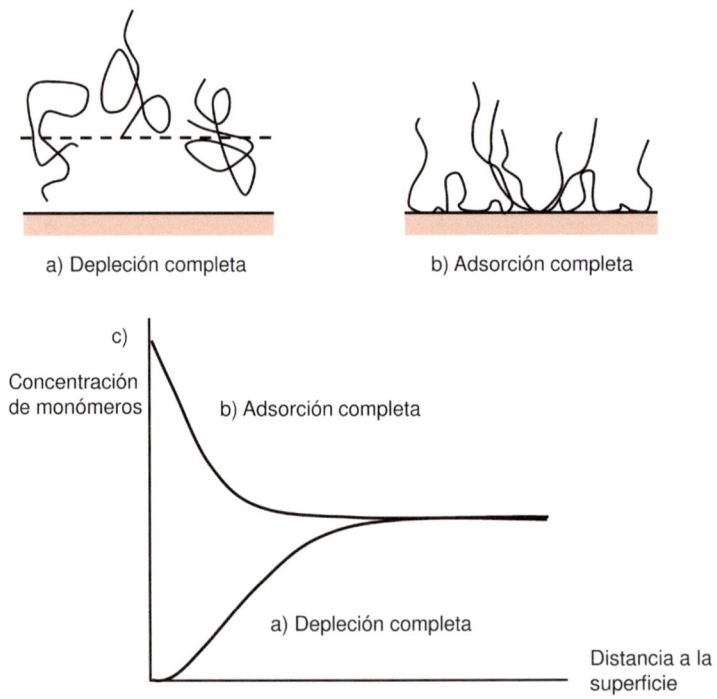

Figura 4.13. Polímeros en solución en las proximidades de una superficie.
a) Depleción. b) Adsorción. c) Perfil de concentración de monómeros
para los casos a) y b)

Consideremos dos láminas planas sumergidas en una solución diluida de polímero libre (figura 4.14) o cualquier otro tipo de partícula depletora (nanopartículas, micelas, polielectrolitos), ya que este fenómeno también se presenta cuando el tamaño de las partículas es mucho más pequeño que el de las partículas coloidales. Su explicación es muy simple: para separaciones $h < 2R_g$, los polímeros de diámetro $2R_g$ (o las partículas pequeñas de diámetro d) no caben en el espacio entre láminas. Esta exclusión del polímero produce un desequilibrio en la presión osmótica entre los alrededores (Π_{al}) y el espacio interlaminar (Π_{in}). Este efecto provoca, a su vez, una fuerza atractiva entre láminas por unidad de superficie igual a la presión osmótica, debida a la presencia de polímeros en solución en los alrededores, Π_{al}. Para el caso de partículas coloidales esféricas dispersas en una solución de polímeros (o partículas pequeñas) es aplicable el mismo razonamiento (figura 4.15). Se ha obtenido teóricamente y confirmado experimentalmente que la energía de atracción por depleción máxima, profundidad del pozo de energía asociado a la depleción, aumenta con la concentración de polímero (o de partículas pequeñas) y con la razón: tamaño de partícula/tamaño de polímero ($a/2R_g$), o partícula pequeña (a/d). Ahora bien, incluso estimando el valor de esta energía de atracción empleando el modelo clásico (Asakura y Oosawa 1954), basado en el razonamiento anterior, que la sobrevalora, se obtienen, para razones de tamaño de $a/R_g = 50$ o $a/d = 50$ y fracciones volumétricas de polímeros libres de 12 % (valores inusualmente elevados), energías de depleción relativamente bajas ($<10\ k_B T$). Experimentalmente (Kim et al. 2015) y mediante modelos teóricos estructurales más sofisticados (Mao, Cates y Lekkerkerker 1995) raramente se alcanzan, para esta energía, valores de $3\ k_B T$.

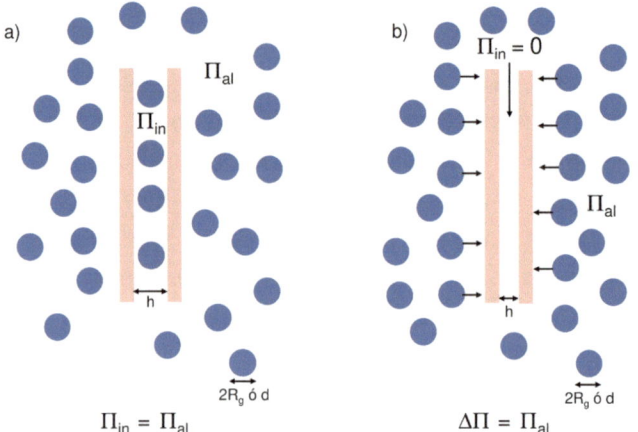

Figura 4.14. a) *Cuando la distancia entre dos láminas es mayor que el diámetro del polímero, $2R_g$, o de una partícula depletora, d, estas pueden moverse libremente en el espacio interlaminar.* b) *Cuando $2R_g$ o d es menor que h, estos no caben en el espacio interlaminar y, en consecuencia, sobre las láminas actuará una fuerza por unidad de superficie igual a la presión osmótica de los alrededores, Π_{al}, ya que la presión osmótica en el espacio interlaminar, Π_{in}, es cero*

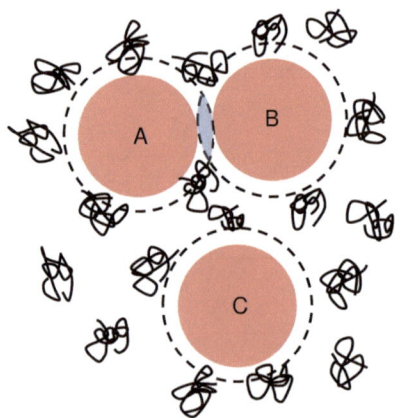

Figura 4.15. *Los círculos punteados están a una distancia de la superficie de la partícula igual al radio del polímero, R_g. La zona de solapamiento de estos círculos determina la zona de depleción (zona azul). Cuando las superficies de dos coloides (A y B) están más cercanas que el diámetro del polímero, $2R_g$, no puede haber polímeros en dicho espacio (zona azul), por lo que una presión osmótica atractiva se desarrolla entre el medio y esta zona de depleción*

4.2.4.2. Fuerza estructural oscilatoria entre partículas. Estabilización de la suspensión a concentraciones elevadas de polímero disuelto

Consideremos la figura 3.38, en la que sustituimos las moléculas de solvente (círculos color burdeos) por cualquier tipo de partícula depletora. Cuando la distancia de separación entre dos partículas coloidales, h, es de 3-4 veces el diámetro del polímero o de las partículas pequeñas, en general, estas tienden a forma una estructura en capas en el espacio entre las dos partículas más grandes (figura 3.38f). Esta estructura laminar induce a una barrera estructural repulsiva que contribuye a prevenir la agregación o floculación de las partículas coloidales. Sin embargo, cuando h es más pequeña que el diámetro de la partícula depletora, d, como se ha indicado anteriormente, se produce la agregación de las partículas coloidales por depleción. En general, esta energía de interacción entre partículas coloidales refleja la energía libre asociada al empaquetamiento de las partículas depletoras confinadas entre las partículas coloidales. Para valores de h múltiplos del diámetro, d, de las partículas depletoras, $h = \alpha d$ ($\alpha = 1, 2, 3$), las situadas entre las partículas grandes (b, d y f de la figura 3.38) empaquetan mejor que las de los alrededores, alcanzando una mayor compacidad (valor intermedio entre f y g de la figura 3.38), y, por tanto, una energía libre asociada al empaquetamiento también mayor. En caso contrario, ($\alpha \neq 1,2,3$), las partículas depletoras empaquetan peor que las de los alrededores (c, d y g de la figura 3.38). Este perfil oscilatorio del potencial de interacción entre superficies, o entre partículas coloidales, es análogo al observado cuando el fluido que ocupa el espacio entre ellas son líquidos (fuerzas oscilatorias de solvatación en líquidos orgánicos; de hidratación en agua o dispersiones de nanopartículas, micelas, polielectrolitos, etc.). Ahora bien, en este último caso, la longitud de onda del perfil oscilatorio, λ, (distancia entre máximos o mínimos) es considerablemente más grande que el diámetro real de la partícula depletora, d, (o del polímero) (figura 4.16). Además, λ disminuye conforme aumenta la fracción volumétrica de partículas coloidales, ϕ, siguiendo una ley potencial (del tipo $\lambda \propto \phi^{-\alpha}$), cuyo exponente para partículas y micelas es $\alpha = 1/3$. En el caso de polímero y polielectrolitos depende de su concentración, $\alpha = 1/3$ para valores inferiores a una concentración umbral y $\alpha = 1/2$ para mayores concentraciones (Ludwig y Von Klitzing 2020).

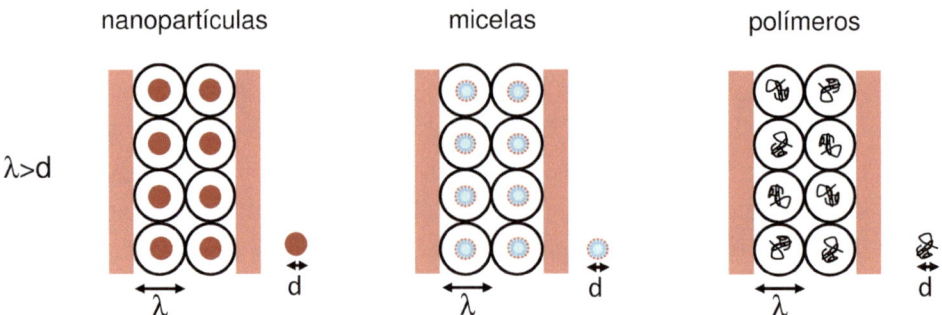

Figura 4.16. Empaquetamiento compacto de nanopartículas, micelas y polímeros entre partículas coloidales. Relación entre la longitud de onda del perfil oscilatorio y el tamaño de la especie depletora, d

Se ha comprobado que la profundidad del pozo de depleción y la altura de la barrera repulsiva aumentan conforme lo hace la fracción volumétrica de especies depletoras, ϕ_p, y la razón de tamaños, *a*/d (figura 4.17). Ahora bien, tanto la magnitud de la barrera como de la del pozo de depleción son muy bajas ($<3\ k_BT$), como ha sido comprobado recientemente (Xing et al. 2015, Kim et al. 2015). Así pues, el efecto de polímeros libres sobre la estabilidad de suspensiones coloidales es pequeño en suspensiones ya estabilizadas. No obstante, en dispersiones en medio orgánico débilmente floculadas por el mecanismo estérico, que presentan un mínimo secundario poco profundo, la barrera de repulsión estructural que se genera al adicionar polímeros libres a la dispersión puede contrarrestar la atracción debida al mínimo secundario, mejorando la estabilidad de la suspensión (Ogden y Lewis 1996).

Una característica importante de las dispersiones de polímero libre disuelto es el aumento de viscosidad que experimentan muchos fluidos (solvente o polímero), lo que afecta no solo a la viscosidad del sistema (solvente + polímero + partículas coloidales), sino también a la movilidad de las partículas coloidales y, con ello, la velocidad de formar agregados o flóculos.

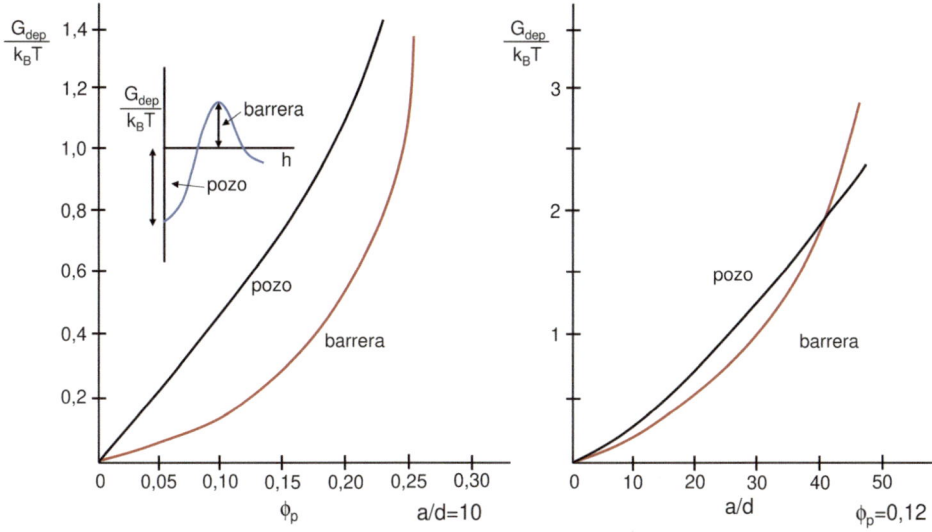

Figura 4.17. Pozo y barrera estructural de depleción en función de la razón de tamaños: partícula coloidal/especie depletora (a/d) y de la fracción volumétrica de la especie depletora, ϕ_p. (Curvas calculadas a partir de los resultados de Kim et al. 2015)

4.2.5. Estabilización electrostérica

Es una combinación de repulsión electrostática y estérica (figura 2.13). Este procedimiento requiere la adsorción de un polímero cargado (polielectrolito) sobre la partícula, que conduzca a una significativa repulsión de la doble capa cuando se aproximan las partículas coloidales. Se asocia, por consiguiente, a suspensiones acuosas, aunque también puede darse en medios de polaridad más baja (Moreno 1992). Los polielectrolitos, PE, tienen normalmente una estructura lineal, pero algunos también pueden ser ramificados o presentar una estructura dendrítica. Pueden ser aniónicos o catiónicos, según estén cargados negativa o positivamente. Los PE con carga permanente se denominan PE fuertes. En los otros, los PE débiles, la carga varía con la fuerza iónica, I, y el pH de la solución (figura 4.18). Los ácidos poliacrílicos y polimetacrílicos y sus sales sódicas o amónicas son PE débiles que se emplean habitualmente en la industria, debido a que seleccionando adecuadamente su peso molecular y las condiciones de la solución (pH, concentración salina) se pueden preparar suspensiones concentradas (>50 vol%) y estables.

215

4.2.5.1. Disociación de polielectrolitos débiles en solución. Caso de ácidos policarboxílicos y sus sales

Los polímeros que contienen grupos ionizables, como el grupo carboxilo (COOH), cuando se disocian en agua desarrollan cargas eléctricas en su molécula, en este caso negativas (COO⁻). El avance del proceso de ionización o disociación depende de las características de la solución, principalmente, del pH y de la concentración de especies iónicas y de su naturaleza. Los monómeros de los ácidos poliacrílicos (PAA) y polimetacrílicos (PMAA) (figura 4.18) contienen como grupo ionizable el grupo carboxílico.

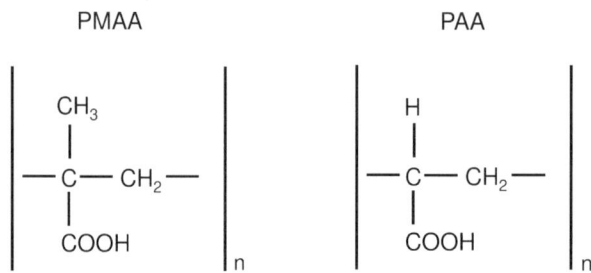

Figura 4.18. Esquema de los monómeros del ácido polimetacrílico, PMAA, y poliacrílico, PAA

En las sales de sodio o amonio de estos polímeros, el H⁺ del COOH se sustituye por el catión correspondiente, resultando, por ejemplo, para la sal sódica del ácido polimetacrílico, el polimetacrilato sódico, que suele representarse como (PMAA-Na).

Los grupos funcionales de estos ácidos (o de sus sales) pueden existir en solución en la forma no disociada (COOH) o en forma disociada (COO⁻). De forma esquemática, la reacción de disociación se puede expresar como:

$$(R - COOH) + H_2O \leftrightarrows R + COO^- + H_3O^+ \qquad \text{ec. 4.7}$$

Se define la fracción disociada, α, como la razón: número grupos disociados/ número de grupos disociados y sin disociar.

$$\alpha = \frac{[R-COO^-]}{[R-COO^-]+[R-COOH]} \qquad \text{ec. 4.8}$$

Este parámetro, α, se incrementa de 0 a 1 conforme aumenta la carga negativa de la molécula de polímero al disociarse el grupo carboxilo con el aumento del pH o la concentración salina en solución (figura 4.19). El efecto de la concentración salina sobre la disociación se debe a que con el aumento de la concentración de cationes (Na^+) en solución se dificulta la interacción entre el anión carboxilo y el hidronio, puesto que los Na^+ rodean al anión por atracción electrostática. Si se añade sal sódica (PMAA-Na) esta se hidroliza dando grupos sin disociar y otros quedan disociados. La fracción disociada es independiente de que se parta de la sal o del ácido, solo depende del pH y de la fuerza iónica, I. También se ha comprobado que el peso molecular del polímero influye muy poco sobre la curva de disociación. A pH = 8,5, este polímero de peso molecular 15.000 g/mol, está completamente disociado y, por tanto, muy cargado negativamente, por lo que la repulsión electrostática entre los distintos segmentos es alta y su tamaño elevado (alrededor de 10nm). A pH = 3,5, el polímero es neutro, está más ovillado y su tamaño se estima en unos 3nm.

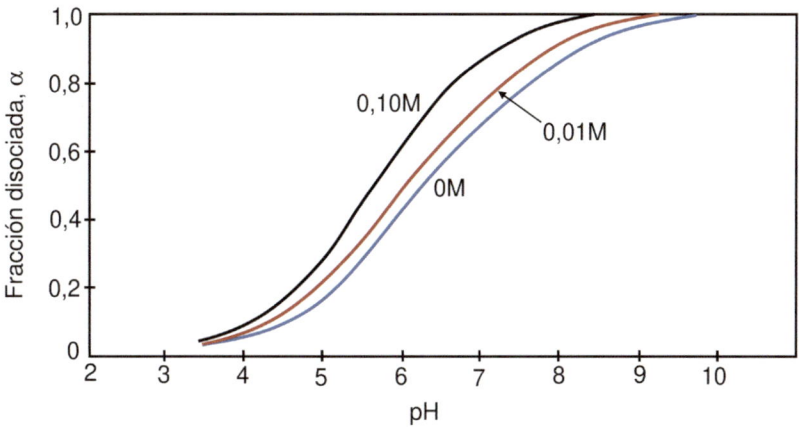

Figura 4.19. Grado de disociación del grupo carboxilo frente al pH
en función de la concentración de sal. Especie PMAA, de peso molecular 15.000.
(Adaptado de Cesarano III, Aksay y Bleier 1988)

4.2.5.2. Adsorción de polielectrolitos (PE) sobre la superficie de la partícula y características de la capa adsorbida

4.2.5.2.1. Polielectrolitos fuertes. Su adsorción sobre superficies cargadas de signo opuesto

Estos se adsorben fuerte e irreversiblemente sobre superficies (sustratos) de carga opuesta, resultando delgadas monocapas, lógicamente con cargas opuestas a las del sustrato. La afinidad de estos PE se debe, principalmente, a las fuerzas electrostáticas atractivas que se generan entre el PE y la superficie. Para estos sistemas, mediante experimentos de adsorción en continuo, fijando la concentración de PE, c, a lo largo de todo el proceso, la cantidad adsorbida de PE, expresada en mg de PE/m^2 de sustrato, Γ, aumenta linealmente con el tiempo en los comienzos del proceso, reflejando la facilidad de adsorción (figura 4.20a), y su velocidad es proporcional a la concentración de PE en solución, c (figura 4.20b). En el estado final del proceso, la masa adsorbida alcanza una meseta indicativa de la saturación de la superficie (figura 4.20a, solo observable para la concentración de polímero más elevada). La velocidad del proceso sigue un modelo cinético de orden 1 respecto a la concentración de PE, c, y es de la forma:

$$\frac{d\Gamma}{dt} = k_a c B(\Gamma) \qquad\qquad \text{ec. 4.9}$$

donde k_a es la constante de velocidad de adsorción y $B(\Gamma)$ es una función de bloqueo, la cual disminuye conforme se reducen el área o el número de puntos de adsorción en la superficie, y que, por tanto, disminuye conforme aumenta Γ, hasta anularse para $\Gamma = \Gamma_{max}$. La caída de esta función es mucho más brusca al final del proceso (Γ se aproxima a Γ_{max}) que al inicio (Γ mucho menor que Γ_{max}).

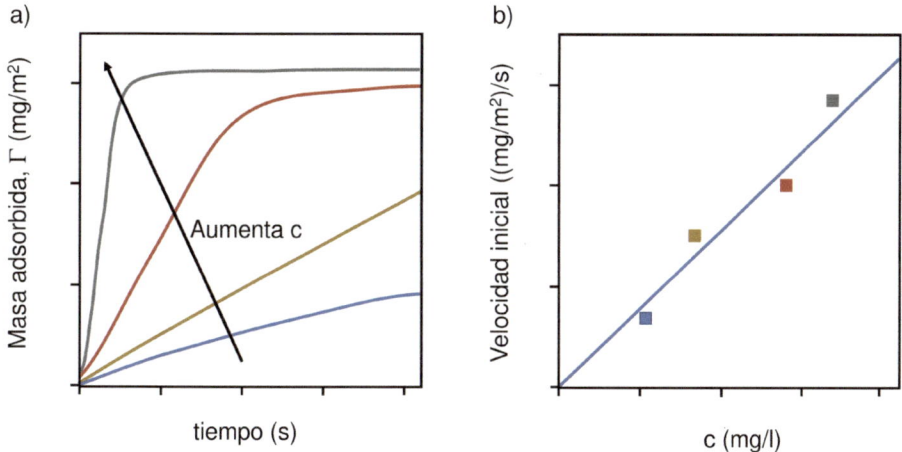

Figura 4.20. Cinética de adsorción de un PE sobre un sustrato de carga opuesta. a*) Variación de la masa adsorbida, Γ, con el tiempo, para diferentes concentraciones de polímero, c.* b*) Variación de la velocidad inicial de adsorción con la concentración de polímero, c*

En experimentos de adsorción discontinua, en los que dosis de polímero se añade al inicio del experimento; a bajas dosis (figura 4.21a), la representación de la cantidad de polímero adsorbido, Γ (mg de PE/m^2 de sustrato), frente a la dosis inicial de PE, expresada como concentración inicial de PE en solución (mg/l), c_0, o como la razón másica de polímero, w_0; masa PE/masa de partículas (mg de PE/g de partículas), es una recta (figura 4.21c). Su pendiente depende de las características del sistema y representa que el 100 % del PE añadido se ha adsorbido sobre las partículas. A este tramo le sigue una recta horizontal que representa que, una vez alcanzada la saturación de la superficie (figura 4.21c), el resto de PE permanece en solución (figura 4.21b). El punto de cruce de ambas rectas es el punto de saturación de la adsorción del sistema, a unas condiciones determinadas, APS, (*Adsorption Saturation Point*) (figura 4.21c). Este determina la adsorción máxima o de saturación, Γ_{max}, y la dosificación inicial de PE a la que esta se alcanza, $c_{0,max}$.

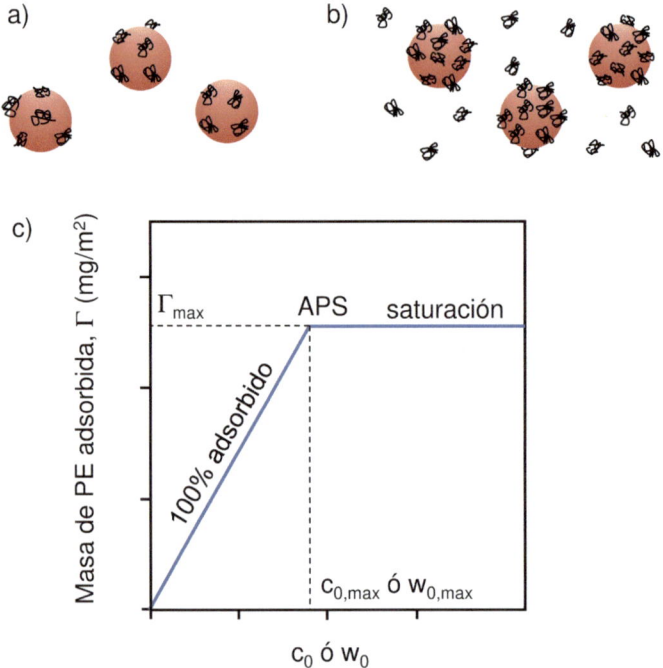

Figura 4.21. Adsorción de PE sobre partículas coloidales cargadas eléctricamente de signo opuesto, en estado de equilibrio (tiempos largos). a) Esquema con concentración de polímero inferior a la de saturación. b) Esquema con concentración de polímero superior a la de saturación. c) Adsorción de polímero frente a la dosis inicial

4.2.5.2.1.1. EL MODELO DE ADSORCIÓN SECUENCIAL AL AZAR EXTENDIDO (EXTENDED THREE-BODY RANDOM SEQUENTIAL ADSORPTION MODEL), ERSA

El modelo [Cahill et al. 2008] es capaz de explicar de forma sencilla e intuitiva el efecto que ejercen sobre la cantidad máxima adsorbida, Γ_{max}, algunas de las variables del proceso de adsorción más importantes, tales como fuerza iónica de la solución, I, densidad de carga del sustrato, σ_s, y carga del PE, σ_{PE}.

Según este modelo, el proceso de adsorción puede ser descrito considerando los PE como esferas cargadas eléctricamente que se aproximan y adsorben secuencialmente y de forma irreversible sobre una superficie plana cargada eléctricamente de signo opuesto. Las moléculas PE de forma individual se van acercando una a una hacia distintas posiciones al azar sobre la superficie. Si en la posición a la que se dirige una molécula de PE, de forma esférica, no se solapa con otra, previamente depositada, la primera se adsorberá en esta posición y quedará fijada y deformada, debido a la atracción electrostática PE-superficie. En caso contrario, será repelida. Una vez adsorbida la molécula ya no se puede cambiar de posición ni desadsorberse. Según este modelo, la máxima fracción, θ_{max}, de la superficie de la partícula cubierta por semiesferas de PE, todas del mismo radio, R_g, y sin interaccionar unas con otras, es de $\theta_{jam} = 0{,}55$; es decir, el llamado «limit jamming» (límite de interferencia); a valores más altos de cobertura, los círculos proyectados de las esferas deformadas o la base de la semiesfera se solaparían. Este parámetro es, por tanto, una característica puramente geométrica. Ahora bien, tanto las moléculas de PE como la superficie de las partículas están cargadas (figura 4.22), por lo que la distancia mínima a la que pueden adsorberse dos moléculas vendrá determinada por la interacción electrostática simultánea que se produce entre el sistema formado por dos esferas de PE y la superficie de la partícula separadas por un medio acuoso con una determinada fuerza iónica. Así pues, si definimos el diámetro efectivo de polímero, $2(R_g)_{eff}$, como la suma del real, $2R_g$, y la distancia mínima de separación entre polímeros, el grado de cobertura máximo, en esta nueva situación puede expresarse como:

$$\theta_{max} = \theta_{jam} \left(\frac{R_g}{(R_g)_{eff}} \right)^2$$

ec. 4.10

La resolución del problema de la repulsión electrostática entre dos esferas de PE iguales cuando sobre ellas actúa la fuerza de atracción de la superficie de la partícula (figura 4.23) conduce a una expresión que relaciona la energía potencial de interacción entre moléculas de PE a la distancia de separación entre sus centros, $U(r)$, con la carga efectiva del PE, z, con el tamaño del polímero, R_g, y con un espesor de la doble capa efectivo, κ_{eff}^{-1} (Cahill et al. 2008). El efecto de la densidad superficial de la carga (sustrato) sobre $U(r)$ se plasma a través de su influencia sobre, κ_{eff}^{-1}. En efecto, conforme la densidad superficial del sustrato aumenta, σ_s, más contraiones del seno del fluido son atraídos hacia la superficie del sustrato, incrementándose de este modo la fuerza iónica cerca del sustrato respecto a la fuerza iónica global de la solución, I. Este fenómeno se traduce en una disminución del espesor de la doble capa efectiva, κ_{eff}^{-1}, y, por tanto, en una disminución de la repulsión entre las moléculas de PE cerca de la superficie de la partícula. Así pues, el potencial de interacción entre moléculas de PE, U(r), cerca del sustrato o adsorbidas sobre el sustrato es menos repulsivo que en el seno de la solución; la interacción atractiva del sustrato actúa, por tanto, como una contribución adicional a la contribución global en el apantallamiento del potencial repulsivo entre moléculas de PE; en otras palabras, el espesor de la doble capa que rodea a las moléculas de PE alejadas de la superficie de la partícula, κ_{eff}^{-1}, disminuye conforme se aproximan y contactan con el sustrato.

Figura 4.22. Representación esquemática del modelo ERSA

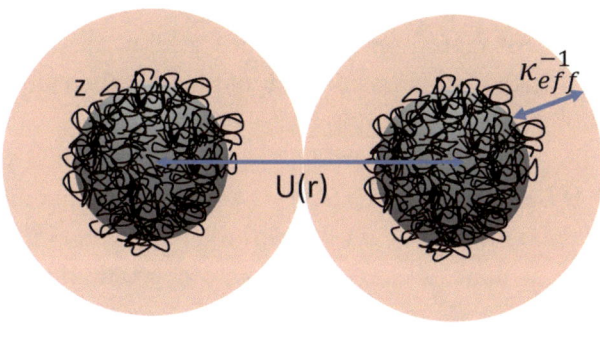

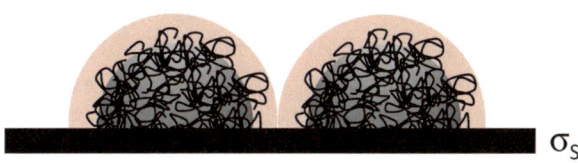

Figura 4.23. Esquema de la disminución del espesor de la doble capa efectiva, κ_{eff}^{-1}, *conforme el PE se aproxima al sustrato, según el modelo ERSA*

De este modelo se pueden extraer las siguientes conclusiones:

- Al aumentar la carga efectiva del PE, z, se incrementa el potencial repulsivo entre polímeros, U(r), por lo que κ_{eff}^{-1} aumentará. En consecuencia, el grado máximo de cobertura de la superficie, θ_{max}, y la cantidad máxima de PE adsorbido, Γ_{max}, disminuirán.
- Al incrementarse la fuerza iónica de la solución, I, se reduce el espesor de la doble capa, κ^{-1}, y con ello la efectiva, κ_{eff}^{-1}, y el potencial repulsivo, U(r). Esto se traduce en un aumento de θ_{max}, y de Γ_{max}.
- Al aumentar la densidad de carga del sustrato, σ_s, se reduce el espesor de la doble capa efectiva, κ_{eff}^{-1}, y, con ello, aumentan θ_{max} y Γ_{max}.

La determinación del efecto combinado de la densidad de carga del sustrato, σ_s, y de la fuerza iónica del medio, I, sobre la cobertura de la superficie máxima,

θ_{max}, y sobre la cantidad máxima adsorbida, Γ_{max}, y la comprobación de la validez del modelo ERSA fueron realizados por Cahill et al. (2008). Para ello, se utilizaron dos PE fuertes catiónicos de poli(amidoamina) de alto peso molecular (Mp = 935 kg/mol y 233 kg/mol) y forma dendrítica, que se adsorbieron sobre un sustrato de sílice. La carga superficial negativa de la sílice se incrementaba aumentando el pH de la solución de pH = 4 a pH = 9. La máxima cantidad adsorbida, Γ_{max}, y la máxima fracción de cobertura, θ_{max}, para el PE de mayor peso molecular son representados frente al parámetro de apantallamiento adimensional, κR_g, (figura 4.24). Para este polímero, $R_g = 9,15$ nm y κ^{-1}, espesor de la doble capa, se ha calculado a partir de la fuerza iónica del medio. Se aprecia claramente que tanto θ_{max} como Γ_{max} aumentan de forma sinusoidal con el logaritmo del parámetro de apantallamiento, κR_g, en este caso con la fuerza iónica del medio, I, (ya que R_g es constante) hasta aproximarse al límite de interferencia (*Jamming Limit*). Asimismo, se observa que, con el aumento del pH, y, con ello, la densidad de carga superficial de la sílice, σ_s, aumentan los valores de θ_{max} y Γ_{max}, siendo dicho efecto muy bajo para valores de κR_g elevados (fuerza iónica elevada). También se comprobó que la variación de la cobertura superficial máxima, θ_{max}, con estas variables (κR_g y pH) no parecen depender, o lo hacen muy poco, del peso molecular del polímero. En consecuencia, la cantidad máxima adsorbida es mayor para el polímero de mayor peso molecular, M_p.

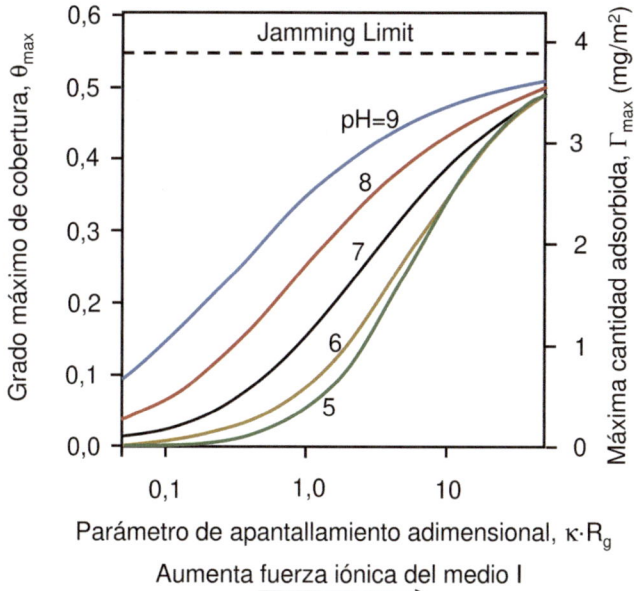

Figura 4.24. Máxima adsorción, Γ_{max}, y grado de cobertura máximo, θ_{max}, de poli(amidoamina) sobre sílice frente al parámetro de apantallamiento, $\kappa \cdot R_g$, para diferentes valores del pH. Las líneas continuas corresponden a los valores que predice el modelo ERSA, muy parecidos a los determinados experimentalmente. (Adaptado de Cahill et al. 2008)

4.2.5.2.1.2. PROPIEDADES DE LAS CAPAS DE POLIELECTROLITOS ADSORBIDOS

Las principales características de las capas de polímero adsorbido son: la masa adsorbida en condiciones de saturación, su espesor, contenido en agua y heterogeneidad lateral.

4.2.5.2.1.2.1. *MASA ADSORBIDA EN CONDICIONES DE SATURACIÓN*

La masa adsorbida en condiciones de saturación depende de los siguientes factores: masa molecular del polímero, M_p, concentración salina o fuerza iónica, I, densidad de carga del PE, z, y del sustrato, σ_s, como acabamos de analizar.

La película adsorbida corresponde a una monocapa de la cadena de PE, por lo que la masa adsorbida depende muy poco de la M_p del polielectrolito, si es lineal.

Si presenta una estructura ramificada o dendrítica, la masa adsorbida, Γ_{max}, aumenta más con M_p. Para PE muy cargados, la masa adsorbida, Γ_{max}, aumenta, de 2 a 4 veces, con el aumento de 10^{-4} a 1mol/l, concentración salina en disolución, ya que, con el aumento de la fuerza iónica del medio, I, se reduce el espesor de la doble capa que rodea al polímero y, con ello, la repulsión lateral entre polímeros (efecto apantallamiento entre polímeros), aumentando de este modo la densidad superficial numérica de polímero adsorbido (se reduce el radio circular de la semiesfera de polímero). Si el polímero está poco cargado, la masa adsorbida alcanza un máximo a elevada fuerza iónica, para decrecer posteriormente.

De forma general, la masa adsorbida de PE se incrementa conforme lo hace la carga del sustrato (superficie) y disminuye la carga del PE.

4.2.5.2.1.2.2. *Morfología de capa adsorbida*

Las cadenas de PE se adsorben sobre el sustrato individualmente, y el espaciado entre los puntos de anclaje entre ellas depende, principalmente, de la repulsión electrostática lateral entre estas cadenas de PE, por lo que esta película será lateralmente heterogénea. Así pues, la capa de PE adsorbida típicamente será delgada y heterogénea lateralmente. Para capas de PE poco cargadas, y especialmente con altos contenidos en sal, se forman capas más homogéneas.

De forma general, las capas adsorbidas de PE, en condiciones de saturación, son extremadamente delgadas, inferiores a 10nm en el mejor de los casos (polímeros de alto peso molecular, $M_p = 5600$ kg/mol, y fuerza iónica elevada, NaCl = 1 mol/l), diez veces menor al tamaño del PE en solución (figura 4.25). También se observa en esta gráfica que el espesor de la capa (en condiciones de saturación) aumenta con la fuerza iónica del medio, I. Asimismo, también aumenta con el peso molecular del PE, M_p, especialmente a altos contenidos en sal, y con la disminución de la carga del PE, z.

En lo que respecta a la heterogeneidad lateral, se ha confirmado que esta es tanto mayor cuanto más elevada es la carga del PE y más bajos son los niveles salinos.

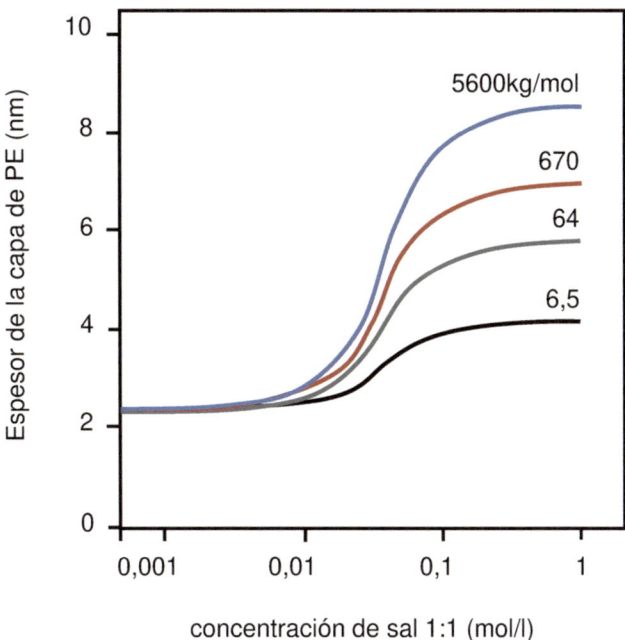

Figura 4.25. Espesor de la capa de poli(estireno sulfonato) en condiciones de saturación frente a la concentración de sal 1:1 para diferentes pesos moleculares de este PE. (Adaptado de Seyrek et al. 2011)

4.2.5.2.1.2.3. *Inversión de la caga, perfiles del potencial eléctrico en la interfase sólido-líquido y curvas: potencial ζ versus adición de PE*

Uno de los fenómenos más característicos de la adsorción de PE sobre sustratos de carga opuesta es la inversión de la carga original de la superficie, cuando se sobrepasa una determinada dosis de PE. En la figura 4.26 se han representado los perfiles de potencial eléctrico de una partícula original con la interfase cargada positivamente (figura 4.26a), y los correspondientes a esta superficie con PE negativos adsorbidos, en dos dosis: una más pequeña, a la que se consigue un potencial $\zeta = 0$ (figura 4.26b), y otra en condiciones de saturación (figura 4.26c). Para la interfase original positivamente cargada (figura 4.26a), su carga superficial se compensa por la acumulación de aniones en la capa interna y por los aniones presentes en la capa difusa; el potencial eléctrico, tanto en la capa interna como en la difusa, es positivo. Para facilitar la representación se considera que el potencial de la capa difusa es igual al potencial ζ. A una determinada dosis de PE, la carga superficial de la partícula se compensa con las cargas negativas del PE adsorbido (figura 4.26b). El potencial ζ en este caso es cero y no se desarrolla capa difusa. Cuando el PE satura la superficie (figura 4.26c), su carga negativa asociada supera la carga positiva de la interfase, resultando una carga efectiva de la partícula negativa. El potencial ζ es negativo y el potencial eléctrico va disminuyendo en valor absoluto con la distancia a la superficie. En este caso, en la capa difusa se acumulan más cationes que aniones.

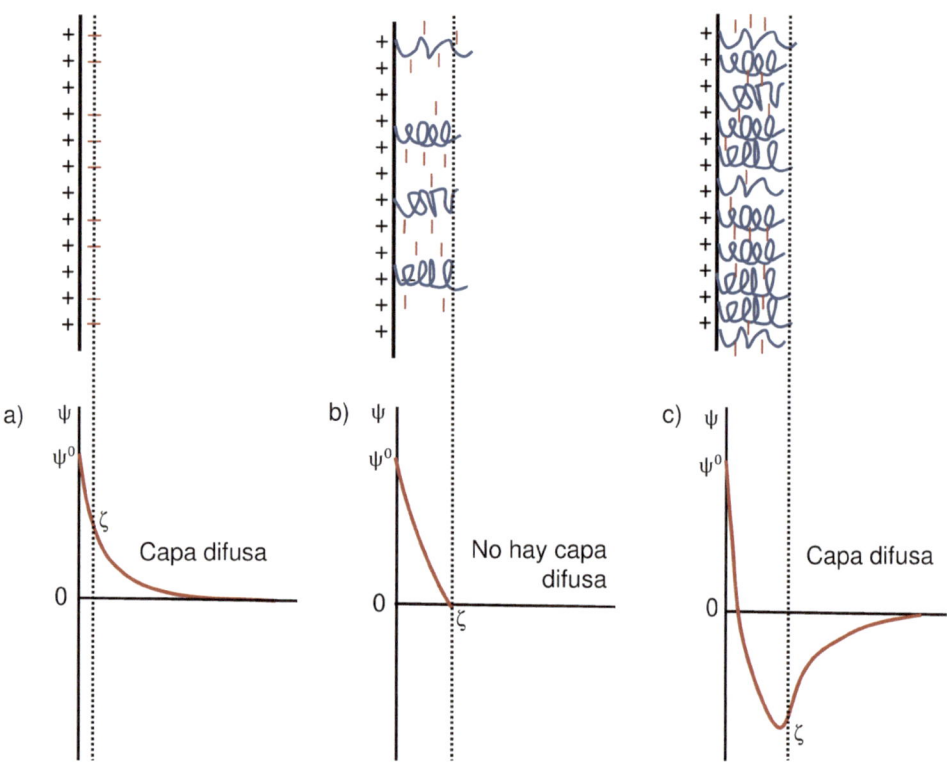

Figura 4.26. Perfiles de potencial eléctrico en función de la dosis de PE.
La superficie de la partícula original está cargada positivamente y el PE
es un polianión. a) *Sin PE.* b) *Dosis de PE inferior a la que se anula el potencial ζ.*
c) *Dosis de PE a la que satura la superficie*

La representación de la movilidad electroforética, μ_E, de una partícula cargada positivamente, frente a la dosis original de un PE aniónico, en escala logarítmica, se muestra en la figura 4.27. A dosis muy bajas de PE, la movilidad de las partículas es elevada y su carga, altamente positiva (figura 4.26a). Con una mayor dosis de PE, μ_E va disminuyendo, debido a la adsorción de PE. La movilidad cambia de signo (de positiva a negativa), a una determinada dosis de polímero (el punto isoeléctrico, ISP) (figura 4.26b). Posteriores adiciones de PE conducen a incrementos paralelos de su adsorción, lo que provoca un aumento de la carga negativa efectiva del sistema (partículas + polímero) y, en consecuencia, de la movilidad. A dosis aún mayores de PE, se satura la superficie de la partícula (*Adsorption Saturation Point*, ASP) (figura 4.26c) y, por tanto, su carga efectiva y la movilidad electroforética permanecen constantes. De forma general, conforme se incrementa la fuerza iónica del medio, se reduce el valor absoluto de la movilidad electroforética, pero no se altera el isp, al igual que ocurría en las curvas: movilidad o potencial ζ frente al pH (figura 2.16).

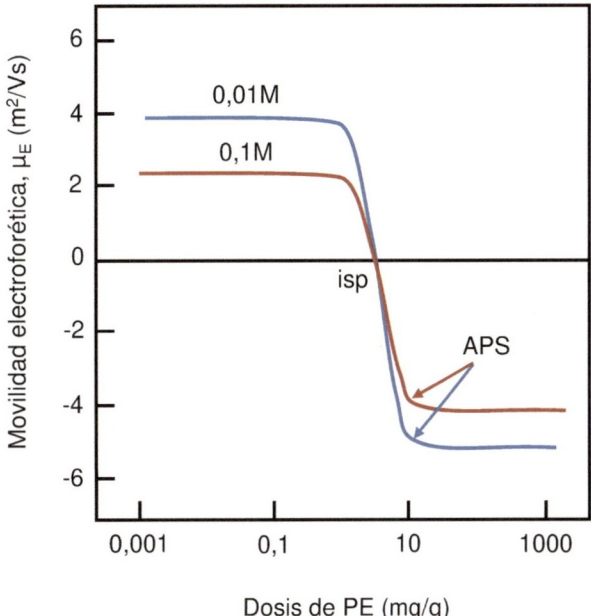

Figura 4.27. Movilidad electroforética, μ_E, de partículas de látex cargadas positivamente frente a la dosis de PE aniónico, para dos fuerzas iónicas del medio diferentes: 0,01 M y 0,1 M. (Adaptado de Hierrezuelo et al. 2010)

4.2.5.2.2. Polielectrolitos débiles. Su adsorción sobre superficies cerámicas

Como se ha visto antes, las partículas cerámicas, tanto oxídicas como no oxídicas, dispersas en medios acuosos, adquieren carga eléctrica cuya naturaleza y magnitud depende del pH y de la fuerza iónica, I. Análogamente, la carga de los PE débiles también depende del pH y de la fuerza iónica del medio, I, como se ha visto para el caso de PE aniónicos (figura 4.19). Por consiguiente, las curvas de adsorción del sistema: superficie cerámica-PE, van a depender más de estas condiciones de la solución (pH e I) que, en el caso de PE fuertes, ya que tanto la carga del sustrato como la carga del PE varían con estas variables. No obstante, los resultados en el intervalo de pH en el que la carga de la partícula es de signo contrario a la del polímero pueden interpretarse con el modelo ERSA antes descrito.

En el trabajo, ya clásico, de Cesarano III, Aksay y Bleier (1988), sobre el sistema Al_2O_3-PMAA-Na, se calcularon los valores de la carga superficial de la Al_2O_3 en función del pH, para dos concentraciones de cloruro sódico (figura 4.28). Al observar, simultáneamente, la curva de ionización del PMMA (figura 4.19) y la de variación de la densidad de carga de la alúmina con el pH (figura 4.28) se desprende que debe existir una atracción electrostática entre la alúmina cargada positivamente en el intervalo 3,5 < pH < 8,5 y el PMMA cargado negativamente en este mismo intervalo. Así pues, conforme aumenta el pH disminuye la densidad de carga del sustrato y aumenta la del PE, lo que, de acuerdo con el modelo ERSA, conduce a una disminución de la cantidad máxima adsorbida, Γ_{max} (figura 4.29). Además, las curvas de adsorción (figura 4.29) son las correspondientes a un sistema de alta afinidad (figura 4.21), ya que, hasta que se satura la superficie todo el PE añadido se adsorbe. Para valores del pH inferiores al punto de carga cero, zpc (figura 4.28), pH < 8, y para dosis iniciales inferiores a la de saturación, la carga neta de la alúmina es positiva, por lo que el PE y la alúmina tienden a atraerse mutuamente. Ahora bien, incluso cuando la carga neta de la alúmina es negativa, siempre existen sitios de carga positiva en los que pueden anclarse las cadenas de PE. Además, la formación de enlaces entre el grupo carboxilo y el aluminio, en este caso también posibilita la adsorción. No obstante, en este caso, la curva de adsorción ya no es de alta afinidad puesto, puesto que esta se aparta de la recta de adsorción 100 % a concentraciones iniciales en solución muy inferiores a la de saturación (curva a pH = 9,8).

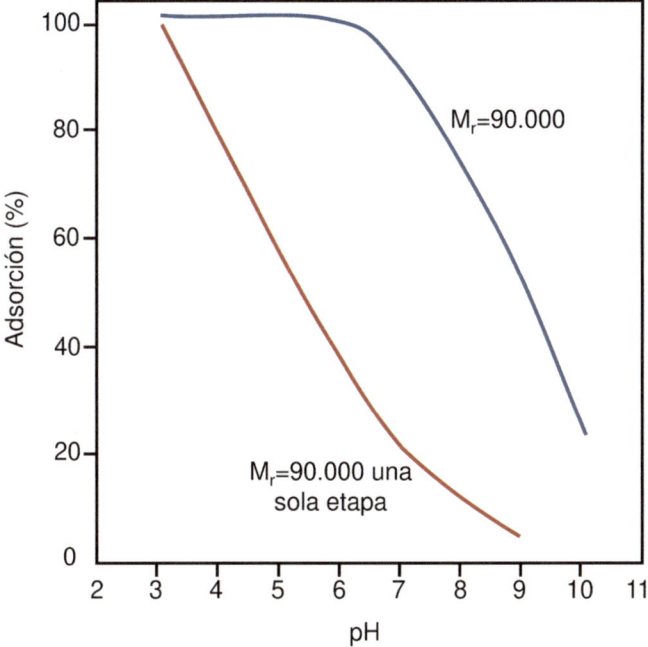

Figura 4.30. Adsorción de PAA sobre Si₃N₄ en función del pH. Línea roja corresponde a una sola etapa y azul, preadsorción a pH = 3 y posterior ajuste al pH final. (Basado en los resultados de Hackley 1997)

Comportamientos similares se tienen al estudiar la adsorción de ácidos polia-crílicos o de sus sales en diferentes partículas cerámicas, tales como TiO_2 (Liufu, Xiao y Li 2005) y ZrO_2 (Pedersen y Bergström 1999).

4.2.5.2.2.1. PROPIEDADES DE LA CAPA ADSORBIDA

4.2.5.2.2.1.1. MASA ADSORBIDA EN CONDICIONES DE SATURACIÓN. INFLUENCIA DEL PROCEDIMIENTO

La masa adsorbida en condiciones de saturación, Γ_{max}, de forma general, aumenta con el peso molecular del PE, M_p, y con la fuerza iónica del medio, I. No obstante, a igualdad de I, la adsorción también depende del tipo de electrolito puesto que la capacidad de adsorción del ion sobre el sustrato y de formar complejos con

233

el PE afecta considerablemente la adsorción del PE sobre la superficie de la partícula. En este sentido, se ha confirmado experimentalmente y de forma reiterada que la presencia de Ca en solución incrementa la adsorción de PAA sobre partículas de circona (Vedula y Spencer 1991), titania (Foissy, Attar y Lamarche 1983, Christian 2020), alúmina (Dupont et al. 1993) y caolín (Järnström y Stenius 1990). En lo que respecta a la carga del polímero (grado de ionización, α), un aumento de α reduce la adsorción, mientras que un aumento de la del sustrato la incrementa (modelo ERSA), siendo ambas características dependientes, en gran medida, de pH y en menor medida de la fuerza iónica del medio. Además, también depende del proceso de adsorción seguido, como ya se ha indicado en el apartado anterior. Recuérdese que adsorber el PAA a bajos pH, pH = 3, e incrementar posteriormente el pH, conduce a adsorciones más altas que adsorber el PE al último pH.

4.2.5.2.2.1.2. *Morfología de la capa adsorbida*

Al igual que ocurría en el caso de PE fuertes, el tamaño de la capa adsorbida aumenta, por una parte, conforme lo hace el peso molecular del PE, M_p, y la fuerza iónica del medio, I, y, por otra, de la magnitud y la naturaleza de las cargas del sustrato y del PE, estas últimas dependientes en gran medida del pH. En el caso de PE aniónicos, como todos los ácidos policarboxílicos o sus sales, cuando se adsorben sobre sustratos cerámicos, con valores de zpc neutros o básicos, como es el caso de la alúmina (zpc = 8,5), circona (zpc = 6-7), nitruro de silicio (zpc = 6), el espesor de la capa de polímero aumenta con el pH (figura 4.31). Es decir, a bajos pH el polímero se adsorbe esencialmente en una conformación plana, debido a la baja carga del PE y a la elevada carga positiva del sustrato. Conforme se incrementa el pH, el PE adopta una conformación «loops and tails» y el PE se va extendiendo en la solución, aumentando su espesor. Con el aumento del pH, la carga negativa del PE aumenta y disminuye la carga positiva del sustrato.

En el supuesto de que el proceso de adsorción se realice en dos etapas (figura 4.32) se aprecia que ajustando en la primera etapa la solución a un pH alto (figura 4.32a) (el sustrato y el PE están muy cargados negativamente) se consigue que la adsorción del PE sea baja y el espesor de la capa grande; si posteriormente ajustamos el pH de la solución a un valor bajo, el espesor se reduce, tanto más cuanto más baja es la fuerza iónica (mayor es la atracción sustrato-PE al reducirse el apantallamiento). A bajos pH (figura 4.32b) (carga del sustrato positiva y elevada y el PE muy poco cargado negativamente o neutro) se logra una adsorción alta y un espesor de capa delgada; si, a continuación, llevamos el pH a valores altos, aumenta el espesor de la capa, debido a un incremento considerable de las cargas negativas del sustrato y del PE, que conducen a una repulsión. Por el contrario, la adsorción sigue siendo muy alta; en este caso, el efecto de la fuerza iónica del medio sobre el espesor de capa debe ser el contrario.

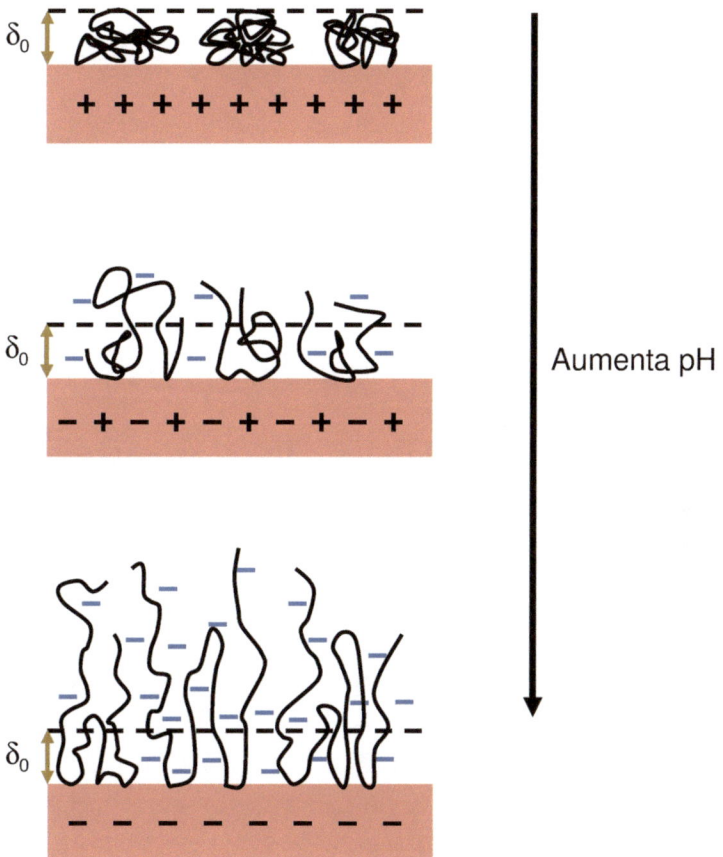

Figura 4.31. Variación del espesor de la capa de PE adsorbida sobre un sustrato de punto de carga cero neutro o básico con el pH. δ_0 es el espesor de la capa de PE a pH alto

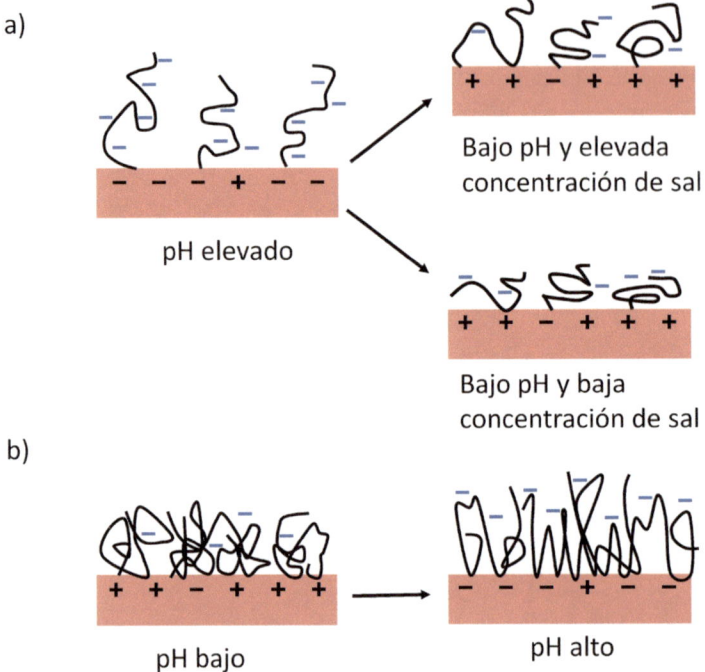

*Figura 4.32. Efecto del pH y de la concentración salina sobre
la conformación del PE aniónico adsorbido sobre un sustrato de punto
de carga cero neutro o básico*

*4.2.5.2.2.1.3. Inversión de la carga, curvas electrocinéticas y perfiles
del potencial eléctrico en la interfase sólido-líquido*

En este caso, puesto que tanto el grado de ionización del PE (densidad de carga eléctrica) como la carga de la superficie dependen del pH, la dosis inicial de PE a la que se produce la inversión de la carga (se anula la carga neta del sistema y no hay movilidad electroforética) también dependerá del pH. Así pues, para cada sistema: sustrato-pH, se obtendrá una curva análoga a la figura 4.27, de la que pueden obtenerse el punto isoeléctrico, isp, y el punto al que se satura la superficie de PE, ASP. Únicamente, si en determinadas condiciones, la carga del PE es muy baja y la carga opuesta de la partícula elevada puede no alcanzarse el punto isoeléctrico. A diferentes pH, se obtienen un conjunto de curvas: movilidad electroforética-dosis inicial de PE, de las que se determinan los valores del isp y el ASP para cada pH (figura 4.33). A pH muy ácidos (curva a), el grado de ionización del PE se aproxima a cero. Ahora bien, debido a la elevada carga de la superficie, los grupos carboxilo en contacto con ella experimentan una pequeña ionización. Por consiguiente, el PE conforme se va adsorbiendo va contrarrestando la carga positiva de la partícula. No obstante, como la carga del PE es pequeña no llega a neutralizarla completamente la carga de la partícula. No se aprecia punto isoeléctrico. A pH neutros o ligeramente ácidos (curvas b y c), el grado de ionización del PAA ya es significativo, por lo que el isp se alcanza para adiciones de PE tanto más bajas cuanto mayor es el pH. Además, la dosis a la que se satura la adsorción sigue la misma tendencia, ya que la carga neta de la superficie disminuye conforme el pH se aproxima al zpc del sustrato, zpc >6. A pH muy básicos, 2 o 3 puntos más altos que el zpc del sustrato (curva d), la ionización del PE es completa y la carga neta de la partícula también muy negativa, por lo que no hay adsorción de PE; la carga de la superficie y la movilidad electroforética, μ_E, correspondientes son muy negativas y no dependen de la cantidad de PE añadido. Por lo general, resulta más cómodo y rápido determinar experimentalmente la movilidad electroforética de un sistema modificando el pH de la suspensión para cada uno de los contenidos de PE seleccionados. La representación de los valores de μ_E frente a los del pH, para una dosis inicial de PE, se denomina curva electroforética (figura 4.34). De ellas, se obtiene la variación que sigue el punto isoeléctrico, valor del pH al que μ_E es cero, isp, con la cantidad de PE añadido (figura 4.35). Al igual que sucedía en las curvas electrocinéticas de partículas sin PE, el valor absoluto de la μ_E disminuye conforme se incrementa la fuerza iónica mientras que el isp no cambia.

Para un PAA y una superficie cerámica de punto de carga cero, zpc = 5-8, la conformación de PAA y su interacción con la interfase sólido-solución depende notablemente del pH. En la figura 4.36 se han esquematizado las configuraciones del PE, la variación del potencial eléctrico con la distancia de separación a la superficie y el plano de cizalla en función del pH. La dosis de PE, en todos los casos, corresponde a la saturación. Su análisis permite comprender más fácilmente las curvas de movilidad electroforética de la figura 4.34.

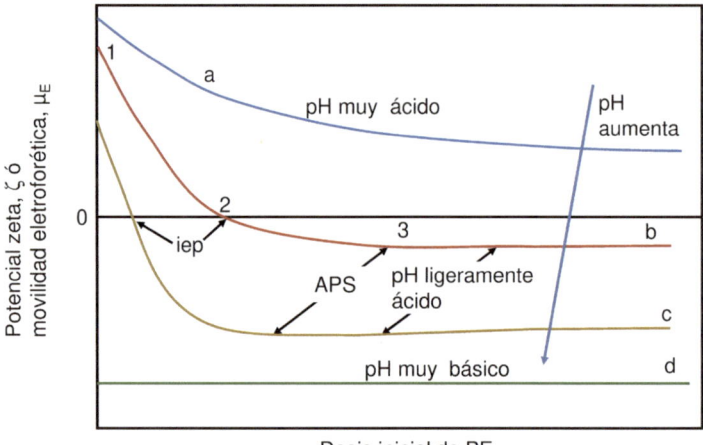

Figura 4.33. Variación de la movilidad electroforética, μ_E, o del potencia zeta, ζ, frente a la dosis inicial de PE aniónico para diferentes pH de la solución. a) pH muy ácido. b) y c) pH ligeramente ácidos. d) pH muy básico. Sustrato con zpc > 6. 1, 2 y 3 corresponden a las configuraciones a), b) y c) de la figura 4.26

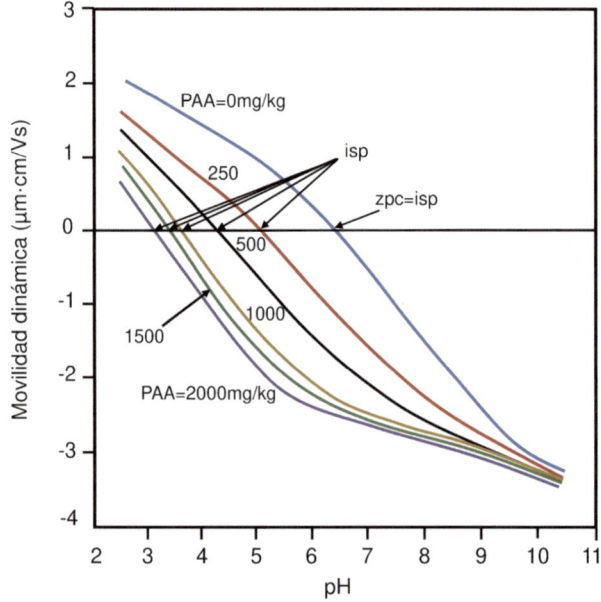

Figura 4.34. Variación de la movilidad electroforética, μ_E, con el pH para distintas dosis iniciales de PAA. Sustrato Si_3N_4. (Adaptado de Hackley 1997)

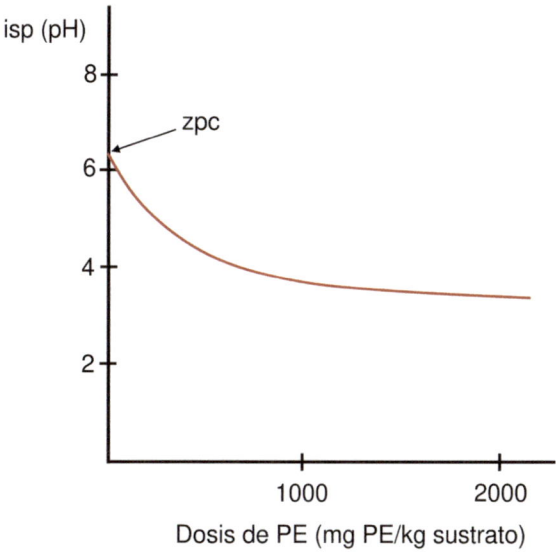

Figura 4.35. Variación del punto isoeléctrico, isp, con la dosis de PAA, para una suspensión de Si_3N_4. Resultados obtenidos de la figura 4.34

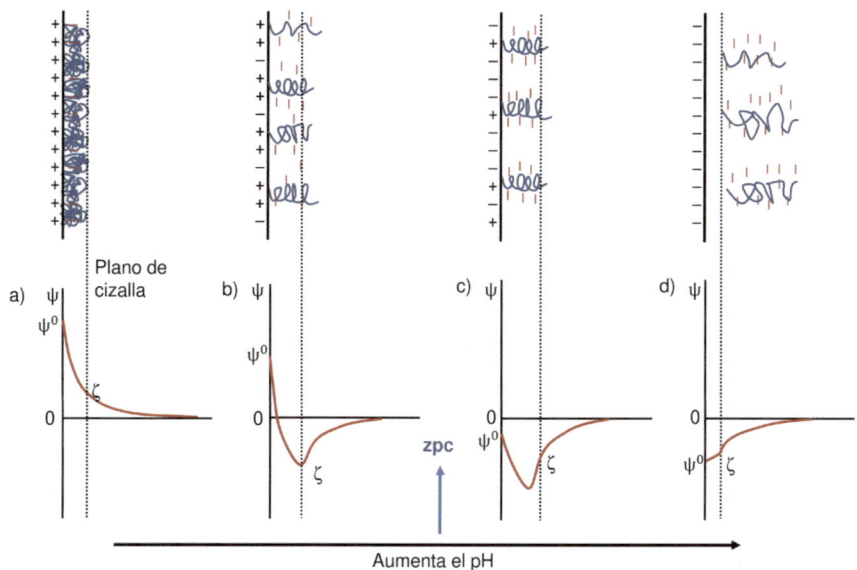

Figura 4.36. Variación de la configuración del PE y de la curva potencial eléctrico-distancia a la superficie con el pH. Se indican el plano de cizalla, el potencial superficial, Ψ^0, y el potencial zeta, ζ

4.2.5.3. Curva de energía potencial de interacción

Cuando dos superficies planas recubiertas de PE se aproximan, las tres contribuciones energéticas a tener en cuenta son la atractiva de Van der Waals, W_{vdW}, la repulsiva debida al solapamiento de las dobles capas de PE, W_{EDL}, y la repulsiva debida al solapamiento de las capas de PE, W_{est}. Ahora bien, a la hora de sumar las tres contribuciones debe tenerse en cuenta que, para el cálculo de la W_{EDL}, la distancia de separación entre partículas es siempre h-2Δ, siendo Δ la distancia del plano de cizalla a la superficie de la partícula (correspondiente al potencial ζ). Generalmente, a los PE aniónicos, que se adsorben sobre partículas cerámicas, les corresponden la configuración que se esquematiza en la figura 4.37a. Es decir, la distancia a la superficie, Δ, suele ser menor que el espesor de la capa de polímero adsorbida, L. Únicamente cuando el PE está poco cargado, Δ y L son parecidos (figura 4.36a y b).

Las curvas de energía potencial de interacción total y de cada una de las contribuciones se detallan en la figura 4.37b. La repulsión electrostática, W_{EDL}, es la primera que comienza a ser efectiva conforme se aproximan las partículas (h > 2L); a distancias más cortas (h < 2L) se suma a esta contribución la estérica, W_{est}, y prácticamente de forma simultánea la atracción de Van der Waals. Las curvas de interacción correspondientes a cada una de estas contribuciones, $W_i(h)$, se calculan con las expresiones correspondientes antes descritas. Ahora bien, es prácticamente imposible conocer a priori los valores de Δ y L, debido a su marcada dependencia de las características de la solución (pH, I) y de la naturaleza de la partícula y del PE. No obstante, estos parámetros se pueden obtener de las curvas: fuerzas de interacción frente a h experimentales. El procedimiento consiste en ajustar adecuadamente los resultados experimentales a los teóricos, eligiendo juiciosamente los parámetros antes descritos (L, Δ). Al efecto, en la figura 4.38 se representan las curvas de fuerza para un sistema: óxido cerámico con zpc > 6 (tales como alúmina, circona, etc.)-PE (tipo PAA o PMAA), para tres fuerzas iónicas del medio distintas, cuya configuración de polímero adsorbido sobre el sustrato sería la de la figura 4.32b.

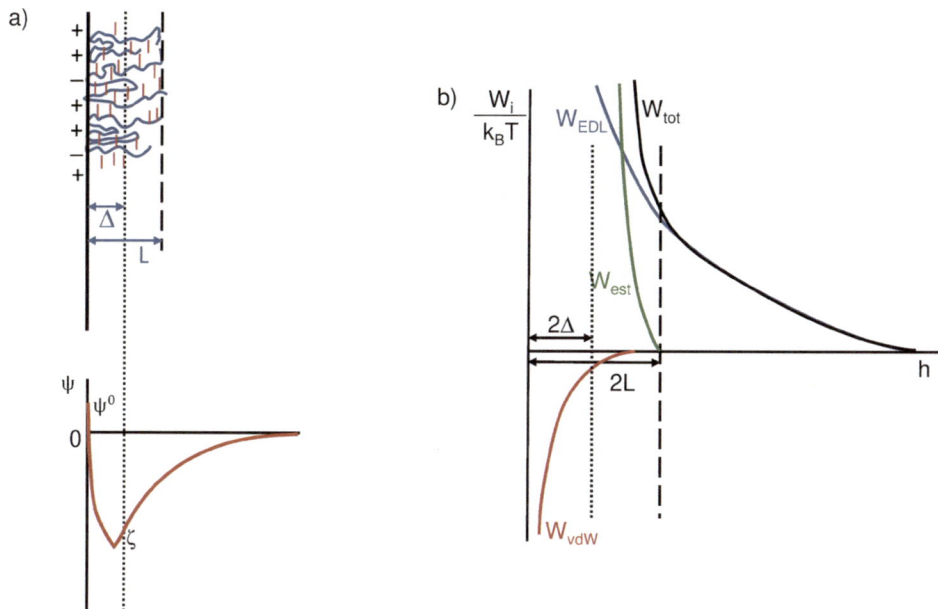

Figura 4.37. Curva de energía potencial de interacción correspondiente a la estabilización electrostérica. a) *Configuración del polímero y potencial eléctrico frente a la distancia.* b) *Contribuciones energéticas que intervienen en la estabilización electrostérica: repulsión entre las dobles capas, W_{EDL}, repulsión entre capas de PE, W_{est}, atracción Van der Waals, W_{vdW}*

En la figura 4.38 se aprecia claramente que la repulsión debida al solapamiento de las dobles capas es una recta en escala logarítmica. La magnitud de la repulsión y su alcance disminuyen considerablemente con el incremento de la fuerza iónica, I, de acuerdo con el modelo ec. 3.67, debido, principalmente, a la disminución del espesor de la doble capa, κ^{-1}, con esta variable, I, (ec. 3.37). La contribución estérica, W_{est}, que puede estimarse como la diferencia entre la W_{tot} y la W_{EDL} es muy grande a pequeñas distancias, alcanzando valores de hasta el 90 % del W_{tot}.

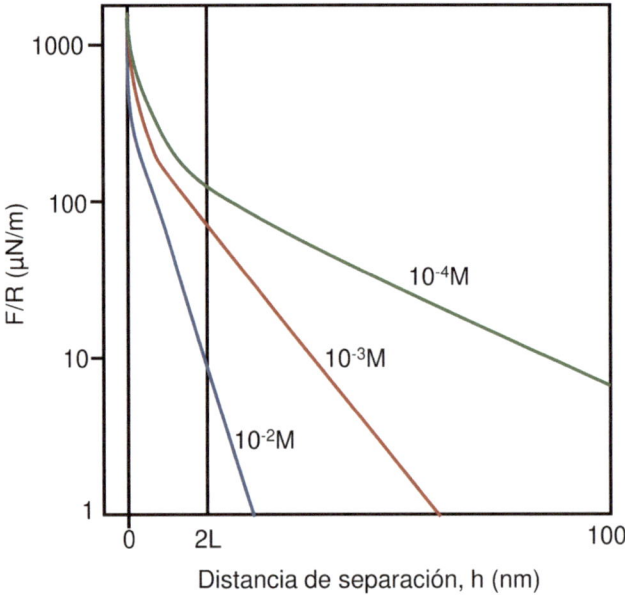

Figura 4.38. Curvas de fuerza entre superficies recubiertas por PE adsorbido
para diferentes fuerzas iónicas del medio. Configuración del PE análoga
a la de la figura 4.32b

Al igual que ocurría en la estabilización electrostática, para disponer de suspensiones estables mediante el mecanismo electrostérico, es necesario que la movilidad electroforética, μ_E, sea alta, lo que implica que el pH de trabajo sea mayor que el punto isoeléctrico, aproximadamente en, al menos, dos puntos. A esta condición hay que añadir que el PE deba adsorberse homogéneamente sobre toda la superficie de la partícula, en las condiciones de trabajo. En caso contrario, se produce una atracción electrostática entre la superficie libre de polímero de la partícula, de carga opuesta al PE, y el PE ya adsorbido en otra partícula (*attractive path-charge interactions*) (figura 4.39).

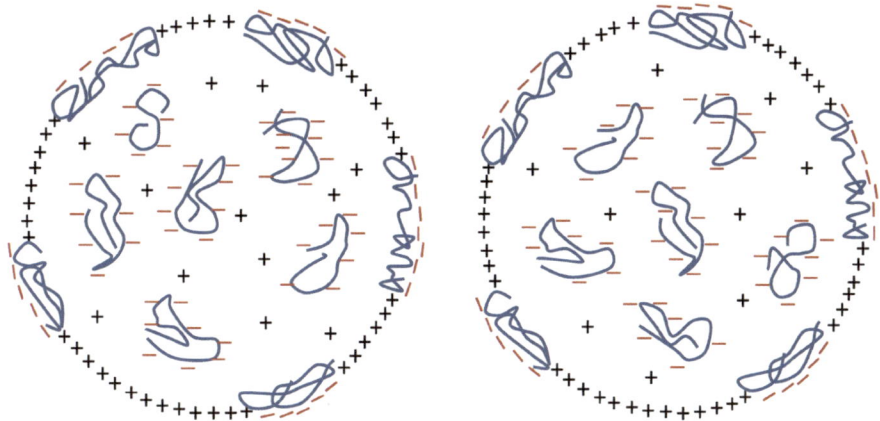

*Figura 4.39. Interacción atractiva entre partículas debido a una falta
de saturación de la superficie*

4.2.5.4. Mapas de estabilidad

Por lo general, los mapas de estabilidad de este tipo de suspensiones preparadas por PE débiles son las más complejas y difíciles de interpretar. Por ello, la representación de cualquier propiedad que cuantifique la estabilidad (sedimentación de la suspensión, punto de flujo, etc.) frente al pH (manteniendo constante las restantes variables de operación: dosis de PE, temperatura, etc.) debería ir acompañada de la variación de las propiedades electrocinéticas (potencial zeta, ζ, o movilidad electroforética, μ_E), de la cantidad máxima de polímero adsorbido, Γ_{max}, y del grado de ionización del PE con esta misma variable.

A título de ejemplo, en la figura 4.40a se ha representado, para una suspensión medianamente densa, $\phi = 0,3$, de zpc = 6, la variación que siguen la tensión de fluencia, σ_y, y la movilidad electroforética, μ_E, frente al pH, a una fuerza iónica constante (I = 0,01 M); en la figura 4.40b se han representado las curvas que resultan de añadir inicialmente una dosis de PAA o PMAA suficiente para saturar la superficie cerámica; y, por último, en la figura 4.40c, la variación que siguen la adsorción máxima de polímero, Γ_m, y su grado de ionización, α, con el pH.

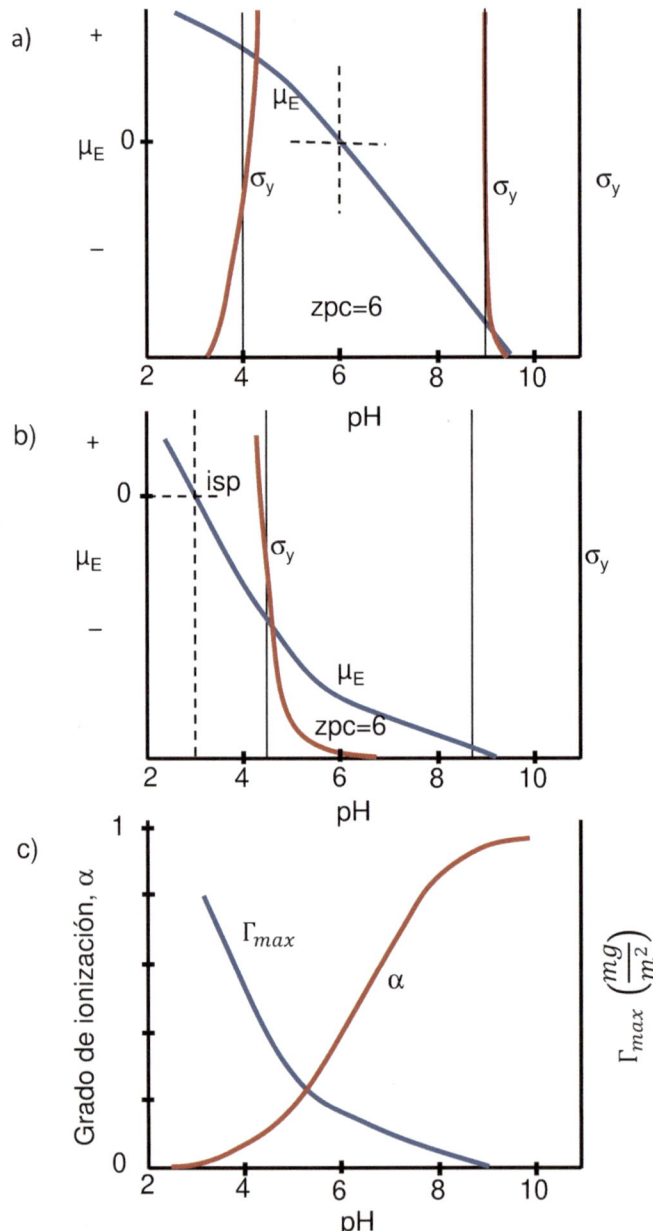

Figura 4.40. Variación de la movilidad electroforética, μ_E, y la tensión de fluencia, $\sigma_{y'}$ con el pH. a) Sin PE aniónico añadido. b) Con PE aniónico añadido. c) Variación de la adsorción máxima de PE, $\Gamma_{max'}$ y de su grado de ionización, α. Partícula cerámica de zpc = 6

Para la suspensión sin PE (figura 4.40a), las dos curvas σ_y frente al pH son prácticamente verticales. En el intervalo de pH ≤ 4, muy ácidos, la densidad de carga superficial del óxido es alta y positiva, por lo que la movilidad electroforética también lo es ($\mu_E \ggg 0$). En estas condiciones, el sistema está estabilizado por solapamiento de las dobles capas y la tensión de fluencia es baja o cero. Así pues, para pH $\leq$ zpc-2 (izquierda de la vertical de la figura 4.40a) el sistema es estable. El mismo razonamiento puede aplicarse para suspensiones a pH muy básicos. En este caso, par valores de pH > zpc + 3 (derecha de la vertical de la figura 4.40a), el sistema también es estable, pero la densidad superficial de la partícula es muy negativa y la movilidad electroforética, μ_E, también. Justamente para las suspensiones neutras, ligeramente ácidas o básicas ($4 \leq$ pH ≤ 9), el sistema es inestable.

Al añadir PE aniónico a la suspensión (figura 4.40b), el punto isoeléctrico, isp (el valor del pH al que la movilidad electroforética se anula), se sitúa a un pH muy ácido (isp = zpc-3 = 3), por lo que, incluso a valores ácidos (pH $\approx 4,8$) (línea vertical de la figura 4.40b), la carga superficial efectiva (conjunto partícula + PE) y la movilidad electroforética, μ_E, son muy negativas. En consecuencia, para valores del pH mayores que el indicado (derecha de la recta a pH = 4,8 de la figura 4.40b), la suspensión es estable, la tensión de fluencia, σ_y, es muy baja o cero. Ahora bien, el mecanismo de estabilización de la suspensión cambia con el pH. En efecto, para valores de $4,8 \leq$ pH ≤ 9, la combinación de la adsorción máxima del polianión, Γ_{max}, que disminuye con el pH hasta anularse a pH ≈ 9, y el aumento del grado de disociación del PE, α, que aumenta con el pH hasta completarse a pH $\approx 9,5$, conducen a un aumento de la carga negativa efectiva del conjunto: partícula + PE, por lo que el mecanismo es de repulsión electrostérica. Por el contrario, para valores de pH > 9 (a la derecha de la recta de la figura 4.40b), ya no queda PE adsorbido (figura 4.40c), por lo que la estabilización es de tipo electrostático, originado por las cargas de la superficie de las partículas.

Así pues, la adición de un PE aniónico (tales como PAA y PMAA), conduce a suspensiones estabilizadas, que van desde valores ligeramente ácidos a muy básicos.

Determinando los valores de σ_y frente al pH, para diferentes dosis de PE, se obtienen los valores de pH a los que la tensión de fluencia se anula. A partir de estos resultados se pueden dibujar los mapas de estabilidad; es decir, el conjunto de pares de valores dosis inicial-pH, para los que la suspensión es estable e inestable para el sistema en concreto (peso molecular del PE, fuerza iónica, etc.). Para suspensiones estabilizadas electrostática o electrostéricamente, la repulsión por solapamiento de las dobles capas, EDL, es proporcional al cuadrado del potencial zeta, ζ. Además, se considera, generalmente, que valores del potencial zeta, ζ, en valor absoluto mayores que 40 mV son suficientes para estabilizar las suspensiones mediante este mecanismo. En consecuencia, puede considerarse esta característica ($|\zeta| = 0{,}4$) como propiedad determinante del límite de estabilidad de este tipo de suspensiones. Es decir, para $|\zeta| \geq 0{,}4$ la suspensión es estable, y para $|\zeta| < 0{,}4$, $< 0{,}4$, inestable.

En la figura 4.41 se aprecian claramente tres áreas perfectamente delimitadas por las curvas: dosis inicial de PE-pH a altos y bajos pH; es decir, los pares de valores pH-dosis inicial de PE, a los que $|\zeta| = 0{,}4$. La región coloreada de verde corresponde a la zona estabilizada por repulsión EDL de tipo electrostático, es decir, debido a la densidad de carga superficial de la partícula positiva. La región coloreada de rojo señala la zona en la que la suspensión está estabilizada por la repulsión EDL, pero debido a la carga negativa (efectiva): partícula + PE (repulsión electrostérica). Ambas regiones están bastante separadas de la curva: punto isoeléctico (isp)-pH. La región entre ambas zonas (sin colorear) es inestable por el mecanismo de repulsión EDL, debido a que la densidad de carga superficial de la partícula y la efectiva son bajas y, en consecuencia, el potencial zeta, $|\zeta|$, es menor que el requerido para contrarrestar las fuerzas de Van der Waals. Ahora bien, en esta área, la suspensión puede estabilizarse mediante el mecanismo estérico.

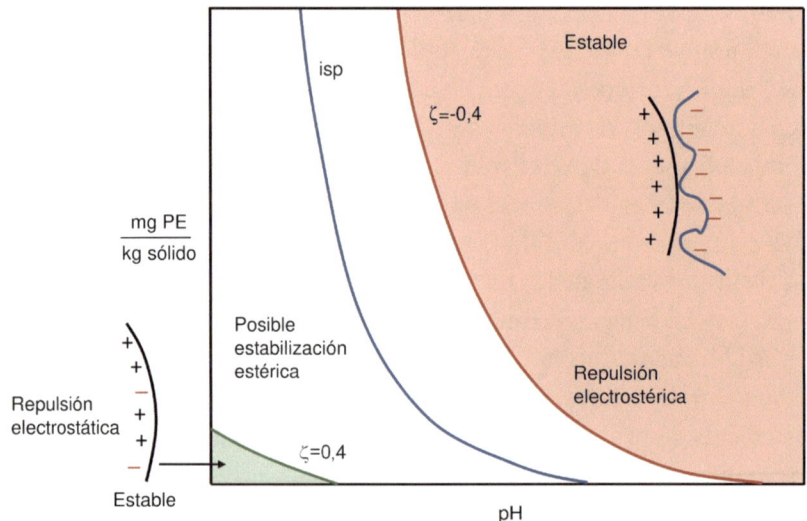

Figura 4.41. Mapa de estabilidad de una suspensión estabilizada mediante la adición de PE, basada en el criterio de un potencial zeta, ζ, crítico. Región estable, $|\zeta| \geq 0{,}4$. Se incluye la variación del punto isoeléctrico, isp, con la dosis inicial de PE

En efecto, la energía potencial de interacción total por unidad de superficie (ec. 4.11) es la suma de la contribución de Van der Waals, W_{vdW}, electrostática, W_{EDL}, y estérica, W_{est}.

$$W_{tot}(h) = W_{vdW}(h) + W_{EDL}(h) + W_{est}(h) \qquad \text{ec. 4.11}$$

En consecuencia, la suspensión puede ser estable dependiendo de la magnitud y alcance de la repulsión estérica, respecto a las otras dos contribuciones, tal y como se aprecia en la figura 4.42. En este caso, el espesor de la capa de PE es suficiente para contrarrestar la atracción de Van der Waals. La pequeña contribución debido a la repulsión EDL puede ser debida a una fuerza iónica del medio muy elevada. Estos resultados ponen de manifiesto que, seleccionando adecuadamente el peso molecular y tipo de PE, se pueden conseguir suspensiones estables con elevadas fuerzas iónicas del medio, I.

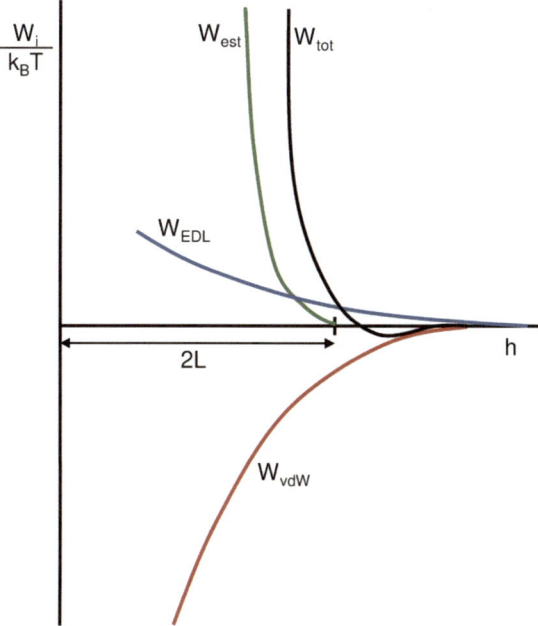

Figura 4.42. Curva de energía de interacción total y de sus contribuciones, correspondiente a un sistema partícula-PE, estabilizado por el mecanismo estérico

CAPÍTULO 5
Coloide-química de las suspensiones arcillosas y de materiales de cerámica blanca

5.1. INTRODUCCIÓN

Los minerales arcillosos, además de ser los componentes que en mayor o menor medida forman parte de prácticamente todas las formulaciones, poseen unas características propias (tabla 5.1) que los diferencian tanto del resto de los coloides, por lo que requieren que sean tratados aparte.

Tabla 5.1. Características de los minerales arcillosos que los diferencian del resto de los coloides

Características de los minerales arcillosos que los diferencian del resto de los coloides
Partículas muy anisométricas
Partículas muy irregulares
Distribución ancha del tamaño de partícula
Diferentes tipos de carga eléctrica superficial: permanente y dependiente del pH
Distribución heterogénea de la carga eléctrica
Capacidad de cambio catiónico
Flexibilidad de las capas
Diferentes modos de agregación

A la vista de la estructura cristalina y de la composición química de los minerales arcillosos, estos deben considerarse sales de polianiones rígidos bidimensionales y cationes compensadores de carga (intercambiables). Pueden tratarse, por tanto, como polímeros inorgánicos formados: por láminas octaédricas continúas constituidas por la repetición de un monómero octaédrico (figura 5.1) y láminas tetraédricas continuas, cuyo monómero básico es el tetraedro de sílice (figura 5.2) (Bergaya y Lagaly 2006). En los minerales arcillosos 1:1 (layer 1:1), la lámina tetraédrica está unida a una cara de la octaédrica; en los tipo 2:1, cada cara de la lámina octaédrica está unida a dos tetraédricas, tipo sándwich (figura 5.3) (Brigatti, Galan y Theng 2006).

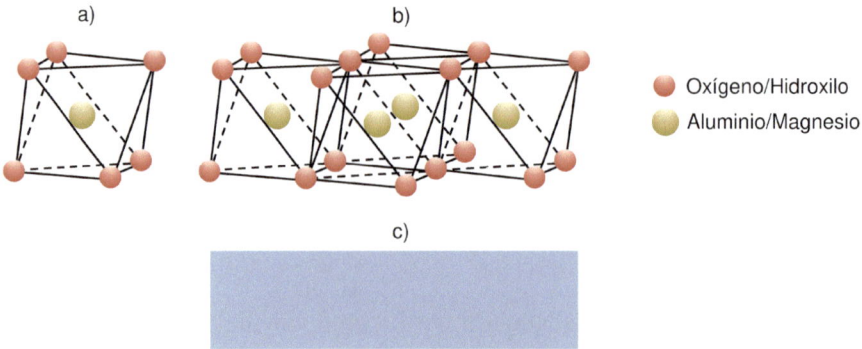

Figura 5.1. Estructura de la lámina octaédrica de los minerales arcillosos.
a) Octaedro. b) Lámina octaédrica. c) Representación esquemática
de la capa octaédrica

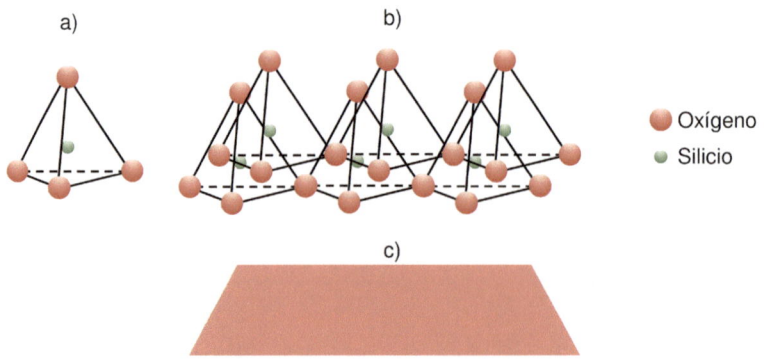

Figura 5.2. Estructura de la lámina tetraédrica de los minerales arcillosos.
a) Tetraedro de sílice. b) Lámina tetraédrica. c) Representación esquemática
de la capa tetraédrica

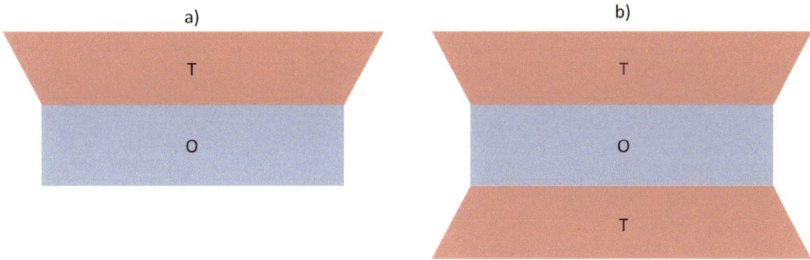

Figura 5.3. Estructuras cristalinas de los minerales arcilloso. a) Estructuras de capa 1:1. b) Estructuras de capa 2:1

5.2. ESTRUCTURAS CRISTALINAS DE LOS MINERALES ARCILLOSOS MÁS FRECUENTES EN LA INDUSTRIA CERÁMICA

1) Estructuras de capa 1:1 (caolinita y serpentina) (figura 5.4)

Existen dos variantes de esta estructura, dependiendo de qué el catión ocupa el hueco octaédrico. Si es de valencia 3, R^{+3}, (Al^{+3} o Fe^{+3}), la celda unidad de la lámina octaédrica contiene dos octaedros y a su estructura se le denomina capa 1:1 dioctaédrica (dioctahedral 1:1 layer); si el catión es de valencia 2, R^{+2}, (Mg^{+2} o Fe^{+2}), la celda unidad contiene tres octaedros, por lo que a su estructura se le denomina capa 1:1 trioctaédrica.

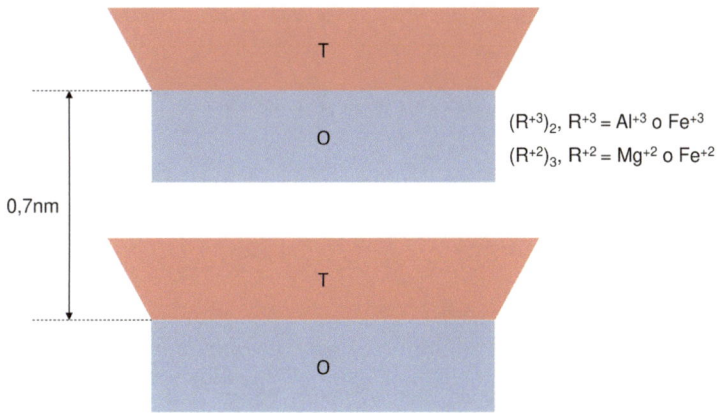

Figura 5.4. Estructuras de capa 1:1 (caolinita y serpentina)

2) Estructuras de capa 2:1 (pirofilita y talco) (figura 5.5)

También como en el caso anterior existen dos estructuras: la dioctaédrica y la trioctaédrica, según la carga del catión que ocupa el hueco octaédrico, sea la carga +3, R^{+3}, o +2, R^{+2}.

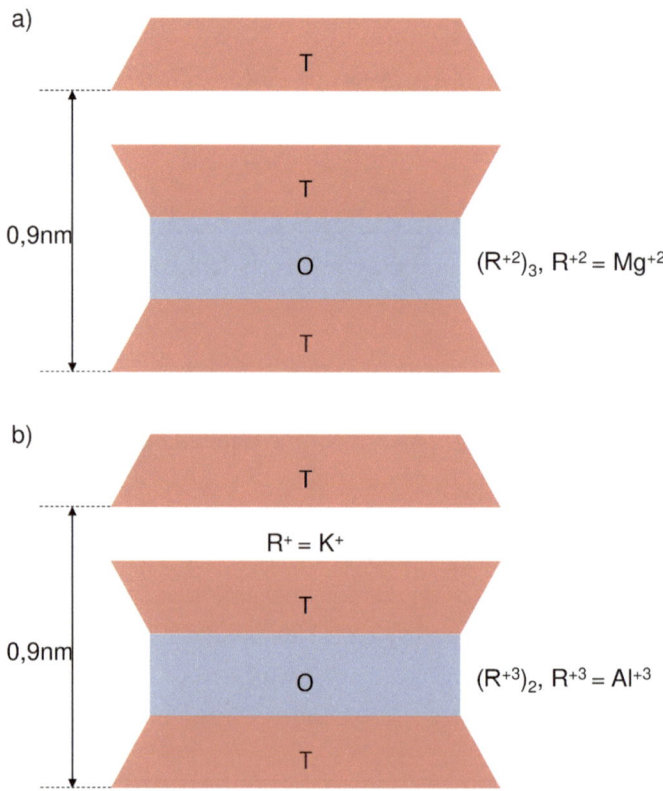

Figura 5.5. Estructuras de capa 2:1: a) *talco y* b) *pirofilita*

3) Estructuras de capa 2:1 con cationes anhidros entre capas (mica e illita) (figura 5.6)

Existen cuatro estructuras diferentes; según la carga del catión entre capas se denominan micas verdaderas, si los cationes son monovalentes, R^{+1}, y micas frágiles, si son divalentes, R^{+2}. Y, al igual que los casos anteriores, según la carga del catión octaédrico, R^{+3} o R^{+2}, se clasifican como micas dioctaédricas o trioctaédricas, respectivamente.

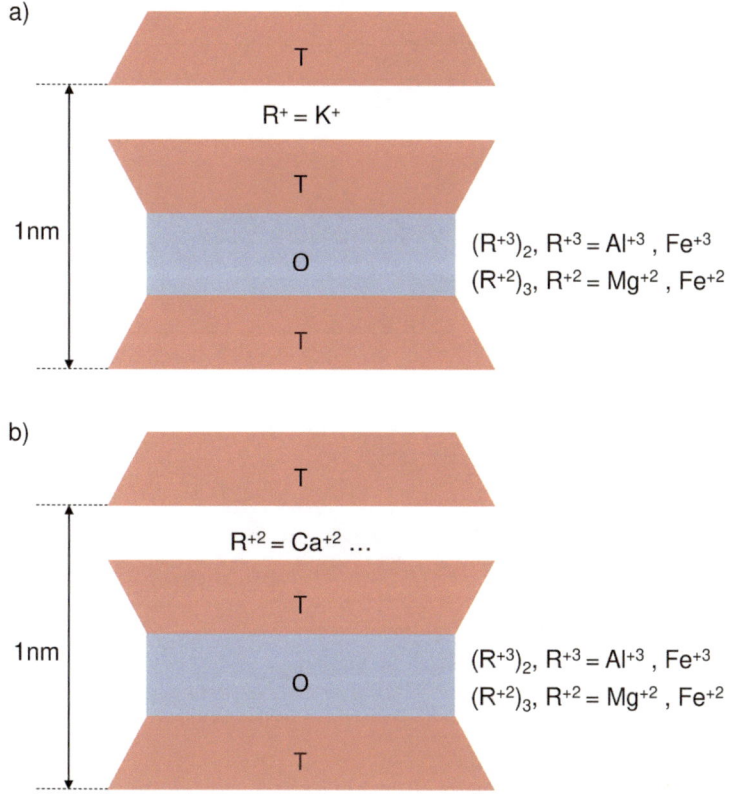

Figura 5.6. Estructuras de capa 2:1 con cationes anhidro entre capas:
a*) micas verdaderas y* b*) micas frágiles*

4) Estructuras de capa 2:1 con cationes hidratados entre capas (esmectita) (figura 5.7)

En este tipo de estructuras las sustituciones isomórficas son frecuentes. El Si^{+4} de las dos láminas tetraédricas es sustituido parcialmente por Al^{+3}, mientras los cationes trivalentes octaédricos, R^{+3}, son sustituidos parcialmente por otros divalentes, R^{+2}, en la esmectita dioctaédrica. En la esmectita trioctaédrica, son cationes divalentes octaédricos, R^{+2}, los que se sustituyen parcialmente por monovalentes, R^{+1} o R^{+3}. En las composiciones representativas de la celda unidad, x el número de átomos de Si sustituidos por Al; y el número de cationes R^{+3} sustituidos por R^{+2} en la esmectita dioctaédrica y el número de cationes R^{+2} octaédricos sustituidos por R^{+1} en la esmectita trioctaédrica; y, por último, z el número de cationes divalentes octaédricos, R^{+2}, sustituidos por trivalentes, R^{+3}, en la esmectita trioctaédrica.

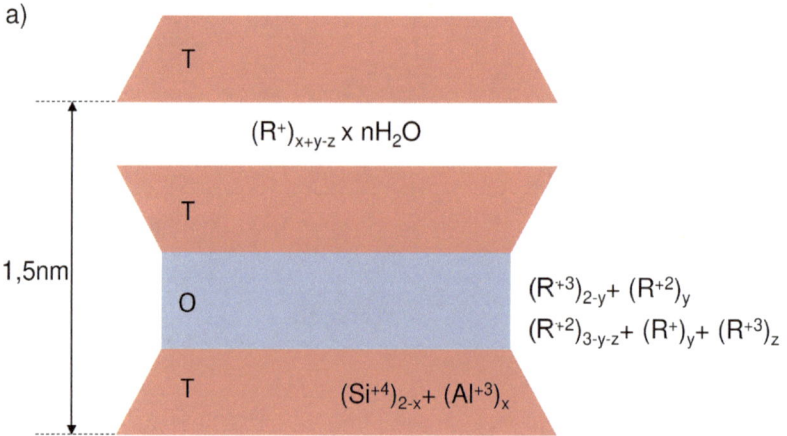

*Figura 5.7. Estructuras de capa 2:1 con cationes hidratados
entre capas (esmectita)*

5) Estructuras de capa 2:1 con cationes entre capas octaédricamente coordinados (clorita) (figura 5.8)

Este tipo de estructura está constituida por dos capas 2:1 cargadas negativamente, unidas por una capa de octaedros de cationes. La unión entre las capas es por puentes de hidrógeno. Las cloritas son usualmente trioctaédricas,
con Mg^{+2} y Al^{+3}, y Fe^{+2} y Fe^{+3} en los huecos octaédricos.

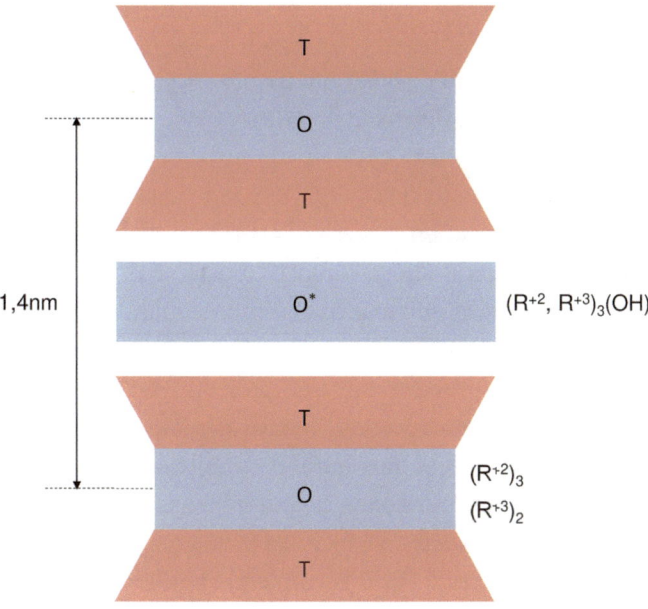

Figura 5.8. Estructuras de capa 2:1 con cationes entre capas octaédricamente coordinados (clorita)

5.3. CARACTERÍSTICAS DE LAS SUPERFICIES DE LOS MINERALES ARCILLOSOS

Las características superficiales más importantes de los minerales arcillosos, desde el punto de vista coloidal, son: la composición química, la naturaleza de los átomos superficiales, la extensión y el número de defectos, la carga eléctrica de la capa y el tipo de cationes intercambiables.

Las partículas de los minerales arcillosos están constituidas, por lo general, de apilamientos de varias capas, resultando láminas cuyas caras son de mayor área que los bordes; se decir, son partículas anisométricas. Además, la naturaleza química, eléctrica y estructural de las caras y de los bordes también son diferentes.

5.3.1. Las caras planas

Son de tres tipos: superficie de siloxano neutra, superficie de siloxano con cargas eléctricas permanentes y superficie de hidróxilos.

1) La superficie de siloxano neutra corresponde a las láminas tetraédricas, o planos basales de sílice, en minerales (talco y pirofilita) (figura 5.5) en los que no se produce sustitución isomorfa o esta se produce en escasa extensión. No son superficies polares, no son capaces de formar puentes de hidrógeno con el agua y son hidrófobas.

2) Superficie del siloxano con cargas eléctricas permanentes.
   La carga negativa en los planos basales del siloxano viene determinada por la extensión y localización de las sustituciones isomorfas en las láminas tetraédricas y octaédricas, como ocurre de forma muy significativa en el grupo de las esmectitas (figura 5.7). En los planos basales (T): $Si^{+4} \rightarrow Mg^{+2}$ o Al^{+3}. En la capa octaédrica (O): $Al^{+3} \rightarrow Mg^{+2}$ o Fe^{+2}.
   La carga negativa que se genera por las sustituciones isomorfas debe compensarse eléctricamente con la presencia de cationes intercambiables, ubicados entre capas, anhidros en el grupo de la mica (figura 5.6) o hidratados en el grupo de las esmectitas (figura 5.7), siendo los más frecuentes: Ca^{+2}, Mg^{+2}, K^+ y Na^+.
   Las características de los cationes intercambiables (radio iónico efectivo, energía de hidratación) determinan muchas características coloidales de la superficie en suspensión. La hidratación de estos cationes adsorbidos en estas superficies (C/m^2), para las caolinitas; por lo general, σ_0 sigue la misma tendencia que la capacidad de intercambio iónico, CCC, excepto para las micas y las illitas, puesto que en estas últimas el K^+ se fija en las cavidades pseudohexagonales de la lámina de tetraedros.
   La hidratación de estos cationes adsorbidos en estas superficies se traduce en una elevada hidrofilia, en la presencia de capas de hidratación entre láminas y en una elevada adsorción de agua, especialmente en las arcillas del grupo de las esmectitas (figura 5.7).
   La densidad superficial de carga permanente, σ_0, de los minerales arcillosos varía de 0,343 C/m^2, para la moscovita. a valores de 0,05 C/m^2, para las caolinitas; por lo general, σ_0 sigue la misma tendencia que la capacidad de intercambio iónico, CCC, excepto para las micas y las illitas, puesto que en

estas últimas el K^+ se fija en las cavidades pseudohexagonales de la lámina de tetraedros.

3) Superficies de hidroxilos en el plano basal octaédrico de alúmina en el grupo del caolín (figura 5.4).

Estos grupos hidroxilo interaccionan fuertemente con el agua formando puentes de hidrógeno, por lo que dicha superficie es muy hidrófila, a diferencia de la cara de siloxanos, que es hidrófoba. Los hidroxilos de la lámina octaédrica (O) también interacciona con los oxígenos superficiales de la lámina tetraédrica (T) de siloxanos de la capa adyacente, formando puentes de hidrógeno (figura 5.4). Por consiguiente, la adhesión entre láminas T-O de capas adyacentes es muy grande, lo que dificulta extremadamente separar las partículas de caolinita de varias decenas de nanómetros en capas individuales de 0,7 nm de espesor. Así pues, las partículas de kaolinita están constituidas por un apilamiento de capas de espesor variable, que depende de la naturaleza del caolín original (en mina) y del tratamiento seguido en su beneficio (deslaminación). Además, también debido a la fuerte adhesión entre capas T-O y al reducido espacio basal (0,7 nm) es difícil que entre capas entren cationes hidratados y moléculas de agua, por lo que los minerales del grupo de la caolinita no son hinchables.

Las cargas superficiales del plano basal de la alúmina, debido a la naturaleza de los enlaces Al-OH, son dependientes del pH:

$$Al - OH + H^+ \leftrightarrows Al - OH_2^+ \qquad \text{ec. 5.1}$$

$$Al - OH + OH^- \leftrightarrows Al - OH \qquad \text{ec. 5.2}$$

La adsorción de protones (ec. 5.1) se produce para valores del pH < zpc y la adsorción de oxhidrilos para pH > zpc, siendo zpc = 6-8, dependiente del tipo de caolín.

5.3.2. Bordes y otros defectos de las partículas

Para todos los minerales arcillosos, se localizan grupos hidroxilo superficiales unidos a los átomos Si y Al, por lo que estas superficies (bordes y defectos)

adsorberán OH⁻ o H⁺, dependiendo de la naturaleza del enlace y del pH de la solución (figura 5.9).

Para el enlace Si—OH, en los bordes del cristal, el zpc es muy bajo (zpc < 2-3),
por lo que para pH > 2-3 se produce la reacción:

$$Si-OH + OH^- \rightleftharpoons Si-O^- + H_2O \qquad ec.\ 5.3$$

Para el enlace Al—OH, en los bordes se dan las reacciones ec. 5.1 y ec. 5.2,
pero el valor del zpc suele ser un poco diferente que el correspondiente a la capa
octaédrica.

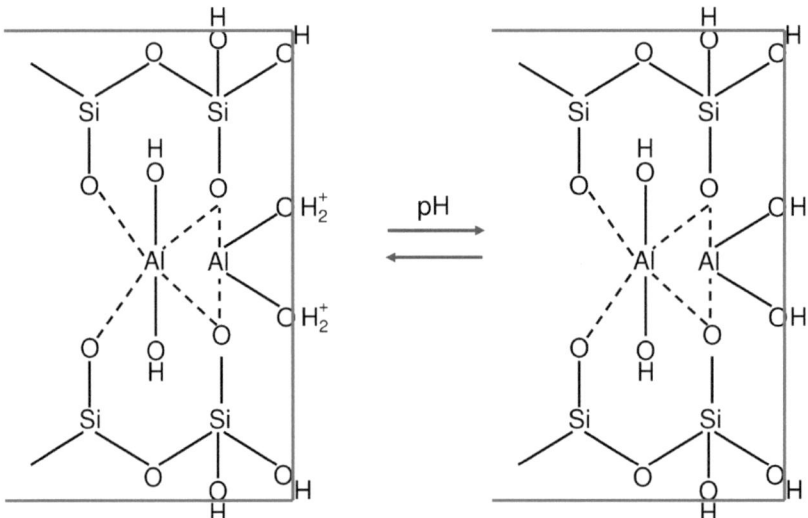

Figura 5.9. La carga de los bordes del cristal de los minerales arcillosos
depende del pH

5.4. CARGAS ELÉCTRICAS SUPERFICIALES DE LOS MINERALES ARCILLOSOS. EFECTO DE LA ESTRUCTURA Y DEL PH

5.4.1. Estructura de capa 1:1 (grupo de la caolinita)

En este caso tenemos tres tipos de superficies, a cada una de las cuales les corresponde una densidad de carga superficial. Recientemente, se ha determinado experimentalmente, mediante AFM, el potencial de Stern, Ψ^d, de los tres tipos de superficies a diferentes pH de la solución (Chang et al. 2021) (figura 5.10). Para la cara de la alúmina (Al-basal), el zpc, es decir, el valor del pH al que la carga neta se anula se sitúa a pH = 6-7; el efecto del pH sobre $\Psi^d_{Al-basal}$ es significativa. El potencial superficial, $\Psi^d_{Si-basal}$, correspondiente a la capa de sílice siempre es negativo y, contrariamente a lo que consideran ciertos investigadores, ni su densidad superficial de carga ni su potencial son independientes del pH. En efecto, a pH = 3, valor del pH próximo al zpc del SiO_2 (pH = 2), el valor de $\Psi^d_{Si-basal}$ = –30 mV es mucho más bajo en valor absoluto que los que se obtienen para valores de pH > 5; para el intervalo 5 < pH < 10, el valor absoluto del $\Psi^d_{Si-basal}$ aumenta con el pH, pero menos (entre |50-60| mV). Es decir, la carga del plano basal de la sílice depende, por una parte, de las sustituciones isomorfas que conducen a que la carga superficial sea independiente del pH. Y, por otra, de la hidrólisis de los enlaces siloxano, Si—O—Si, la cual es poco significativa, excepto a pH bajos. En el borde de los cristales se producen los procesos de adsorción de H^+ y OH^- indicados en la ec. 5.1 a la ec. 5.3, dependientes del pH. El resultado global de estos procesos conduce a un zpc = 5 y a una disminución significativa del Ψ^d_{borde} con el pH.

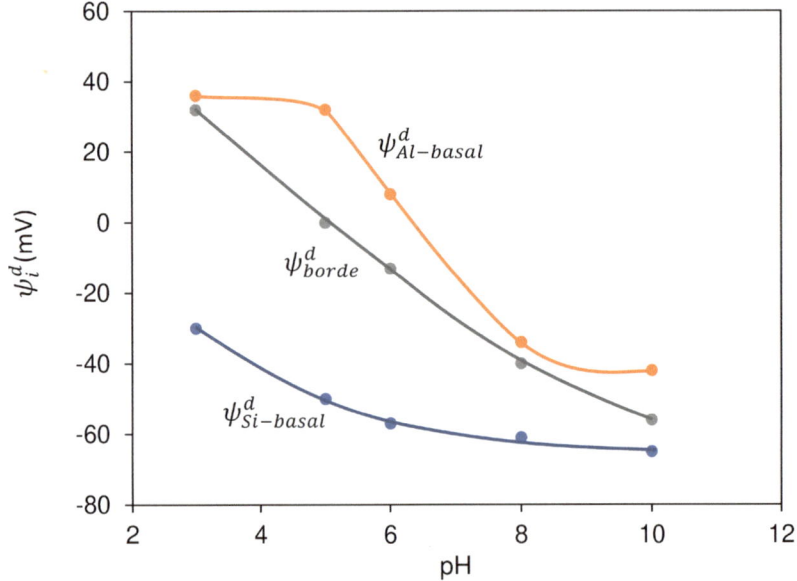

Figura 5.10. Influencia del pH sobre el potencial de Stern de las tres superficies de la caolinita. (Basada en los resultados de Chang et al. 2021)

5.4.2. Estructura de capa 2:1

Todos los minerales de estas estructuras tipo sándwich se caracterizan por presentar dos tipos de superficies cargadas: la correspondiente a los dos planos basales o caras de sílice y la correspondiente al borde.

Las dos superficies presentan mecanismos de carga totalmente diferentes. La carga de la superficie basal se debe casi exclusivamente a las sustituciones isomorfas. Por consiguiente, la magnitud de la carga y el potencial eléctrico negativo de este tipo de superficie variará de un mineral a otro y debe ser independiente o muy poco dependiente del pH. En cambio, la carga de los bordes viene determinada por los procesos de protonación o desprotonación de los grupos M-OH (siendo M = Mg, Al y Si) (ec. 5.1 a ec. 5.3). A título de ejemplo, el potencial de la superficie basal del talco ($\Psi^d_{basal} = -30 \, mV \div -35 \, mV$) es mucho más bajo que el de la mica mosco–vita ($\Psi^d_{basal} = -70 \, mV \div -80 \, mV$) y, en ambos casos, prácticamente independiente del pH. Por el contrario, el potencial superficial del borde, aunque para ambos materiales se anule a pH = 8, es muy dependiente del pH y del material; en el caso del talco, el potencial varía de $\Psi^d_{borde} = 35 \, mV$ a $\Psi^d_{borde} = -15 \, mV$ al modificar el pH de 5,5 a 9; para la moscovita, este cambio de pH supone una variación del potencial de Ψ^d_{borde} = 10 mV a Ψ^d_{borde} = −50 mV (Yan, Masliyah y Xu 2013).

En el caso de la illita, uno de los componentes arcillosos, junto con la caolinita, más importantes de las arcillas cerámicas, determinaciones recientes del potencial de Stern (Shao et al. 2019), utilizando AFM, figura 5.11, muestran que el potencial superficial del plano basal se va haciendo un poco más negativo de forma continua con el aumento del pH. Por otra parte, el potencial superficial del borde del cristal disminuye desde un valor de Ψ^d_{borde} = −7 mV a pH = 3 a Ψ^d_{borde} = −57 mV a pH = 10. El hecho de que el valor absoluto del potencial de la superficie basal, Ψ^d_{basal}, sea elevado y su disminución con el pH pequeña se debe a que prácticamente toda la carga de esta superficie es permanente, causada por la sustitución isomorfa. El mecanismo de carga para los bordes del cristal está causado por la desprotonación y protonación de los grupos anfóteros, SiOH y AlOH, en esta superficie, según los procesos antes descritos (ec. 5.1 a ec. 5.3). El hecho que las caras de las partículas no sean perfectamente planas a escala nanométrica, sino que presentan valles y picos escalonados, donde cada escalón se asocia al bode de un cristal, podría justificar la pequeña variación de Ψ^d_{basal} con el pH.

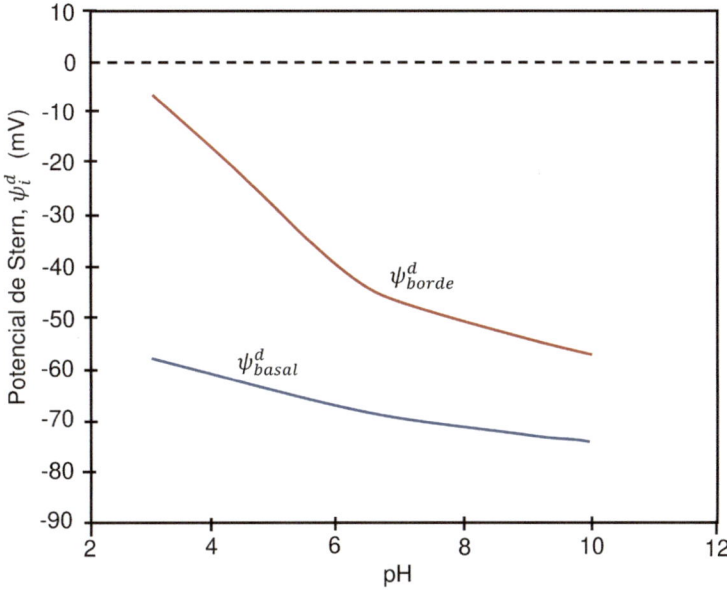

Figura 5.11. Variación del potencial de Stern de la superficial del borde, Ψ^d_{borde}, y de la basal, Ψ^d_{basal}, para la illita, en función del pH. (Adaptado de Shao et al. 2019)

5.5. REACCIONES DE INTERCAMBIO CATIÓNICO

Cuando se introduce una arcilla en una solución de electrolito se produce un intercambio entre los cationes adsorbidos sobre la superficie de la arcilla, A, y los del electrolito, B. En el caso de que se trata de cationes monovalentes, se tiene:

$$-|A^+ \ + \ B^+_{sol} \ \leftrightarows \ -|B^+ \ + \ A^+_{sol} \qquad\qquad \text{ec. 5.4}$$

La extensión del intercambio, una vez alcanzado el equilibrio, depende, entre otros factores, de la naturaleza de los iones, A y B, de sus fracciones molarse, de la naturaleza de la arcilla, del pH y del desarrollo de otras reacciones paralelas que involucren al catión adsorbido (principalmente precipitación y formación de complejos).

5.5.1. Equilibrio de intercambio catiónico

En condiciones de equilibrio, el intercambio de un ion, A^+, por otro, B^+, se expresa representando la fracción molar de A^+ adsorbido, f_{A^+}, frente a la fracción molar de A^+ en solución, f_A, siendo:

$$f_{A^+} = \frac{\text{moles } A^+}{\text{moles } A^+ + \text{moles } B^+} \qquad\qquad \text{ec. 5.5}$$

y

$$f_A = \frac{\text{moles } A^+_{sol}}{\text{moles } A^+_{sol} + \text{moles } B^+_{sol}} \qquad\qquad \text{ec. 5.6}$$

En estas curvas, f_{A^+} y f_A (figura 5.12) se mantienen constantes: la concentración molar total de la solución, [(moles de A^+ + moles de B^+)/litro] = cte, y la temperatura. En esta figura, el catión $A^+ = NH_4^+$ adsorbido sobre montmorillonita se intercambia por los cationes $B^+ = Na^+$, K^+, Rb^+ y CS^+ (condiciones: 0,05 M de

B^+ a 25 °C). Se puede apreciar que la tendencia a la adsorción de estos cationes monovalentes sigue el orden: $CS^+ > Rb^+ > NH_4^+ > K^+ > Na^+$. En efecto, para un valor dado de f_A ($f_A = 0{,}6$), el valor de f_{A^+} correspondiente a cada B^+ disminuye en la secuencia indicada, por lo que $f_{B^+} = 1 - f_{A^+}$ aumenta. Estos resultados indican que la preferencia de esta arcilla por los diferentes cationes monovalentes aumenta con el tamaño de estos.

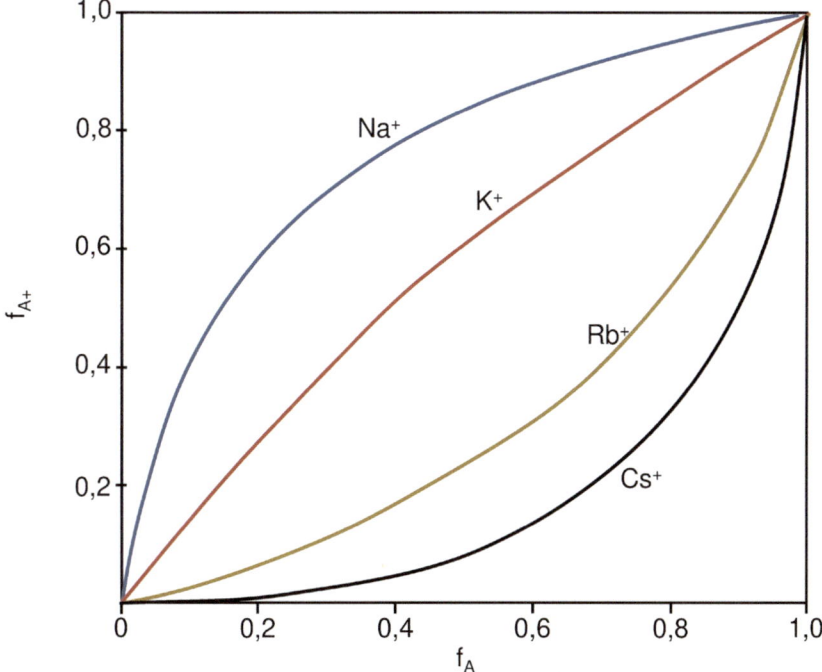

Figura 5.12. Intercambio de iones NH_4^+ por otros iones alcalinos en montmorillonita a 0,05 M y 25 °C. f_{A^+} es la fracción molar en la superficie de iones NH_4^+ y f_A es la fracción molar de este mismo catión en solución (ec. 5.5 y ec. 5.6). (Adaptado de Bergaya, Lagaly y Vayer 2006)

Para el caso de cationes heterovalentes (1-2) se tiene:

$$-\begin{vmatrix} A^+ \\ A^+ \end{vmatrix} + B^{+2}(sol) \leftrightarrows -\begin{vmatrix} B^{+2} \end{vmatrix} + 2A^+(sol) \qquad \text{ec. 5.7}$$

Las fracciones molares de A^+ adsorbida, f_{A^+}, y en solución, f_A, en el equilibrio, se calculan:

$$f_{A^+} = \frac{\text{moles } A^+}{\text{moles } A^+ + 2\text{moles } B^{+2}}$$

ec. 5.8

y

$$f_A = \frac{\text{moles } A_{sol}^+}{\text{moles } A_{sol}^+ + 2\text{moles } B_{sol}^+}$$

ec. 5.9

La curva de equilibrio de intercambio: f_{A^+} vs. f_A para $A^+ = K^+$ y $B^{2+} = Ca^{2+}$, para una montmorillonita (figura 5.13), señala la preferencia de esta arcilla por el Ca^{+2}. Se comprueba, además, que, puesto que se alcanza el equilibrio, la curva correspondiente al intercambio de Ca^{+2} por K^+ (círculos huecos) coincide con la de K^+ por Ca^{+2} (círculos llenos).

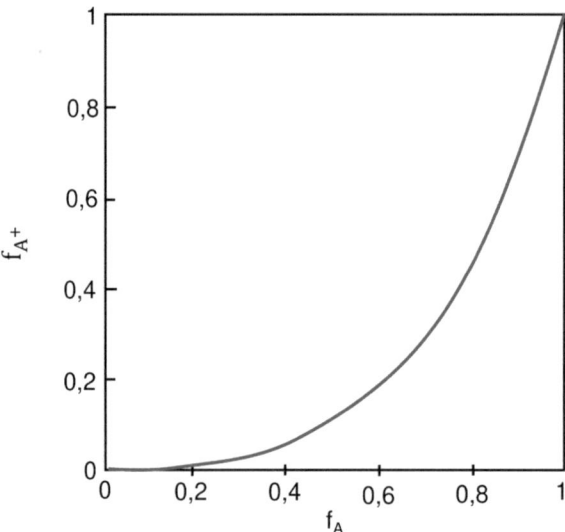

Figura 5.13. Intercambio de Ca^{+2} por K^+ (prácticamente coincidente con el intercambio de K^+ por Ca^{+2}) sobre montmorillonita. f_{A^+} es la fracción molar de K^+ adsorbido y f_A es la fracción molar de K^+ en solución (ec. 5.8 y ec. 5.9). (Adaptado de Bergaya, Lagaly y Vayer 2006)

5.5.2. Selectividad

La selectividad: mineral arcilloso-catión; es decir, la preferencia de un mineral arcilloso por uno u otro catión depende de muchos factores, y, además, es muy difícil de predecir. En efecto, la preferencia de los minerales arcillosos está influida, entre otros, por los siguientes factores: hidratación del catión en la interfase y en solución, interacciones catión-catión, interacciones entre las moléculas de agua y la superficie y carácter ácido-base de los cationes. No obstante, en general, en el proceso de intercambio de cationes monovalentes, los minerales arcillosos tienen una mayor preferencia por los iones más grandes que por los más pequeños (figura 5.12). Asimismo, en reacciones heterovalentes, los cationes más cargados son preferidos a los monovalentes (figura 5.13). Como regla general, a pesar de las muchas excepciones que se dan, se considera que la preferencia de los minerales arcillosos por los cationes sigue la serie de Hoflmeister: $H^+ > Al^{+3} > Ca^{+2} > Mg^{+2} > NH_4^+ > K^+ > Na^+ > Li^+$.

5.5.3. Capacidad de intercambio catiónico (*Cationic Exchange Capacity-CEC*)

La CEC de las arcillas y minerales arcillosos se define como la cantidad de cationes intercambiables a un pH dado (usualmente a pH = 7), y se expresa como cmol(+)/kg o meq/100 g de arcilla calcinada o secada. La CEC depende además de la naturaleza de la arcilla, de muchos otros factores, tales como pH, la naturaleza de los iones intercambiables, tamaño de partícula (el grado de molienda puede alterar la CEC), temperatura, fracción volumétrica de arcilla, etc.

La CEC de los minerales arcillosos está relacionada generalmente con su carga superficial. De hecho, la CEC es equivalente a la carga superficial cuando todos los cationes adsorbidos sobre la superficie de la arcilla son intercambiables. Situación que ocurre en la gran mayoría de los casos y en gran extensión (excepto en ciertos minerales arcillosos, como las micas e illitas, como veremos a continuación). Así pues, la CEC está asociada a la carga superficial permanente y a su dependencia del pH. En lo que respecta a la primera, como ya se ha indicado en el apartado 5.3.1, la carga estructural o permanente se debe a las sustituciones isomorfas en las láminas octaédricas de alúmina (O) o tetraédricas de sílice (T), se localiza en las superficies de los planos basales de siloxano y se compensa por cationes adsorbidos sobre esta última. En la gran mayoría de los casos, estos cationes adsorbidos o compensantes son intercambiables. Únicamente los iones K^+ en las illitas y las micas están fijados en las cavidades pseudohexagonales que forman los tetraedros de sílice. Así pues, para los minerales arcillosos de capa 2:1 (excepto mica e illita), la carga permanente, asociada a las sustituciones isomorfas en el cristal, es la principal contribución a la CEC.

La CEC variable es la debida a los cationes adsorbidos en el borde del cristal y, en el caso de la caolinita, también los adheridos sobre la lámina de alúmina, que compensan la carga negativa superficial dependiente del pH.

En el caso de las caolinitas, en las que sus partículas están constituidas por múltiples capas 1:1, formando agregados laminares, normalmente de 10 a 40 nm de espesor, la contribución de los bordes a CEC es significativa. En el caso de las micas e illitas, por lo que se ha señalado anteriormente, esta contribución también puede ser importante. Excepto para los minerales arcillosos antes mencionados, la contribución de la carga variable a la CEC depende de la morfología de las partículas, concretamente de la razón: área del borde de la partícula/área de las caras. Dicha característica, especialmente el área del borde de la partícula es función del número de capas que la forman, dependiente, a su vez, de las características de la arcilla natural y del tratamiento posterior. Por lo general, la CEC asociada a la carga variable, excepto para la mica y la illita, suele variar del 10 % al 20 %.

El gran número de factores que afectan a la CEC y la gran variabilidad químico-estructural existente dentro de cada grupo de minerales arcillosos conducen a que los valores de CEC, para un determinado tipo de mineral, varíen en un amplio intervalo, como puede apreciarse en la tabla 5.2.

Tabla 5.2. Intervalo de CEC (cmol (+)/kg) de distintos tipos de arcillas
(Bergaya, Lagaly y Vayer 2006)

Tipo	CEC (cmol(+)/kg)
Caolinita	3—15
Micas (biotita y moscovita)	0—5
Illita	10—40
Esmectitas	70—210

Se aprecia que los valores de la CEC de las micas son muy bajo, incluso prácticamente nulo si están bien cristalizadas y son de gran tamaño de partícula, puesto que solo la carga de los bordes contribuye. En el caso de las illitas, la contribución de los bordes es mucho mayor en las micas, debido a que su tamaño es más pequeño y su morfología diferente. Las caolinitas bien cristalizadas presentan, por lo general, pocas sustituciones isomorfas y son de tamaño grande, por lo que la contribución de los bordes también es pequeña (CEC=3—5 cmol(+)/kg). Para las caolinitas desordenadas ya se dan más sustituciones isomorfas y su tamaño suele ser más pequeño, por lo que las dos contribuciones son más importantes que en las bien cristalizadas y su CEC bastante mayor (CEC hasta 15 cmol(+)/kg). Las sustituciones isomorfas en las esmectitas son muy altas y su tamaño de partícula muy pequeño (las sustituciones isomorfas y las superficies específicas de las esmectitas son las más altas de todos los minerales arcillosos) y además, estas características varían en un amplio intervalo de valores, por lo que su CEC se encuentra entre 70 y 210 cmol(+)/kg. Debido justamente a su elevada CEC, pequeñas cantidades de esmectitas en arcillas cerámicas, cuyo componente arcilloso principal es la caolinita, conducen a que la CEC y la superficie específica de estas arcillas caoliníticas sea más alto de lo esperado.

5.6. OTRAS REACCIONES Y PROCESOS QUE AFECTAN A LAS CARACTERÍSTICAS FISICOQUÍMICAS DE LA INTERFASE ARCILLA-AGUA

5.6.1. Adsorción/intercambio aniónico

Los minerales arcillosos también tienen una cierta capacidad para intercambiar aniones. Para los cloruros y nitratos, la capacidad de intercambio es baja. Por el contrario, hasta 20—30 cmol(-)/kg de fosfato y arseniato pueden adsorberse sobre caolinita y montmorillonita. La caolinita y la montmorillonita también pueden adsorber 10—20 y 20—30 cmol(-)/kg de ion fluoruro, respectivamente.

Los mecanismos por los que se pueden adsorber aniones sobre las superficies de los minerales arcillosos son:

1) Atracción electrostática del anión con los sitios positivamente cargados (figura 5.14a), en ocasiones mediante intercambio aniónico.

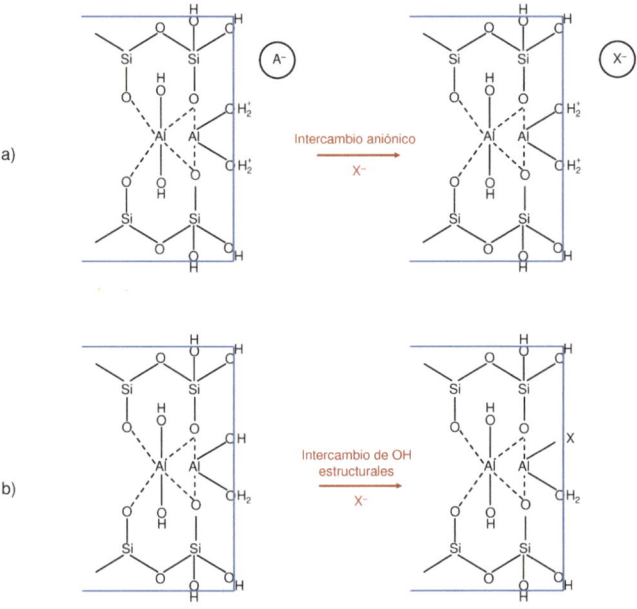

Figura 5.14. Intercambio aniónico en los bordes de minerales arcillosos tipo 2:1.
a*) Intercambio aniónico.* b*) Intercambio de OH estructurales*

2) Sustituyendo a los grupos OH de los bordes de los minerales arcillosos (figura 5.14b). A este mecanismo se le denomina intercambio de ligando.

3) Acompañando al intercambio de cationes multivalentes en posiciones de intercambio:

$$ - \begin{vmatrix} A^+ \\ A^+ \end{vmatrix} + 2B^{+2}(\text{sol}) + 2X^-(\text{sol}) \leftrightarrows - \begin{vmatrix} BX^+ \\ BX^+ \end{vmatrix} + 2A^+(\text{sol}) \qquad \text{ec. 5.10} $$

La extensión de la adsorción por el mecanismo (i) disminuye con el incremento del pH hasta anularse al valor del pH al que se anula la carga, pH = zpc. Para todos los minerales arcillosos se produce en los bordes, y para la caolinita además en el plano basal de la alúmina. Por el contrario, la adsorción de aniones por el mecanismo (ii) debe incrementarse con el aumento del pH hasta alcanzar un máximo alrededor del zpc (máxima cantidad de OH). Los mecanismos (i) y (ii) son los que siguen generalmente la adsorción de los desfloculantes, como se verá posteriormente.

5.6.2. Procesos que conducen a un aumento de la concentración de iones (cationes y aniones) en solución

Muchos cationes y aniones presentes en solución en las suspensiones industriales proceden de la solubilización de otros minerales que integran las formulaciones, de impurezas que acompañan a los componentes de la mezcla e incluso del uso de aguas recicladas (o de aguas muy duras), utilizadas en la preparación de la suspensión. Estos iones, por una parte, mediante las reacciones de intercambio iónico pueden llegar a cambiar considerablemente la carga eléctrica de Stern de los minerales arcillosos y el potencial eléctrico en el plano. Por otra, reducen el espesor de la doble capa, debido al aumento de la fuerza iónica del medio, I. Ambos factores reducen la repulsión entre partículas llegando incluso a provocar la floculación. Además, los procesos de solubilización o lixiviación de componentes poco solubles (feldespatos, sienitas) como de otros más solubles (algunos materiales de naturaleza vítrea o parcialmente vítrea, utilizados como fundentes) e impurezas muy solubles (sulfatos) no son instantáneas, sino que su velocidad es finita y dependiente de la temperatura, pH, contenido en sólidos y de la composición de la mezcla. Todo ello conduce a que las características electroquímicas de la capa de Stern y de la capa difusa vayan cambiando con la extensión de estas reacciones y, con ello, la estabilidad de la suspensión. La presencia de cationes multivalentes (Ca^{+2}, Mg^{+2}, Fe^{+3}) en solución no solo actúan reduciendo el espesor de la doble capa, sino que alteran considerablemente el potencial de Stern, aun en concentraciones bajas. La interacción de cationes divalentes con los planos basales y con los bordes de la moscovita y talco a pH = 8,5 (figura 5.15) muestra que pequeñas adiciones de Ca^{+2} y Mg^{+2} incrementan considerablemente, para los dos minerales, el potencial de Stern de las dos superficies (plano basal y borde), debido a la adsorción de estos cationes (Yan, Masliyah y Xu 2013). Sin estos cationes en solución, todos los potenciales son negativos; en cambio, a una concentración de 0,1 mM de Ca^{+2} y Mg^{+2}, el potencial del borde de la moscovita ya es claramente positivo. Para el caso del talco, el efecto del Mg^{+2}, aun siendo importante, es menor que el del Ca^{+2}. Lo propio sucede con la interacción del Ca^{+2} con los planos basales de la alúmina y sílice de la caolinita (Kumar et al. 2017). Así pues, una pequeña adición de estos cationes ha provocado que la interacción electrostática entre las superficies cara-borde que era repulsiva se convierta en atractiva.

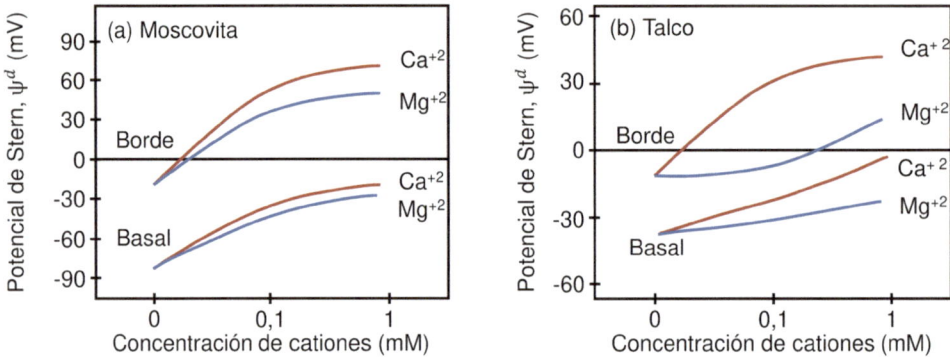

Figura 5.15. Variación del potencial zeta, ζ, del borde y del plano basal con la concentración de Mg⁺² y Ca⁺². a) Moscovita y b) talco. (Adaptado de Yan, Masliyah y Xu 2013)

5.6.3. Reacciones de precipitación y formación de complejos

La adición de sales de cationes monovalentes, S^-A^+, generalmente sódica, a una suspensión cuyo anión, S^-, forme complejos o precipitados con iones polivalentes, B^{+2}, es una manera de reducir al mínimo la cantidad de estos cationes, adsorbidos sobre las arcillas o en solución, perjudiciales para la estabilidad de la suspensión. En efecto, de acuerdo con la reacción:

$$\underline{\quad} \left| B^{+2} + S^-(sol) + A^+(sol) \rightarrow \underline{\quad} \right| \begin{matrix} A^+ \\ A^+ \end{matrix} + A^+(sol) + B^{+2}(sol) + S_2^- B^{+2} \qquad \text{ec. 5.11}$$

La formación de complejos o precipitados con $S_2^- B^{+2}$, elimina prácticamente la concentración de B^{+2} libre en solución. A^+ desplaza el equilibrio de la reacción hacia la derecha sustituyendo los iones divalentes adsorbidos sobre la superficie de la arcilla por monovalentes, lo que conduce a que el potencial de Stern se reduzca (se hace más negativo), lo que favorece la repulsión entre partículas. Por otra, la sustitución de cationes divalentes por monovalentes aumenta el espesor de la doble capa, ya que la fuerza iónica se reduce, lo que también favorece la repulsión. La formación de complejos entre los polifosfatos y los iones alcalinotérreos son un claro ejemplo de reacción que conduce a la eliminación de las aguas duras de los cationes floculantes (Ca^{+2}, Mg^{+2}), sustituyéndolos, generalmente, por Na^+. La utilización de Calgon T, que es un polifosfato lineal de composición: $(P_nO_{3n+1})Na_{(n+2)}$ con $8 < n < 12$, es ampliamente utilizado, tanto domésticamente como industrialmente. Análogamente, su adición en la preparación de suspensiones arcillosas provoca la desadsorción de los cationes alcalinotérreos de la superficie de las arcillas por el mecanismo antes indicado. Del mismo modo, en las suspensiones de esmaltes en las que, en mayor o menor medida, se solubilizan iones alcalinotérreos (principalmente Ca^{+2} según la ec. 5.12), los polifosfatos, mediante la formación de complejos estables (ec. 5.13 y ec. 5.14), eliminan el Ca^{+2} libre de la solución desplazando el equilibrio de lixiviación hacia la derecha (ec. 5.14). La formación de complejos continua mientras que quede anión polifosfato en la solución. Como ya se ha indicado anteriormente (apartado 1.5.1) el fosfato cálcico también forma precipitados por hidrolisis del polifosfato. Únicamente cuando se agote el polifosfato disuelto comenzará a aumentar la concentración de iones alcalinotérreos libres en solución, hasta que se alcance la concentración de saturación, con los efectos nocivos que ello supone sobre la reología de la suspensión en muchos casos. En otras situaciones, además de alterarse la reología, la solubilización de Ca puede provocar la precipitación y crecimiento de gránulos de carbonato cálcico en solución, de forma continua, hasta que se agote el calcio soluble en la frita (según la ec. 5.15 y ec. 5.16). En efecto, las suspensiones de esmalte son fuertemente alcalinas y, por tanto, el CO_2 del aire que se disuelve en la solución en forma de CO_3^{-2} (ec. 5.15), lo que conduce a la precipitación de carbonato de calcio (ec. 5.16), debido a que el producto de solubilidad de esta sal es bajo y disminuye conforme aumenta la temperatura. La presencia de gránulos de carbonato de calcio de gran tamaño (incluso del orden de milímetros), cuando las suspensiones de esmalte han sido almacenadas durante mucho tiempo, se debe a este proceso, que es tanto más importante cuanto mayor es la temperatura y la solubilidad de la frita. También los polifosfatos son utilizados como desfloculantes, ya que estas sales de ácido débil y base fuerte se hidrolizan en medios básicos, convirtiéndose en polianiones, como se verá posteriormente.

$$(Si - O^-...Ca^{+2}...-O^- - Si)_{frita} + H_2O \leftrightarrows 2(Si - OH)_{frita} + 2OH^- + Ca^{+2}(l) \quad \text{ec. 5.12}$$

$$[P_nO_{3n+1}]Na_{(n+2)}(s) \rightarrow (n + 2)Na^+(l) + (P_nO_{3n+1})^{-(n+2)}(l) \quad \text{ec. 5.13}$$

$$\frac{n + 2}{2}Ca^{+2}(l) + (P_nO_{3n+1})^{-(n+2)}(l) \rightarrow (P_nO_{3n+1})(Ca)_{\frac{n+2}{2}} \quad \text{ec. 5.14}$$

$$
\begin{array}{c}
CO_2(g) \\
\updownarrow \\
CO_2(sol) + 2OH^- \leftrightarrows CO_3^{-2}(l) + H_2O
\end{array}
\quad \text{ec. 5.15}
$$

$$CO_3^{-2}(l) + Ca^{+2}(l) \rightarrow CO_3Ca\ (s) \quad \text{ec. 5.16}$$

El empleo de carbonatos como aditivos en suspensiones arcillosas para colado, en las que es frecuente la presencia de SO_4Ca disuelto, procedente del molde de yeso, ya fue utilizado por Tournay alrededor de 1780 (Salmang 1954). Por aquel entonces se fluidificaba[6] la arcilla por adición de 0,3 g a 0,9 g de K_2CO_3/100 g de arcilla. Por una parte, la alcalinidad del carbonato, que cambia los sitios positivos por negativos (en los bordes de todos los minerales arcillosos, y en el caolín, en la lámina de alúmina). Por otra, la precipitación del carbonato cálcico, favorece el intercambio iónico de Ca^{+2} por Na^+ adsorbido sobre la arcilla y la práctica eliminación del Ca^{+2} en solución. Ambos procesos incrementan la repulsión entre las superficies de las partículas y, con ello, la estabilidad de la suspensión. Esta composición original fue sustituida posteriormente por mezclas de NaOH y CO_3Na_2. En la primera mitad del siglo XX ya se implementaron las mezclas: CO_3Na_2—Silicatos sódicos, de fórmula química variable: $xNa_2O(1-x)SiO_2$. Estas últimas mezclas aún son utilizadas actualmente en suspensiones para colado, junto con otras que emplean polielectrolitos (policarboxilatos y polifosfatos), como se verá posteriormente. En cualquier caso, el empleo de arcillas naturales puede conllevar el desarrollo de procesos de solubilización/precipitación, formación de complejos, e incluso procesos de adsorción de moléculas orgánicas sobre la superficie del mineral arcilloso, debidos a la presencia de impurezas de óxidos e hidróxidos, ácidos húmicos, etc.

---

6. La fluidificación de la suspensión, como se denominaba en textos antiguos, corresponde a la desfloculación actual.

Todo ello hace muy difícil la selección idónea del sistema desfloculante, sin la determinación experimental del intervalo de desfloculación, como se verá posteriormente.

5.7. PROPIEDADES ELECTROCINÉTICAS

La movilidad electroforética, μ_E, o el potencial zeta, ζ, de las partículas son propiedades que dependen de la carga efectiva superficial (concretamente en el plano de cizalla, muy próximo al plano de Stern) del conjunto de la partícula. En consecuencia, será un valor promedio de la contribución de las cargas eléctricas efectivas de cada una de las superficies (cara de la sílice, cara de la alúmina y borde de la partícula) (figura 3.34). Así pues, además de ser función de la fuerza iónica, I, y del pH del medio, y de las especies adsorbidas sobre la superficie de la partícula, como ya hemos visto en partículas cerámicas más simples, también dependerá, entre otros factores, de la naturaleza mineralógica de las arcillas, de su cristalinidad, del tamaño y morfología de las partículas (razón espesor/anchura-longitud del plano basa) y rugosidad de la superficie. Generalmente, el potencial zeta, ζ, o la movilidad electroforética, μ_E, de las suspensiones de arcillas (salvo que se traten con polielectrolitos catiónicos) son negativos para un amplio intervalo de pH ($3 < pH < 10$) (figura 5.16), debido a que las caras de la sílice están cargadas negativamente y su área suele ser mayor que la de los bordes (que son dependientes del pH). Estos resultados, que se deben a Shao et al. (2019), corresponden a una illita muy pura, en la que se han seleccionado partículas de alrededor de 1 μm de longitud media de las caras, su espesor oscilaba de 50 a 200 nm (en ningún caso ni las caras ni los bordes eran completamente lisos, aunque para la determinación del potencial superficial por AFM se seleccionaron regiones de rugosidad media del orden de 1nm). Se comprueba que las superficies basales y el borde están cargadas negativamente, siendo más negativa la de la superficie basal. Además, la disminución del potencial superficial de Stern correspondiente a los bordes con el aumento del pH es mayor que la correspondiente a las caras, que, al menos teóricamente, tendría que ser independiente del pH. Esto último se debe, probablemente, a que las superficies basales presentan, a escala nanométrica, valles y picos escalonados, en los que cada escalón corresponde a un borde de cristal. Este hecho, junto con el significativo espesor de estas partículas (compuestas por un apilamiento de numerosas capas 2:1, determina que la contribución de la carga del borde del cristal al potencial de Stern y zeta sea mucho mayor que la que le correspondería a una partícula ideal.

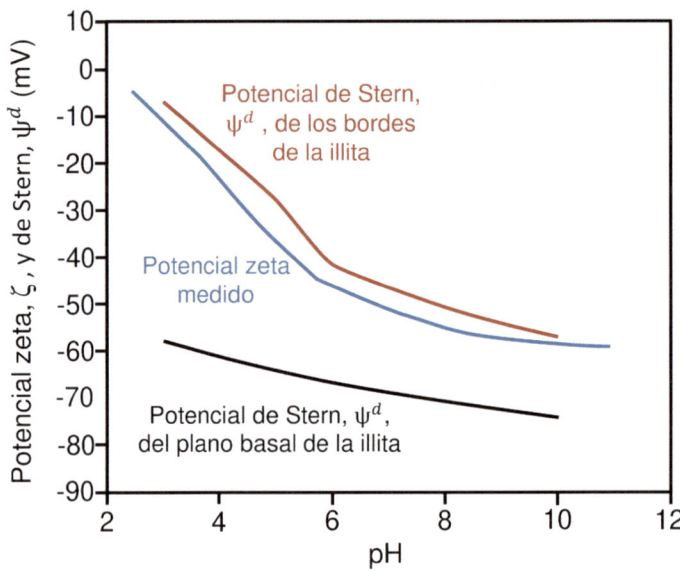

Figura 5.16. Potencial zeta medido, ζ, y potencial de Stern calculado, Ψ^d, del plano basal y de los bordes de la illita. (Adaptado de Shao et al. 2019)

Las esmectitas, a las que corresponden los valores CEC más elevados de todos los minerales arcillosos (directamente relacionada con la carga permanente), y en las que la contribución de la superficie de los bordes apenas es un 1 % del total, presentan un potencial z negativo y prácticamente independiente del pH (figura 5.17) (Sondi, Milat y Pravdic 1997). Los resultados que se muestran en esta figura corresponden a una montmorillonita una beidelita (esmectitas dioctaédricas) y a una saponita, todas ellas sódicas y purificadas; es decir, todos los iones adsorbidos en la arcilla natural han sido intercambiados por Na⁺, y la materia orgánica y los óxidos e hidróxidos, eliminados. En el caso especial de caolinitas, únicamente si son muy puras y están muy bien cristalizadas, a pH < 4, presentan un potencial zeta, ζ, positivo (figura 5.18) (Ndlovu et al. 2015). Esto se debe a que además de la contribución de los bordes de los cristales (tanto el espesor de la partícula como de las irregularidades de las caras de la sílice), también la cara de la alúmina está cargada positivamente a bajos pH (figura 5.10). No obstante, por lo general, las fracciones finas de las acillas caoliníticas poseen una cristalinidad baja y contienen otros minerales arcillosos minoritarios de estructura 2:1, de elevada superficie es-pecífica (esmectitas), que contrarrestan a bajos pH la carga positiva debida a la cara de la alúmina, resultando, por tanto, una curva potencial zeta, ζ, frente al pH que sigue la misma tendencia que las arcillas del tipo 2:1, o una mezcla de ambas.

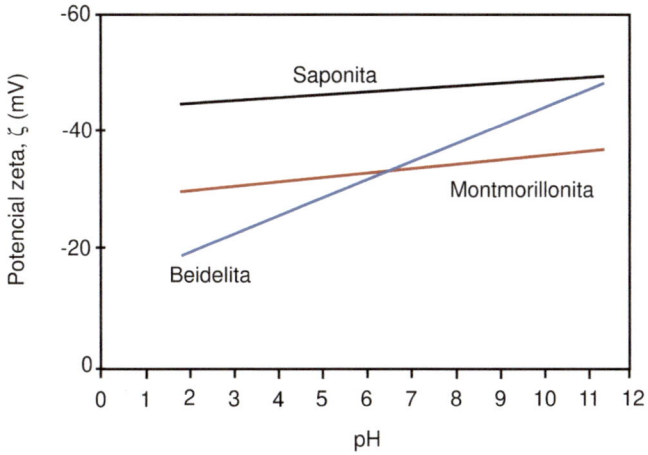

Figura 5.17. Variación del potencial zeta, ζ, con el pH de esmectitas suspendidas en una solución 10^{-3} M de NaCl. (Adaptado de Sondi, Milat y Pravdic et al. 1997)

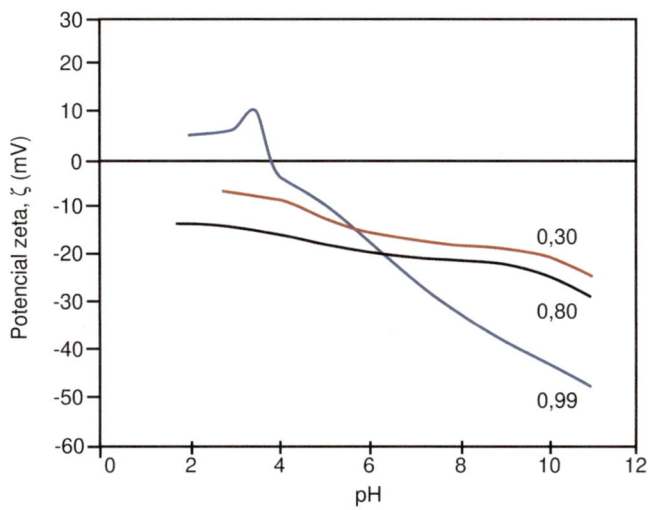

Figura 5.18. Variación del potencial zeta, ζ, con el pH de caolinita con distintos índices de cristalinidad, suspendidas en una solución 10^{-3} M de KCl. (Adaptado de Ndlovu et al. 2015)

Normalmente, en las arcillas naturales cerámicas, aun tratándose del mismo tipo, por ejemplo, las conocidas como Ball Clays, un cambio de composición mineralógica va acompañada de muchas variaciones de otras características fisicoquímicas (tamaño de partícula, superficie específica, CEC, etc.), cada una de las cuales influye en gran medida sobre las propiedades electrocinéticas de las suspensiones, por lo que resulta difícil asignar cuál es la característica más importante. A título de ejemplo, analizaremos tres arcillas Ball Clays comerciales muy bien caracterizadas (Galassi, Costa y Pozzi 2001) y que pueden ser clasificadas como: arcilla rica en caolinita (K), arcilla rica en caolinita y esmectita (KE) y arcilla rica en caolinita e illita (KI). Sus características fisicoquímicas y coloidales se detallan en la tabla 5.3.

Tabla 5.3. Características físico-químicas y coloidales de tres arcillas naturales ball calys (Galassi, Costa y Pozzi 2001)

| Arcilla | Composición mineralógica (%peso) | | | | |
	Cuarzo	Caolinita	Illita	Esmectita	Otros minerales arcillosos
K	8	80	9	0	3
KE	31	43	6	14	6
KI	34	37	23	-	6

| Superficie específica (m^2/s) | C.E.C. (cmol/kg) específico y total | | | | |
	Total	Na^+	K^+	Ca^{+2}	Mg^{+2}
13,9	2,14	0,76	0,56	0,38	0,17
37,0	6,54	0,26	0,81	4,23	1,17
27,4	5,25	1,54	0,27	2,60	0,83

Las curvas de potencial zeta, ζ, frente al pH de estas tres arcillas en soluciones acuosas, utilizando como electrolito 10 mM de nitrato potásico, se muestran en la figura 5.19. Se aprecia que únicamente la arcilla K, con elevado contenido en caolinita (≈ 80 %), presenta una marcada disminución del potencial zeta, ζ, con el pH, cuya curva podría considerarse la suma ponderada de las de la caolinita (figura 5.18) y esmectita (figura 5.17). Las otras dos arcillas (KE y KI) contienen un menor porcentaje de minerales arcillosos (≈ 70 %) y un porcentaje de estos últimos con estructura 2:1 significativo (≈ 26–29 %), lo que les confiere valores de superficie específica y de CEC muy superiores a los de la arcilla K. En ambos casos, la contribución al potencial zeta, ζ, de la carga asociada a los bordes del cristal y al plano de la alúmina de la caolinita (dependiente del pH) se ven contrarrestados, en gran medida, por la carga permanente asociada a los planos basales de la sílice de los minerales 2:1, por lo que, para estas arcillas, el efecto del pH es muy pequeño. Además, los iones alcalinotérreos intercambiables que contienen estas arcillas, bien adsorbidos sobre su superficie, reduciendo su carga negativa, o bien en solución, contrayendo el espesor de la doble capa, reducen el valor absoluto del potencial zeta, ζ. En consecuencia, el valor absoluto del potencial zeta, ζ, es notablemente menor para la arcilla KE (con mayor cantidad de iones alcalinotérreos) que para la KI. Al igual que ocurría con las suspensiones de materiales cerámicos más sencillos, al modificar la cantidad y naturaleza del electrolito en las suspensiones arcillosas también se alteran las curvas potencial zeta ζ-pH, pero los cambios son, por lo general, más profundos. En efecto, al comparar las curvas electrocinéticas de estas mismas arcillas, empleando $Ca(NO_3)_2$ (figura 5.20) se aprecia lo siguiente: para la arcilla caolinítica, K, una sustitución de K^+ por Ca^{+2} provoca, a pH < 7, una disminución significativa del potencial zeta, ζ, debido al incremento de la fuerza iónica, como ya se indicó en el apartado 3.3.4. A pH > 8, el potencial zeta, ζ, se mantiene prácticamente constante, debido a que la adsorción de iones Ca^{+2} contrarresta el aumento de la carga superficial negativa del plano basal de la alúmina con el pH. La arcilla KE presenta el mismo comportamiento electrocinético en los dos ambientes iónicos, el potencial zeta, ζ, se mantiene prácticamente igual a $\zeta = -10$ mV. En este caso, los ácidos húmicos y los iones alcalinotérreos, ya presentes en la superficie de la arcilla, apantallan su superficie y la hacen independiente del pH. La curva electrocinética de la arcilla KI en nitrato cálcico, a diferencia de las anteriores, presenta un mínimo a pH = 7 (máximo en valor absoluto). A partir de este pH, los protones, H^+, y K^+ adsorbidos sobre la superficie de la arcilla son intercambiados por Ca^{+2}, lo que reduce la carga negativa efectiva y el valor absoluto del potencial zeta ζ.

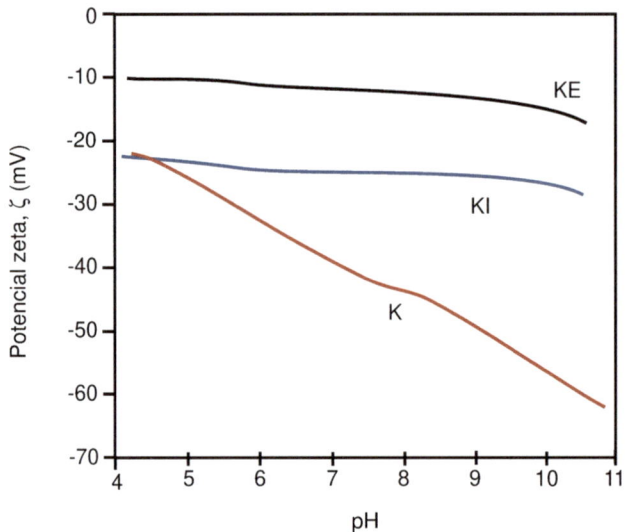

Figura 5.19. Variación del potencial zeta, ζ, con el pH de las arcillas K,
KE y KI (tabla 5.3), suspendidas en una solución 10^{-2} M de KNO_3.
(Adaptado de Galassi, Costa y Pozzi 2001)

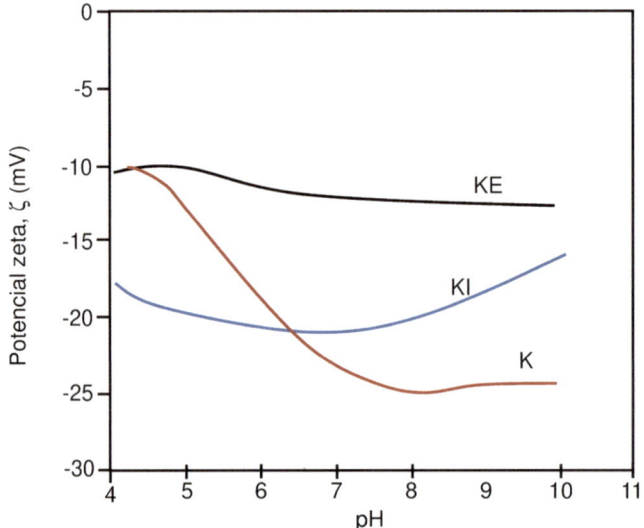

Figura 5.20. Variación del potencial zeta, ζ, con el pH de las arcillas K,
KE y KI (tabla 5.3), suspendidas en una solución 10^{-2} M de $Ca(NO_3)_2$.
(Adaptado de Galassi, Costa y Pozzi et al. 2001)

En lo que respecta al efecto de la adsorción de polianiones en el comportamiento electrocinético de las arcillas, este es análogo al estudiado anteriormente, excepto en que la adsorción de estos solo se produce en los bordes de la partícula, y en el caso de la caolinita, además, en la cara de la alúmina. Este tema será analizado en el apartado de desfloculantes.

5.8. ENERGÍA DE INTERACCIÓN Y ESTRUCTURAS DE ASOCIACIÓN DE PARTÍCULAS

Las estructuras de agregación de las partículas de los minerales arcillosos son complicadas, debido a que, en el caso más sencillo, el de los minerales de capa 2:1, las características electroquímicas de los planos basales son diferentes de las de los bordes. La complejidad es mayor para la caolinita con tres superficies diferentes.

5.8.1. Minerales de capa 2:1 (talco)

En las suspensiones de talco pueden darse tres tipos de asociaciones de partículas: basal-basal, borde-borde y borde-basal. Utilizando los potenciales de Stern de las superficies de los planos basales y del borde de las partículas de talco, calculadas a partir de los resultados obtenidos por AFM (figura 5.21), Yan, Masliyah y Xu (2013) han estimado, aplicando la teoría DLVO, las energías de interacción entre las diferentes superficies por unidad de área (figura 5.22). Los planos basales del talco están cargados negativamente y la magnitud de la carga (y potencial de Stern, Ψ_{basal}^d) es prácticamente independiente del pH (figura 5.21). Las energías por unidad de superficie de interacción cara-cara son todas repulsivas, ya que la repulsión asociada a la doble capa es superior a la atracción de Van der Waals (figura 5.22a). El potencial de barrera es alto. Únicamente a pH = 3,2 se aprecia un potencial de barrera más bajo. En cambio, la carga del borde de la partícula, y el potencial de Stern, Ψ_{borde}^d, es muy dependiente del pH; es positivo a pH ≤ 8 y entre 8 < pH < 9 cambia a negativo (figura 5.21). Como consecuencia de ello (figura 5.22b), la interacción entre los bordes de la partícula es repulsiva para pH de 3,2 y 5,6, siendo el potencial de barrera a pH = 3,2 mayor que a pH = 5,6. A pH = 8, la carga y potencial de Stern son tan bajos (Ψ_{borde}^d = 6 mV) que la repulsión asociada a la doble capa es más pequeña que la atracción de Van der Waals, por lo que no se presenta barrera de potencial. A pH = 9,1 el potencial de Stern ya es significativo

(Ψ^d_{borde} = –27 mV), por lo que la curva de nuevo muestra una barrera de potencial notable. Para la interacción borde-cara (figura 5.22c), únicamente a pH = 9,1 las dos superficies están cargadas negativamente, por lo que la energía de interacción es repulsiva. Para pH ≤ 8, las cargas de las caras y la de los bordes son de signos opuestos (figura 5.21), por lo que el potencial de interacción es atractivo. Esta energía de interacción atractiva se hace máxima a pH = 5,6, ya que en estas condiciones la diferencia de cargas de signo opuesto entre superficies es máxima, la diferencia entre los potenciales de Stern cara-borde es de 61 mV. El hecho de que para este mineral las suspensiones estables (exentas de desfloculante añadido) se obtengan a pH muy altos (pH = 9—10) parece indicar que la interacción borde-cara determina la estabilidad de la suspensión y su comportamiento reológico. En principio, esta última consideración podría extrapolarse a los minerales de tipo 2:1, ya que los mecanismos de carga son análogos.

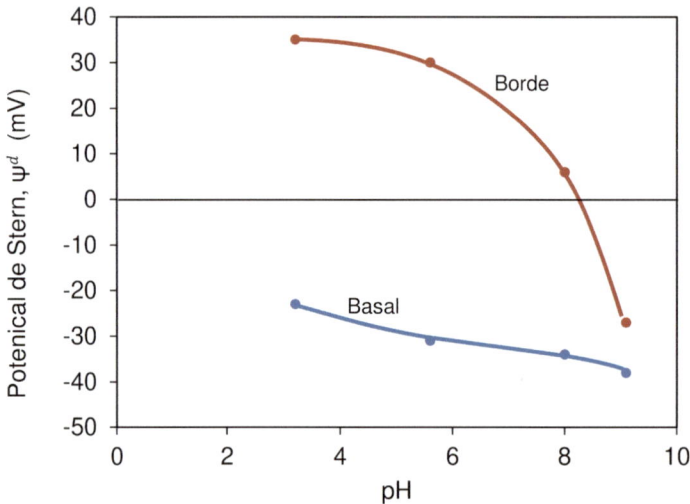

Figura 5.21. Variación de los potenciales de Stern calculados, Ψ^d, del borde y de la cara del talco en función del pH. (Adaptado de Yan, Masliyah y Xu 2013)

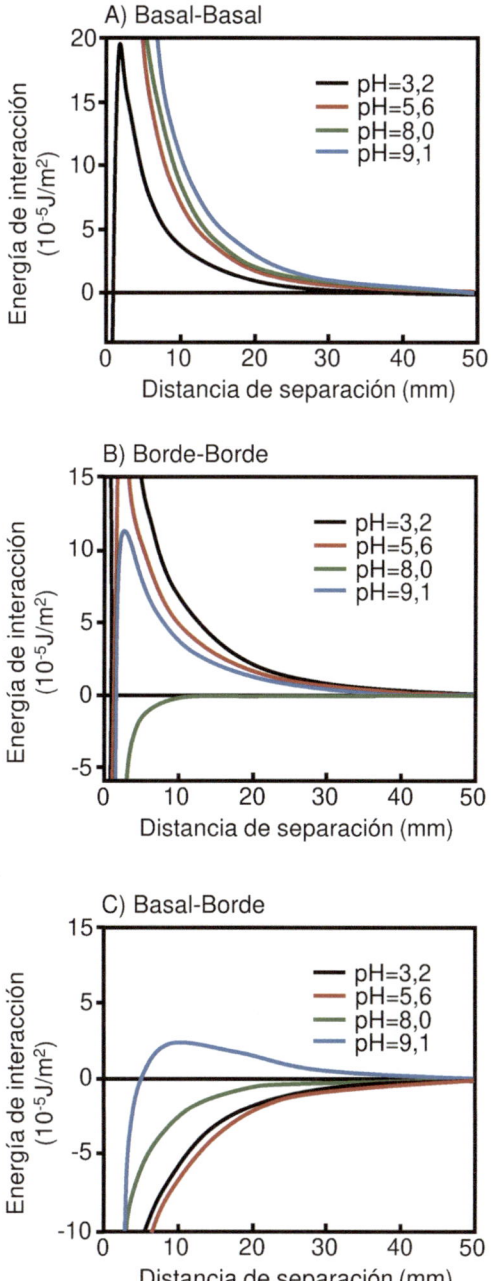

Figura 5.22. Energía de interacción por unidad de área, entre superficies de partículas de talco, calculada para diferentes valores del pH. A*) Basal-basal,* B*) borde-borde y* C*) basal-borde. (Adaptado de Yan, Masliyah y Xu 2013)*

5.8.2. Minerales de capa 1:1 (caolinita)

Las estructuras de los agregados que pueden formarse en una suspensión de caolinita son complicadas y variadas, debido a que este mineral posee tres superficies de características electroquímicas distintas: plano basal de sílice, plano basal de alúmina y borde. Como en una suspensión todas las superficies pueden interaccionar unas con otras, en principio, pueden producirse seis tipos de asociaciones entre superficies (tabla 5.4).

Tabla 5.4. Abreviaturas utilizadas para describir los distintos tipos de interacción entre superficies de la caolinita

Tipo de interacción	Abreviatura
Plano basal de sílice – Plano basal de sílice	Si-Si
Plano basal de alúmina – Plano basal de alúmina	Al-Al
Borde – Borde	E-E
Plano basal de sílice – Plano basal de alúmina	Si-Al
Plano basal de sílice – Borde	Si-E
Plano basal de alúmina – Borde	Al-E

A partir de los potenciales de Stern medidos experimentalmente para las tres superficies (figura 5.10), Chang et al. (2021) han calculado recientemente, mediante la teoría DLVO, las energías de interacción para cada una de estas asociaciones, en función del pH de la solución (figura 5.23). A pH = 3 (figura 5.23a), la energía de interacción Si-Si es muy repulsiva (la más positiva de todas), lo que hace muy improbable una asociación entre caras o planos basales de la sílice. Las energías de interacción Al-Al, E-E y Al-E son menos repulsivas, por lo que tampoco es probable que se formen en la suspensión. Por el contrario, las energías de interacción Si-Al y Si-E obtenidas son fuertemente atractivas (negativas), por lo que es de esperar que sean estas las agregaciones (figura 5.24a) que se produzcan en la suspensión a pH = 3.

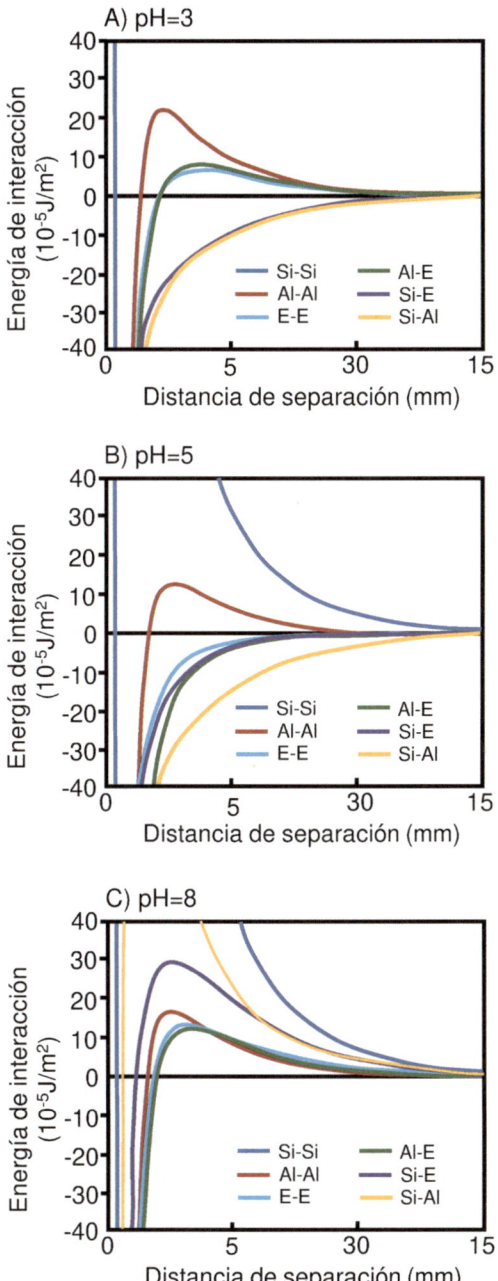

Figura 5.23. Energías de interacción entre por unidad de superficie entre las distintas superficies de la caolinita, para diferentes pH. (Adaptado de Chang et al. 2021)

283

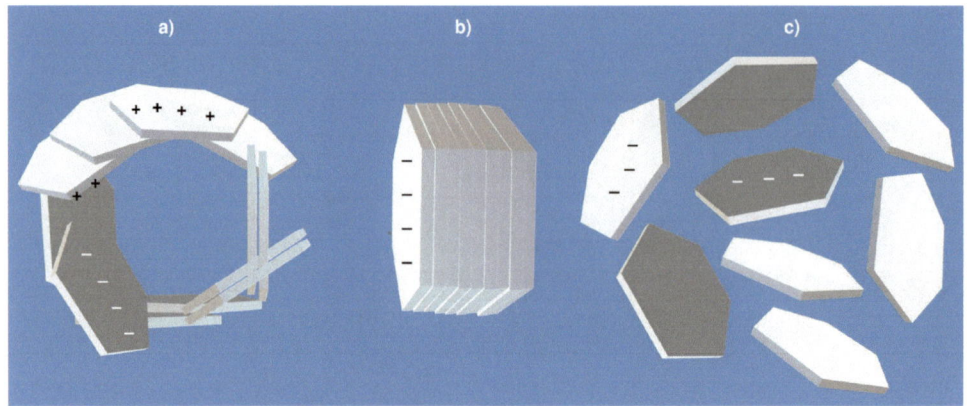

Figura 5.24. Estructuras idealizadas de la asociación de partículas:
a) pH = 3 estructura de castillos de naipes, b) pH = 5 estructura apilada
y c) pH = 8 estructura dispersa

A pH = 5, solo las interacciones Si-Si y Al-Al son repulsivas (positivas) (figura 5.23b). Las restantes son todas atractivas, destacando por su magnitud la correspondiente a la interacción Si-Al, la que involucra la atracción de la cara de la alúmina y la de la sílice. Por consiguiente, esta última asociación (Si-Al) (figura 5.24b) es la que debe producirse con mayor probabilidad en la suspensión a pH = 5.

A pH = 8, las seis interacciones son repulsivas (figura 5.23c). En este caso, y a pH > 8, todas las superficies de las partículas se repelen, por lo que resulta una suspensión dispersada (figura 5.24c). Esta variación de las estructuras con el pH es consistente con la tendencia que siguen con esta misma variable (pH) la estabilidad de la suspensión y el comportamiento reológico.

5.9. ESTABILIZACIÓN DE SUSPENSIONES DE MINERALES ARCILLOSOS, ARCILLAS Y MATERIALES DE CERÁMICA BLANCA. DESFLOCULANTES MÁS UTILIZADOS

En las suspensiones cerámicas que contienen arcillas, incluso en proporciones en peso minoritarias, los minerales arcillosos son los que aportan la mayoría de la superficie específica de todo el material sólido en suspensión. En el caso de una porcelana, la contribución de las superficies de los minerales arcillosos puede ser superior al 90 %. Por consiguiente, la estabilización de suspensiones que contienen arcilla pasa por conseguir que las superficies de los minerales arcillosos tengan una carga negativa significativa. Para conseguirlo resulta imprescindible, por una parte, la eliminación de cationes polivalentes adsorbidos sobre las superficies de la arcilla y de los hidratados en solución (libres). Por otra, lograr que los bordes de las partículas y las caras octaédricas de la alúmina de la caolinita presenten una carga negativa significativa. Como ya comentamos antes, estos objetivos pueden lograrse utilizando aditivos que precipiten o formen complejos estables con cationes polivalentes, que conduzcan a pH fuertemente alcalinos o que se adsorban sobre las superficies positivas de la arcilla, formando una capa de polímero cargada negativamente. En definitiva, los potenciales de las distintas superficies de los minerales arcillosos deben ser altos y negativos y la fuerza iónica del medio no excesivamente alta (espesor de la doble capa demasiado reducido).

Como ya se ha indicado anteriormente, los carbonatos de sodio y potasio, y sus mezclas con NaOH, fueron los primeros aditivos utilizados como dispersantes. No obstante, no eran suficientemente efectivos para suspensiones con elevados contenidos en sólidos y fuerzas iónicas altas, por lo que se han ido sustituyendo por otros. Actualmente se utilizan individualmente o mezclados: silicatos sódicos (con razón SiO_2/Na_2O variable), polifosfatos, poliacrilatos y polimetacrilatos, principalmente, todos ellos en forma de sales sódicas. La adición de cada una de estas familias de aditivos altera de forma distinta las características de la solución (pH y naturaleza y concentración de iones libres, que no están formando complejos o precipitados) y las propiedades electroquímicas de las diferentes superficies (especies adsorbidas, cargas eléctricas, potenciales de Stern). Además, su acción también depende de la naturaleza de la arcilla o de sus mezclas con otros componentes. De todo ello se deprende la dificultad que entraña analizar de forma genérica el mecanismo de acción de estos dispersantes y su efecto sobre la estabilidad y reología de las suspensiones. Y, en definitiva, comparar su efectividad. Desgraciadamente, existen pocos estudios completos en los que se determinen las características de la solución y las propiedades electrocinéticas y reológicas de suspensiones de un mismo material, que hayan sido preparadas empleando diferente contenido y naturaleza de dispersante y de electrolito (naturaleza y concentración de iones) y distinta fracción volumétrica de sólidos. En consecuencia, y como ejemplo, analizaremos con detalle en este apartado el efecto de un silicato sódico sobre la estabilidad y las características químicas y electrocinéticas de suspensiones preparadas con un caolín industrial a distintas fracciones volumétricas de sólidos (Amorós et al. 2010a).

5.9.1. Silicatos sódicos. Efecto del contenido en dispersante, X_S, y de la fracción volumétrica de sólidos, ϕ, sobre las características fisicoquímicas de la solución y sobre las propiedades electrocinéticas y estabilidad de suspensiones concentradas de caolín

El silicato sódico empleado era de razón molar: $Na_2O/SiO_2 = 0,23$. El caolín industrial utilizado estaba constituido por un 85 % de caolinita y otras fases minoritarias (5 % de cuarzo y 5 % de illita como principales); su superficie específica era de $23,6\pm0,1$ m^2/g; su capacidad de cambio catiónico y su composición se detallan en las tablas 5.5 y 5.6. La morfología de los cristales se muestra en la figura 5.25. El tamaño medio de partícula era; $d_{50} = 410$ nm y su espesor medio: $e = 20$ nm, resultando una razón diámetro/espesor de la partícula: $d_{50}/e = 20$, valor que es consistente con los que figuran en la bibliografía (Ma y Eggleton 1999, Yziquel et al. 1999). Los valores de la capacidad de intercambio catiónico, CEC, y del espesor, e, son también consistentes con la relación experimental entre ambas características para caolinitas (Ma y Eggleton 1999).

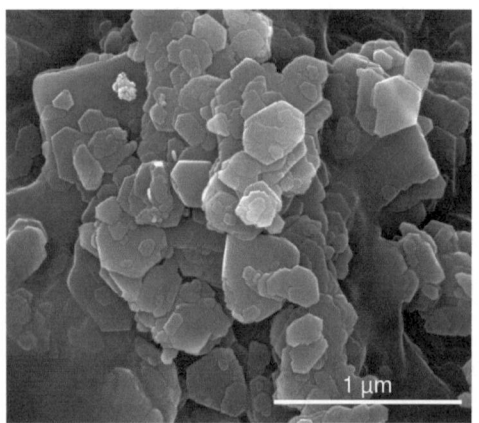

Figura 5.25. Micrografías MEB del caolín utilizado.
(Cortesía del Laboratorio de Microscopía del ITC)

Tabla 5.5. Análisis químico de la arcilla (% peso)

SiO_2	Al_2O_3	Fe_2O_3	TiO_2	CaO	MgO	Na_2O	K_2O	p.p.c. (1.000 °C)
47,30	36,40	1,36	1,13	0,12	0,17	0,05	0,85	12,50

*Tabla 5.6. Capacidad de intercambio catiónico de la arcilla
en cmol(+)/kg (=meq/100g)*

Ca	Mg	Na	K	CEC
7,1	1,4	0,2	0,2	8,9

5.9.1.1. Silicatos sódicos. Distribución de especies en solución

Bajo el término silicato sódico se engloban una serie de soluciones acuosas de fórmula general $(Na_2O)_x(SiO_2)_y(H_2O)_z$. En los productos comerciales, la razón molar $R_M = y/x$ suele variar entre $1{,}6 \leq R_M \leq 4$, y el porcentaje en peso de SiO_2 se sitúa en el intervalo del 25-35 %. Estas soluciones son mezclas complejas de agua, especies aniónicas de silicato y cationes sodio, en un equilibrio dinámico. Los silicatos están basados en grupos de tetraedros (SiO_4^{-4}), que tienden a unirse por los vértices compartiendo un átomo de oxígeno (oxígeno puente), formando redes tales como cadenas, anillos, láminas y estructuras tridimensionales. Los iones sodio modifican la red rompiendo los enlaces Si–O–Si y produciendo un oxígeno terminal no puente. La distribución de especies de silicato (monómeros, dímeros, trímeros, etc.) de estas soluciones es compleja y cambiante, dependiendo de la concentración de silicato, pH, temperatura, fuerza iónica del medio, etc. Por lo general, la conectividad de las especies de silicato aumenta con la concentración, con el pH y con la fuerza iónica del medio, y disminuye con la temperatura (Matinfar y Nychka 2023). La razón molar de la solución de silicato sódico comercial utilizada en este trabajo (Amorós et al. 2010a) fue de $R_M \approx 4$, y su porcentaje en peso de sílice del 30 %. La distribución de la conectividad de las especies de silicato estimada según la relación de Provis et al. (2005) es: 50 % de conectividad 3; 20 %

de conectividad 4; 25 % de conectividad 2; y 5 % de conectividad 1. Es decir, no existen monómeros en solución (conectividad cero).

Ahora bien, cuando esta suspensión se utiliza como dispersante su concentración es muy baja (<0,01 M) y, a este nivel de dilución, las especies de silicato son monómeros (Harris y Knight 1983) y su carga depende del pH (figura 5.26) según Meng et al. (2018). Así pues, teniendo en cuenta el intervalo de pH que resulta en las suspensiones preparadas (figura 5.28) las especies presentes en la suspensiones preparadas serán principalmente $Si(OH)_4$ y $SiO(OH)_3^-$.

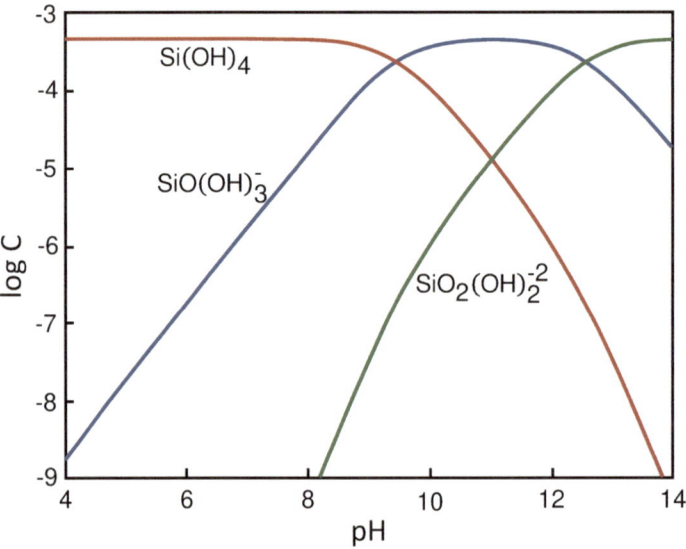

Figura 5.26. Diagrama de distribución de especies de silicato a diferentes pH, para una dosis inicial de silicato de 100 mg/l. C es la concentración de especies (mol/l). (Adaptado de Meng et al. 2018)

5.9.1.2. Silicatos y silicoaluminatos adsorbidos/precipitados sobre las partículas de caolín.

Recientemente se ha estudiado mediante la teoría funcional de la densidad electrónica («Density Functional Theroy, DFT») la adsorción de especies $Si(OH)_4$ y $SiO(OH)_3^-$ (Han, Liu y Chen 2016). Los resultados revelan que las energías de adsorción de estas especies sobre la cara de la alúmina son más bajas que las correspondientes a la de la sílice. Ello implica una adsorción preferente de estos espacios sobre el plano basal de la alúmina (y, probablemente, en los bordes que contienen aluminio en su superficie), respecto al plano basal de la sílice. Además, las energías de adsorción $SiO(OH)_3^-$ son siempre más bajas que las correspondientes a $Si(OH)_4$, indicando, con ello, que el anión es la especie que más fácilmente se adsorbe. Según estos autores, la adsorción de estas especies sobre la superficie de la caolinita la convierte en más hidrófila y cargada, lo que facilita su dispersión. Ahora bien, los resultados a escala molecular no impiden que la interacción entre estas especies adsorbidas en presencia de otros cationes conduzca a la formación de geles y coloides de una manera similar a la que ocurre en soluciones concentradas de silicato, como se discutirá a continuación.

Experimentalmente, se comprobó que conforme aumenta la adición de silicato sódico (manteniendo constante la fracción volumétrica de sólidos, $\phi = 0{,}42$), aumenta la cantidad de Si y Na adsorbidos/precipitados y el pH de la solución (figura 5.27a). En todos los casos, la cantidad de compuestos de silicio detectados en solución (filtrado) siempre fue más baja que la inicial (alrededor del 50 %), lo que implica un incremento, en igual magnitud, en especies de silicio adsorbidas/precipitadas sobre el caolín. Estos resultados están de acuerdo con la bibliografía (Andreola et al. 2007, Diz y Rand 1990, Zaman y Mathur 2004). En este intervalo de pH, y para este tipo de silicato (baja razón: $Na_2O/SiO_2 = 0{,}23$), los iones silicato forman especies poliméricas que se agregan y/o forman sílice coloidal cargada negativamente, que se adsorben sobre la cara de la alúmina y sobre los bordes de las partículas de caolín, ambos con carga neta positiva. Este comportamiento puede explicarse mediante los siguientes mecanismos:

1) Formación de una película de coloide protectora sobre la superficie de las partículas de los minerales arcillosos. este mecanismo.

Este mecanismo solo sería operativo para valores del pH a los que existen cargas positivas en el borde del cristal y/o plano basal de la alúmina. En consecuencia, para valores de pH > 7, a los que corresponde un potencial muy negativo (figura 5.10), no debería producirse la adsorción/precipitación de especies cargadas negativamente. En nuestro caso, la máxima cantidad de compuestos de silicio adsorbido/precipitado se produce al máximo pH alcanzado (pH = 7,8). Estos y otros resultados, que confirman altas cantidades de compuestos de silicio adsorbidos/precipitados, incluso a pH más elevados (pH $\approx$ 11) (Andreola et al. 2007, Diz y Rand 1990), sugieren que las interacciones atractivas electrostáticas entre la sílice coloidal cargada negativamente y las superficies cargadas positivamente del caolín no es el único mecanismo responsable de la adsorción/precipitación de los compuestos de sílice.

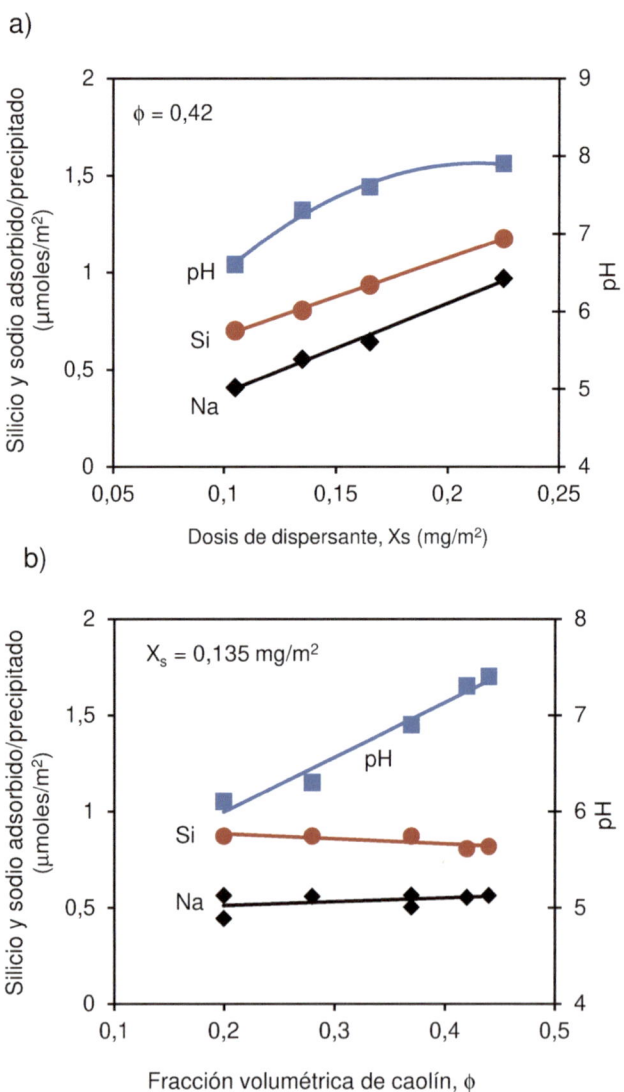

Figura 5.27. Evolución del pH y de especies de Si y Na adsorbido/precipitado con la dosis de dispersante, X_s, y con la fracción volumétrica de caolín, ϕ. (Adaptado de Amorós et al. 2010a)

2) Formación de geles de silicoaluminato sobre la superficie de la caolinita por reacción entre los grupos silanol de los polianiones de silicato y los grupos hidroxilo de la capa octaédrica del caolín.

Según distintos autores, este proceso podría explicar la disminución de la concentración de anión silicato en solución (Andreola et al. 2007, Diz y Rand 1990, Zaman y Mathur 2004). Este mecanismo, a diferencia del anterior, es más efectivo conforme se incrementa el pH de la suspensión. Cuando el pH es más alto que el punto de carga cero de los bordes de caolinita (zpc bordes = 6,5 según figura 5.10) y la repulsión electrostática entre los iones silicato, cargados negativamente, y los bordes de la caolinita, con una carga neta también negativa, la reacción química entre los grupos silanol de los iones silicato y los grupos hidroxilo de la capa octaédrica de la alúmina es el único mecanismo para adsorber especies de silicio sobre la superficie de la caolinita.

En lo que respecta al sodio, su concentración en solución fue siempre más baja que la concentración inicial en la solución de partida (alrededor de un 40 % de la inicial). Este comportamiento no solo se debe al intercambio catiónico, sino también a la adsorción de iones sodio por el gel de silicoaluminato precipitado y la adsorción de sodio a la sílice coloidal (Andreola et al. 2004, Andreola et al. 2007, Ryan 1970). Cuando la concentración inicial de ion sodio (introducida como dispersante) se incrementa, bien porque se aumenta la dosis de dispersante, X_s, o bien porque lo hace la fracción volumétrica de sólidos de la suspensión, ϕ, (aun manteniendo constante X_s) también se produce, en mayor extensión, el intercambio de iones calcio y magnesio adsorbidos inicialmente en la superficie del caolín por sodio. En este sentido, la formación de complejos solubles y compuestos insolubles entre el calcio y el magnesio y los silicatos poliméricos favorece dicho intercambio.

Por otra parte, el efecto de la fracción volumétrica de sólidos, ϕ, apenas altera la cantidad de silicio y sodio asociado a especies que se adsorben/precipitan, si se mantiene constante la razón: mg de dispersante/m^2 de superficie de sólido, X_s, (figura 5.27b). Por el contrario, el pH aumenta conforme lo hace, ϕ, debido a que el incremento de la concentración de OH$^-$ en solución aumenta con el contenido de los reactantes responsables de la producción de OH (dispersante y caolín) por unidad de volumen (figura 5.27b).

5.9.1.3. Iones metálicos solubles procedentes de las partículas de caolín

En presencia de silicato sódico la concentración de iones Fe, Ca y Mg disueltos es mucho mayor que en el agua destilada utilizada ($<10^{-5}$ M) y se incrementa linealmente con la dosis de desfloculante, X_s (figura 5.28b). La concentración de iones también aumenta con la concentración de sólidos, expresada como: $\phi/(1-\phi)$ (volumen de sólido/volumen de líquido), pero no de forma lineal (figura 5.28b). El incremento de iones hierro disueltos se debe, probablemente, a la disolución de hematita y posterior formación de un complejo de silicato de hierro estable. El aumento de iones calcio y magnesio se atribuye al proceso de intercambio iónico con el ion sodio y a la formación de complejos entre los iones silicatos y cationes divalentes.

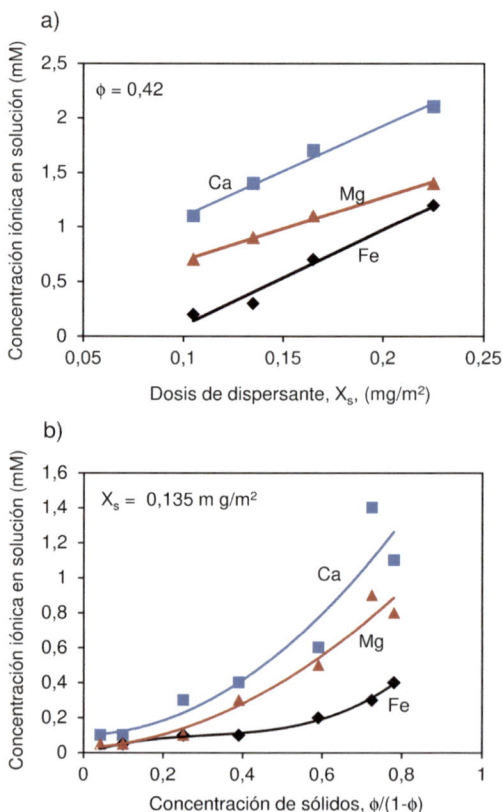

Figura 5.28. Evolución de la concentración iónica de Fe, Ca y Mg con la dosis de dispersante, X_s, y con la concentración de caolín, $\phi/(1-\phi)$ (volumen de sólidos/volumen de líquido). (Adaptado de Amorós et al. 2010a)

5.9.1.4. *Conductividad eléctrica, EC, fuerza iónica, I, espesor de la doble capa, κ^{-1}, y pH*

A pesar de la complejidad de los procesos que de forma simultánea se desarrollan en la preparación de la suspensión, se ha comprobado que la conductividad eléctrica, EC, aumenta linealmente con la concentración de dispersante, C_D, (figura 5.29). La fuerza iónica del medio, I, calculada de los valores de EC aplicando la ecuación propuesta por Gillman y Bell (1978), similar a la de Griffin y Jurinak (1973) y a la de Alva, Sumner y Miller (1991), resultó ser prácticamente proporcional a C_s (figura 5.29).

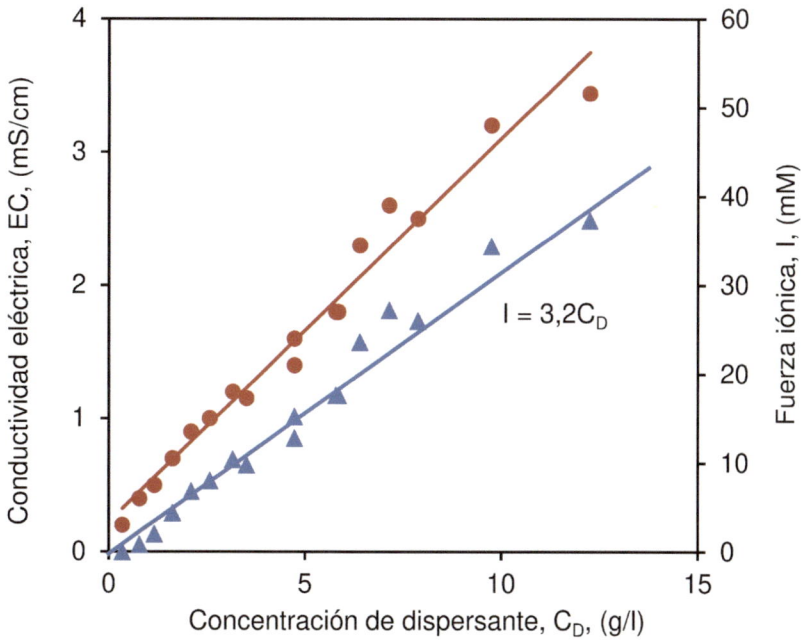

Figura 5.29. Efecto de la concentración de dispersante, C_D, sobre la conductividad eléctrica, EC, y sobre la fuerza iónica del medio, I, estimada mediante la relación propuesta por Griffin y Jurinak (1973) y Alva, Sumner y Miller (1991). (Adaptado de Amorós et al. 2010a)

El efecto combinado de la adición de desfloculante, X_S, y la fracción volumétrica de sólidos, ϕ, sobre el pH, el espesor de la doble capa, κ^{-1}, (calculada mediante la ec. 2.37) y la movilidad electroforética, μ_E, se muestra en la figura 5.30. Se aprecia que κ^{-1} disminuye de 5 a 1,5 nm conforme se incrementan X_S (de 0,075 a 0,225 mg/m^2) y ϕ (de 0,2 a 0,4). Este comportamiento se debe a que con el aumento de ambas características (X_S y ϕ) se incrementa C_D, y, con ello, la fuerza iónica, I. Por el contrario, el pH aumenta de 4 a 8 conforme se incrementan X_S de 0 a 0,225 mg/m^2 y ϕ de 0,2 a 0,42; no obstante, el efecto de ϕ sobre el pH disminuye con el aumento de X_S, hasta desaparecer para valores de X_S = 0,225 mg/m^2. La elevada acidez de la dispersión de caolín, de por sí ácido, (pH = 4) se debe, probablemente, a la presencia de ácidos húmicos.

5.9.1.5. Movilidad electroforética, μ_E.

La movilidad electroforética, μ_E, (figura 5.30) proporcional al potencial zeta, ζ, se va haciendo más negativo, de aproximadamente −1 a −3,3·10^{-8} m^2/V·s, para ϕ = 0,2, conforme se incrementa el contenido en dispersante, X_S, de 0 a 0,225. Este comportamiento es muy similar al observado en suspensiones de caolín desfloculadas con silicatos sódicos (Rossington, Senapati y Carty 1998; Rossington, Senapati y Carty 1999), fosfatos (Siffert y kim 1992, Andreola, Pozzi y Batista 1998, Penner y Lagaly 2001) y poliacritalos (Rossington y Carty 2000, Sjöberg et al. 1999). Cuando se incrementa la dosis de silicato sódico, X_S, la carga negativa de la superficie de la caolinita también aumenta debido a los siguientes fenómenos: adsorción/precipitación sobre la superficie del caolín de compuestos de silicio (descrito en el apartado 5.9.1.2), aumento del pH de la solución (Johnson, Russell y Scales 1998, Tombácz y Szekeres 2006) y sustitución del calcio y del magnesio adsorbido sobre la superficie por sodio (Worral 1986, García-García et al. 2007). Para contenidos en sólidos más altos, a los que corresponden espesores de doble capa, κ^{-1}, menores, la movilidad electroforética, μ_E, se hace menos negativa con el aumento de ϕ. El efecto de la disminución μ_E con ϕ es paralelo al que ejerce dicha variable (ϕ) sobre la contracción de la doble capa, κ^{-1}.

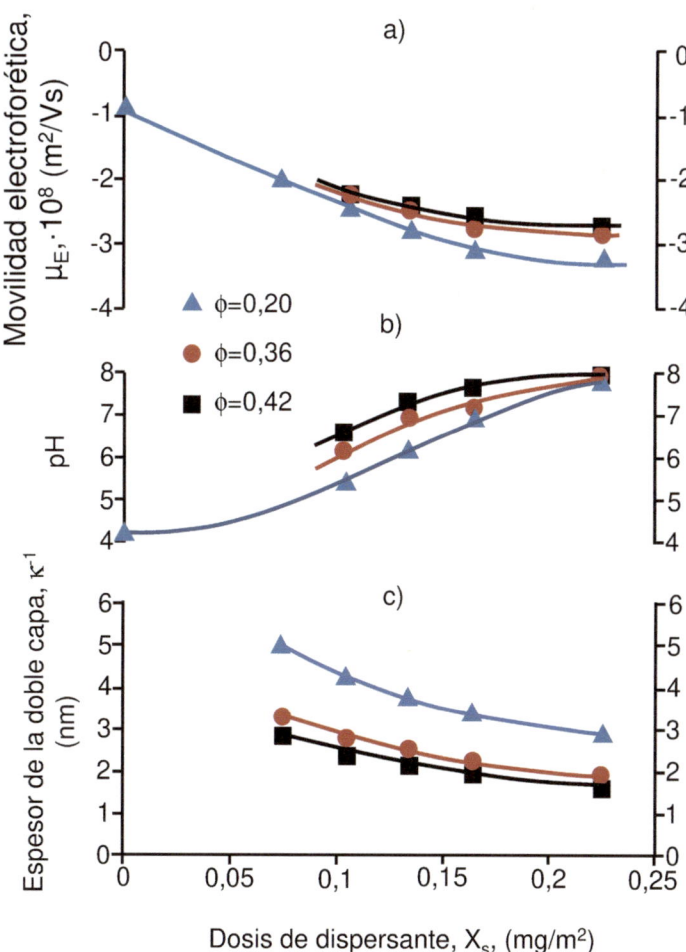

Figura 5.30. Efecto de la dosis de dispersante, X_s, y de la fracción volumétrica de sólidos, ϕ, sobre: a) *la movilidad electroforética, μ_E,* b) *pH y* c) *espesor de la doble capa, κ^{-1}. (Adaptado de Amorós et al. 2010a)*

5.9.1.6. Estabilidad coloidal y propiedades reológicas

El objetivo de este apartado es únicamente determinar el efecto de la dosis de desfloculante, X_s, y la fracción volumétrica de sólidos, ϕ, sobre la estabilidad de suspensiones de caolín, mediante la medida de algunas propiedades reológicas. Para ello, se han elegido las siguientes propiedades: la tensión de fluencia estimada del modelo de Bingham, σ_B, y la tensión de fluencia estimada del modelo de

Hersehel-Burkley, σ_{HB}, ajustando las curvas de flujo a las respectivas ecuaciones (ec. 2.44 y ec. 2.45) y el módulo elástico de cizalla, G', mediante medidas visco-elásticas oscilatorias. La tensión de Bingham es de los parámetros más ampliamente utilizados para determinar la estabilidad de suspensiones acuosas de arcillas (ajustando el pH y la dosis del desfloculante) (Stenius, Järnström y Rigdahl 1990; Lepoutre y Lord 1990; Kugge y Daicic 2004; Loginov et al. 2008; Abend y Lagaly 2000; Tombácz y Szekeres 2004; y Tombácz y Szekeres 2006).

En la figura 5.31 se han representado las curvas de flujo en forma lineal, correspondientes a las suspensiones de caolín, con $\phi = 0,365$ y dos dosis de desfloculante: $X_s = 0,075$ mg/m^2 y $X_s = 0,105$ mg/m^2. Para $X_s = 0,105$ mg/m^2, la representación de σ frente a $\dot{\gamma}$ es prácticamente una recta para todo el intervalo de $\dot{\gamma}$ ensayado y el valor de la ordenada en el origen, σ_B, era muy pequeño. Para $X_s > 0,105$ mg/m^2, se obtuvieron resultados prácticamente idénticos (el valor promedio de σ_B obtenidos para seis dosis de desfloculante, X_s, en el intervalo $0,105 \leq X_s \leq 0,225$ fue de $\bar{\sigma}_B = 0,4 \pm 0,1$ Pa). Para la dispersión con $X_s = 0,075$ mg/m^2, la representación solo es lineal en el intervalo de altas cizallas y los valores de σ_B (ordenada en el origen) y la pendiente del tramo recto (viscosidad plástica, η_B) son mucho más elevados que los correspondientes a $X_s = 0,105$ mg/m^2 ($\sigma_B = 122$ Pa frente a $\sigma_B = 0,4$ Pa y $\eta_B = 10^{-2}$ Pa·s frente a $\eta_B = 1,6 \cdot 10^{-2}$ Pa·s).

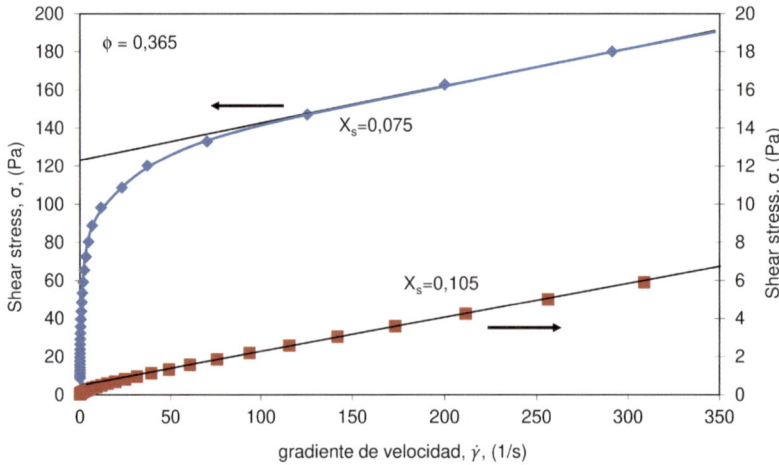

Figura 5.31. Curvas de flujo de las suspensiones de caolín, a una fracción volumétrica de $\phi = 0,365$, con dos dosis de desfloculante: $X_s = 0,075$ mg/m^2 y $X_s = 0,105$ mg/m^2. (Adaptado de Amorós et al. 2010a)

Al ajustar estas curvas de flujo (figura 5.31) al modelo de Hersehel-Burkley (ec. 2.44) se comprobó que el valor de σ_B correspondiente a la suspensión con $X_s = 0{,}075$ mg/m^2 fue de $\sigma_B = 15{,}8$ Pa, mucho más alta que las de las suspensiones con $0{,}105 \leq X_s \geq 0{,}225$ mg/m^2, cuyo valor oscilaba sobre el promedio de $\sigma_{HB} = 0{,}018 \pm 0{,}005$Pa. Los valores de los módulos de G' de todas estas suspensiones seguían la misma tónica que la de los valores de σ_B y σ_{HB}. En efecto, para la suspensión con $X_s = 0{,}075$ mg/m^2 se obtuvo un valor de G' $= 910$ Pa, mucho más alto que el correspondiente a las suspensiones $0{,}105 \leq X_s \geq 0{,}225$ mg/m^2, con un valor promedio $\bar{G'} = 0{,}85 \pm 0{,}1$Pa.

Esta caída brusca de las propiedades reológicas al disminuir la dosis de desfloculante, X_s, de $X_s = 0{,}105$ mg/m^2 a $X_s = 0{,}075$ mg/m^2 debe asociarse a la formación de un gel atractivo de partículas de caolín, debido, por una parte, a la interacción electrostática atractiva entre los bordes y los planos basales de la sílice de las partículas de caolinita, dando lugar a la estructura «castillo de naipes» (figura 5.24a) (Worral 1986). Y, por otra, también probablemente, a la interacción entre los planos basales de alúmina y los de la sílice (figura 5.24b) (Tombácz y Szekeres 2006). En efecto, a pH < 6, por debajo del punto de carga de los bordes de la caolinita (figura 5.10), y con una baja cantidad de compuestos de silicio adsorbidos/precipitados (figura 5.30b), algunos puntos de carga positiva aún permanecen en los bordes y en el plano basal de la alúmina, para valores de $X_s = 0{,}075$ mg/m^2. Un pequeño incremento de la dosis de dispersante ($X_s = 0{,}075$ mg/m^2 a $X_s = 0{,}105$ mg/m^2), y su correspondiente adsorción/precipitación sobre la superficie del caolín (figura 5.30a y b) provoca un aumento del pH a pH $= 6{,}2$ (figura 5.30a). Ambos fenómenos invierten la carga neta de positiva a negativa, por lo que la interacción entre superficies cambia de atractiva a repulsiva, transformando la estructura de gel a una estructura dispersa (figura 5.24c).

Por otra parte, el potencial zeta, ζ, calculado a partir de la movilidad electroforética, μ_E, (ec. 3.51) requerido para estabilizar esta suspensión fue de $\zeta = -40$ mV, el cual es muy similar a los valores encontrados por diferentes investigadores para suspensiones de caolinita: $\zeta = -44$ mV, utilizando poliacrilato sódico (Sjöberg et al. 1999); $\zeta = -40$ mV, empleando carboximetilcelulosa (Sjöberg et al. 1999); y $\zeta = -43$ mV, ajustando la suspensión a pH $= 10$ (Addai-Mensah y Ralston 2005). Estos resultados sugieren que, en la estabilización mediante silicatos, poliacrilatos sódicos y carboximetilcelulosa sódica de las suspensiones arcillosas, la contribución electrostática es la predominante.

En lo que respecta a la fracción volumétrica de sólidos sobre la estabilidad de la suspensión, Amorós et al. (2002) comprobaron que, excepto para muy altos contenidos en sólidos, a los que corresponden distancias de separación entre partículas muy pequeñas y entran en juego otro tipo de interacciones entre partículas, dicha variable no influye en la determinación del contenido en dispersante crítico para desflocular la suspensión. En efecto, la dosis de desfloculante a la que se produce un cambio brusco de las propiedades reológicas antes descritas, σ_B, σ_{HB} y G' no se altera con ϕ (figura 5.32).

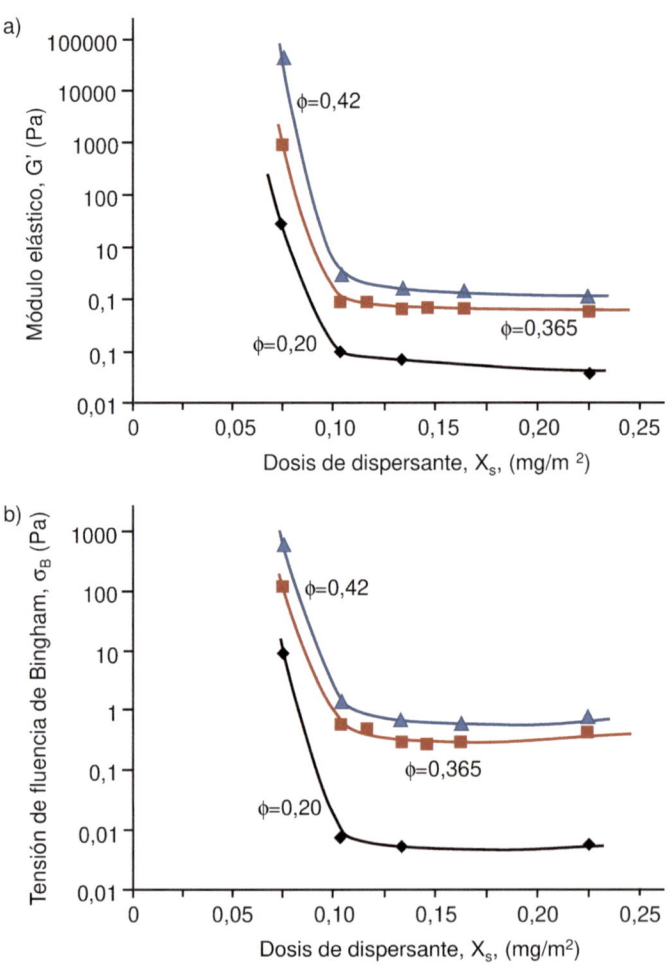

Figura 5.32. Efecto de la dosis de dispersante, X_s, y de la fracción volumétrica de sólidos, ϕ, sobre a) el módulo elástico, G', y b) la tensión de cizalla de Bingham, σ_B. (Adaptado de Amorós et al. 2010a)

5.9.2. Polifosfatos

5.9.2.1. Distribución de especies en solución

Los polifosfatos más efectivos y utilizados como dispersantes son: el pirofosfato sódico ($Na_4P_2O_7$), el trifosfato sódico o tripolifosfato ($Na_5P_3O_{10}$), el hexametafosfato sódico $(NaPO_3)_6$ y los polifosfatos sódicos de forma genérica $(NaPO_3)_n$, con valores de n hasta n = 22, denominado sal de Graham (Robinson 2021).

Los polifosfatos son sales de ácidos polifosfóricos (figura 5.33) de cadena generalmente lineal, aunque el hexametafosfato también puede presentarse en estructura cíclica.

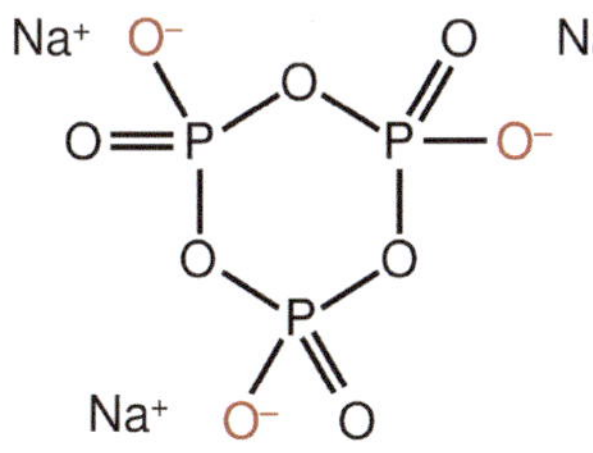

$Na_3P_3O_9$

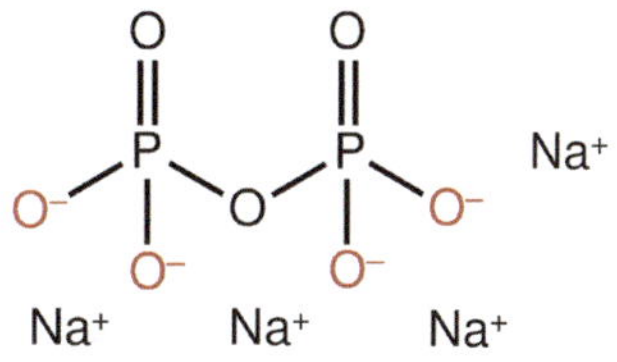

$Na_4P_2O_7$

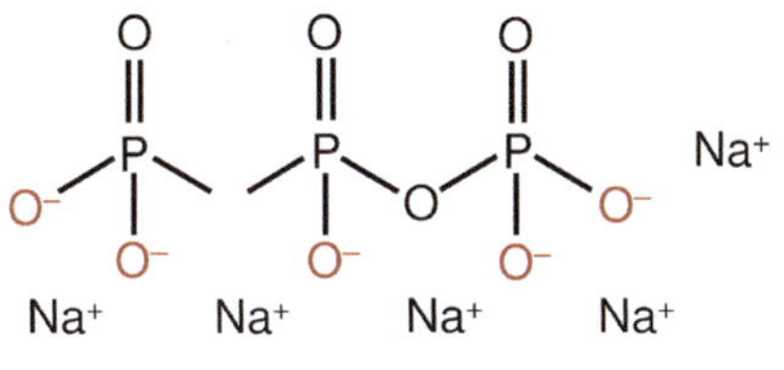

$Na_5P_2O_{10}$

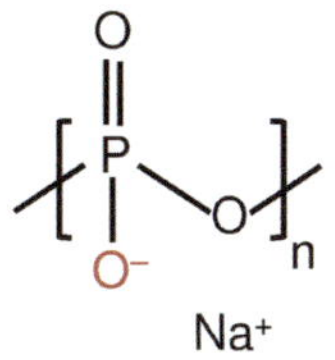

$(NaPO_3)_n$

Figura 5.33. Estructura molecular de algunos polifosfatos

Ahora bien, los productos comerciales suelen consistir en mezclas de diferentes moléculas con distinta longitud de cadena, junto con una pequeña proporción en forma de anillo con tres fósforos, trimetafosfato ($Na_3P_3O_9$) (figura 5.33) (Robinson 2021). Su distribución por especies en solución depende del pH del medio y de la longitud de la molécula (valor de n en la cadena). Para el caso de hexametafosfato sódico ($NaPO_3)_6$, los resultados experimentales, según Morais et al. (2020) se detallan en la (figura 5.34). Se aprecia que la carga del polianión aumenta con el pH y que, incluso, a pH bastante ácidos (pH = 4), la molécula es portadora de dos cargas negativas.

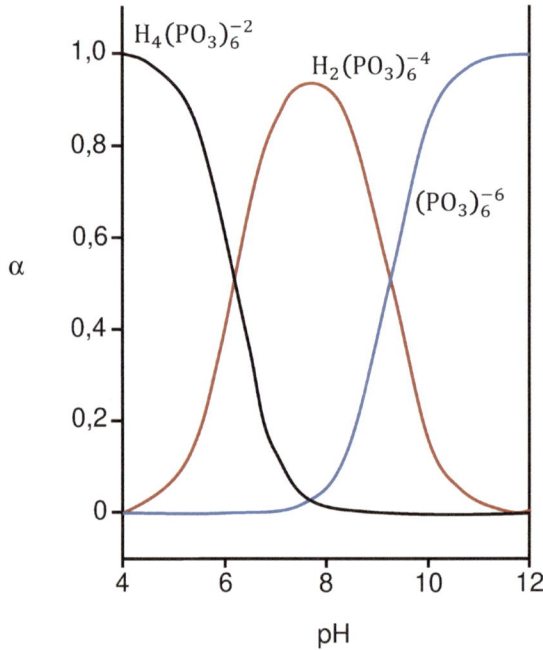

Figura 5.34. Distribución de especies del hexametafosfato en función del pH

Por otra parte, se ha comprobado que las curvas de distribución de especies se desplazan ligeramente hacia la derecha conforme se incrementa la longitud de la molécula (Robinson 2021). Por el contrario, un incremento de la fuerza iónica del medio desplaza las curvas hacia la izquierda, debido a que la reacción del anión fosfato con el hidronio se ve dificultado por la presencia de los iones sodio que rodean al anión, siendo dicho fenómeno más significativo a fuerzas iónicas más altas (como puede observarse en la figura 4.19 para el polimetacrilato).

5.9.2.2. El pH de soluciones acuosas y de suspensiones arcillosas

5.9.2.2.1. Tripolifosfato sódico (TPP)

El pH del TPP disuelto en agua pura varía con su concentración, C_D, alcanzando un máximo para un valor de pH = 9,9, en el intervalo de concentraciones $0,03 \leq C_D \leq 0,3$ % en peso (figura 5.35) (Papo, Piani y Ricceri 2002). A concentraciones más elevadas el pH disminuye ligeramente con el incremento de C_D, debido al aumento simultáneo de la concentración de Na^+. En efecto, la atracción electrostática entre el sodio y Na^+ y los grupos P–O⁻ dificulta la protonación de estos grupos, reduciendo el pH (téngase en cuenta que solo tres de los cinco grupos hidroxílicos del TPP son los principales responsables de su comportamiento básico en agua pura, ya que los otros dos grupos pertenecen a los grupos terminales y solo se hidrolizan a pH muy bajos). La adición de TPP a una suspensión de caolín (que suele ser ácida, indicando el carácter ácido del caolín), provoca inicialmente un incremento del pH hasta alcanzar un máximo a altas concentraciones de dispersante ($C_D \approx 1$ % en peso) (figura 5.35). A mayor concentración, el pH disminuye muy poco. Dicho comportamiento se debe a la adsorción del TPP sobre la superficie de la caolinita, debido, principalmente, a la fuerte interacción entre los grupos fosfato y el aluminio superficial del caolín. En efecto, a igualdad de concentración de TPP (para $C_D \geq 1$ % en peso), el grupo P–O⁻ adsorbido sobre la superficie del caolín no puede hidrolizarse, por lo que el pH de la suspensión será menor que el correspondiente al del agua pura. Ahora bien, conforme se incrementa C_D, aunque parte del TPP añadido se adsorba, queda más en solución, por lo que ambas curvas se aproximan más. A altas concentraciones de dispersante ($C_D \approx 3$ % en peso), la cantidad de este aditivo en solución es tan alta que prácticamente el valor del pH coincide.

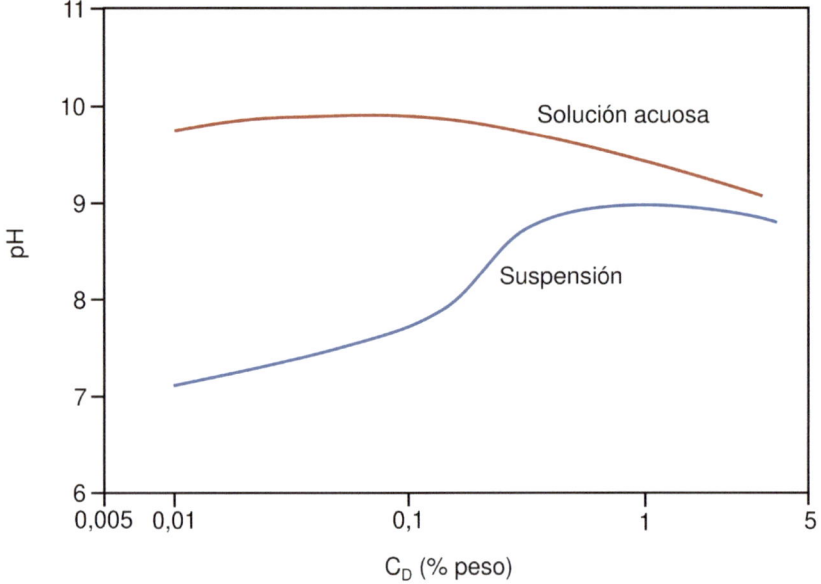

Figura 5.35. Variación del pH con la concentración de TPP, C_D, expresada
(g dispersante/g solución) × 100, para una solución acuosa y para una suspensión
de caolín al 55 % en peso. (Adaptado de Papo, Piani y Ricceri et al. 2002)

5.9.2.2.2. Polifosfato sódico (NaPO$_3$)$_{17}$[#]

El pH de las soluciones de polifosfato sódico, PP, en agua pura disminuye conforme se incrementa su concentración, C_D (figura 5.36). Este comportamiento se debe a
que las interacciones de tipo electrostático entre el Na$^+$ y el P–O$^-$ son mayores cuanto
más largas son las moléculas. La adición de PP a la suspensión de caolín provoca
una disminución del pH en el intervalo $0{,}01 \leq C_D \leq 0{,}2$ % en peso (figura 5.36). Al
igual que en el caso anterior, la diferencia entre el pH de la solución y el de la suspensión se va reduciendo, debido a que, conforme aumenta C_D, aunque se incremente
la cantidad adsorbida, también lo hace la cantidad disuelta. Así pues, las curvas se
aproximan cada vez más. Dicho efecto es muy alto para valores de $C_D \geq 0{,}4$ % en
peso, para los que la superficie de la caolinita debe estar saturada de aditivo, por lo
que todo el PP que se añade queda en solución. La misma tendencia, en lo que se
refiere al efecto de la naturaleza de los fosfatos y de su concentración sobre el pH de
la disolución, se ha observado en suspensiones de bentonita (Du et al. 2019).

[#] Calculado a partir del peso molecular que figura en el artículo de Papo et al. (2002).

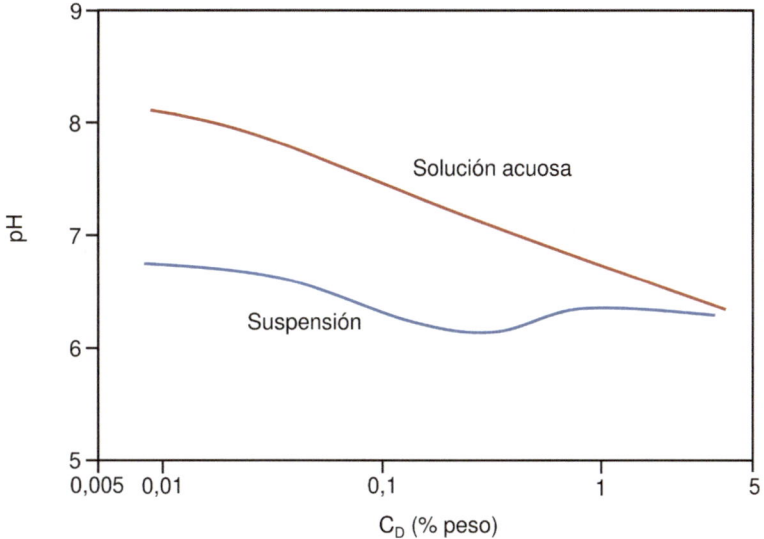

Figura 5.36. Variación del pH con la concentración de PP, C_D, expresada
(g dispersante/g solución) × 100, para una solución acuosa y para una suspensión
de caolín al 55 % en peso. (Adaptado de Papo, Piani y Ricceri 2002)

5.9.2.3. Adsorción sobre superficies arcillosas

La adsorción de fosfatos sobre las superficies de las arcillas es compleja, ya que depende, además de las variables de operación comunes a este proceso (concentración de adsorbente y adsorbato, temperatura, etc.), de la naturaleza del mineral y de las características estructurales de las moléculas que forman los fosfatos. Estas últimas dependen, a su vez, de las características del medio suspensionante (pH, naturaleza y concentración de cationes en solución, etc.) y de las reacciones simultáneas que se producen (formación de complejos estables, formación de precipitados, principalmente con cationes alcalinotérreos).

De forma general, la adsorción de fosfatos con el pH de la suspensión presenta un máximo a pH = 5-6 (figura 5.37). Dicho comportamiento puede explicarse basándose en la variación que sigue la carga del anión fosfato y la cantidad de puntos de carga positiva de la caolinita (en este caso). En efecto, la carga negativa del anión fosfato aumenta conforme lo hace el pH (figura 5.34). En cambio, la carga positiva de la superficie de la caolinita (asociada al borde y al plano basal de la alúmina, figura 5.10) disminuye con el aumento del pH hasta anularse a pH ≈ 6. A pH más altos, las cargas netas de ambas superficies se van haciendo más negativas. Así pues, a pH < 6, la contribución de la adsorción debida a la atracción electrostática entre al anión fosfato y los sitios positivos de adsorción asociados a la caolinita será tanto mayor cuanto más elevada sea la diferencia entre la carga neta de ambos componentes, cuyo máximo se sitúa a pH = 5-6. A pH mayores, la contribución electrostática repulsiva va aumentando en magnitud al incrementarse la carga neta negativa de ambos materiales (figura 5.10 y figura 5.34), lo que dificulta su adsorción. Ahora bien, en todo el intervalo de pH, los fosfatos se adsorben sobre la caolinita; dicho comportamiento implica la formación de complejos estables fuertes entre el fosfato y los iones aluminio superficiales (quimiadsorción), cuya contribución favorable a la adsorción es, con diferencia, más elevada que la electrostática (Manfredini et al. 1990; Papo, Piani y Ricceri 2002).

El efecto del pH sobre la adsorción de polifosfatos sobre arcillas parece ser muy poco dependiente de la naturaleza de las arcillas, la concentración de sal y del tipo de polifosfato (Lake y Macintyre 1977).

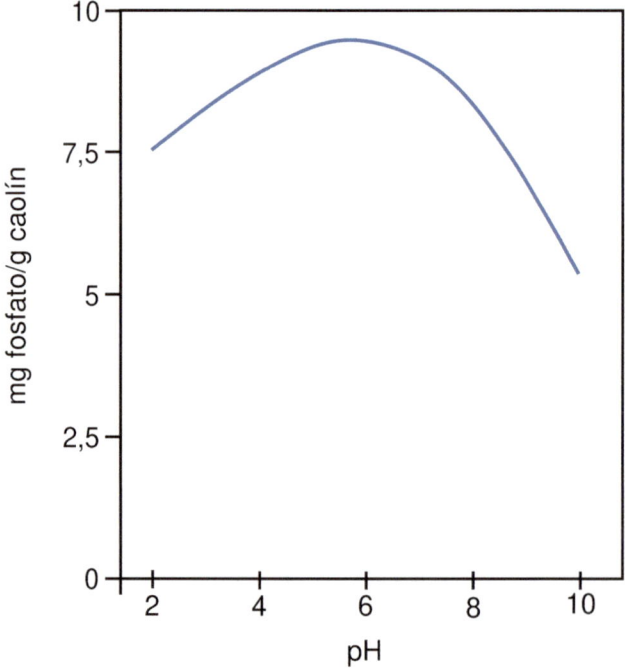

Figura 5.37. Influencia del pH en la adsorción de fosfatos sobre el caolín.
(Adaptado de Gupta y Bhattacharyya 2012)

5.9.2.4. Curvas electrocinéticas (potencial zeta, ζ, frente a pH)

La adsorción de fosfatos a las superficies de las partículas de arcilla hace más negativo el potencial zeta, ζ, a cualquier pH, sin que se altere apreciablemente la forma de la curva electrocinética, ζ frente pH, como se aprecia en la figura 5.38 para el sistema caolín-TPP.

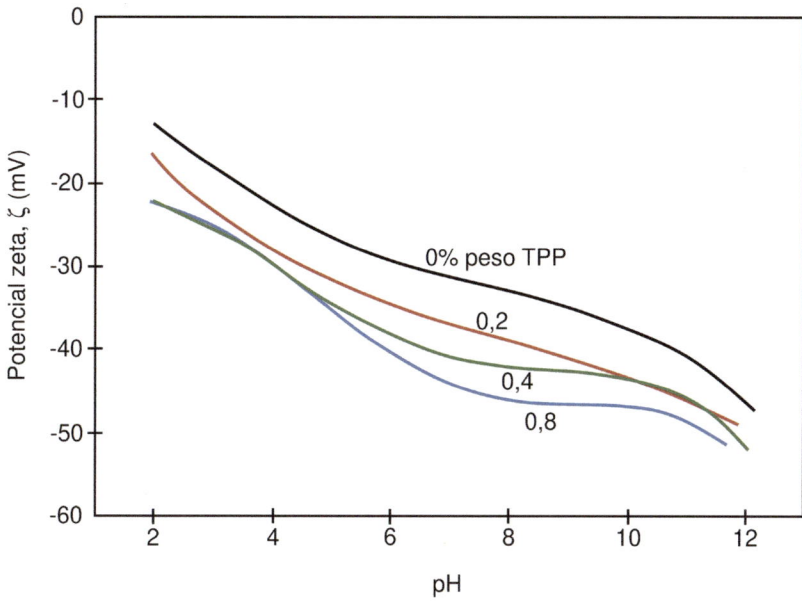

Figura 5.38. Efecto de la concentración de TPP y del pH sobre el potencial zeta, ζ, de suspensiones de caolín al 5 % en peso. La concentración de electrolito 1:1 fue de 0,02 M. (Adaptada de Shankar et al. 2010)

Este comportamiento es consecuencia de la notable adsorción del TPP a cualquier pH y al incremento de la carga negativa de cada molécula con el incremento del pH (de forma similar a como ocurre para el hexametafosfato, figura 5.34). La efectividad de los diferentes tipos de polifosfatos sobre la carga superficial que adquiere la caolinita en términos de potencial zeta, ζ, se muestra en la figura 5.39, para diferentes tipos de fosfatos, a pH = 9. En ella se representan los valores del potencial zeta, ζ, frente a la fracción: moles de carga negativa que aporta el anión polifosfato/100 g de caolín. En su cálculo se ha supuesto que cada aditivo está completamiento disociado.

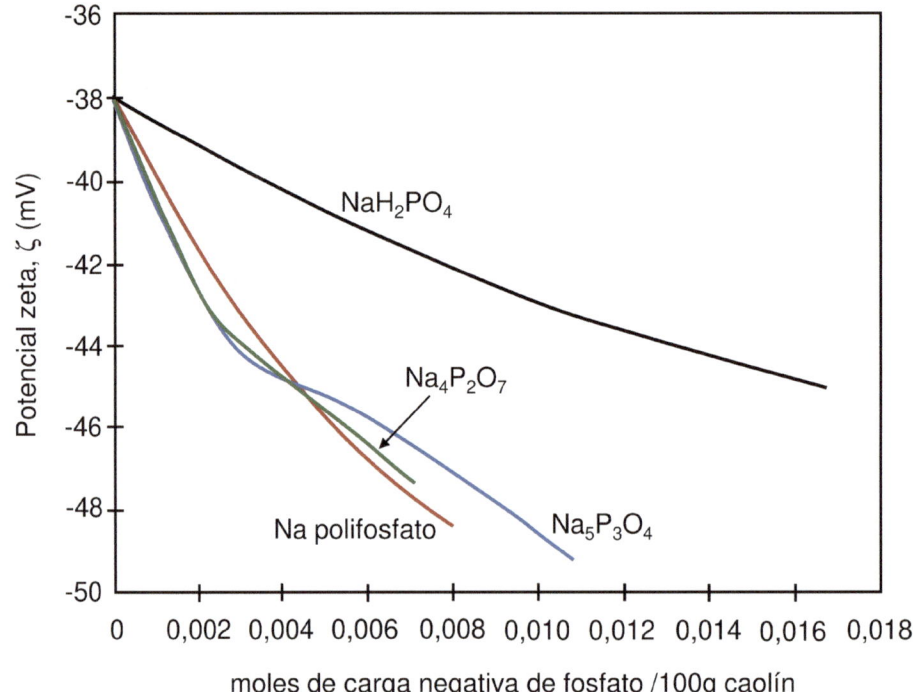

Figura 5.39. Influencia de la concentración de carga negativa que aportan los fosfatos sobre el potencial zeta, ζ, de suspensiones de caolín al 5 % en peso. (Adaptada de Shankar et al. 2010)

Se aprecia que, para los cuatro dispersantes, el valor del potencial zeta, ζ, se hace más negativo conforme se incrementa la concentración de carga negativa que aportan los diferentes aditivos. La caída de ζ con la concentración de carga es más baja para el monofosfato que para los restantes polifosfatos. Además, las curvas correspondientes a estos últimos son muy parecidas. Esta desviación del comportamiento general del monofosfato se debe, probablemente, a que su capacidad de adsorción sobre el caolín es menor que los restantes polifosfatos, que poseen más carga negativa a este pH (Shankar et al. 2010). Estos resultados confirman que la carga superficial del conjunto caolín-polifosfato (relacionada con el potencial zeta, ζ), excepto para el caso del monofosfato, depende de la concentración de carga negativa que aporta el aditivo, siendo dicha relación (figura 5.39), independiente del tipo de aditivo.

5.9.2.5. Estabilidad de las suspensiones: su relación con el potencial zeta, ζ.

De forma general, el mecanismo de estabilización de suspensiones preparadas con polifosfato es electrostérico; es decir, la repulsión electrostática debido al solapamiento de las dobles capas que se forman alrededor de la capa de polifosfato. Para este tipo de suspensiones, de forma muy simple, la magnitud de la repulsión es proporcional al cuadrado del potencial zeta, ζ, (apartado 3.3.6) y disminuye con el espesor de la doble capa, κ^{-1}. En consecuencia, se sugiere que, a un determinado valor del potencial, ζ, obtenido ajustando la dosis de fosfato requerida, y controlando la fuerza iónica del medio para que no supere un valor crítico, se puede conseguir una suspensión estable. A tal efecto, nos referimos como ejemplo, de nuevo, a los resultados de Shankar et al. (2010). En este trabajo eligió la tensión de fluencia de la suspensión para determinar su estado de floculación y se seleccionó el potencial zeta, ζ, como característica determinante de la repulsión electrostática, aun cuando la fuerza iónica de la suspensión se alteraba al modificarse el pH con la adición de polifosfato sódico (su variación era equivalente a una modificación de 0,02 M a 0,05 M de electrolito 1:1). Al representar los valores de la tensión de fluencia de las suspensiones de caolín, σ_y, frente al cuadrado del potencial zeta, ζ, los valores correspondientes a todas las suspensiones (preparadas con diferentes dosis y tipos de polifosfatos y pH) (figura 5.40), se comprobó que los resultados, aunque dispersos, se ajustaban a una recta única. Su pendiente era negativa y su corte con el eje de abscisas permite calcular el valor del potencial zeta, ζ, crítico para el que la suspensión es estable; es decir, no presenta tensión de fluencia. Resultados similares se obtuvieron para otras muestras de caolín (Shankar et al. 2010).

El hecho de que para el intervalo de potenciales zeta $22 < \zeta < 40$ mV los valores de la tensión de fluencia, σ_y, disminuyan linealmente con ζ^2 confirma que el potencial de interacción total entre partículas (atractivo), directamente relacionado con la tensión de fluencia, σ_y, disminuya conforme se incrementa la contribución repulsiva (proporcional a ζ^2), tal como predice la teoría DLVO (apartado 3.4). Al potencial zeta de $\zeta = -40$ m, la interacción repulsiva es comparable a la atractiva; y para $\zeta > -40$ m, la interacción repulsiva es mayor que la atractiva, por lo que la suspensión ya es estable. Este valor crítico de $\zeta = -40$ m es muy similar al obtenido para caolines utilizando otros dispersantes, como se ha visto anteriormente (apartado 5.9.1.6).

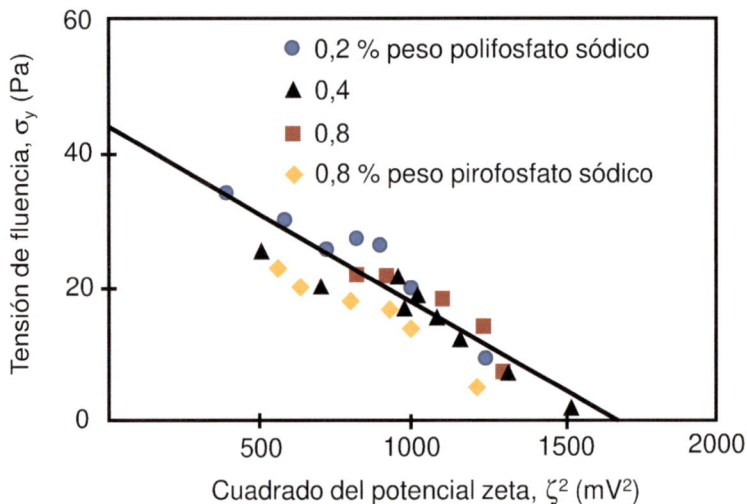

Figura 5.40. Representación de la tensión de fluencia, σ_y, frente al cuadrado del potencial zeta, ζ^2, para diferentes suspensiones de caolín preparadas con diferentes tipos y dosis de polifosfatos y a diferentes pH. (Adaptada de Shankar et al. 2010)

Como todos los desfloculantes electrostéricos, cuando se incrementa considerablemente la fuerza iónica del medio (aguas duras o, en el caso extremo, agua de mar), la contribución repulsiva debido al solapamiento de dobles capas prácticamente se anula puesto que el espesor de la doble capa (ec. 3.37), al igual que el potencial zeta, ζ, también prácticamente se anulan. En efecto, para una suspensión densa de caolín (45 % en peso) a pH = 8, preparada con agua de mar (fuerza iónica del medio I ≈ 1 M) y empleando como dispersante hexametafosfato sódico, con una dosis de 3 mg/g, le corresponde un valor del potencial zeta ζ = −15 mV y un espesor de la doble capa prácticamente inexistente, κ^{-1} ≈ 0,1 nm. En estas condiciones, el sistema debería estar fuertemente floculado si no actuase el mecanismo estérico. En efecto, para la misma suspensión sin hexametafosfato le corresponde un potencial zeta despreciable y su tensión de fluencia es alta, σ_y = 250 Pa (figura 5.41). En cambio, con esta dosis de hexametafosfato comprendidas entre 3 mg/g a 7 mg/g, la tensión de fluencia se reduce a un valor de σ_y = 80Pa. Ese estado débilmente floculado se explica por la aparición de un mínimo secundario que resulta al sumar las contribuciones estéricas repulsivas con las atractivas de Van der Waals.

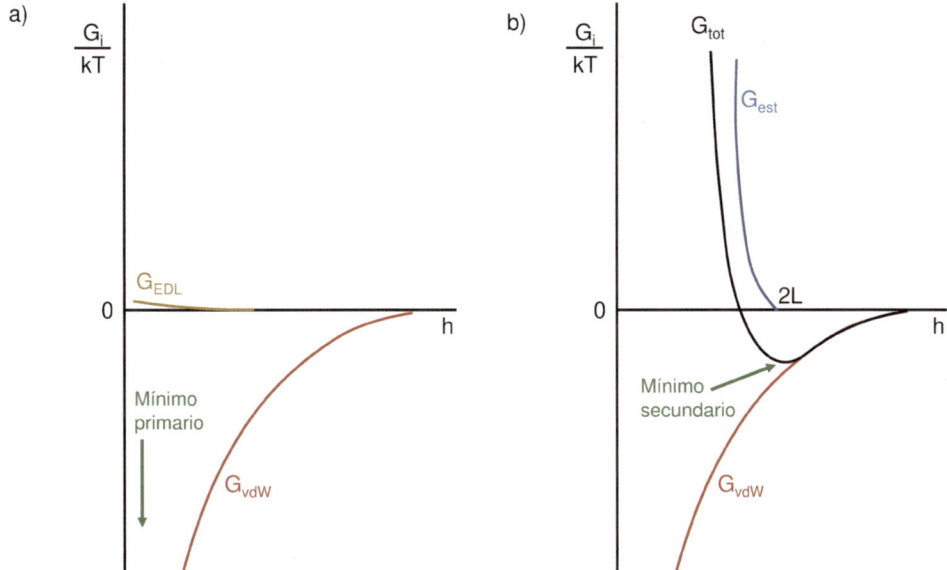

Figura 5.41. Potencial de interacción entre partículas de caolín en una suspensión preparada con agua de mar, I = 1 M: a) *sin dispersante añadido y* b) *con hexametafosfato sódico, con dosis comprendidas entre 3 mg/g y 7 mg/g*

5.9.3. Poliacrilatos

Como ya se estudió en el apartado 4.2.5.1, son también polielectrolitos aniónicos que estabilizan las suspensiones por un mecanismo electro estérico. Al igual que los polifosfatos, se adsorben sobre los sitios cargados positivamente de alúmina (bordes de las partículas, y en el caso de la caolinita, en el plano basal de la alúmina). El mecanismo de adsorción implica, además de la atracción electrostática, la formación de quelatos entre el grupo carboxilo (COO^-) y el aluminio y puentes de hidrógeno entre este mismo grupo y los OH^- de la capa octaédrica de la alúmina.

Al igual que ocurría para la alúmina (apartado 4.2.5.2.2), la adsorción de estos polianiones sobre arcillas y caolines es proporcional al área superficial que contiene ion aluminio, como demostró Carty (1999). En su trabajo demostró que la dosis necesaria para estabilizar un caolín bien caracterizado era aproximadamente la mitad que la requerida para la alúmina, lo que estaba asociado a que la razón:

superficie del plano basal de alúmina + borde de cristal/superficie total, era también la mitad.

Así pues, al igual que en la alúmina, la adsorción de poliacrilatos disminuye con el aumento del pH (figura 5.42a y b), con la reducción de la superficie total de absorbente (borde y plano basal de alúmina) y con la presencia de ácidos húmicos (que contienen grupos COOH), estas dos últimas dependientes del tipo de arcilla.

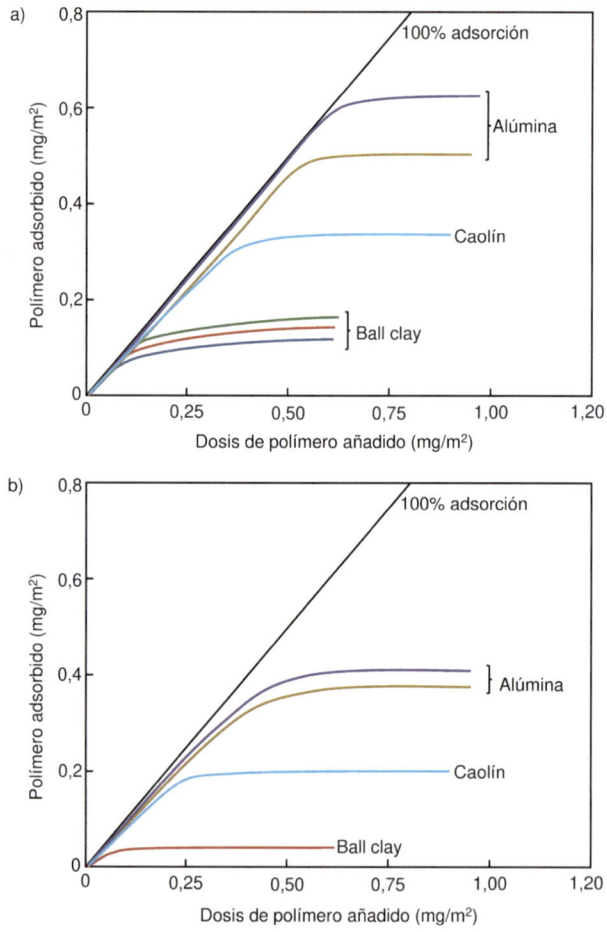

Figura 5.42. Curvas de adsorción de alúmina, caolín y arcilla ball clay en función de la dosis de poliacrilato sódico: a) *pH = 6 y* b) *pH = 9. La banda de adsorción para cada material está asociada al peso molecular de los diferentes polímeros comerciales. (Adaptado de Schulz et al. 2003)*

El mecanismo de desfloculación de estos polianiones, excepto para muy altas fuerzas iónicas (como se verá en el apartado 5.10.1), es el electrostérico, como puede comprobarse del análisis de los resultados (figura 5.43) para una suspensión al 40 % en volumen de porcelana (caolín 29 % peso, ball clay 7 % peso, alúmina 12,5 % peso, cuarzo 29,5 % y sienita nefelina 22 % peso) dispersada con poliacrilato sódico (PAA).

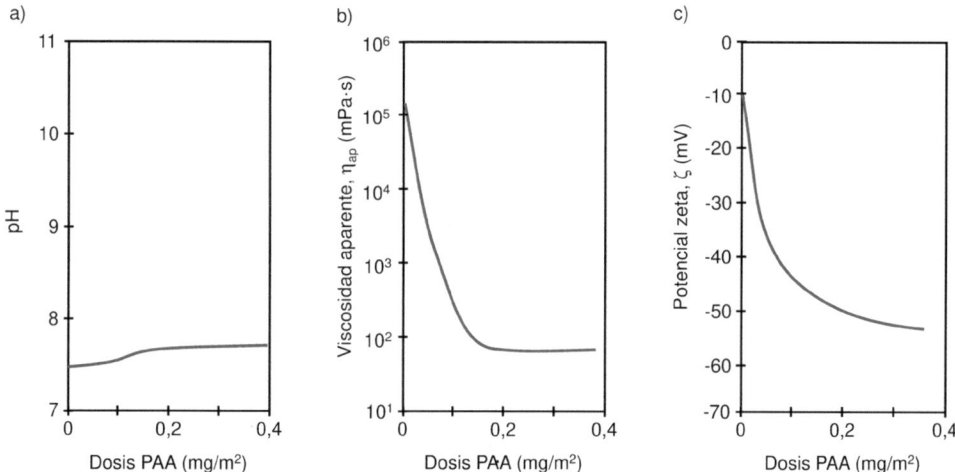

Figura 5.43. Efecto de la dosis de poliacrilato sódico (PAA) para una suspensión de porcelana al 40 % en volumen sobre: a) *pH,* b) *Viscosidad aparente, η_{ap} y* c) *potencial zeta, ζ. (Adaptado de Carty, Rossington y Senapati et al. 2000)*

Se aprecia claramente que un aumento de la dosis de poliacrilato, PAA, aumenta el valor absoluto del potencial zeta, ζ, lo que se traduce en una considerable disminución de la viscosidad de la suspensión, de acuerdo con el mecanismo electrostérico.

5.10. EFECTO DE LA NATURALEZA Y CONCENTRACIÓN DE IONES EN SOLUCIÓN SOBRE LA ESTABILIDAD DE LAS SUSPENSIONES. SOLUBILIDAD DE LOS COMPONENTES DE LAS FORMULACIONES

Las formulaciones utilizadas en cerámica blanca son complejas, tanto las que se destinan a la fabricación de soportes como esmaltes o engobes. Y, además de todas ellas, siempre hay algún componente de la mezcla que solubiliza iones a la solución mediante mecanismos y cinéticas diferentes, lo que provoca una variación permanente de la concentración iónica y del pH del medio, que puede llegar a la desestabilización de la suspensión, provocando su coagulación, o la precipitación de sales con los inconvenientes que ello puede suponer. Además, siempre debe tenerse en cuenta el aporte de cationes a la suspensión procedentes del agua utilizada en su preparación y de la dosis del dispersante.

Como acabamos de ver, el mecanismo de estabilización de estos sistemas es el electrostérico, por lo que, de acuerdo con los apartados 4.2.5.3 y 4.2.5.4, cuando la contribución electrostática es insuficiente (debido a que el potencial zeta, ζ, y el espesor de la doble capa disminuyen con el aumento de la concentración iónica en solución, principalmente por cationes divalentes) para contrarrestar la atracción de Van der Waals. En estas condiciones, únicamente la contribución estérica es capaz de oponerse a la atractiva de Van der Waals, generando un mínimo secundario (figura 4.42 y figura 5.41).

5.10.1. Influencia de la concentración de iones Ca^{+2} y Mg^{+2} en solución sobre la estabilización suspensiones de alto contenido en minerales arcillosos

En primer lugar, a título de ejemplo, analizaremos una suspensión de caolín (30 % en peso) desfloculada por un poliacrilato sódico, a la que se va modificando la concentración de Ca^{+2} (Rossington y Carty 2000). La propiedad reológica seleccionada para determinar la estabilidad de la suspensión fue la viscosidad aparente, η_{ap}, a bajas cizallas, $\dot{\gamma} = 1\,s^{-1}$. La forma de este tipo de curvas: η_{ap} (mPa·s) frente a la concentración de cationes (mmol/l o mM), en escala doble logarítmica, muestra tres tramos (figura 5.44).

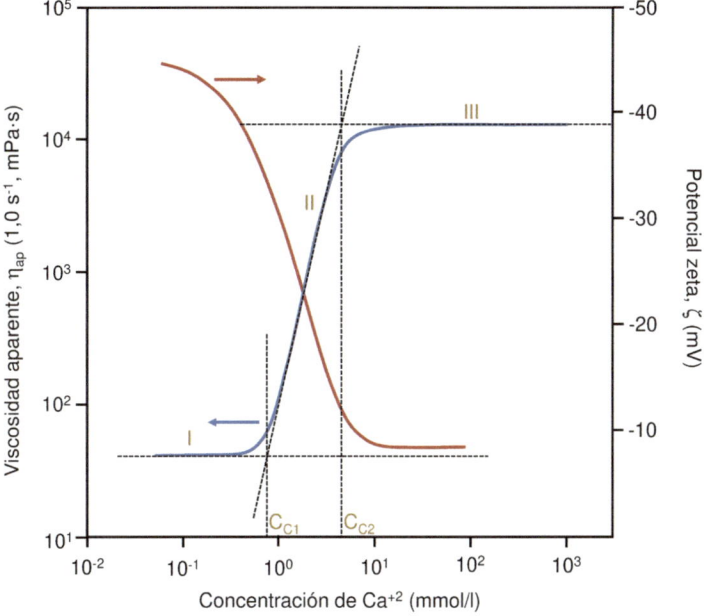

Figura 5.44. Variación del potencial zeta, ζ, y de la viscosidad aparente, η_{ap}, de una suspensión de caolín en función de la concentración de Ca^{+2}. Los tramos I, II y III corresponden a diferentes comportamientos de la suspensión. C_{C1} y C_{C2} son las concentraciones estimadas a las empieza a producirse la floculación en el mínimo secundario y primario, respectivamente. (Basado en los resultados de Rossington y Carty 2000)

En la región I (baja concentración de Ca^{+2}) la viscosidad de la suspensión, η_{ap}, es independiente de la concentración de Ca^{+2}. En la región II, la viscosidad, η_{ap}, aumenta vertiginosamente con el incremento de la concentración de Ca^{+2}. Y, por último, en la región III, la viscosidad, η_{ap}, es muy alta (más de dos órdenes de magnitud que la de la región I) y tampoco depende de la salinidad de la suspensión. Se incluye en esta figura la variación que sigue el potencial zeta, ζ, con el logaritmo de la concentración de Ca^{+2} para facilitar la interpretación de los resultados.

En la región I, la suspensión es estable, ya que a bajas concentraciones de Ca^{+2}, los valores del potencial zeta (ζ ≥ 40 mV) y el espesor de la doble capa, κ^{-1}, son altos, que un aumento de la concentración iónica, dentro de este tramo, aun cuando disminuya ζ y κ^{-1}, siempre conduce a un potencial de barrera suficiente elevado (figura 5.45a). En efecto, conforme aumenta la concentración de Ca^{+2}, el potencial zeta, ζ, y el espesor de la doble capa, κ^{-1}, van disminuyendo, por lo que la contribución repulsiva al potencial de interacción total y la magnitud de la barrera también disminuyen. A una concentración crítica ($C_{C1} \approx 0,07$-$0,08$), la contribución electrostática prácticamente se iguala a la de Van der Waals, desapareciendo o haciéndose muy pequeño el potencial de barrera. A concentraciones más altas (tramo II en figura 5.44) se formará un mínimo secundario (figura 5.45b), cuya profundidad crece con el aumento de la concentración de Ca^{+2}. En efecto, en estas condiciones, se produce una disminución considerable de la contribución electrostática, debido a una reducción brusca del potencial zeta, ζ, (figura 5.44) y del espesor de la doble capa, κ^{-1}. Como consecuencia del aumento de la profundidad del mínimo secundario con el incremento de la concentración de Ca^{+2}, la viscosidad, η_{ap}, también aumenta con esta variable. Cuando desaparece la contribución repulsiva a una concentración de Ca^{+2} elevada ($C_{C2} \approx 8$), debido a que el potencial zeta, ζ, es muy bajo ($\zeta = -10$ mV), comienza la región III (figura 5.44). En estas condiciones, la profundidad del mínimo secundario solo depende de la naturaleza de la capa de polielectrolito (densidad de polímero adsorbido y espesor de su capa, L), por lo que la viscosidad ya no varía o lo hace muy poco con la concentración de Ca^{+2} (figura 5.45c). En este tramo solo interviene el mecanismo estérico.

Para analizar el efecto conjunto de la dosis de dispersante, X_S, y de la concentración y naturaleza del catión, se han tratado los resultados obtenidos por Rossington y Carty (2000) para suspensiones de porcelana al 30 % en peso. Su contenido en minerales arcillosos era del 35 % en peso, aportando a la mezcla una superficie específica de 53 m^2/g (más del 93 % de la superficie específica total de la mezcla). Las curvas: viscosidad aparente, η_{ap}, frente a concentración de cationes que obtuvieron experimentalmente fueron similares a las del caolín (figura 5.44). De estas gráficas hemos calculado los valores de C_{C1} y C_{C2}.

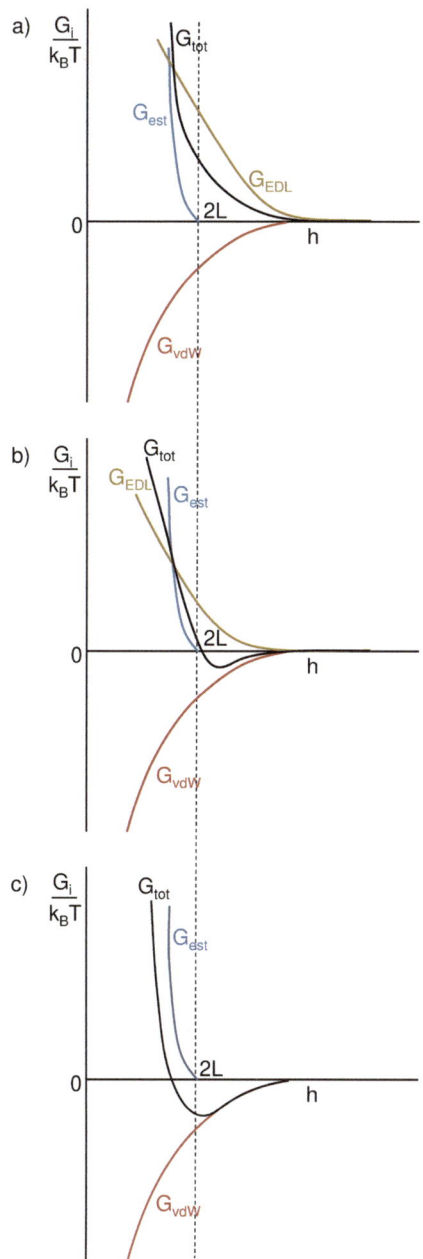

Figura 5.45. Potencial de interacción entre partículas correspondientes a las diferentes regiones de la figura 5.44: a) *I,* b) *II y* c) *III. Se ha supuesto, por simplicidad, que el espesor de la capa de polielectrolito, L, no cambia con la concentración de Ca^{+2}*

315

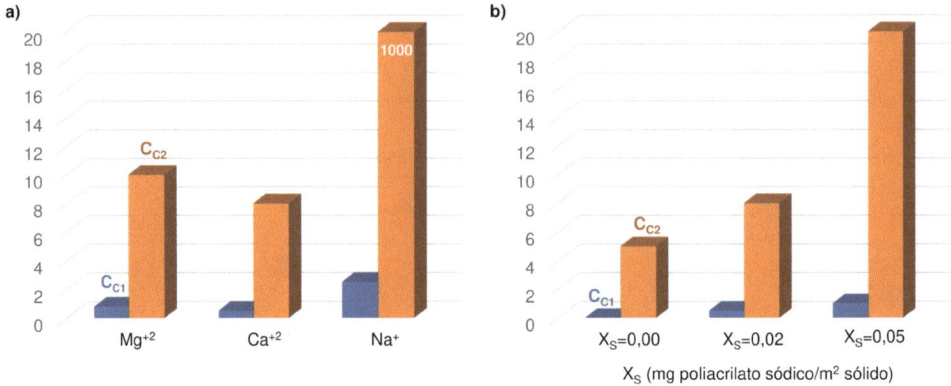

*Figura 5.46. Valores de la concentración crítica de cationes a los que comienza
la floculación débil, C_{C1}, y fuerte, C_{C2}: a) efecto de la naturaleza del catión
(contenido en dispersante $X_S = 0,02$ mg/m²) y b) efecto del contenido
en dispersante, X_S (catión Ca⁺²). (Basado en Rossington y Carty 2000)*

Se aprecia la marcada influencia que ejercen los cationes alcalinotérreos sobre la estabilidad de la suspensión respecto a los alcalinos. En efecto, tanto C_{C1} como C_{C2} son mucho más bajos para el Ca^{+2} y el Mg^{+2} que para el Na^+. Estos resultados confirman la significativa reducción que ejercen los cationes alcalinotérreos sobre la contribución repulsiva electroestérica, ya que, además de reducir el espesor de la doble capa, κ^{-1}, más que los iones alcalinos, se adsorben mucho más fácilmente sobre la superficie de las partículas, disminuyendo, considerablemente, el potencial zeta, ζ. Asimismo, se aprecia que un aumento de la dosis de dispersante (siempre por debajo de la saturación de la superficie), aumenta la carga efectiva de las partículas (y el potencial zeta, ζ), lo que conduce a un aumento de la concentración de cationes necesario para la neutralización de la carga.

Un buen ejemplo para estudiar el efecto de altas concentraciones de iones alcalinotérreos sobre la estabilidad de suspensiones concentradas (60 % en peso) es el de una mezcla de caolín (30 % en peso) y cuarzo (70 % en peso), utilizando poliacrilato de sodio como dispersante (M = 5.100 g/mol) a pH 8 (Ramos et al. 2024). Los resultados se pueden resumir en los siguientes apartados:

1) Para concentraciones de Mg^{+2} y Ca^{+2} de 0,05 M (figura 5.47), conforme se incrementa la dosis de dispersante aumenta la carga superficial efectiva de las partículas (se hace más negativa) hasta que se alcanza la saturación de la

superficie (entre 1 y 2 mg/g). Esto se traduce en un incremento de la contribución repulsiva entre partículas y, en definitiva, en una disminución de la tensión de fluencia, σ_y.

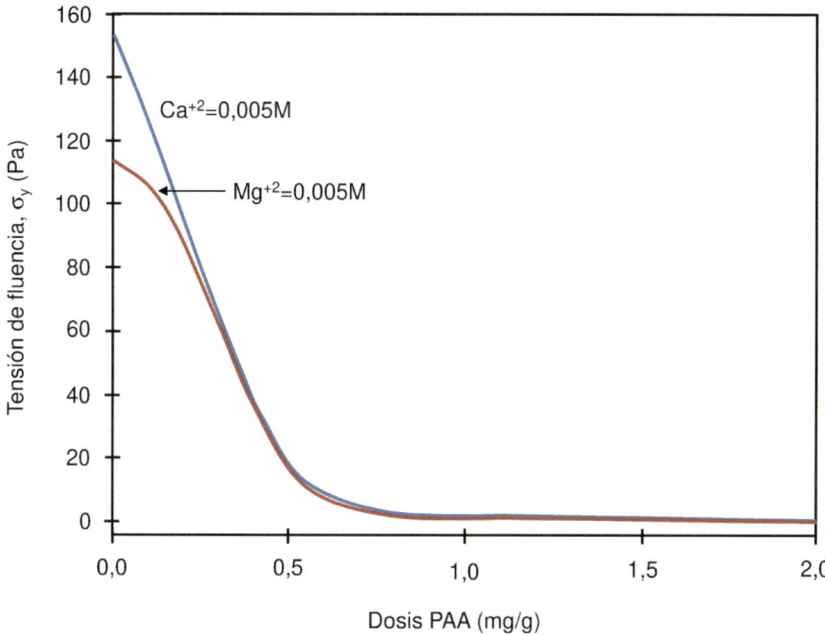

Figura 5.47. Efecto de la dosis de poliacrilato sódico (PAA) sobre la tensión de fluencia, σ_y, de la suspensión para una concentración de Ca^{+2} y Mg^{+2} de 0,005 M, a pH = 8. (Basado en Ramos et al. 2024)

2) Sin la adición de dispersante, con el aumento de la concentración de Ca^{+2} y Mg^{+2} de 0 M a 0,3 M, la tensión de fluencia aumenta desde un valor de $\sigma_y \approx 33$ Pa hasta valores de $\sigma_y \approx 130$ MPa y $\sigma_y \approx 150$ MPa para el Mg^{+2} y Ca^{+2}, respectivamente (figura 5.48). El valor inicial de σ_y (sin la adición de dispersante) se debe a que, a pH = 8, la suspensión está débilmente floculada. A dosis mayores de PAA (>0,03 M), σ_y no varía o lo hace muy poco. En esta curva se aprecian los dos tramos equivalentes a la región II y III de la figura 5.44.

3) Para dosis de dispersante en condiciones de saturación (2 mg/g), las curvas de variación de σ_y con la concentración de Mg^{+2} y Ca^{+2} muestran los tres

317

tramos equivalentes a los de la figura 5.44 antes analizados. Además, la curva de potencial zeta, ζ, frente a la concentración de los iones (figura 5.49) sigue la misma tendencia que la tensión de fluencia, σ_y (figura 5.48), lo que confirma la relación existente entre la contribución electrostática repulsiva y la estabilidad de la suspensión, discutido antes. Es interesante resaltar que, a concentraciones altas de cationes alcalinotérreos (0,01 M), una dosis aproximada de dispersante de 2mg/g conduce a la estabilización de la suspensión ($\sigma_y = 0$ en figura 5.48). Incluso para concentraciones muy altas (0,1 M) se reduce sustancialmente la tensión de fluencia, σ_y, (un 50 %), debido al mecanismo estérico, ya que la componente electrostática, en estas condiciones, debe ser muy baja dado que los valores del potencial zeta también lo son ($\zeta = -10\ -12\ mV$) (figura 5.49).

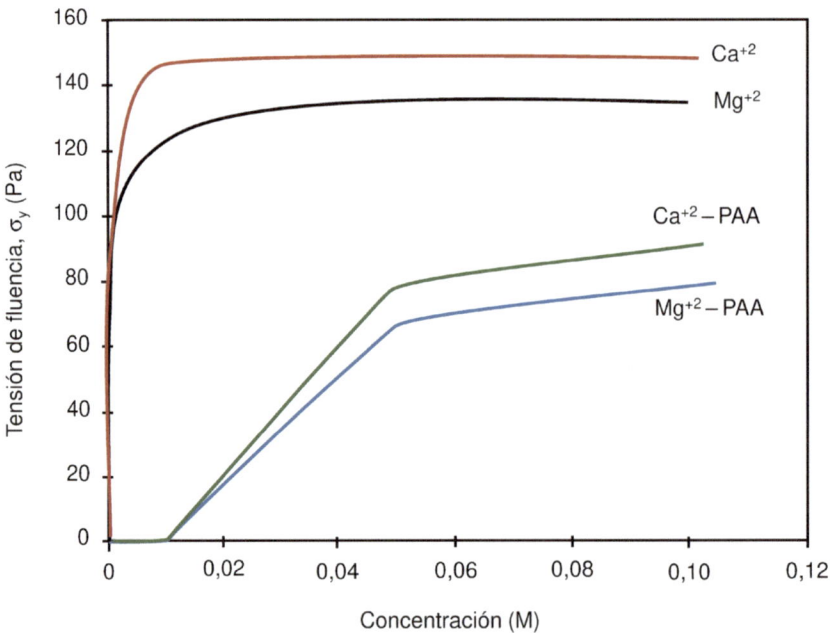

Figura 5.48. Efecto de la concentración molar de Ca^{+2} y Mg^{+2} sobre la tensión de fluencia sin y con poliacrilato sódico (2 g/m² PAA), a pH = 8. (Basado en Ramos et al. 2024)

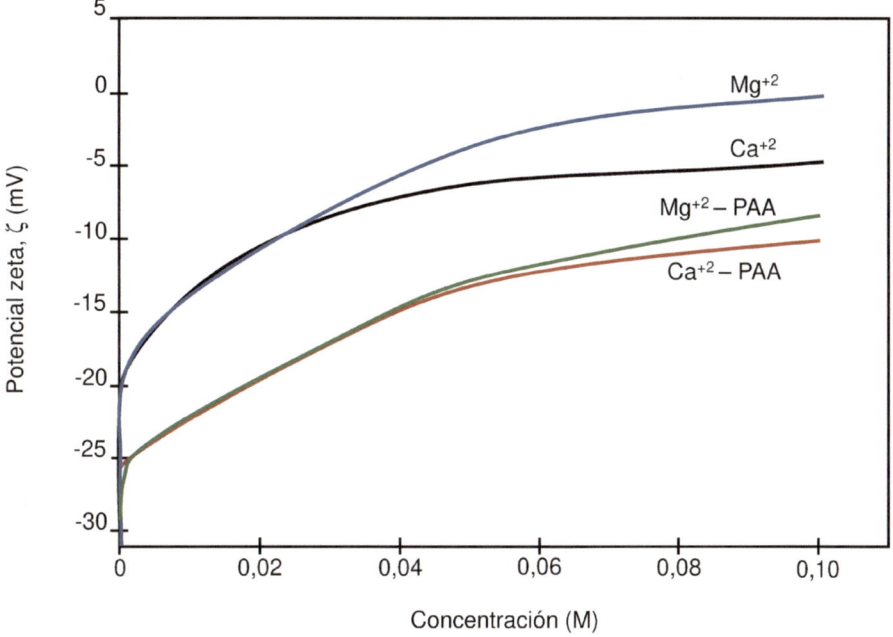

Figura 5.49. Variación del potencial zeta, ζ, del caolín con la concentración molar de Ca^{+2} y Mg^{+2} sin y con poliacrilato sódico (2 g/m² PAA), a pH = 8. El cuarzo sigue un comportamiento similar. (Basado en Ramos et al. 2024)

4) Por último, en todos los casos, el Ca^{+2} es un catión más floculante que el Mg^{+2}. Esto se debe a que la interacción atractiva entre el Ca^{+2} y la superficie de la partícula es más robusto que el correspondiente al Mg^{+2}, como ha sido demostrado mediante simulación por dinámica molecular («Molecular Dynamics Simulations») (Ramos et al. 2024).

5.10.2. Solubilidad en medio acuoso de los componentes de las formulaciones

La concentración y la naturaleza de los iones libres en solución, que son los que afectan a la estabilidad de las suspensiones y a su comportamiento reológico, son el resultado de un conjunto de reacciones y procesos paralelos, entre los que destacan los siguientes: adsorción e intercambio iónico de arcillas, formación de complejos y precipitados entre las distintas especies y solubilización de los componentes la formulación (arcillas, feldespatos, fritas). Así pues, se puede comprobar que aun conociendo la naturaleza y cantidad de iones aportados a la suspensión (mediante el agua de la dispersión, la dosis de dispersantes o los procedentes de la solubilización de materiales en agua) es prácticamente imposible estimar, incluso de forma aproximada, la composición iónica de la solución. No obstante, aun siendo extremadamente complejo, a partir de la solubilidad de los diferentes materiales utilizados y teniendo en cuenta la tipología de los fenómenos físico-químicos que se desarrollan en la solución (precipitación y formación de complejos) y en las interfases sólido-líquido (adsorción, intercambio iónico, precipitación y formación de complejos) se puede llegar a tener una idea, al menos de forma muy aproximada, de la composición química de la fase acuosa. En cualquier caso, lo más inmediato a la hora de controlar la naturaleza y la composición de la fase acuosa es conocer el aporte de iones a la solución procedentes del agua industrial, de los aditivos (que son siempre solubles) y de las materias primas y fritas que solo solubilizan mayoritariamente algunas especies químicas.

En lo que respecta a las materias primas naturales (arcillas, caolines, feldespatos, sienitas, etc.) conviene resaltar que, incluso aquellas comerciales empleadas en la formulación de piezas de cerámica blanca solubilizan especies químicas en medio acuoso (figura 5.50). Obviamente, su concentración varía mucho dentro de un mismo tipo de materia prima, debido a que su composición mineralógica puede ser ligeramente diferente y a la presencia de impurezas minoritarias, como se ha podido comprobar al determinar el comportamiento reológico de suspensiones preparadas con arcillas sin tratar y previamente lavadas (Brett et al. 2003).

Por otra parte, las fritas son los componentes principales de las formulaciones de recubrimientos (hasta un 95 % peso en esmaltes fritados; entre un 30-60 % peso en esmaltes parcialmente fritados y engobes) y un componente cuya proporción ya comienza a ser significativa en la formulación de piezas de cerámica blanca (porcelanas, sanitario, láminas de porcelánico). La solubilidad en agua de las fritas comerciales es muy variada y, en determinados casos, cuando es excesiva provoca la aparición de defectos en el producto acabado y comportamientos reológicos inadecuados en el manejo de la suspensión, lo que llega incluso a inhabilitar el uso de estas fritas.

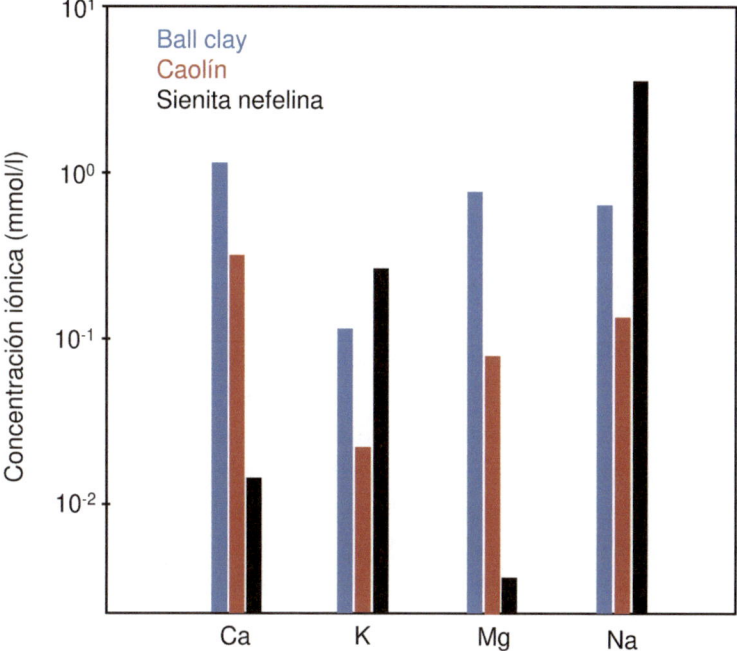

Figura 5.50. Solubilidad en agua destilada de algunas materias primas comerciales al 10 % en volumen (Basado en Rossington y Carty 2000)

La solubilidad de un material en agua depende de una serie de variables de operación, cuyo efecto es prácticamente independiente del tipo de material, al menos desde el punto de vista cualitativo. En efecto, si se expresa la solubilidad de un material como la concentración molar de elementos químicos disueltos en agua, esta depende, al menos, de las siguientes variables: superficie específica, contenido en sólidos de la suspensión, duración del experimento, temperatura y agitación de la suspensión. Un aumento de cualquiera de estas variables siempre incrementa la concentración de especies disueltas. En cambio, el pH y la presencia de otras especies activas superficiales (dispersantes, ligantes, etc.), capaces de formar complejos o precipitados con los cationes disueltos influyen considerablemente sobre la solubilidad del material.

5.10.2.1. Fritas cerámicas

Se estudia, a continuación, la solubilidad de fritas en medio acuoso, analizando el efecto que ejercen las distintas variables de operación sobre el mecanismo y la cinética del proceso.

5.10.2.1.1. Mecanismo y cinética del proceso

Las fritas cerámicas comerciales empleadas en la industria son intrínsecamente bastante resistentes al ataque químico en medio acuoso; mucho más que los vidrios normales. No obstante, todos los materiales de naturaleza vítrea reaccionan con el agua a temperatura ambiente, aunque en escasa extensión. Ahora bien, cuando las concentraciones de frita son elevadas, su tamaño de partícula pequeño (razón elevada de área superficial de la frita/volumen de solución) y la temperatura es moderadamente alta (por ejemplo, durante la molienda en la preparación del esmalte y posterior enfriamiento), las reacciones entre la frita y el agua pueden desarrollarse rápidamente y alcanzan un grado de avance elevado. Los dos mecanismos más importantes de la solubilidad de fritas en medio acuoso son:

1) Extracción o lixiviación de iones modificadores de red, básicamente iones alcalinos y alcalinotérreos.
2) Disolución selectiva de iones formadores de red.

Se estudió la solubilidad de una frita industrial del tipo blanco de circonio, con tamaño medio de partícula de 14,7 μm y superficie especifica de 1,2 m^2/g (Sanmiguel et al. 1998). Su composición aproximada, en moles, estaba en el intervalo: 59-62 % de SiO_2, 3 % de Al_2O_3, 4 % de B_2O_3, 10-12 % de CaO, 2-5 % de MgO, 3 % de K_2O, 3-5 % de ZrO_2 y 8-10 % de ZnO_2. Los resultados para suspensiones al 60 % en peso en agua destilada, en agitación constante, se resumen en la figura 5.51.

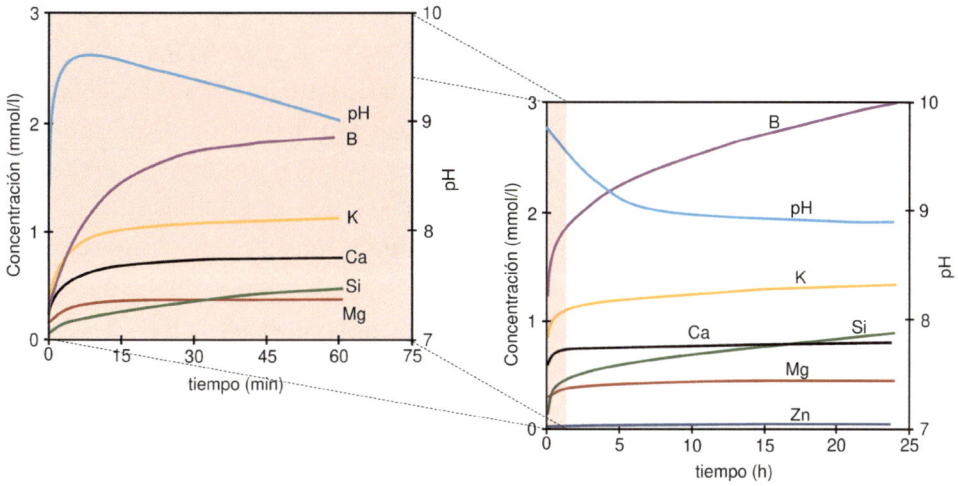

*Figura 5.51. Evolución de la concentración de iones en solución y del pH
con el tiempo. Suspensión de frita en agua destilada al 60 % en peso.
(Adaptado de Sanmiguel et al. 1998)*

De su examen se desprende:

1) Extracción de iones modificadores de red

Los iones K^+, Ca^{+2} y Mg^{+2} fueron, en este orden, los más fácilmente extraíbles. La lixiviación de estos cationes se debe a la rotura de los enlaces débiles entre el oxígeno no puente de la estructura del vidrio y el catión modificador, en la interfase frita-agua, según los esquemas:

$$(Si - O^-...K^+)_{frita} + H_2O_{solución} \leftrightharpoons (Si - OH)_{frita} + K^+_{solución} + OH^-_{solución} \qquad \text{ec. 5.17}$$

y

$$(Si - O^-...R^{+2}...O^- - Si)_{frita} + H_2O_{solución} \leftrightharpoons 2(Si - OH)_{frita} + K^+_{solución} + 2OH^-_{solución} \quad \text{ec. 5.18}$$

donde $R^{+2} = Ca^{+2}$, Mg^{+2}, Zn^{+2}.

La tendencia termodinámica de las reacciones de disolución (ec. 5.17) y (ec. 5.18), asociada, principalmente, a la energía libre de hidratación de los cationes en solución, es tan elevada que, incluso a pH altos, una concentración apreciable de cationes se disuelve (Jantzen 1988). Además, esta tendencia disminuye conforme aumenta la razón carga/radio del catión, lo que se traduce en una red vítrea más estable y en una menor movilidad iónica. Así pues, el Mg^{+2}, con mayor razón carga/radio, es menos soluble que el Ca^{+2}, con menor carga/radio. Y este (el Ca^{+2}), a su vez, menos soluble que el K^+, que es más grande y de menor carga (menor razón carga/radio).

En lo que respecta a la cinética de estas reacciones (figura 5.51) se aprecia, para todos los elementos, que a los 5 min de lixiviación ya se han disuelto alrededor del 50 % del total al final del experimento (24 h). Estos resultados indican que estas reacciones, al inicio del proceso, se producen en la superficie de las partículas, por lo que son muy rápidas. Ahora bien, pasados unos pocos minutos, después que el lixiviado superficial ya no es dominante, la velocidad va disminuyendo conforme avanza el proceso (pendiente de las curvas), hasta prácticamente anularse. Este comportamiento se debe, por una parte, a la acumulación del producto de reacción en la fase líquida. Por otra, a que el proceso global está controlado por la difusión de especies a través de la capa ya lixiviada. En efecto, para que el proceso continue, los cationes deben difundirse a través de esta capa superficial ya lixiviada, que va creciendo en espesor conforme el proceso avanza, disminuyendo, por tanto, su velocidad.

2) Disolución selectiva de iones formadores de red

Se comprobó que el boro era el elemento de la frita que más rápidamente y en mayor cantidad se disolvía. El silicio, el formador de vidrio mayoritario, se disolvió mucho menos y más lentamente. Ambos comenzaban a disolverse al principio del proceso, mediante las reacciones superficiales siguientes:

$$(Si - OH)_{frita} + H_2O_{solución} \leftrightarrows (Si - O^-)_{frita} + H_3O^+_{solución} \qquad \text{ec. 5.19}$$

y

$$(B - OH)_{frita} + H_2O_{solución} \leftrightarrows (B - O^-)_{frita} + H_3O^+_{solución} \qquad ec.\ 5.20$$

En efecto, la extensión y rapidez a la que se desarrollan las reacciones ec. 5.17 y ec. 5.18 al comienzo del proceso conducen a un aumento notable del pH (aumenta la concentración de OH), lo que favorece al desarrollo de las reacciones ec. 5.19 y ec. 5.20 (figura 5.51). Al igual que la lixiviación de alcalinos, la velocidad del proceso va disminuyendo con el avance de este, debido a las razones antes descritas y a la disminución del pH.

3) Variación del pH de la solución

La curva: variación del pH frente al tiempo de lixiviación alcanza un máximo, a pH $\approx$ 10, a los 5 min (figura 5.51); a partir de este momento va disminuyendo gradualmente hasta un valor de pH = 9, al final del experimento. Estos resultados son consistentes con la variación de la extensión y velocidad de todas las reacciones de disolución (ec. 5.17 a ec. 5.20). En efecto, por una parte, para cortos tiempos de reacción (por debajo de los 5min), la elevada velocidad a la que se desarrollan las ec. 5.17 y ec. 5.18 (pendientes de las curvas Mg, Ca y K de la figura 5.51) conduce a un aumento paralelo de la concentración de OH$^-$ (aumento del pH). Por otra, a tiempos más largos, la velocidad a la que se desarrollan los procesos ec. 5.19 y ec. 5.20, (pendientes de las curvas Si y B de la figura 5.51), que conducen a la formación de H$_3$O$^+$ (disminución del pH), son mayores que las correspondientes a las reacciones ec. 5.17 y ec. 5.18. La combinación de estos procesos simultáneos y antagónicos, que se desarrollan a diferente velocidad, conduce a que la variación del pH con el tiempo de lixiviación presente un máximo y tenga la forma que muestra la figura 5.51.

5.10.2.1.2. Influencia de las variables de operación

5.10.2.1.2.1. INFLUENCIA DE CONTENIDO EN SÓLIDOS

Al aumentar el contenido en sólidos de la suspensión se incrementa, mucho más, la razón: área superficial de la frita/volumen de líquido, en suspensiones concentradas (figura 5.52). En efecto, al aumentar del 30 % al 60 % el contenido en sólidos, la razón: área superficial de la frita/volumen de líquido cambia de 0,5 a

1,8 m²/m³; es decir, al doblar el contenido en sólidos se multiplica por 3,6 la superficie de frita por unidad de volumen de líquido. Este cambio de la interfase líquido-frita se traduce en un aumento de la concentración de iones disueltos (figura 5.52). Se comprueba que la concentración de iones disueltos al final del proceso aumenta linealmente con la razón: superficie frita/volumen líquido. Esta razón es equivalente a la concentración de la superficie de reactante (frita), por lo que su aumento supone un incremento del grado de conversión de la reacción.

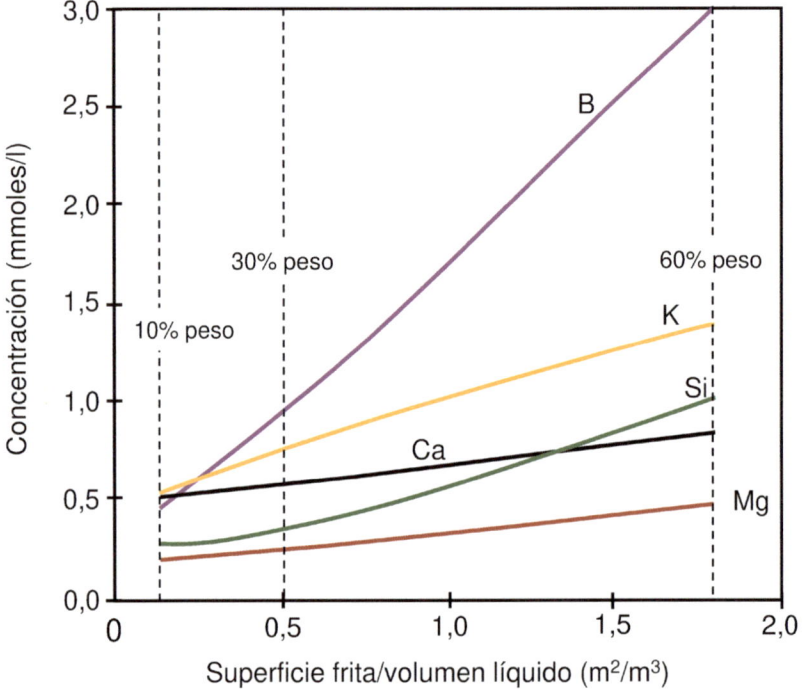

Figura 5.52. Variación de la concentración de iones en solución con la razón: área superficial de la frita/volumen de líquido. Tiempo de lixiviación 24 h. (Adaptado de Sanmiguel 1998)

5.10.2.1.2.2. INFLUENCIA DE LOS ADITIVOS

La adición de tripolifosfatos (TPP), carboxilmetilcelulosa (CMC), ambos sódicos, y caolín es muy común en la preparación de esmaltes. El efecto de alguno de estos aditivos sobre la solubilidad de la frita, aun cuando su dosis es pequeña, es muy grande, caso del tripolifosfato (0,25 % en peso) y, en menor medida, de la CMC (0,2 % en peso). En cambio, el caolín, en cantidades más altas (6 % en peso), apenas afecta a la solubilidad de la frita.

1) Caolín

La adición de un 6 % en peso de caolín a la suspensión de frita altera lige-ramente el pH de la solución (figura 5.53). Las reacciones de intercambio iónico que intervienen en la superficie del caolín son las siguientes:

$$(\text{Caolín OH}^-\ldots\text{H}^+)_{\text{frita}} + \text{K}^+_{\text{solución}} + \text{H}_2\text{O}_{\text{solución}} \leftrightarrows (\text{Caolín OH}^-\ldots\text{K}^+)_{\text{frita}} + \text{H}_3\text{O}^+_{\text{solución}} \quad \text{ec. 5.21}$$

y

$$2(\text{Caolín OH}^-\ldots\text{H}^+)_{\text{frita}} + \text{R}^{+2}_{\text{solución}} + \text{H}_2\text{O}_{\text{solución}} \leftrightarrows (2(\text{Caolín OH}^-)\ldots\text{R}^{+2})_{\text{frita}} + 2\text{H}_3\text{O}^+_{\text{solución}} \quad \text{ec. 5.22}$$

siendo $\text{R}^{+2} = \text{Ca}^{+2}, \text{Mg}^{+2}, \text{Zn}^{+2}$.

Estas reacciones conducen a una reducción moderada del pH. La adsorción de cationes en la superficie de caolín, responsable de esta reacción, debe dis-minuir su concentración en la solución. No obstante, esta es pequeña y cae dentro de la incertidumbre de los resultados experimentales (figura 5.54).

2) Tripolifosfato (TPP)

La adición del 0,25 % en peso de TPP a la frita aumenta considerablemente el pH (figura 5.53) y la concentración de iones en el filtrado (figura 5.54) de la suspensión. Su efecto es considerable sobre la velocidad inicial de lixivia-ción (pendiente de las curvas de la figura 5.54) y sobre la cantidad lixiviada a las 24 h; para el cinc supone un incremento de veinte veces la cantidad lixiviada; para el calcio, ocho veces; y para el magnesio, seis veces. Dicho comportamiento se debe a la formación de complejos estables de estos ca-tiones con el anión tripolifosfato, cuyas constantes de estabilidad siguen la misma tendencia que el incremento de la cantidad lixiviada ($10^{6,55}$ para el cinc, $10^{4,98}$ para el calcio y $10^{4,58}$ para el magnesio (Wan et al. 2019b). La eli-minación prácticamente completa de cinc, calcio y magnesio de la solución por la formación de estos complejos y la producción de OH^-, favorece, tanto termodinámicamente como cinéticamente, el avance del proceso (ec. 5.21

y ec. 5.22). Por otra parte, la estructura de la red vítrea es más permeable, debido a que ha sufrido una lixiviación más intensa, lo que también favorece la disolución del alcalinos (K) y de iones formadores de red (B y Si). El pH de la suspensión es el más alto de todas, debido a un mayor desarrollo de las reacciones ec. 5.19 y ec. 5.20, que son las que conducen a la generación de hidronios.

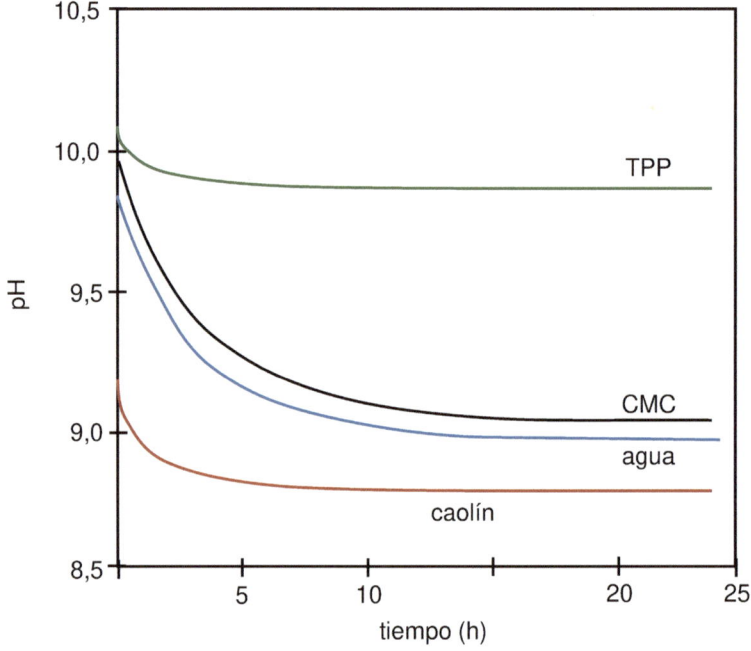

Figura 5.53. Efecto de los aditivos estudiados sobre el pH de la suspensión de frita al 60 % en peso. (Adaptado de Sanmiguel 1998)

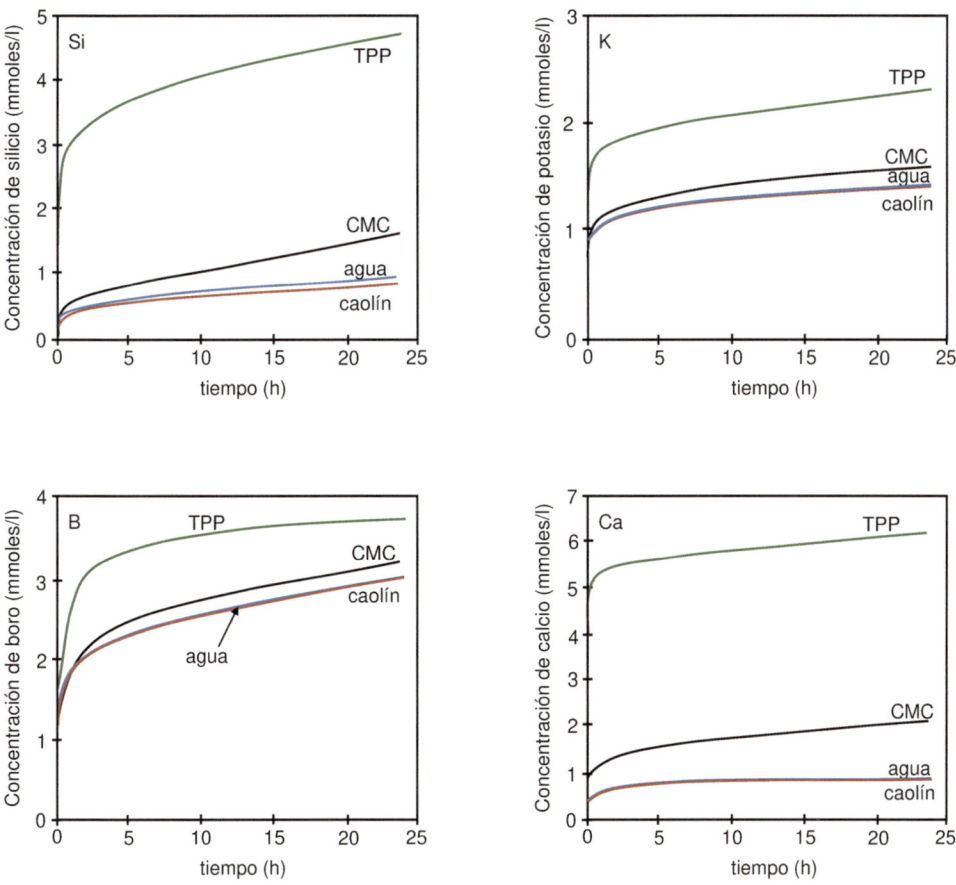

Figura 5.54. Efecto de los aditivos utilizados sobre la concentración de iones en el filtrado. (Adaptado de Sanmiguel 1998)

3) Carboximetilcelulosa (CMC)

Su efecto es pequeño en comparación con el del TPP, pero sigue la misma tendencia (figura 5.53 y figura 5.54). Esto se debe a que su capacidad de formar asociaciones entre distintas cadenas del CMC con los cationes Zn^{+2}, Ca^{+2} y Mg^{+2} (Arumughan et al. 2022) es menos intensa que la formación de complejos de estos cationes con el TPP.

5.10.2.1.2.3. Influencia de la temperatura

Aunque de forma desigual, el aumento de la temperatura incrementa la velocidad de las reacciones ec. 5.19 a la ec. 5.22 y la cantidad de lixiviado. No obstante, el efecto de esta variable es mayor sobre la disolución de unas especies que sobre otras. El efecto de la temperatura sobre el lixiviado, al cabo de 24 h, para la suspensión de la frita al 60 % en peso y 0,25 % en peso de TPP (figura 5.55), muestra que la concentración de cationes libres en solución (que no forman complejos), y que contribuyen a aumentar la fuerza iónica del medio, tales como K^+, y otras que pueden actuar como dispersantes, como especies del silicato y el borato, aumenta con la temperatura. El efecto de la temperatura es mucho más marcado para estas últimas especies (del silicio y del boro).

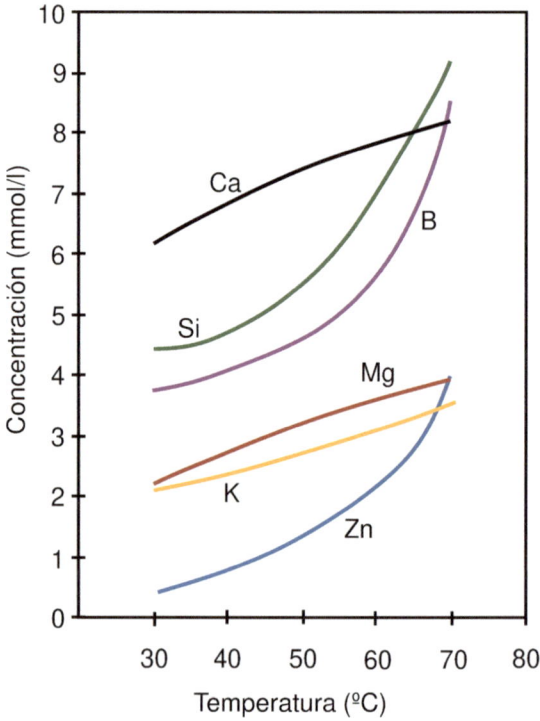

Figura 5.55. Variación de la concentración de iones en solución, a las 24 h de lixiviación, para la suspensión de frita al 60 % en peso y 0,25 % en peso de TPP. (Adaptado de Sanmiguel 1998)

5.10.2.1.3. Naturaleza de la frita

La naturaleza de la frita es, sin lugar a duda, la variable más importante, ya que la disolución de especies en agua depende de la estructura de la red vítrea, cuya estabilidad depende, principalmente, de la razón: óxidos formadores/óxidos modificadores, y de su naturaleza. Yoon, Lacourse y Mason (1997) determinaron la cinética de lixiviación en agua destilada de suspensiones de frita concentradas (al 65 % en peso), de tamaño de partícula inferior a 44 μm, y de distinta composición, estructura y estabilidad (tabla 5.7).

Tabla 5.7. Composición química de fritas (% moles)
(Yoon, Lacourse y Mason 1997)

Óxido	F-V	F-1	F-2
R_2O	14	4,9	4,64
RO	11	26,2	16,78
R_2O_3	2	13,7	22,14
SiO_2	73	55,4	56,41

$R_2O=Na_2O$, K_2O; $RO=CaO$, MgO, PbO, SrO; $R_2O_3=Al_2O_3$, B_2O_3

El comportamiento del vidrio de ventana sodocálcico comercial adquiere interés relevante, ya que actualmente se incluye como fundente en muchas formulaciones de cerámica blanca (F-V). Las otras dos fritas (F-1 y F-2) se diferencian entre ellas, principalmente, en la razón R_2O_3/RO. Los resultados de la lixiviación de estas fritas se muestran en la figura 5.56.

Se aprecia que la solubilidad al agua del vidrio de ventana, F-V, es muy alta, con diferencia, la mayor de todas las fritas. A las 24 h de lixiviación, la concentración (1100 ppm) de Si y Na es tan alta (equivalente a 49 mmoles/l de Na y 61 mmoles/l de Si) que es muy difícil que las suspensiones en las que se incluya como fundente no presenten problemas de estabilización, aun cuando se emplee en proporciones moderadas. En cuanto a las otras fritas, la F-2, con una razón R_2O_3/RO mayor, es mucho más estable que la F-1.

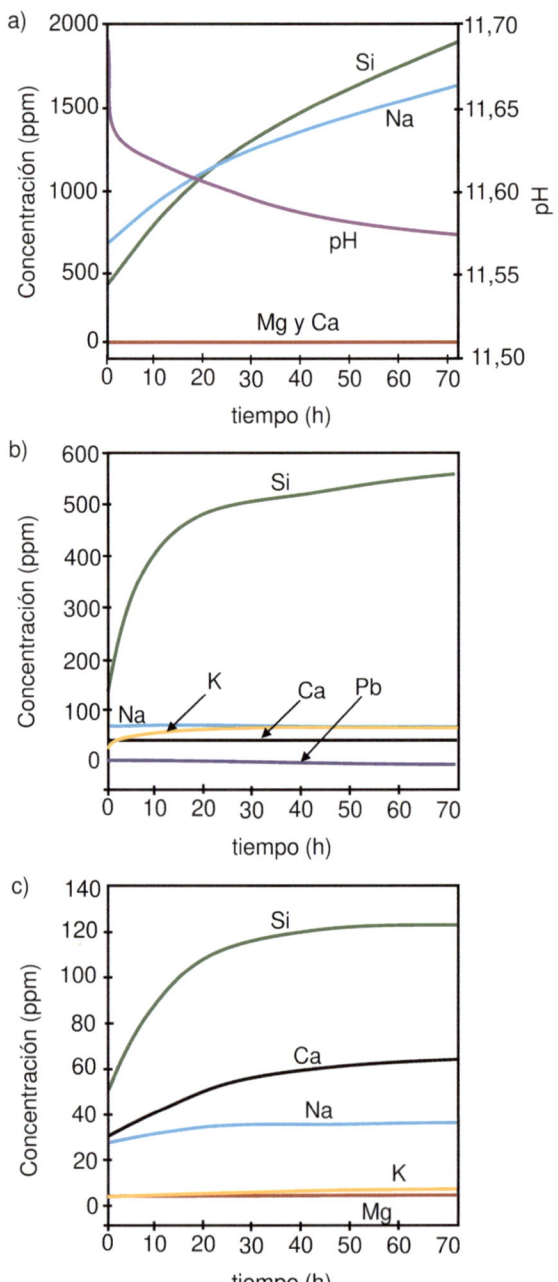

Figura 5.56. Cinética de lixiviación de las fritas de la tabla 5.7. a) F-V, b) F-1 y c) F-2. (Adaptado de Yoon, Lacourse y Mason 1997)

Por otra parte, la preparación de un esmalte a escala de laboratorio por vía húmeda (y también a escala industrial) implica unas solubilidades mayores que las obtenidas mediante el ensayo antes descrito, ya que, durante la molienda de la mezcla, aumenta su temperatura y se van generando, continuamente, interfases frita-líquido nuevas, lo que favorece la solubilidad. En efecto, para una serie de suspensiones concentradas (fracción volumétrica de sólidos, $\phi = 0,48$), utilizando un 0,3 % de CMC y 9 % en peso de caolín, y preparadas a escala de laboratorio empleando nueve fritas diferentes, se comprobó que sus propiedades reológicas variaban mucho entre ellas. Así pues, la tensión de fluencia de estas suspensiones (figura 5.57) variaba entre 1,3 y 8,6 Pa. Esta considerable dispersión entre el comportamiento reológico entre suspensiones solo podía ser debida a la solubilidad de las fritas, ya que la restantes variables de operación permanecían constantes (Marco et al. 1996).

Por otra parte, a escala de laboratorio, hemos constatado que la solubilidad de algunos iones (Si, B, Ca y Mg) se multiplica hasta por diez veces al molturar, por vía húmeda, una frita con TPP en la que previamente se había determinado su solubilidad siguiendo el ensayo antes descrito.

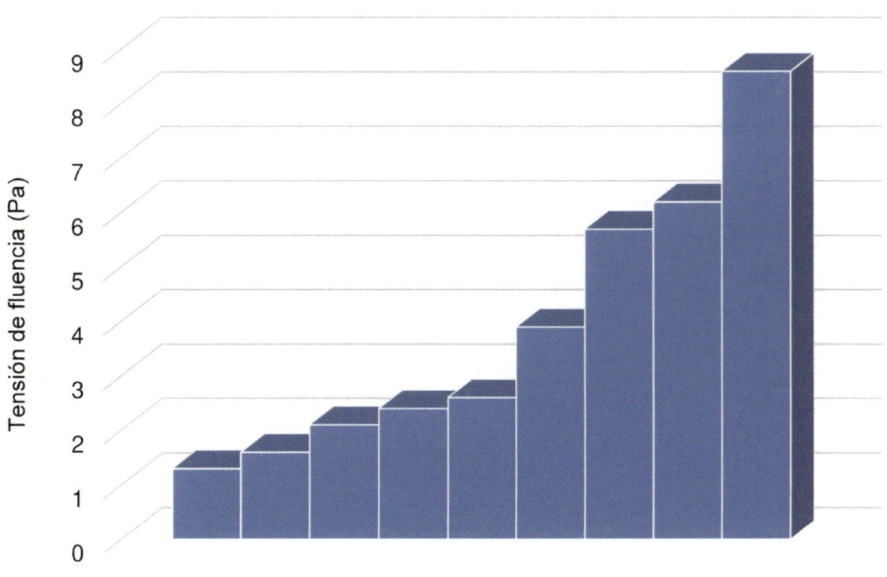

Figura 5.57. Valores de la tensión de fluencia de nueve suspensiones de esmaltes en los que solo se modificó la naturaleza de la frita. (Adaptado de Marco et al. 1996)

ÍNDICE DE TABLAS

Tabla 3.1. Constantes de Hamaker, $A_{11(3)}$, a 298 K para materiales cerámicos cuando el medio es el vacío o el agua. Valor medio para cada constante calculado mediante un procedimiento ponderado. (Bergström 1997) 119

Tabla 3.2. Valores de zpc para algunos materiales (Parks 1965) 126

Tabla 3.3. Variación del espesor de la doble capa, κ^{-1} (nm), en función de la concentración y tipo de electrolito. Medio acuoso a 25 °C 136

Tabla 3.4. Valores de los parámetros que describen la capa de Stern para una dispersión de nanopartículas de sílice ($a = 9$nm) en distintas soluciones de electrolito a pH = 10 (Brown, Goel y Abbas 2016). C_S = concentración salina y r_{hid} = radio de hidratación del catión ... 176

Tabla 3.5. Series de Hofmeister. Ordenación de cationes y aniones según su poder coagulante 177

Tabla 4.1. Comparación entre el espesor de la capa repulsiva estérica en función del peso molecular del polímero, M, y el de la doble capa en función de la concentración de electrolito, κ^{-1} 198

Tabla 5.1. Características de los minerales arcillosos que los diferencian del resto de los coloides 249

Tabla 5.2. Intervalo de CEC (cmol (+)/kg) de distintos tipos de arcillas (Bergaya, Lagaly y Vayer 2006) 266

Tabla 5.3. Características físico-químicas y coloidales de tres arcillas naturales ball calys (Galassi, Costa y Pozzi 2001) 276

Tabla 5.4. Abreviaturas utilizadas para describir los distintos tipos de interacción entre superficies de la caolinita 282

Tabla 5.5. Análisis químico de la arcilla (% peso) 287

Tabla 5.6. Capacidad de intercambio catiónico de la arcilla en cmol(+)/kg (= meq/100 g) 287

Tabla 5.7. Composición química de fritas (% moles) (Yoon, Lacourse y Mason 1997) 331

ÍNDICE DE FIGURAS

Figura 1.1. Distribución de Gauss: valor promedio, X, y desviación estándar, σ 21

Figura 1.2. Interrelación: procesado cerámico – microestructura – propiedades – usos 23

Figura 1.3. La compleja microestructura real de un material (gres porcelánico) se procura describir mediante un conjunto de características microestructurales 24

Figura 1.4. Lámina vitrocristalina porosa desarrollada. Microestructura y propiedades térmicas 27

Figura 1.5. Diferencia de contracción matriz-cuarzo, ΔC_t, durante el enfriamiento de la pieza. T_g es la temperatura de acoplamiento efectiva cuarzo-matriz. A partir de esta temperatura la matriz es rígida, por lo que la diferencia de contracción, ΔC_t, entre ambos materiales genera tensiones 28

Figura 1.6. Variación del tamaño crítico del cuarzo, a_c, al que se despega de la matriz frente a la temperatura de enfriamiento. (Amorós et al. 2009).. 29

Figura 1.7. Micrografía SEM de una partícula de cuarzo de unos 20μm, con grietas circulares en la interfase con la matriz vítrea y transversales en su interior. Porcelana eléctrica. Cortesía del Laboratorio de Microscopía del ITC.............................. 29

Figura 1.8. Relación entre la desviación porcentual, δ, del coeficiente de expansión térmica estimado teóricamente y el obtenido experimentalmente y la fracción volumétrica de grietas, ε_c. Los puntos representan piezas con diferente tamaño medio de cuarzo: C = 42 μm, M = 23 μm y F = 7,8 μm; cocidas a diferentes temperaturas máximas: 1.050 ºC, 1.100 ºC y 1.150 ºC. (basada en los resultados de Amorós et al. 2009).. 31

Figura 1.9. Variación de la fracción volumétrica de grietas, ε_c, con la temperatura de cocción, para probetas preparadas con diferentes tamaños de cuarzo (C = 42 μm, M = 23 μm y F = 7,8 μm) y compactadas a diferentes presiones de prensado (17 MPa, 22 MPa y 40 MPa). Las probetas C17, M22 y F40 presentaban la misma compacidad en crudo. (Adaptado de Amorós et al. 2009) 33

Figura 1.10. Micrografías MEB de las probetas M22 cocidas a: *a*) 1050 °C y *b*) 1150 °C. (Amorós et al. 2009) 33

Figura 1.11. Verificación, adecuación de los resultados a los modelos (ec. 1.5 y ec. 1.6), para las mismas probetas que las de la figura 1.9. (Adaptado de Amorós et al. 2009) 35

Figura 1.12. Verificación de los modelos propuestos (ec. 1.11 y ec. 1.12), para las mismas probetas que de la figura 1.9 y figura 1.11. (Adaptado de Amorós et al. 2009) 37

Figura 1.13. Verificación del modelo propuesto (ec. 1.13), para las mismas probetas que la de la figura 1.9, figura 1.11 y figura 1.12. (Adaptado de Amorós et al. 2009) 38

Figura 1.14. Distribución de tensiones y trayectoria de la grieta en las proximidades de una partícula cristalina de coeficiente de expansión térmica y módulo de elasticidad mayores que los de la matriz 40

Figura 1.15. Distribución de tensiones y trayectoria de la grieta en las proximidades de una partícula cristalina de coeficiente de expansión térmica y módulo de elasticidad mayores que los de la matriz 40

Figura 1.16. Micrografías MEB de una porcelana eléctrica con corindón. La trayectoria de la grieta en las áreas de matriz son rectas. La presencia de corindón desvía la grieta e incrementa la tenacidad. (Cortesía del Laboratorio de Microscopía de ITC) 41

Figura 1.17. Variación de la resistencia mecánica a la fractura, σ_f, de la tenacidad, K_{IC}, y del tamaño de grieta iniciadora de la fractura, c, frente al tamaño del cuarzo más grueso de cada distribución, a_{90}. (obtenida del tratamiento de los datos de Bragança, Bergmann y Hübner 2006) 43

Figura 1.18. *a*) Microstructura de un esmalte vitrocristalino. Los círculos representan el volumen de material sensible a la identificación. *b*) Ajuste de la distribución bimodal de la microdureza determinada experimentalmente a la suma de dos distribuciones de Weibull correspondientes a áreas porosas y áreas densas. (Blasco et al. 2024)..... 45

Figura 1.19. Modelo caja negra para determinar M_j^i (características microestructurales resultantes de una etapa del proceso) en función de las variables de operación, X_j^i, y las características microestructurales del producto intermedio que se procesa 49

Figura 1.20. Defecto en el esmalte debido a la precipitación de fosfato de calcio en la suspensión. (Cortesía del Laboratorio de Microscopía de ITC) 53

Figura 1.21. Hidrólisis del tripolifosfatos en presencia de calcio y precipitación de fosfato cálcico amorfo 54

Figura 1.22. Efecto de la separación de componentes (por sedimentación) en una suspensión homogénea sobre la temperatura de cocción (a la que se alcanza el mínimo de porosidad) y sobre la microestructura de la pieza cocida. (Amorós et al. 2022b) 55

Figura 2.1. Fuerza a la que está sometida una partícula como resultado de los impactos de las moléculas del medio; la dirección y el módulo de la fuerza resultante varía al azar de instante a instante 61

Figura 2.2. Movimiento browniano, MB; de una partícula coloidal (browniana) suspendida en un líquido. *a*) Recorrido de la partícula en pocos segundos ($\approx$30s). *b*) Si se amplifica una pequeña parte de la trayectoria, unas 100 veces, se reproduce la trayectoria original 62

Figura 2.3. Difusión de partículas brownianas a través de agua para diferentes tiempos. Las partículas comienzan a difundirse desde la membrana satura de partículas coloidales ubicada en la mitad de la caja, de unos 30 cm de longitud. La curva en forma de campana es la representación de la concentración relativa de partículas, c/c_0, en función de la distancia a la membrana, x 67

Figura 2.4. La probabilidad, $P(x_1 - x_2, t)$, de que la partícula browniana, PB, a un tiempo, t, se encuentre entre x_1 y x_2 es igual al área azul 68

Figura 2.5. La curva en forma de campana relaciona la probabilidad
de que una partícula se encuentre en una determinada región
del espacio después de un tiempo de difusión dado. Así,
para un determinado tiempo, t, al que corresponde un valor
de $\langle x^2 \rangle^{1/2} = \sqrt{2Dt}$, la probabilidad de que la partícula se encuentre
dentro de la región del espacio comprendido entre $-\langle x^2 \rangle^{1/2}$ y $\langle x^2 \rangle^{1/2}$
es del 68 % y entre $-2\langle x^2 \rangle^{1/2}$ y $2\langle x^2 \rangle^{1/2}$, del 94,7 % 69

Figura 2.6. *a*) Experimento de difusión browniana en estado estacionario.
El flujo de partículas tiene lugar en la dirección x, ya que en esta
dirección disminuye la concentración ($c_1 > c_2$). *b*) Perfil
de concentración, dc/dt en x 71

Figura 2.7. Fuerzas que actúan sobre la partícula cuando sedimenta
en estado estacionario. F_R es la fuerza de arrastre viscoso,
E es la fuerza debida al empuje del fluido desplazado y P es el peso
de la partícula 74

Figura 2.8. Desplazamiento de las partículas por movimiento browniano,
$\langle x^2 \rangle^{1/2}$, y por sedimentación, ℓ, al cabo de 1 h, en función del radio
de la partícula, *a*, y de su densidad, ρ, en agua a 20 ºC. Se incluye
la razón: desplazamiento por gravedad/desplazamiento browniano,
$\ell/\langle x^2 \rangle^{1/2}$ 75

Figura 2.9. *a*) Columna de sedimentación. En el equilibrio, la densidad
de flujo de partículas que sedimentan en la dirección x, J_s, es igual
a las que se difunden, J_x, en sentido contrario «–x». *b*) Perfiles
de concentración 79

Figura 2.10. Contribución de energía potencial atractiva y repulsiva 81

Figura 2.11. Repulsión electrostática entre partículas coloidales cargadas
negativamente 84

Figura 2.12. Interacción entre partículas debido a la presencia
de polímeros adsorbidos sobre su superficie o en solución 86

Figura 2.13. Repulsión electroestérica de partículas debido a la repulsión
de polianiones adsorbidos sobre su superficie 87

Figura 2.14. El contacto entre laminillas muy finas de mica pegadas
a soportes cilíndricos de vidrio es circular. La superficie de la mica
es lisa a escala molecular 90

Figura 2.15. Esquemas de las dos principales técnicas para la medida
de fuerzas superficiales. *a*) Aparato de fuerzas superficiales
«SFA»; la distancia entre superficies, h, se mide por interferometría,
haciendo pasar luz blanca a través de los cilindros y del medio
(vacío, aire o líquido), y la fuerza de interacción determinado
la deformación elástica de la varilla. *b*) Microscopio de fuerza
atómica con microesfera «CP-AFM». La posición del extremo
de la varilla, mediante láser, permite determinar la distancia
de separación entre la microesfera y el sustrato plano y la fuerza
de interacción (a partir de la deformación elástica de la varilla) 91
Figura 2.16. Curva de energía potencial correspondiente a una dispersión
coloidal estable 92
Figura 2.17. Curvas de energía potencial de interacción entre partículas,
G_{tot} (h), obtenidas como suma de las contribuciones repulsiva, G_{EDL},
y atractiva, G_{vdW}. *a*) Suspensión estable: el sistema presenta
un potencial de barrera, G_{tot}^{max}, suficientemente elevado.
b) Suspensión inestable: el sistema no presenta potencial de barrera.
c) Suspensión débilmente inestable: presenta un mínimo, M_2,
secundario 94
Figura 2.18. Curva de energía total de interacción, G_T(h), para distancias
entre partículas h ≈ 0. Formación del mínimo primario, M_1,
por adición de las contribuciones repulsivas de Born, G_{Born},
o de hidratación, G_{hidr}, a la atractiva de Van der Waals, G_{vdW} 96
Figura 2.19. Relación entre la curva de energía potencial de interacción
entre partículas y la estructura para una suspensión diluida.
a) Domina una interacción repulsiva. *b*) Domina una interacción
atractiva débil (mínimo secundario). *c*) Domina una interacción
atractiva fuerte (mínimo primario) 98
Figura 2.20. Espacio laminar entre placas lleno de material.
σ es el esfuerzo cortante aplicado, L es el espesor de la lámina
de material, δ es el desplazamiento en la dirección del esfuerzo,
γ = σ/L es la deformación por cizalla y G es el módulo elástico
de cizalla 99
Figura 2.21. Relación entre la energía de interacción entre partículas
y la estructura del gel. *a*) Gel repulsivo. *b*) Gel atractivo débil
(minimo secundario). *c*) Gel atractivo fuerte (mínimo primario).
Las líneas negras son las líneas de fuerza 101

Figura 2.22. Variación del módulo elástico de cizalla, G', o de la tensión de fluencia, σ_y, de geles atractivos y repulsivos, con la fracción volumétrica de sólidos, ϕ. Efecto de la profundidad del mínimo primario en los geles atractivos y del espesor de capa repulsiva y/o de la intensidad de la repulsión, en los repulsivos 102

Figura 2.23. Perfil de velocidad, $v_x(y)$, que se desarrolla al aplicar un esfuerzo cortante a una lámina de fluido. Las líneas horizontales azules son las líneas de corriente, las flechas negras representan el vector de velocidad puntual, la línea verde representa el perfil de velocidad, cuya pendiente es igual al gradiente de velocidad: $\gamma = \delta/Lt$ 103

Figura 2.24. Curvas de flujo de suspensiones estabilizadas. Efecto de la fracción volumétrica de sólidos, ϕ, y del espesor de la capa repulsiva, $h_R/2$ 104

Figura 2.25. Representación de la tensión de cizalla, σ, frente al gradiente de velocidad, γ, para una suspensión floculada. Ajuste al modelo de Bingham (recta negra) y al modelo de Hersehel-Burkley (curva roja) 107

Figura 2.26. Interrelación entre características del sólido/fuerzas de interacción entre partículas/estructura de la suspensión/comportamiento reológico 109

Figura 3.1. Polarización de un átomo o molécula, 2, provocada por un campo eléctrico instantáneo, E, originado por un dipolo instantáneo, 1 113

Figura 3.2. La interacción de Van der Waals entre dos partículas, según el procedimiento de Hamaker, es la suma de las interacciones entre los volúmenes infinitesimales de las dos partículas, 1 y 2, dispersas en un medio 3 115

Figura 3.3. Expresiones para el cálculo de la energía de interacción de Van der Waals, G_{dvW}, para diferentes geometrías. La constante de Hamaker $A_{12(3)} = \pi^2 C \rho_1 \rho_2$ (ec. 3.10) 118

Figura 3.4. Curvas de fuerza atractiva de Van der Waals/Radio, F_{vdW}/R, para dos cilindros cruzados de mica en función de la distancia, h, calculados a partir de las constantes de Hamaker en aire y en agua, determinadas experimentalmente. (Adaptado de Israelachvili y Tabor 1973; Israelachvili y Adams 1978) 123

Figura 3.5. Formación de cargas en la superficie de un óxido
   por adsorción de H^+ o de OH^- 125

Figura 3.6. Relación de Parks (1965) (ec. 3.22). Variación del punto
   de carga, zpc, con la razón: carga del catión/suma de radio iónico
   del catión y del anión, Z/r 128

Figura 3.7. Diagrama esquemático de la estructura de la montmorillonita.
   Las cargas negativas se sitúan en la capa octaédrica (uno de cada seis
   Al^{+3} son sustituidos por un Mg^{+2}). Los cationes se adhieren
   a las capas tetraédricas para compensar la carga 129

Figura 3.8. Carga de las caras y los bordes de una laminilla de kaolinita
   en función del pH 129

Figura 3.9. Distribución de iones (contraiones, n^+, y coiones, n^-) alrededor
   de una superficie cargada negativamente, según el modelo de Gouy
   y Chapman 133

Figura 3.10. Variación del potencial eléctrico adimensional, $\psi = \psi^0$,
   con la distancia a la superficie, x. Efecto de la fuerza iónica
   del medio, I 137

Figura 3.11. Distribución de carga en la doble capa difusa. Variación
   con la distancia a la superficie, x: a) concentración numérica
   de iones positivos, n^+, y negativos, n^-; b) densidad de exceso
   de carga, $\rho(n^+ - n^-)ez$; c) densidad de exceso de carga, ρ,
   para diferentes fuerzas iónicas del medio, I 138

Figura 3.12. Doble capa difusa alrededor de una esfera. Variación
   del potencial eléctrico adimensional, $\psi = \psi^0$, con la distancia
   a la superficie, r-a 140

Figura 3.13. Doble capa eléctrica, EDL. Iones negativos selectivamente
   son adsorbidos sobre la superficie, formando una segunda capa 142

Figura 3.14. a) Inversión de la carga superficial debido a la adsorción
   de contraiones polivalentes o activos superficialmente. b) Adsorción
   de coiones activos superficialmente 143

Figura 3.15. Al aumentar la fuerza iónica, I, se reduce el espesor
   de la doble capa y disminuye el potencial zeta, ζ 144

Figura 3.16. Al aumentar la fuerza iónica del medio, I, disminuye
   el valor absoluto del potencial zeta, ζ, pero el punto isoeléctrico, isp,
   permanece inalterable 144

Figura 3.17. Movimiento de una partícula cargada en una célula
   electroforética. Concentración de electrolito muy baja 145

Figura 3.18. Potencial eléctrico, ψ, resultante del solapamiento de las dos dobles capas correspondientes a dos superficies paralelas. *a*) Distancia de separación grande y *b*) distancia de separación pequeña. Conforme disminuye la separación entre superficies, el potencial eléctrico, ψ, aumenta, y, con ello, la repulsión 148

Figura 3.19. El solapamiento de las dos dobles capas asociadas a las respectivas superficies paralelas conducen a un incremento de la concentración iónica. La presión osmótica que resulta de este incremento de la concentración actúa separando las superficies 150

Figura 3.20. Repulsión electrostática entre planos, W_{EDL}, en escala logarítmica, frente a la separación entre planos de Stern, $\kappa h'$, en forma adimensional. Líneas azules calculadas de acuerdo con la ec. 3.67 y las rojas por integración numérica. El parámetro Y_d expresa el potencial de Stern en forma adimensional. (Adaptada de Hunter 1989)... 152

Figura 3.21. Expresiones para el cálculo de la energía de interacción electrostática, G_{EDL}, para diferentes geometrías. Para soluciones de electrolito 1:1, por ejemplo, NaCl ($z = 1$), $Z = 64\pi\varepsilon_0\in(k_BT/e)^2\tanh^2$ ($e\psi^d/4k_BT$) = $9{,}22\cdot10^{-11}\tanh^2(\psi^d/10^3)$(J/m) (a 25 °C). El espesor de la doble capa, κ^{-1}, se calcula mediante la ec. 3.37 155

Figura 3.22. Fuerza de interacción entre dos superficies curvadas de mica ($R = 1$ cm) en soluciones diluidas de KNO_3 y $Ca(NO_3)_2$. Las curvas azules hasta el máximo corresponden a la solución numérica de la figura 3.20 de la energía de repulsión electrostática. Las curvas rojas corresponden a la solución numérica considerando densidad de carga constante. Los valores experimentales coinciden con los valores de las curvas. (Adaptado de Israelachvili 2011)............ 156

Figura 3.23. Fuerzas EDL entre microesferas de sílice mediante AFM en soluciones diferentes de KCl y a pH = 4. *a*) Curva de fuerza-distancia (F/R versus h). *b*) Potenciales de Stern frente a la concentración de electrolito calculados mediante un modelo riguroso y la aproximación de Debye-Hückel. (Adaptado de Trefalt, Palberg y Borkovec 2017) 158

Figura 3.24. Curvas de energía de interacción calculadas para partículas de mica cargadas negativamente, $\psi^0 = -50$ mV, y dispersas en una solución acuosa de NaCl 10^{-3}M 161

Figura 3.25. Curvas de energía de interacción electrostática, G_{EDL}(h),
y de Van der Waals, G_{vdW}(h), calculadas para partículas de alúmina
de radio $a = 0,1$ µm, dispersas en soluciones acuosas de NaCl
con distintas molaridades (desde 0,1 a 10^{-4} M). $\psi^0 = 50$ mV y
$A_{11(3)} = 3,67 \cdot 10^{-20}$ J 162

Figura 3.26. Curvas de energía de interacción total, G_{tot}(h), calculadas
para partículas de alúmina de radio $a = 0,1$ µm, dispersas
en soluciones acuosas de NaCl con distintas molaridades (desde 0,1
a 10^{-4} M). $\psi^0 = 50$ mV y $A_{12(3)} = 3,67 \cdot 10^{-20}$ J 163

Figura 3.27. Curvas de energía de interacción electrostática, G_{EDL}(h),
y de Van der Waals, G_{vdW}(h), calculadas para partículas de alúmina
de radio $a = 0,1$ µm, dispersas en soluciones acuosas de NaCl 10^{-3} M
con distintos potenciales superficiales ($\psi^0 = 15$ a 100 mV).
$A_{12(3)} = 3,67 \cdot 10^{-20}$ J 164

Figura 3.28. Curvas de energía de interacción total, G_{tot}(h), calculadas
para partículas de alúmina de radio $a = 0,1$ µm, dispersas
en soluciones acuosas de NaCl 10^{-3}M con distintos potenciales
superficiales ($\psi^0 = 15$ a 100 mV). $A_{12(3)} = 3,67 \cdot 10^{-20}$ J 165

Figura 3.29. Tipos de curvas de interacción entre partículas. Efecto
combinado del potencial superficial y de la concentración de sal 166

Figura 3.30. Mapa de estabilidad de la alúmina. (Adaptado
de Lewis 2000) 170

Figura 3.31. Esquema de la doble capa eléctrica, EDL 174

Figura 3.32. Interacción entre dos partículas esféricas idénticas.
a) Influencia del espesor de la capa de Stern. Condiciones:
$a = 100$ nm, $Y_d = ze\psi^d/k_BT=1,1$, concentración de electrolito
1:1 = 0,05 M, $A_{11(2)} = 3k_BT$. *b*) Efecto del tamaño de la partícula.
Condiciones: d = 0,3 nm, $Y_d = ze\psi^d/k_BT=1,1$, concentración
de electrolito 1:1 = 0,1 M, $A_{11(2)} = 3k_BT$. (Adaptado de Lyklema 2005) 175

Figura 3.33. *a*) Estructura molecular del ácido cítrico. *b*) Distribución
de especies iónica y no iónicas del ácido cítrico en función del pH
de la disolución 179

Figura 3.34. Isotermas de adsorción de especies aniónicas del ácido cítrico
en función del pH. (Adaptado de Hidber, Graue y Gancher 1996) 180

Figura 3.35. Movilidad electroforética de partículas de alúmina (3 % vol)
en función del pH para distintas adiciones de ácido cítrico (% peso).
(Adaptado de Hidber, Graue y Gancher 1996)....................................... 182

Figura 3.36. Punto isoeléctrico de la suspensión de alúmina, isp, en función de la adición de ácido cítrico 182

Figura 3.37. Mapa de estabilidad de suspensiones de alúmina, al 70 % en peso, en función del pH y del porcentaje de ácido cítrico añadido 183

Figura 3.38. Moléculas de solvente confinadas entre láminas planas. Cambio de ordenación de las moléculas con la separación entre superficies, h, resultando un perfil de fuerza oscilante. Los máximos del perfil corresponden a valores de h múltiplos del diámetro, d_s 185

Figura 3.39. a) Fuerzas entre superficies curvadas de mica en soluciones de KCl. El tramo recto de las representaciones sigue la teoría DLVO. Para valores de h < 3-4 nm las fuerzas de hidratación son dominantes. b) La fuerza de hidratación se caracteriza por una periodicidad de las oscilaciones, entre 0,22 y 0,26 nm, muy similar al diámetro de la molécula del agua. Estas se superponen a la fuerza repulsiva de monotónica de más largo alcance. (Adaptado de Israelachvili y Pashley 1982) 187

Figura 3.40. a) Fuerzas de interacción entre dos esferas de sílices en distintas soluciones de NaCl. Las fuerzas repulsivas de doble capa son las dominantes hasta distancias de separación de aproximadamente 3 nm. A pequeñas distancias, las fuerzas de hidratación repulsivas sobrepasan las de atracción de van der Waals. b) El confinamiento entrópico de las protuberancias del ácido polisilícico contribuyen a la repulsión. (Adaptado de Israelachvili 2011) 189

Figura 3.41. En la teoría DVLOE, la energía potencial de interacción es la suma de las contribuciones electrostática, G_{EDL}, de van der Waals, G_{vdW}, y de hidratación, G_{hid} 190

Figura 3.42. Energía potencial de interacción correspondiente a una suspensión coagulada, debido a una concentración de electrolito elevada. En estas condiciones, la contribución de repulsión electrostática, G_{EDL}, es despreciable. El mínimo primario resulta de la suma de la contribución repulsiva de hidratación, G_{hid}, y la atractiva de Van der Waals, G_{vdW} 192

Figura 4.1. Mecanismos de estabilización con polímeros. a) Los polímeros se adsorben. b) los polímeros permanecen en solución 194

Figura 4.2. Tipos más comunes de copolímero 196

Figura 4.3. Diferentes estados de cadenas de polímeros en solución
en función del tipo de solvente. ℓ es la longitud del monómero; R_G
es el radio imperturbado y R_F es el radio de Flory del polímero 197

Figura 4.4. Fisiadsorción de homopolímeros y quimiadsición
de copolímeros. Estructura del polímero 199

Figura 4.5. Intervalo de aproximación en la repulsión estérica
de polímeros anclados/adsorbidos sobre superficies. a) No hay
interacción a grandes distancias de separación (h $\geq$ 2L). b) Dominio
interpenetracional (L < h < 2L). c) Dominio elástico (h = L) 200

Figura 4.6. Configuración de copolímeros con un bloque de anclaje (rojo)
y un bloque estabilizador 201

Figura 4.7. Fuerzas de repulsión entre dos capas de poliestireno ancladas
sobre superficies de mica en tolueno (buen solvente del poliestireno).
Las líneas rojas son los valores promedio de los resultados
experimentales. Las líneas azules representan el ajuste
de los resultados a la ec. 4.4. Los valores de los parámetros
de la ec. 4.4 son: s = 8,5 nm, L = 22,5 nm y L = 65 nm y los valores
de R_F fueron 12 nm y 32 nm. (Adaptada de Taunton et al. 1990) 203

Figura 4.8. Curva de energía potencial de interacción para un polímero
muy soluble en el solvente. Variación de las diferentes contribuciones
energéticas con la distancia. Contribución elástica (G_{elas}),
contribución de mezclado (G_{mix}), contribución de Van der Waals
(G_{vdW}) y potencial total de interacción (G_{tot}) 204

Figura 4.9. Efecto de la solubilidad del polímero sobre la curva
de potencial de interacción. 1 buen solvente y 2 mal solvente 206

Figura 4.10. Curvas de energía libre de interacción total para suspensiones
estéricamente estabilizadas. Efecto del espesor de la capa
de polímero, L. Se considera que la densidad de adsorción
del polímero no cambia 207

Figura 4.11. a) Contribución repulsiva estérica de suspensiones
con diferente densidad superficial de polímero. b) Energía
de interacción total, $G_{tot} = G_{est} + G_{vdW}$. La densidad superficial
de polímeros adsorbidos sobre la superficie disminuye de 2 a 4.
La curva 1 corresponde a un polímero que se comporta
como una superficie dura 208

Figura 4.12. Efecto del grado de recubrimiento de la superficie
por polímeros sobre las curvas de energía potencial
de interacción, G_{tot} 209

Figura 4.13. Polímeros en solución en las proximidades
de una superficie. *a*) Deplección. *b*) Adsorción. *c*) Perfil
de concentración de monómeros para los casos *a*) y *b*) 210

Figura 4.14. *a*) Cuando la distancia entre dos láminas es mayor
que el diámetro del polímero, $2R_g$, o de una partícula depletora,
d, estas pueden moverse libremente en el espacio interlaminar.
b) Cuando $2R_g$ o d es menor que h, estos no caben en el espacio
interlaminar y, en consecuencia, sobre las láminas actuará una fuerza
por unidad de superficie igual a la presión osmótica
de los alrededores, Π_{al}, ya que la presión osmótica en el espacio
interlaminar, Π_{in}, es cero 212

Figura 4.15. Los círculos punteados están a una distancia de la superficie
de la partícula igual al radio del polímero, R_g. La zona
de solapamiento de estos círculos determina la zona de deplección
(zona azul). Cuando las superficies de dos coloides (A y B) están
más cercanas que el diámetro del polímero, $2R_g$, no puede haber
polímeros en dicho espacio (zona azul), por lo que una presión
osmótica atractiva se desarrolla entre el medio y esta zona
de deplección 212

Figura 4.16. Empaquetamiento compacto de nanopartículas, micelas
y polímeros entre partículas coloidales. Relación entre la longitud
de onda del perfil oscilatorio y el tamaño de la especie depletora, d 214

Figura 4.17. Pozo y barrera estructural de deplección en función
de la razón de tamaños: partícula coloidal/especie depletora (a/d)
y de la fracción volumétrica de la especie depletora, ϕ_p. Curvas
calculadas a partir de los resultados de Kim et al. (2015) 215

Figura 4.18. Esquema de los monómeros del ácido polimetacrílico,
PMAA, y poliacrílico, PAA 216

Figura 4.19. Grado de disociación del grupo carboxilo frente al pH
en función de la concentración de sal. Especie PMAA, de peso
molecular 15.000. (Adaptado de Cesarano III, Aksay y Bleier 1988).... 217

Figura 4.20. Cinética de adsorción de un PE sobre un sustrato de carga opuesta. *a*) Variación de la masa adsorbida, Γ, con el tiempo, para diferentes concentraciones de polímero, c. *b*) Variación de la velocidad inicial de adsorción con la concentración de polímero, c 219

Figura 4.21. Adsorción de PE sobre partículas coloidales cargadas eléctricamente de signo opuesto, en estado de equilibrio (tiempos largos). *a*) Esquema con concentración de polímero inferior a la de saturación. *b*) Esquema con concentración de polímero superior a la de saturación. *c*) Adsorción de polímero frente a la dosis inicial ... 220

Figura 4.22. Representación esquemática del modelo ERSA 222

Figura 4.23. Esquema de la disminución del espesor de la doble capa efectiva, κ_{eff}^{-1}, conforme el PE se aproxima al sustrato, según el modelo ERSA 223

Figura 4.24. Máxima adsorción, Γ_{max}, y grado de cobertura máximo, θ_{max}, de poli(amidoamina) sobre sílice frente al parámetro de apantallamiento, $\kappa \cdot R_g$, para diferentes valores del pH. Las líneas continuas corresponden a los valores que predice el modelo ERSA, muy parecidos a los determinados experimentalmente (adaptado de Cahill et al. 2008) 225

Figura 4.25. Espesor de la capa de poli(estireno sulfonato) en condiciones de saturación frente a la concentración de sal 1:1 para diferentes pesos moleculares de este PE. (Adaptado de Seyrek et al. 2011).......... 227

Figura 4.26. Perfiles de potencial eléctrico en función de la dosis de PE. La superficie de la partícula original está cargada positivamente y el PE es un polianión. *a*) Sin PE. *b*) Dosis de PE inferior a la que se anula el potencial ζ. *c*) Dosis de PE a la que satura la superficie 228

Figura 4.27. Movilidad electroforética, μ_E, de partículas de látex cargadas positivamente frente a la dosis de PE aniónico, para dos fuerzas iónicas del medio diferentes: 0,01 M y 0,1 M. (Adaptado de Hierrezuelo et al. 2010) 229

Figura 4.28. Variación de la densidad de carga superficial de las partículas de Al_2O_3 con el pH, para dos fuerzas iónicas del medio diferentes (adaptada Cesarano III, Aksay y Bleier 1988) 231

Figura 4.29. Adsorción de PMAA sobre Al_2O_3, en función de la dosis inicial de PMAA para diferentes pH. (adaptada Cesarano III, Aksay y Bleier 1988) 231

Figura 4.30. Adsorción de PAA sobre Si_3N_4 en función del pH. Línea roja corresponde a una sola etapa y azul, preadsorción a pH = 3 y posterior ajuste al pH final. (Basado en los resultados de Hackley 1997) 233

Figura 4.31. Variación del espesor de la capa de PE adsorbida sobre un sustrato de punto de carga cero neutro o básico con el pH. δ_0 es el espesor de la capa de PE a pH alto 235

Figura 4.32. Efecto del pH y de la concentración salina sobre la conformación del PE aniónico adsorbido sobre un sustrato de punto de carga cero neutro o básico 236

Figura 4.33. Variación de la movilidad electroforética, μ_E, o del potencia zeta, ζ, frente a la dosis inicial de PE aniónico para diferentes pH de la solución. a) pH muy ácido. b) y c) pH ligeramente ácidos. d) pH muy básico. Sustrato con zpc > 6. 1, 2 y 3 corresponden a las configuraciones a), b) y c) de la figura 4.26 238

Figura 4.34. Variación de la movilidad electroforética, μ_E, con el pH para distintas dosis iniciales de PAA. Sustrato Si_3N_4. (Adaptado de Hackley 1997) 238

Figura 4.35. Variación del punto isoeléctrico, isp, con la dosis de PAA, para una suspensión de Si_3N_4. Resultados obtenidos de la figura 4.34 239

Figura 4.36. Variación de la configuración del PE y de la curva potencial eléctrico-distancia a la superficie con el pH. Se indican el plano de cizalla, el potencial superficial, ψ^0, y el potencial zeta, ζ 239

Figura 4.37. Curva de energía potencial de interacción correspondiente a la estabilización electrostérica. a) Configuración del polímero y potencial eléctrico frente a la distancia. b) Contribuciones energéticas que intervienen en la estabilización electrostérica: repulsión entre las dobles capas, W_{EDL}, repulsión entre capas de PE, W_{est}, atracción Van der Waals, W_{vdW} 241

Figura 4.38. Curvas de fuerza entre superficies recubiertas por PE adsorbido para diferentes fuerzas iónicas del medio. Configuración del PE análoga a la de la figura 4.32b 242

Figura 4.39. Interacción atractiva entre partículas debido a una falta de saturación de la superficie 243

Figura 4.40. Variación de la movilidad electroforética, μ_E, y la tensión de fluencia, σ_y, con el pH. *a*) Sin PE aniónico añadido. *b*) Con PE aniónico añadido. *c*) Variación de la adsorción máxima de PE, Γmax, y de su grado de ionización, α. Partícula cerámica de zpc = 6 244

Figura 4.41. Mapa de estabilidad de una suspensión estabilizada mediante la adición de PE, basada en el criterio de un potencial zeta, ζ, crítico. Región estable, $|\zeta| \geq 0,4$. Se incluye la variación del punto isoeléctrico, isp, con la dosis inicial de PE 246

Figura 4.42. Curva de energía de interacción total y de sus contribuciones, correspondiente a un sistema partícula-PE, estabilizado por el mecanismo estérico 247

Figura 5.1. Estructura de la lámina octaédrica de los minerales arcillosos. *a*) Octaedro. *b*) Lámina octaédrica. *c*) Representación esquemática de la capa octaédrica 250

Figura 5.2. Estructura de la lámina tetraédrica de los minerales arcillosos. *a*) Tetraedro de sílice. *b*) Lámina tetraédrica. *c*) Representación esquemática de la capa tetraédrica 250

Figura 5.3. Estructuras cristalinas de los minerales arcilloso. *a*) Estructuras de capa 1:1. *b*) Estructuras de capa 2:1 251

Figura 5.4. Estructuras de capa 1:1 (caolinita y serpentina) 251

Figura 5.5. Estructuras de capa 2:1: *a*) talco y *b*) pirofilita 252

Figura 5.6. Estructuras de capa 2:1 con cationes anhidro entre capas: *a*) micas verdaderas y *b*) micas frágiles 253

Figura 5.7. Estructuras de capa 2:1 con cationes hidratados entre capas (esmectita) 254

Figura 5.8. Estructuras de capa 2:1 con cationes entre capas octaédricamente coordinados (clorita) 255

Figura 5.9. La carga de los bordes del cristal de los minerales arcillosos depende del pH 258

Figura 5.10. Influencia del pH sobre el potencial de Stern de las tres superficies de la caolinita. (Basada en los resultados de Chang et al. 2021) 260

Figura 5.11. Variación del potencial de Stern de la superficial del borde, Ψ^d_{borde}, y de la basal, Ψ^d_{basal}, para la illita, en función del pH. (Adaptado de Shao et al. 2019) 261

Figura 5.12. Intercambio de iones NH_4^+ por otros iones alcalinos en montmorillonita a 0,05 M y 25 ºC. f_{A^+} es la fracción molar en la superficie de iones NH_4^+ y f_A es la fracción molar de este mismo catión en solución (ec. 5.5 y ec. 5.6). (Adaptado de Bergaya, Lagaly y Vayer 2006) 263

Figura 5.13. Intercambio de Ca^{+2} por K^+ (prácticamente coincidente con el intercambio de K^+ por Ca^{+2}) sobre montmorillonita. f_{A^+} es la fracción molar de K^+ adsorbido y f_A es la fracción molar de K^+ en solución (ec. 5.8 y ec. 5.9). (Adaptado de Bergaya, Lagaly y Vayer 2006) 264

Figura 5.14. Intercambio aniónico en los bordes de minerales arcillosos tipo 2:1. *a*) Intercambio aniónico. *b*) Intercambio de OH estructurales 268

Figura 5.15. Variación del potencial zeta, ζ, del borde y del plano basal con la concentración de Mg^{+2} y Ca^{+2}. *a*) Moscovita y *b*) talco. (Adaptado de Yan, Masliyah y Xu 2013) 270

Figura 5.16. Potencial zeta medido, ζ, y potencial de Stern calculado, ψ^d, del plano basal y de los bordes de la illita. (Adaptado de Shao et al. 2019) 274

Figura 5.17. Variación del potencial zeta, ζ, con el pH de esmectitas suspendidas en una solución 10^{-3} M de NaCl. (Adaptado de Sondi, Milat y Pravdic et al. 1997) 275

Figura 5.18. Variación del potencial zeta, ζ, con el pH de caolinita con distintos índices de cristalinidad, suspendidas en una solución 10^{-3} M de KCl. (Adaptado de Ndlovu et al. 2015) 275

Figura 5.19. Variación del potencial zeta, ζ, con el pH de las arcillas K, KE y KI (tabla 5.3), suspendidas en una solución 10^{-2} M de KNO_3. (Adaptado de Galassi, Costa y Pozzi 2001) 278

Figura 5.20. Variación del potencial zeta, ζ, con el pH de las arcillas K, KE y KI (tabla 5.3), suspendidas en una solución 10^{-2} M de $Ca(NO_3)_2$. (Adaptado de Galassi, Costa y Pozzi et al. 2001) 278

Figura 5.21. Variación de los potenciales de Stern calculados, Ψ^d, del borde y de la cara del talco en función del pH. (Adaptado de Yan, Masliyah y Xu 2013) 280

Figura 5.22. Energía de interacción por unidad de área, entre superficies de partículas de talco, calculada para diferentes valores del pH. *A*) Basal-basal, *B*) borde-borde y *C*) basal-borde. (Adaptado de Yan, Masliyah y Xu 2013) 281

Figura 5.23. Energías de interacción entre por unidad de superficie entre las distintas superficies de la caolinita, para diferentes pH. (Adaptado de Chang et al. 2021) 283

Figura 5.24. Estructuras idealizadas de la asociación de partículas: *a*) pH = 3 estructura de castillos de naipes, *b*) pH = 5 estructura apilada y *c*) pH = 8 estructura dispersa 284

Figura 5.25. Micrografías MEB del caolín utilizado. Cortesía del Laboratorio de Microscopía del ITC 286

Figura 5.26. Diagrama de distribución de especies de silicato a diferentes pH, para una dosis inicial de silicato de 100 mg/l. C es la concentración de especies (mol/l). (Adaptado de Meng et al. 2018).. 288

Figura 5.27. Evolución del pH y de especies de Si y Na adsorbido/ precipitado con la dosis de dispersante, X_s, y con la fracción volumétrica de caolín, ϕ. (Adaptado de Amorós et al. 2010a)............... 290

Figura 5.28. Evolución de la concentración iónica de Fe, Ca y Mg con la dosis de dispersante, X_s, y con la concentración de caolín, $\phi/(1-\phi)$ (volumen de sólidos/volumen de líquido) 292

Figura 5.29. Efecto de la concentración de dispersante, C_D, sobre la conductividad eléctrica, EC, y sobre la fuerza iónica del medio, I, estimada mediante la relación propuesta por Griffin y Jurinak (1973) y Alva, Sumner y Miller (1991). (Adaptado de Amorós et al. 2010a).. 293

Figura 5.30. Efecto de la dosis de dispersante, X_s, y de la fracción volumétrica de sólidos, ϕ, sobre: *a*) la movilidad electroforética, μ_E, *b*) pH y *c*) espesor de la doble capa, κ^{-1}. (Adaptado de Amorós et al. 2010a).. 295

Figura 5.31. Curvas de flujo de las suspensiones de caolín, a una fracción volumétrica de $\phi = 0,365$, con dos dosis de desfloculante: $X_s = 0,075$ mg/m^2 y $X_s = 0,105$ mg/m^2. (Adaptado de Amorós et al. 2010a).. 296

Figura 5.32. Efecto de la dosis de dispersante, X_s, y de la fracción volumétrica de sólidos, ϕ, sobre *a*) el módulo elástico, G', y *b*) la tensión de cizalla de Bingham, σ_B. (Adaptado de Amorós et al. 2010a).. 298

Figura 5.33. Estructura molecular de algunos polifosfatos 299

Figura 5.34. Distribución de especies del hexametafosfato en función del pH 300

Figura 5.35. Variación del pH con la concentración de TPP, C_D, expresada (g dispersante/g solución) x 100, para una solución acuosa y para una suspensión de caolín al 55 % en peso. (Adaptado de Papo, Piani y Ricceri et al. 2002) 302

Figura 5.36. Variación del pH con la concentración de PP, C_D, expresada (g dispersante/g solución) x 100, para una solución acuosa y para una suspensión de caolín al 55 % en peso. (Adaptado de Papo, Piani y Ricceri 2002) 303

Figura 5.37. Influencia del pH en la adsorción de fosfatos sobre el caolín. (Adaptado de Gupta y Bhattacharyya 2012) 304

Figura 5.38. Efecto de la concentración de TPP y del pH sobre el potencial zeta, ζ, de suspensiones de caolín al 5 % en peso. La concentración de electrolito 1:1 fue de 0,02 M. (Adaptada de Shankar et al. 2010) 305

Figura 5.39. Influencia de la concentración de carga negativa que aportan los fosfatos sobre el potencial zeta, ζ, de suspensiones de caolín al 5 % en peso. (Adaptada de Shankar et al. 2010) 306

Figura 5.40. Representación de la tensión de fluencia, σ_y, frente al cuadrado del potencial zeta, ζ^2, para diferentes suspensiones de caolín preparadas con diferentes tipos y dosis de polifosfatos y a diferentes pH. (Adaptada de Shankar et al. 2010) 308

Figura 5.41. Potencial de interacción entre partículas de caolín en una suspensión preparada con agua de mar, I = 1 M: a) sin dispersante añadido y b) con hexametafosfato sódico, con dosis comprendidas entre 3 mg/g y 7 mg/g 309

Figura 5.42. Curvas de adsorción de alúmina, caolín y arcilla ball clay en función de la dosis de poliacrilato sódico: a) pH = 6 y b) pH = 9. La banda de adsorción para cada material está asociada al peso molecular de los diferentes polímeros comerciales. (Adaptado de Schulz et al. 2003) 310

Figura 5.43. Efecto de la dosis de poliacrilato sódico (PAA) para una suspensión de porcelana al 40 % en volumen sobre: a) pH, b) Viscosidad aparente, η_{ap} y c) potencial zeta, ζ. (Adaptado de Carty, Rossington y Senapati et al. 2000) 311

Figura 5.44. Variación del potencial zeta, ζ, y de la viscosidad aparente, η_{ap}, de una suspensión de caolín en función de la concentración de Ca^{+2}. Los tramos I, II y III corresponden a diferentes comportamientos de la suspensión. C_{C1} y C_{C2} son las concentraciones estimadas a las empieza a producirse la floculación en el mínimo secundario y primario, respectivamente. (Basado en los resultados de Rossington y Carty 2000) 313

Figura 5.45. Potencial de interacción entre partículas correspondientes a las diferentes regiones de la figura 5.44: *a*) I, *b*) II y *c*) iii. Se ha supuesto, por simplicidad, que el espesor de la capa de polielectrolito, L, no cambia con la concentración de Ca^{+2} 315

Figura 5.46. Valores de la concentración crítica de cationes a los que comienza la floculación débil, C_{C1}, y fuerte, C_{C2}: *a*) efecto de la naturaleza del catión (contenido en dispersante $X_S = 0,02$ mg/m^2) y *b*) efecto del contenido en dispersante, X_S (catión Ca^{+2}) 316

Figura 5.47. Efecto de la dosis de poliacrilato sódico (PAA) sobre la tensión de fluencia, σ_y, de la suspensión para una concentración de Ca^{+2} y Mg^{+2} de 0,005 M, a pH = 8. (Basado en Ramos et al. 2024) .. 317

Figura 5.48. Efecto de la concentración molar de Ca^{+2} y Mg^{+2} sobre la tensión de fluencia sin y con poliacrilato sódico (2 g/m^2 PAA), a pH = 8. (Basado en Ramos et al. 2024)... 318

Figura 5.49. Variación del potencial zeta, ζ, del caolín con la concentración molar de Ca^{+2} y Mg^{+2} sin y con poliacrilato sódico (2 g/m^2 PAA), a pH = 8. El cuarzo sigue un comportamiento similar. (Basado en Ramos et al. 2024) 319

Figura 5.50. Solubilidad en agua destilada de algunas materias primas comerciales al 10 % en volumen (Rossington y Carty 2000) 321

Figura 5.51. Evolución de la concentración de iones en solución y del pH con el tiempo. Suspensión de frita en agua destilada al 60 % en peso. (Adaptado de Sanmiguel et al. 1998)... 323

Figura 5.52. Variación de la concentración de iones en solución con la razón: área superficial de la frita/volumen de líquido. Tiempo de lixiviación 24 h. (Adaptado de Sanmiguel 1998)................ 326

Figura 5.53. Efecto de los aditivos estudiados sobre el pH de la suspensión de frita al 60 % en peso 328

Figura 5.54. Efecto de los aditivos utilizados sobre la concentración de iones en el filtrado 329

Figura 5.55. Variación de la concentración de iones en solución,
a las 24 h de lixiviación, para la suspensión de frita al 60 % en peso
y 0,25 % en peso de TPP 330
Figura 5.56. Cinética de lixiviación de las fritas de la tabla 5.7.
a) F-V, *b*) F-1 y *c*) F-2 332
Figura 5.57. Valores de la tensión de fluencia de nueve suspensiones
de esmaltes en los que solo se modificó la naturaleza de la frita.
(Marco et al. 1996) 333

BIBLIOGRAFÍA

Abend S. y Lagaly G. 2000. «Sol-gel transitions of-sodium montmorillonite dispersions». *Apply Clay Science* 16: 201-227.

Addai-Mensah J. y Ralston J. 2005. «Investigation of the role of interfacial chemistry on particle interactions, sedimentation and electroosmotic dewatering of model kaolinite dispersions». *Powder Technology* 160: 35-39.

Alva A.K., Sumner M.E. y Miller W.P. 1991. «Relationship between ionic strength and, electrical conductivity for soil solutions». *Soil Science* 152: 239-242.

Amorós J.L. 1987. *Pastas cerámicas para pavimentos de monococción. Influencia de las variables de prensado sobre las propiedades de la pieza en crudo y sobre su comportamiento durante el prensado y la cocción*. Valencia: Universidad de Valencia. Doctoral Dissertation.

Amorós J.L., Bagán V., Orts M.J. y Escardino E. 1988. «La operación de prensado en la fabricación de pavimentos por monococción. I. Influencia de la naturaleza del polvo de prensas sobre las propiedades de las piezas en crudo». *Boletín de la Sociedad Española de Cerámica y Vidrio* 27(5): 273-282.

Amorós J.L., Belda A., Orts M.J. y Escardino A. 1992a. «Expansión térmica de piezas de pavimento cerámico gresificado. Influencia de las variables de prensado y de la temperatura de cocción». *Boletín de la Sociedad Española de Cerámica y Vidrio*. 31 (2): 109-114.

Amorós J.L., Beltrán V., Jarque J.C. y Sanz V. 2010a. «Electrokinetic and rheological properties of highly concentrated kaolin dispersions: Influence of particle volume fraction and dispersant concentration». *Applied Clay Science* 49(1-2): 33-43.

Amorós J.L., Beltrán V., Escardino A. y Orts M.J. 1992b. «Permeabilidad al aire de soportes cocidos de pavimento cerámico. I. Influencia de las variables de prensado y de la temperatura de cocción». *Boletín de la Sociedad Española de Cerámica y Vidrio* 31: 33-38.

Amorós J.L., Beltrán V., Mestre S. y Sanz V. 2001. «Rheological behaviour of concentrated bimodal suspensions 2: influence of quartz and deflocculant content on clay suspension viscoelasticity». *British Ceramic Transactions* 4(100): 165-170.

Amorós J.L., Blasco A., Enrique J.E. y Negre F. 1987. «Características de polvos cerámicos para prensado». *Boletín de la Sociedad Española de Cerámica y Vidrio* 26(1): 31-37.

Amorós J.L., Blasco A., Enrique J.E., Beltrán V. y Escardino A. 1982. «Variables en la compactación de soportes cerámicos de pavimento y revestimiento». *Técnica Cerámica* 105: 792-812.

Amorós J. L. y Blasco E. 2020. *Transmisión de calor en la industria cerámica. De los fundamentos teóricos al conocimiento práctico y viceversa*, ed. Instituto de Tecnología Cerámica (ITC). Castellón de la Plana: Instituto Valenciano de Competitividad Empresarial (IVACE).

Amorós J.L., Blasco E., Feliu C. y Moreno A. 2021. «Effect of particle size distribution on the evolution of porous, microstructural, and dimensional characteristics during sinter-crystallisation of a glass-ceramic glaze». *Journal of Non-Crystalline Solids* 572: 121093.

Amorós J.L., Blasco E., Moreno A. y Feliu C. 2020. «Mechanical properties obtained by nanoindentation of sintered zircon-glass matrix composites». *Ceramics International* 46: 10691-10695.

Amorós J.L., Blasco E., Moreno A. y Feliu C. 2022a. «Effect of kaolin addition on the sinter-crystallisation kinetics of compacts of a crystallising frit». *Journal of Non-Crystalline Solids* 596: 121864.

Amorós, J.L., Blasco E., Moreno A. y Feliy C. 2022b. «Obtención de composites por sintercristalización de una frita. efecto del tamaño y cantidad de filler». En *Proceedings del XVII edición del Congreso Mundial de la Calidad del Azulejo y el Pavimento Cerámico (Qualicer)*.

Amorós J.L., Boix J., Llorens D., Mallol J.G. y Feliu C. 2010b. «Non-destructive measurement of bulk density distribution in large-sized ceramic tiles». *Journal of the European Ceramic Society*. 30: 2927-2936.

Amorós J.L., Feliu C., Sánchez E. y Ginés F. 2000. «Influence of spray-dried granule moisture content on dry mechanical strength of porcelain tile bodies». En *Science of Whitewares II*, ed. W.M. Carty y C.W. Sinton. Westerville, Ohio: Published by The American Ceramic Society.

Amorós J.L., Jarque J.C., Mallol J.G. y Sanz V. 2002. *Viscoelastic behaviour of concentrated clay suspensions. Progress in rheology theory and applications*. Sevilla: Publicaciones Digitales S.A. ISBN 84-607-4383-7.

Amorós J.L., Mestre S., Feliu C., García-Ten J. y Orts M.J. 2009. «Mechanical properties of porous wall tiles. Relation to porosity and crack density». In *Proceedings of the 11th Congress of The European Ceramic Society (ECERS)*.

Amorós J.L., Moreno A., Orts M.J. y Escardino A. 1990. «La operación de prensado en la fabricación de pavimentos por monococción. I. Influencia de la naturaleza del polvo de prensas sobre las propiedades de las piezas en cocido». *Boletín de la Sociedad Española de Cerámica Vidrio* 29(3): 151-158.

Amorós J.L. y Orts M.J. 2001. «La cocción. La última etapa del proceso cerámico». *Sociedad Española de Arcillas* 117-133.

Amorós J.L., Orts M.J., Mestre S., García-Ten J. y Feliu C. 2010c. «Porous single-fired wall tile bodies: influence of quartz particle size on tile properties». *Journal of the European Ceramic Society* 30: 17-28.

Amorós J.L., Sánchez E. y García J. 2004. *Manual para el control de la calidad de materias primas arcillosas.* 2.ª edición. Castellón de la Plana: Publicaciones del Instituto de Tecnología Cerámica - Asociación de Investigación de las Industrias Cerámicas.

Amorós J.L., Sánchez E. y García J. 1988. *Manual para el control de la calidad de materias primas arcillosas.* Castellón de la Plana: Publicaciones del Instituto de Tecnología Cerámica - Asociación de Investigación de las Industrias Cerámicas.

Andreola F., Castellini E., Lusvardi G., Menabue L. y Romagnoli M. 2007. «Release of ions from kaolinite dispersed in deflocculant solutions». *Apply Clay Science* 36: 271-278.

Andreola F., Castellini E., Manfredini T. y Romagnoli M. 2004. «The role of sodium hexametaphosphate in the dissolution process of kaolinite and kaolin». *Journal of the European Ceramic Society* 24: 2113-2124.

Andreola F., Pozzi I. y Batista J. 1998. «Rheological behaviour of an STP deflocculated kaolin». *American Ceramic Society Bulletin* 77: 68-71.

Arumughan V., Nypelö T., Hasani M. y Larsson A. 2022. «Calcium ion-induced structural changes in carboxymethylcellulose solutions and their effects on adsorption on cellulose surfaces». *Biomacromolecules* 23(1): 47-56.

Asakura S. y Oosawa F. 1954. «On interaction between two bodies immersed in a solution of macromolecules». *Journal of Chemical Physics* 22(7): 1255-1256.

Bergaya F. y Lagaly G. 2006. «General introduction: clays, clay minerals, and clay science». En *Handbook of Clay Science*, ed. by F. Bergaya, B.K.G. Theng and G. Lagaly. Amsterdam. *Developments in Clay Science* (I) 1-18.

Bergaya F., Lagaly G. y Vayer M. 2006. «Cation and anion exchange». En *Handbook of Clay Science*, ed. by F. Bergaya, B.K.G. Theng and G. Lagaly. Amsterdam. *Developments in Clay Science* (I): 979-1001.

Bergström L. 1997. «Hamaker constants of inorganic materials». *Advances in Colloid and Interface Science* 70: 125-169.

Bhattacharjee S., Ko C.H. y Elimelech M. 1998. «DLVO Interaction between Rough Surfaces». *Langmuir* 14(2): 3365-3375.

Blasco E. 2020. Proyecto de investigación titulado: *Obtención de materiales de altas prestaciones mecánicas por sinter-cristalización (KERSINTER)*, financiado por el Instituto Valenciano de Competitividad Empresarial (IVACE), dentro del programa Línea Nominativa Centros Tecnológicos de la Comunidad Valenciana.

Blasco E., Amorós J.L., Feliu C. y Moreno A. 2024. «Sinterización, microestructura y propiedades mecánicas de un esmalte. Efecto de la adición de caolín». En *Proceedings del XVIII edición del Congreso Mundial de la Calidad del Azulejo y el Pavimento Cerámico (Qualicer)*.

Blodgett W.E. 1961. «High strength alumina porcelains». *American Ceramic Society Bulletin* 40: 74-77.

Bragança S.R, Bergmann C.P. y Hübner H. 2006. «Effect of quartz particle size on the strength of triaxial porcelain». *Journal of the European Ceramic Society* 26: 3761-3768.

Brett M.S., Brumbach M.T., Caughel C.M., Carty W.M. 2003. «Surfaces, the effects of washing to remove impurity species present in the clay». *Ceramic Engineering and Science Proceedings* 24(2).

Brigatti M.F., Galan E. y Theng B.K.G. 2006. «Structures and mineralogy of clays minerals». En *Handbook of Clay Science*, ed. by F. Bergaya, B.K.G. Theng and G. Lagaly. Amsterdam. *Developments in Clay Science* (I) 19-86.

Brown M.A., Goel A. y Abbas Z. 2016. «Effect of electrolyte concentrations on the Stern layer thickness at a charged interface». *Angewandte Chemie International Edition* 55: 3790-3794.

Cahill B.P., Papastavrou G., Koper G.J.M. y Borkovec M. 2008. «Adsorption of poly (amine) (PAMAM) dendrimers on silica: importance of electrostatic three-body attraction». *Langmuir* 24: 465-473.

Carty L.W.M. 1999. «The colloidal nature of kaolinite». American Ceramic Society Bulletin 78(8): 72-76.

Carty W.M., Rossington K.R. y Senapati U. 2000. «A critical review of dispersants for whiteware applications». En *Science of Whitewares II*, ed. W.M. Carty y C.W. Sinton. Westerville, Ohio: Published by The American Ceramic Society.

Cesarano III J., Aksay I.A. y Bleier A. 1988. «Stability of aqueous α -Al$_2$O$_3$ suspensions with poly(methacrylic acid) polyelectrolyte». Journal of the American Ceramic Society 71(4): 250-255.

Chang J., Liu B., Grundy J.S., Shao H., Manica R., Li Z., Liu Q. y Xu Z. 2021. «Probing specific adsorption of electrolytes at kaolinite-aqueous interfaces by Atomic Force Microscopy». *Journal of Physical Chemistry Letters* 9: 2406-2412.

Christian J. 2020. «Adsorption of sodium/calcium poly (acrylic acid) salts on anatase: effect of the polyelectrolyte molecular weight and neutralization». *Physicochemical Problems of Mineral Processing* 56(1): 113-123.

de Gennes P.G. 1985. «Stabilité de films polymère/solvant». Comptes rendus de l'Académie des sciences. Série 2, Mécanique, Physique, Chimie, Sciences de l'univers, Sciences de la Terre 300(17): 839-843.

de Gennes P.G. 1987. «Polymers at an interface; a simplified view». *Advances in Colloid and Interface Science* 27(3-4): 189-209.

Derjaguin B. 1939. «A theory of interaction of particles in presence of electric double-layers and the stability of lyophobe colloids and disperse systems». *Acta Physicochimica U.R.S.S.* 10: 333-346.

Derjaguin B. y Landau L.D. 1941. «Theory of the stability of strongly charged lyophobic sols and of the adhesion of strongly charged particles in solutions of electrolytes». *Acta Physicochimica U.R.S.S.* 14: 633-662.

Diz H.M.M. y Rand B. 1990. «The mechanism of deflocculation of kaolinite by polyanions». *British Ceramic Transactions and Journal* 89: 77-82.

Donaldson S.H., RØyne A., Kristiansen K., Rapp M.V., Das S., Gebbie M.A., Woog Lee D., Stock P., Valtiner M. y Israelachvili J. 2015. «Developing a general interaction potential for hydrophobic and hydrophilic interactions». *Langmuir* 31: 2051-2064.

Du M., Liu J., Clode P. y Leong Y.K. 2019. «Microstructure and rheology of bentonite slurries containing multiple-charge phosphate-based additives». *Applied Clay Science* 169: 120-128.

Ducker W.A., Senden T.J. y Pashley R.M. 1992. «Measurement of forces in liquids using a force microscope». *Langmuir* 8(7): 1831-1836.

Ducker W.A., Senden T.J. y Pashley R.M. 1991. «Direct measurement of colloidal forces using an atomic force microscope». *Nature* 353(6341): 239-241.

Dupont L., Foissy A., Mercier R. y Mottet B. 1993. «Effect of calcium ions on the adsorption of polyacrylic acid onto alumina». *Journal of Colloid and Interface Science* 161: 455-464.

Einstein A. 1905. «Über die von der molekularkinetischen Theorie der Wärme geforderte Bewegung von in ruhenden Flüssigkeiten suspendierten Teilchen». *Annalen der Physik* 17: 549-560.

Flory P.J. 1953. *Principles of polymer chemistry.* New York: Cornell University Press.

Flory P.J. 1969. *Statistical Mechanics of Chain Molecules.* New York: J. Wiley.

Foissy A., Attar A.E. y Lamarche J.M. 1983. «Adsorption of polyacrylic acid on titanium dioxide». *Journal of Colloid and Interface Science* 96(1): 275-287.

Galassi C., Costa A.L. y Pozzi P. 2001. «Influence of ionic environment and pH on the electrokinetic properties of ball clays». *Clays and Clay Minerals* 49(3): 263-269.

García-García S., Wold S. y Jonsson M. 2007. «Kinetic determination of critical coagulation concentrations for sodium- and calcium-montmorillonite colloids in NaCI and CaCl$_2$ aqueous solutions». *Journal of Colloid and Interface Science* 315: 512-519.

Gillman G.P. y Bell L.C. 1978. «Soil solution studies on weathered soils from tropical North Queensland». *Australian Journal of Soil Research* 16: 67-77.

Griffin G.P. y Jurinak J.J. 1973. «Estimation of activity coefficients from the electrical conductivity of natural aquatic systems and soil extracts». *Soil Science* 116: 26-30.

Griffith A.A. 1921. «The phenomenon of rupture and flow in solids». *Philosophical Transactions of the Royal Society of London, Series A* 221: 163-198.

Gupta S. S. y Bhattacharyya K.G. 2012. «Using aqueous kaolinite suspension as a medium for removing phosphate from water». *Adsorption Science & Technology* 30(6): 533-548.

Hackley V.A. 1997. «Colloidal processing of silicon nitride with poly(acrylic acid): I, adsorption and electrostatic interactions». *Journal of the American Ceramic Society* 80(9): 2315-2325.

Hamaker H.C. 1937. «The London-van der Waals attraction between spherical particles». *Physica* 4(10): 1058-1072.

Han Y., Liu W. y Chen J. 2016. «DFT simulation of the adsorption of sodium silicate species on kaolinite surfaces». *Applied Surface Science* 370: 403-409.

Harada R., Sugiyama N. y Ishida H. 1996. «Al$_2$O$_3$-Strengthened feldspathic porcelain bodies: effects of the amount and particle size of alumina». *Ceramic Engineering and Science Proceedings* 17: 88-98.

Harris R.K. y Knight C.T.G. 1983. «Silicon-29 nuclear magnetic resonance studies of aqueous silicate solutions. Part 5. First order patterns in potassium silicate solutions enriched with silicon-29». *Journal of the Chemical Society, Faraday Transactions 2: Molecular and Chemical Physics* 79, 1525-1560.

Hernández V.A. 2023. «An overview of Surface forces and the DLVO theory». *ChemTexts* 9:10.

Hesselink F. 1971. «Theory of the stabilization of dispersions by adsorbed macro-molecules. I. Statistics of the change of some configurational properties of adsorbed macromolecules on the approach of an impenetrable interface». *Journal of Physical Chemistry* 75(1): 65-71.

Hidber P.H., Graue T.J. y Gancher L.J. 1996. «Citric Acid-A dispersant for aqueous alumina suspensions». *Journal of the American Ceramic Society* 7: 1857-1867.

Hiemenz P.C. y Rajagopalan R. 1997. *Principles of Colloid and Surface Chemistry*. 3.ª edición. New York: Marcel Dekker.

Hierrezuelo J., Sadeghpour A., Szilagyi I., Vaccaro A. y Borkovec M. 2010. «Electrostatic stabilization of charged colloidal particles with adsorbed polyelectrolytes of opposite charge». *Langmuir* 26(19): 15109-15111.

Hunter R.Y. 1989. *Foundations of Colloid Science*. Vol I & II. Oxford: Clarendon Press.

Irwin G.R. 1962. «Crack-extension force for a part-through crack in plate». *Journal of Applied Mechanics* 29: 651-654.

Israelachvili J.N. 2011. *Intermolecular and Surface Forces*. 3ª Edition. Amsterdam: Academic Press.

Israelachvili J.N. y Adams G.E. 1978. «Measurement off forces between 2 mica surfaces in aqueous electrolyte solutions in range 0-100 nm». *Journal of the Chemical Society, Faraday Transactions* 74(1): 975-1001.

Israelachvili J.N. y Pashley R.M. 1982. «The hydrophobic interaction is long range, decaying, exponentially with distance». *Nature* 300: 341-342.

Israelachvili J.N. y Tabor D. 1973. «Van der Waals forces: theory and experiment». *Progress in Surface and Membrane Science* 7(1): 1-55.

Jantzen C.M. 1988 «Prediction of glass. Durability as a function of glass composition and test conditions: Thermodynamics and kinetics». En *Proceedings of the First Intl. Conference: Advances in the Fusion of Glass*, edited by D.E. Bickford. Westerville, OH. *American Ceramic Society* 24.1-24.17

Järnström L. y Stenius P. 1990. «Adsorption of polyarcrylate and carboxy methyl cellulose on kaolinite: salt effects and competitive adsorption». *Colloids and Surfaces* 50: 47-73.

Johnson S.B., Russell A.S. y Scales P.J. 1998. «Volume fraction effects in shear rheology and electroacoustic studies of concentrated alumina and kaolin suspensions». *Colloids and Surfaces A: Physicochemical and Engineering Aspects* 141(1): 119-130.

Kim S., Hyun K., Moon J.Y., Clasen C. y Ahn K.H. 2015. «Depletion stabilization in nanoparticle-polymer suspensions: multi-length-scale analysis of microstructure». *Langmuir* 31: 1982-1900.

Kugge C. y Daicic J. 2004. «Shear response of concentrated calcium carbonate suspensions». *Journal of Colloid and Interface Science* 271: 241-248.

Kumar N., Andersson M.P., Ende D.V.D., Mugele F. y Siretanu I. 2017. «Probing the surface charge on the basal planes of kaolinite particles with high-resolution Atomic Force Microscopy». *Langmuir* 33: 14226-14237.

Lake C.A. y Macintyre W.G. 1977. *Phosphate and tripolyphosphate adsorption by clay minerals and estuarine sediments*. Virginia: Water Resources Research Center. Bulletin 109.

Langevin P. 1908. « Sur la théorie du mouvement brownien ». *Comptes rendus de l'Académie des Sciences Paris* 146: 530-533.

Laxton P.B. y Berg J.C. 2005. «Gel trapping of dense colloids». *Journal of Colloid and Interface Science* 285: 152-157.

Lepoutre P. y Lord D. 1990. «Destabilized clay suspensions: flow curves and dry film properties». *Journal of Colloid and Interface Science* 134: 66-73.

Lewis J.A. 2000. «Colloidal Processing of Ceramics». *Journal of the American Ceramic Society* 10: 2341-2359.

Lifshitz E.M. 1956. «The theory of molecular attractive forces between solids». *Soviet Physics JETP* 2(1): 73-83.

Liufu S., Xiao H. y Li Y. 2005. «Adsorption of poly(acrylic acid) onto the surface of titanium dioxide and the colloidal stability of aqueous suspension». *Journal of Colloid and Interface Science* 281: 155-163.

Loginov M., Larue O., Lebovka N. y Vorobiev E. 2008. «Fluidity of highly concentrated kaolin suspensions: influence of particle concentration and presence of dispersant». *Colloids and Surfaces A: Physicochemical and Engineering Aspects* 325: 64-71.

Ludwig M. y Klitzing R.V. 2020 «Recent progress in measurements of oscillatory forces and liquid properties under confinement». *Current Opinion in Colloid & Interface Science* 47: 137-152.

Lyklema H. 2005. «Pair interactions». In *Fundamentals of interface and colloid Science. Volume IV: Particulate Colloids,* ed. J. Lyklema. Amsterdam: Elsevier.

Ma C. y Eggleton R.A. 1999. «Cation exchange capacity of kaolinite». *Clays and Clay Minerals* 47: 174-180.

Maity S. y Sarkar B.K. 1996. «Development of high strength whiteware bodies». Journal of the European Ceramic Society 16: 1083-1088.

Maity S., Mukhopadhyay T.K. y Sarkar B.K. 1996. «Sillimanite sand-feldspar porcelains: I. Vitrifications behaviour and mechanical properties». *Interceram* 45: 305-312.

Manfredini T., Pellacani G.C., Pozzi P. y Corradi A.B. 1990. «Monomeric and oligomeric phosphates as deflocculants of concentrated aqueous clay suspensions». Apply Clay Science 5: 193-201.

Mao Y., Cates M.E. y Lekkerkerker H.N.W. 1995. «Depletion Force in Colloidal Systems». *Physica A* 222: 10-24.

Marco J., Gimeno R., Lucas F., Rodríguez M., Negre P., Feliu C., Sánchez E. y Bou E. 1996. «Rheological behaviour of glaze suspensions. Influence of frit solubility, pH water hardness and additives». En *Proceedings del IV edición del Congreso Mundial de la Calidad del Azulejo y el Pavimento Cerámico (Qualicer)*, ed. Cámara Oficial de Comercio, Industria y Navegación, Castellón (España) 257-275.

Martin R.B. y Haynes R.R. 1971. «Confirmation of theoretical relation between stiffness and porosity in ceramics». *Journal of the American Ceramic Society* 60(8): 410-411.

Matinfar M. y Nychka J.A. 2023. «A review of sodium silicate solutions: structure, gelation and syneresis». *Advances in Colloid and Interface Science* 322: 103036.

Meng Q., Yuan Z., Xu Y. y Du Y. 2018. «The effect of sodium silicate depressant on the flotation separation of fine wolframite from quartz». *Separation Science and Technology* 54 (8): 1400-1410.

Meng Y., Gong G., Wu Z., Yin Z., Xie Y. y Liu S., 2012. «Fabrication and microstructure investigation of ultra-high-strength porcelain insulator». *Journal of the European Ceramic Society* 32: 3043-3049.

Morais S.C., Lima D.F., Ferreira T.M., Domingos J.B., Souza M.A.F., Castro B.B. y Balaban R.C. 2020. «Effect of pH on the efficiency of sodium hexametaphosphate as calcium carbonate scale inhibitor at high temperature and high pressure». *Desalination* 491: 114548.

Moreno R. 1992. «The role of slip additives in tape casting technology. I: Solvents and dispersants». *American Ceramic Society Bulletin* 71(10): 1521-1531.

Ndlovu B., Farrokhpay S., Forbes E. y Bradshaw D. 2015. «Characterisation of kaolinite colloidal and flow behaviour via crystallinity meaurements». Powder Technology 269: 505-512.

Ogden A.L. y Lewis J.A. 1996. «Effect of nonadsorbed polymer on the stability of weakly flocculated suspensions». *Langmuir* 12: 3413-3424.

Ohshima H. 1994. «Electrophoretic mobility of soft particles». *Journal of Colloid and Interface Science* 163: 474-483.

Onoda G.Y. y Hench I.L. 1978. *Ceramic Processing Before firing.* New York: John Wiley & Sons.

Papo L., Piani y Ricceri R. 2002. «Sodium tripolyphosphate and polyphosphate as dispersing agents for kaolin suspensions: rheological characterization». *Colloids and Surfaces A. Physicochemical and Engineering Aspects* 201: 219-230.

Parks G.A. 1965. «The isoelectric points of solid oxides, solid hydroxides, and aqueous hydroxo complex systems». *Chemical Reviews* 65(2):177-198.

Pask J.A. 1979. «Ceramic processing - A ceramic science». *American Ceramic Society Bulletin* 58(12), 1163-1166.

Pedersen H.G. y Bergström L. 1999. «Forces measured between zirconia surfaces in poly(acrylic acid) solutions». *Journal of the American Ceramic Society* 82(5): 1137-1145.

Penner D. y Lagaly G. 2001. «Influence of anions on the rheological properties of clay mineral dispersions». *Apply Clay Science* 19: 131-142.

Provis J.L., Duxon P., Lukey G.C., Separovic F., Kriven W.M. y Deventer V. 2005. «Modeling speciation in highly concentrated alkaline silicate solutions». *Industrial & Engineering Chemistry Research* 44: 8899-8908.

Ramos J.J., Nieto S., Quezada G.R., Leiva W., Robles P., Betancourt F. y Jeldres R.I. 2024. «Rheological behavior of clay tailings in the presence of divalent cations and sodium polyacrylate: insights from molecular dynamics simulations». *Polymers* 16:(21) 3091.

Reed J.S. 1995. *Principles of ceramic processing*, 2ª Edition. New York: John Wiley & Sons.

Robinson T.E., Arkinstall L.A, Cox S.C. y Grover L.M. 2021. «Determining the structure of hexametaphosphate by Titration and P-NMR Spectroscopy». *Comments on Inorganic Chemistry* 42(1): 47-59.

Rossington K.R. y Carty W.M. 2000. «The effects of ionic concentration on the viscosity of clay-based suspensions». En *Science of Whitewares II, ed.* Carty. W.M. & Sinton, C.W. Westerville: Wiley-American Ceramic Society.

Rossington K.R., Senapati U. y Carty M. 1998. «A critical evaluation of dispersants for clay-based systems». *Ceramic Engineering and Science Proceedings* 19: 77-87.

Rossington K.R., Senapati U. y Carty W.M. 1999. «A critical evaluation of dispersants: part II. Effects on rheology, pH, and specific adsorption». *Ceramic Engineering and Science Proceedings* 20: 119-131.

Russel W.D., Saville D.A. y Schowalter. 1989. *Colloidal Dispersions*. Cambridge: Cambridge University Press.

Ryan W. 1970. «Deflocculation of a blue ball clay. II Sodium silicate and sodium oxalate». *Transactions of the British Ceramic Society* 69: 33-36.

Salmang H. 1954. *Los fundamentos físicos y químicos de la cerámica*. Buenos Aires: editorial Reverté.

Sánchez E., Ibáñez M.J., García-Ten J., Quereda M.F., Hutchings I.M. y Xu Y. 2006. «Porcelain tile microstructure: implications for polished tile properties». *Journal of the European Ceramic Society* 26: 2533-2540.

Sanmiguel F., Ferrando V., Amoros J.L., Orts M.J., Gazulla M.F. y Gómez P. 1998. «Frit solubility in glaze suspension. Effect of certain operating variables on process kinetics». En *Proceedings del V edición del Congreso Mundial de la Calidad del Azulejo y el Pavimento Cerámico (Qualicer)*, ed. Cámara Oficial de Comercio, Industria y Navegación, Castellón (España) 81-95.

Scheffler M. y Colombo P. 2005. *Cellular Ceramics- Structure, Manufacturing and Applications*. Germany: Wiley- VCH.

Scheutjens J.M.H.M. y Fleer, G.J. 1982. «Effect of polymer adsorption and depletion on the interaction between two parallel surfaces». *Advances in Colloid and Interface Science* 16: 361-380.

Schulz B.M., Brumbach M. T., Caughel C.M. y Carty W.M. 2003. «Surfaces, the effects of washing to remove impurity species present in the clay». *Ceramic Engineering and Science Proceedings* 24(2): 149-175.

Seyrek E., Hierrezuelo J., Sadeghpour A., Szilagyi I. y Borkovec M. 2011. «Molecular mass dependence of adsorbed amount and hydrodynamic thickness of polyelectrolyte layers. *Physical Chemistry Chemical Physics* 13(28): 12716-12719.

Shankar P., Jeremy T., Y-K Leong, Fourie A., Fahey M. 2010. «Adsorbed phosphate additives for interrogating the nature of interparticles forces in kaolin clay slurries via rheological yield stress». *Advanced Powder Technology* 21(4) 380-385.

Shao H., Chang J., Lu Z., Luo B., Grundy J.S., Xie G., Xu Z. y Liu Q. 2019. «Probing anisotropic surface properties of illite by Atomic Force Microscopy». *Langmuir* 35: 6532-6539.

Siffert B. y Kim K.B. 1992. «Study of the surface ionization of kaolinite in water by zetametry: influence on the rheological properties of kaolinite suspension». Apply Clay Science 6: 369-382.

Sjöberg M., Bergstrom L., Larsson A. y Söjoström E. 1999. «The effect of polymer and surfactant adsorption on the colloidal stability and rheology of kaolin dispersions». *Colloids and Surfaces A: Physicochemical and Engineering Aspects* 159: 197-208.

Sondi O., Milat y Pravdic V. 1997. «Electrokinetic potentials of clay surfaces modified by polymers». *Journal of Colloid and Interface Science* 189: 66-73.

Stenius P., Järnström L. y Rigdahl M. 1990. «Aggregation in concentrated kaolin suspensions stabilized by polyacrylate». *Colloid and Surfaces* 51: 218-238.

Takashi A., Miho T., Takahito S. y Nobuaki K. 2020. «Strengthening in porcelain reinforced with alumina particles». *Journal of the Ceramic Society of Japan* 128(12): 1045-1054.

Taunton H.J., Toprakcioglu C., Fetters L.J. y Klein J. 1990. «Interactions between surfaces bearing end-adsorbed chains in a good solvent». *Macromolecules* 23(2): 571-580.

Tenorio Cavalcante P.M., Dondi M., Ercolani G., Guarini G., Melandri C., Raimondo M. y Rocha Almendra E. 2004. «The influence of microstructure on the performance of white porcelain stoneware». *Ceramics International* 30: 953-963.

Tombácz E. y Szekeres M. 2004. «Colloidal behavior of aqueous montmorillonite suspensions: the specific rate of pH in the presence of electrotytes». Apply Clay Science 27: 75-94.

Tombácz E. y Szekeres M. 2006. «Surface charge heterogeneity of kaolinite in aqueous suspension in comparison with montmorillonite». *Apply Clay Science* 34: 105-124.

Trefalt G., Behrens S.H. y Borkovec M. 2015. «Charge regulation in the electrical double layer: ion adsorption and aurface interactions». *Langmuir* 32: 380-400.

Trefalt G., Palberg T. y Borkovec M. 2017. «Forces between colloidal particles in aqueous solutions containing monovalent and multivalent ions». *Current Opinion in Colloid & Interface Science* 27: 9-17.

Tuinier R., Ouhajji S. y Linse P. 2016. «Phase behaviour of colloids plus weakly adhesive polymers». *The European Physical Journal E* 39(115): 1-9.

Tummala R.R. y Fiedberg A.L. 1970. «Thermal expansion of composites as affected by the matrix». *Journal of the American Ceramic Society* 53: 376-380.

van Oss C.J. 1994. *Interfacial Forces in Aqueous Media*. New York: M. Dekker.

Vedula R.R. y Spencer H.G. 1991. «Adsorption of poly (acrylic acid) on titania (anatase) and zirconia colloids». *Colloids and Surfaces* 58: 99-110.

Velamakanni B.V., Chang J.C., Lange F.F. y Pearson D.S. 1990. «New method for efficient colloidal particle packing via modulation of repulsive lubricanting hydrating forces». *Langmuir* 6(77): 1323-25.

Verwey E.J.W. y Overbeek J.T.G. 1948. *Theory of Stability of Lyophobic Colloids*. Amsterdam: Elsevier.

von Smoluchowski M. 1916. «Drei vortrage uber diffusion. Brownsche bewegung und koagulation von kolloidteilchen». *Zeitschrift für Physikalische Chemie* 17: 577-585.

von Smoluchowski M. 1917. «Versuch einer mathematischen. Theorie der koagulationskinetik kolloider lösunger». *Zeitschrift für Physikalische Chemie* 92: 129-168.

Wan P., Zhou L., Yu F. y Luo W. 2019a. «Study on Al_2O_3 short fiber reinforced silicon-based ceramics for daily use». *China Ceramics* 55(12): 66-73.

Wan B., Huang R., Diaz J.M. y Tang Y. 2019b. «Polyphosphate adsorption and hydrolysis on aluminum oxides». *Environmental Science & Technology* 53: 9542-9552.

Worral W.E. 1986. *Clays and Ceramic Raw Materials*. London: Elsevier.

Xing X., Hua L. y Ngai T. 2015. «Depletion versus stabilization induced by polymers and nanoparticles: The State of the art». *Current Opinion in Colloid & Interface Science* 20: 54—59.

Yan L., Masliyah J.H. y Xu Z. 2013. «Interaction of divalent cations with basal planes and edge surfaces of phyllosilicate minerals: muscovite and talc». *Journal of Colloid and Interface Science* 404: 183-191.

Yoon C.H., Lacourse W.C. y Mason W. 1997. «Water/frit interactions as a source of glazing problems». In *Ceramic Engineering and Science Proceedings* of the 98th Annual Meeting and the Ceramic Manufacturing Council's Workshop and Exposition: Materials & Equipment/Whitewares, ed. R.K. Wood.

Yousaf M., Iqbal T., Hussain M.A., Tabish A.N., Haq E.U., Siddiqi M.H., Yasin S. y Mahmood H. 2022. «Microstructural and mechanical characterization of high strength porcelain insulators for power transmission and distribution applications». *Ceramics International* 48: 1603-1610.

Yziquel F., Moan M., Carreau M. y Tanguy P.J. 1999. «Nonlinear viscoelastic behavior of paper coating colors». *Nordic Pulp & Paper Research Journal* 14: 37-47.

Zaman A. y Mathur S. 2004. «Influence of dispersing agents and solution condition on the solubility of crude kaolin». *Journal of Colloid and Interface Science* 271: 124-130.

FT-2